JN181424

岡田理樹
長崎真美
森麻衣子
奥富　健
鹿野晃司
筬島大輔
著

発信者情報開示・削除請求の実務

インターネット上の権利侵害への対応

第2版

商事法務

第２版へのはしがき

本書の初版が発行されたのは2016年、それから８年が経過した。企画構想段階から数えればほぼ10年以上になる。ITの世界は、ドッグイヤー、マウスイヤーと言われるスピードで変化し続けており、10年もたてば、技術やそれを取り巻く社会状況は、著しく変わってきている。

しかしながら、インターネット上における匿名の発信者による誹謗中傷、著作権侵害、プライバシー侵害などの問題状況は、何ら解決していないどころか、悪化の一途をたどっている。かつてはその主戦場は巨大掲示板であったが、今日では誰もが使っているさまざまなSNS上に広がっており、さらに検索エンジンによって、いつでも誰もがそれを見ることができ、元の書き込みを削除してもいつまでも多くの人の目に触れる状態が残ってしまうという状況である。SNS上では、生成AIを利用した詐欺広告なども横行している。

この間、被害の深刻さ、広範さが知られるようになり、その救済方法である発信者情報開示や削除請求などの手段も、10年前に比べればずいぶん一般に知られ、使われるようになった。その過程で、本書の初版で指摘した発信者情報開示、削除請求のための二段階手続の不便さについて批判も高まったことから、「特定電気通信役務提供者の損害賠償責任の制限及び発信者情報の開示に関する法律」（いわゆる「プロバイダ責任制限法」）が改正され、新たな裁判手続（非訟手続）が設けられ、2022年10月から施行された。さらに、より効果的に誹謗中傷等のインターネット上の違法・有害情報に対処するため、大規模プラットフォーム事業者に対して「対応の迅速化」、「運用状況の透明化」を義務付ける改正もなされ（2024年５月公布、１年以内に施行）、その名も「特定電気通信による情報の流通によって発生する権利侵害等への対処に関する法律」（情報流通プラットフォーム対処法）と改められるに至った（ただし、2024年改正については、本書執筆時点では、施行規則や最高裁判所規則の改正案が未確定であったので、本書の記述は改正前のものを前提としていることに留意されたい。）。

第２版では、全体の枠組みは好評をいただいた初版を踏襲したが、この新たな裁判手続に関する法改正の内容やガイドラインなどの解説を加えたのみならず、初版以降の技術革新や社会状況の変化、裁判例の集積も盛り込んで全般的に大幅な改稿を行った。旧版にも増して被害者側、加害者側、いずれにも有用な書になったものと信ずるところである。

今回も、第２版の出版に当たり、株式会社商事法務コンテンツ制作部の皆様には大変お世話になった。あらためて心より感謝申し上げる次第である。

令和７年２月

執筆者を代表して
弁護士　岡田理樹

はしがき

世はインターネット時代である。

インターネットは、社会のインフラとして、誰にとってもなくてはならない存在となっている。しかし、その一方で、負の側面も拡大の一途をたどっている。その代表的な１つが、ネット上に他人の権利を侵害する情報を書き込む行為である。SNS等の発展に伴い、現代では、他人の名誉を毀損する書き込みや企業の信用を失墜させるような書き込み、著作権を侵害する画像や動画の投稿などがインターネット上に大量にあふれている。その多くは匿名でなされ、書き込んだ者、投稿した者を特定することは容易ではない。個人、法人を問わず、誰もが被害者になり、あるいは予期せず加害者になってしまうリスクを負っているといえよう。それに対して、どのように対応すべきか、あるいはどのような対応手段があるのか、それが本書のテーマである。

当事務所でも、数年前から、このような相談が増加している。名誉毀損や信用毀損に当たる書き込みや、いわゆるリベンジポルノ等の被害者からの相談は言うに及ばず、名誉毀損的な書き込みをしたと名指しされたが全く身に覚えがないという、いわば加害者とされた側の相談例もある。また、当事務所は、インターネットプロバイダ会社の顧問弁護士事務所でもあり、インターネット上の書き込みの削除要求や発信者情報の開示請求を受けるプロバイダからも、表現の自由、通信の秘密、個人情報の保護等様々な側面から、継続的に相談を受けている。

「ネット上の巨大掲示板に書き込まれた名誉毀損的な投稿を削除させたい」「SNSに匿名で書き込んだ者を見つけ出して損害賠償を請求したい」「企業の開設したホームページ上の投稿欄に不適切な書き込みがあった場合、勝手に削除してもいいだろうか」等々、日々、インターネットにおける書き込みに関連して様々なご相談に直面する。

本書は、このような当事務所のプラクティスを背景に、インターネット上の権利侵害情報への対応について、被害者側、加害者側、そしてプロバイダ側の三者のそれぞれの立場に立って、プロバイダ責任制限法を軸としつつ、法的・理論的側面と技術面を含む実践的側面の両方から検討しているところに大きな特色がある。発信者情報の開示や投稿の削除の請求をしたり、受けたりするにあたり、相手方の側においてどのような考慮がなされているかを知ることによって、より効果的な対応が可能になるように配慮して記述するとともに、書式集、判例集、用語集などを巻末にまとめて登載しているので、被害者、加害者となった個人のみならず、相談を受けた弁護士、企業の法務部の諸氏にとって、極めて有用で使いやすいものとなっていると信ずるものである。

最後に、本書の出版に当たり、株式会社商事法務書籍出版部の皆様には大変お世話になった。あらためて感謝申し上げる次第である。

平成28年6月

執筆者を代表して
石井法律事務所
弁護士　岡田理樹

凡　　例

1　法令名等の略語

略語	正式名称
法、情プラ法、情報プラットフォーム対処法またはプロバイダ責任制限法	特定電気通信役務提供者の損害賠償責任の制限及び発信者情報の開示に関する法律（令和6年法律第25号の施行後は、特定電気通信による情報の流通によって発生する権利侵害等への対処に関する法律）
施行規則	特定電気通信役務提供者の損害賠償責任の制限及び発信者情報の開示に関する法律施行規則
リベンジポルノ防止法	私事性的画像記録の提供等による被害の防止に関する法律
民	民法
民訴	民事訴訟法
民訴規則	民事訴訟規則
民保	民事保全法
民保規則	民事保全規則
民執	民事執行法
刑	刑法
刑訴	刑事訴訟法
商標	商標法
著作	著作権法

2　判例表示

表示	意味
最三判平9・9・9民集51巻8号3804頁	最高裁判所平成9年9月9日第三小法廷判決最高裁判所民事判例集第51巻第8号3804頁

3　判例集の略記

民集	最高裁判所民事判例集
刑集	最高裁判所刑事判例集
判時	判例時報
判タ	判例タイムズ

目　次

Column

第1章

はじめに

インターネットの仕組みと利用の実情をもとに考える

インターネットは社会のインフラとして欠かせない存在となっているが、使い方一つで、他人の権利を暴力的に侵害するツールになりかねない。本章ではインターネットの仕組みや利用の実情をひもときながら、今何が起こっているのかを概観する。

第1節　インターネットの普及

　ありとあらゆる場所でインターネット通信が可能となり、インターネットがごく身近なコミュニケーションや情報発信の手段として、あるいは、効率的かつ発展的な事業活動を実現するうえでの必須のツールとして世界中の人々の間で利活用されるようになった現代は、まさにインターネットの黄金時代といえる。

　総務省が毎年実施しているインターネットの利用状況等に関する調査では、令和5年調査におけるインターネット利用率は、全体で86.2%に上っており、13歳から69歳の各年齢層での利用率は9割を超えている。[1)] 同調査において、インターネットの利用者がインターネットを利用する目的・用途として回答したもので上位にあがっているのは、「SNSの利用（71.7%）」、「インターネットショッピング（68.3%）、「情報検索・ニュース（63.8%）」などである。

　インターネット利用に関する直近の傾向として特筆すべきは、ソーシャルネットワーキングサービス（以下「SNS」という。Column1-1 **我が国における代表的なソーシャルメディア**〔p. 3〕参照）の利用率の上昇である。インターネット利用者に占めるSNSの利用率は、令和5年の調査で65.7%となっている。近年では特に、若年層及びシニア層での伸びが大きく、ここ数年間でSNSがより幅広い世代において主要なコミュニケーション・情報探索ツールとして普及している様子が窺える。

　しかしながら、これと同時にSNSを通じた深刻な権利侵害事案のニュースを耳にする機会が増えたのも事実である。令和元年には人気リアリティ番組の出演者が番組内での言動を巡ってSNS上で複数人から誹謗中傷を受け、こ

1）総務省「令和6年版情報通信白書（令和6年7月）」第2部第11節。（https://www.soumu.go.jp/johotsusintokei/whitepaper/ja/r06/pdf/n21b0000.pdf）。

れを苦に自殺するという痛ましい事件が報じられた。遺族は、誹謗中傷の投稿が数多く投稿されたツイッター社[2)]等に対する発信者情報開示手続を経て発信者を特定し、民事上・刑事上の責任を追及している。令和2年5月には、特定された発信者の一人（ツイッター上で「あんたの死でみんな幸せになったよ、ありがとう」などと投稿）に対する損害賠償請求訴訟において、裁判所は、「匿名の影に隠れたもので極めて悪質」とし、「遺族の敬愛追慕の情を侵害された」として約129万円の支払いを命じる判決を言い渡した。また、匿名でツイッター上に「性格悪いし、生きてる価値あるのかね」「いつ死ぬの？」などと数回にわたって書き込んでいた投稿者が侮辱罪で略式起訴され、科料9,000円の罰則を受けた。

これらの事件をきっかけに、違法な誹謗中傷行為に対する非難が高まり、誹謗中傷を抑止するため、侮辱罪の法定刑を引き上げ厳正に対処することの必要性が叫ばれるようになった。その後、侮辱罪厳罰化に向けた議論を経て、令和4年6月13日に成立した改正刑法（令和4年7月7日施行）により、侮辱罪の法定刑が「拘留（30日以内）又は科料（1万円未満）」から「1年以下の懲役若しくは禁固若しくは30万円以下の罰金又は拘留若しくは科料」に引き上げられた。また、昨今の世論をふまえ、警察行政もインターネット上の誹謗中傷行為の摘発・訴追に力を入れており、侮辱罪・名誉毀損罪等で刑事事件に発展するケースも増えてきている。

Column 1-1　我が国における代表的なソーシャルメディア

●SNS（Facebook、Twitter、インスタグラム など）	SNS（Social Networking Service）は、会員登録した者同士が交流でき

2)　2023年4月、ツイッター社（Twitter, Inc）は社名をX社（X Corp.）に変更し、同年7月にサービス名称を「Twitter（ツイッター）」から「X（エックス）」に変更した。これに伴い、同サービスにおいて投稿・転載・引用転載という意味で用いられていた「ツイート」、「リツイート」、「引用リツイート」という呼称は、それぞれ「ポスト」、「リポスト」、「引用リポスト」に変更された。本書で掲載する事例はこれらの名称・呼称が変更される前のものが多いため、本書ではすべて変更前の名称・呼称を用いる。

るウェブサイトの会員制サービスをいい[3)]、昨今では、Facebook や Twitter、インスタグラムなどが有名である。SNSの利用者は、SNSサービスを提供するサイトに会員登録することで、同サイトに登録した友人や共通の趣味を有する者などといった一定範囲の者に限定してプロフィールや日記、意見、写真を公開したり、メッセージを送信するなどといった形で交流を図ることができ、このようなインターネット上の交流を通じた社会的なつながりの構築を促進する有力なツールとして機能している。一方で、レストランの従業員が、有名人の来店情報をTwitter上に投稿したことが当該従業員やレストランの運営会社に対する誹謗中傷を招いたり、他人になりすましてTwitter や Facebook 上で不適切な情報を発信するアカウント乗っ取りなどの被害事例も多発している。

●電子掲示板（2ちゃんねる、5ちゃんねるなど）

インターネットを介した情報発信ツールとして最もシンプルな仕組みが、2ちゃんねる、5ちゃんねるなどに代表される電子掲示板である。インターネット上には、誰もが、無料で、匿名での書き込みを行うことのできる電子掲示板が数多く存在しており、そこでは、現実世界から解放されて自身の自由な意見・考えを発信したり、共通の関心分野について、実生活では全く関係を持たない第三者との間で親密なコミュニケーションをとることが可能となる。他方、匿名であることを悪用して、特定の人物や企業に対する悪質な誹謗中傷を行ったり、個人情報を流出させるなどといった権利侵害を伴う書き込みもあとを絶たず、そのような違法な書き込みの削除や書き込みをした者に対する損害賠償を求めて提訴に至るケースも多数発生している。従前は、インターネット上の誹謗中傷事案と呼ばれる事案のうち、かなりの割合をこれらの電子掲示板上での投稿が占めていた。

●クチコミサイト（食べログ、グーグルマップ など）

飲食店や各種販売店などの情報をまとめたサイトに、アカウントを持つ個人が感想・評価など、いわゆる「クチコミ」を投稿することができるクチコミサイトの影響力も増大している。閲覧者がクチコミサイトの評価を参考に店選びをすることも珍しくなく、低評価や印象の悪いクチコミがあると店の営業にも影響を及ぼしかねないことから、名誉毀損等

3）総務省「SNS（ソーシャルネットワーキングサービス）の仕組み」（http://www.soumu. go.jp/main_sosiki/joho_tsusin/security/basic/service/07.html）より。

だけでなく営業妨害等に発展するおそれもある。

●動画投稿サイト（YouTube、ニコニコ動画など）

電子掲示板やSNSは、基本的には、文字によるコミュニケーションの場である。これに対し、動画の投稿・共有化を通じたコミュニケーションツールとして昨今広く利用されているのが、YouTubeやニコニコ動画などの動画投稿サイトである。これらのサイトでは、会員登録をすれば、一般人でも自由に自作の動画などをインターネット上に投稿することができ、このようにして投稿された動画はインターネットを通じて誰でも閲覧することが可能である。昨今では投稿動画で爆発的な知名度を得た一般人がテレビ出演を果たすなど、気軽で影響力の大きい自己表現ツールとして注目されている。もっとも、YouTube などの動画投稿サイトに投稿され、インターネットで公開された動画の中には、著作権で保護されている楽曲が無断投稿されているなどといったケースも存在しており、著作権をはじめとする知的財産権侵害の危険性も潜んでいる。

第2節　インターネット上で生じ得る権利侵害

このようなインターネットの普及・重要化に伴い、インターネットの利用による深刻な権利侵害が社会において大きな問題となっている。本節では、他のコミュニケーションツールと比較した場合のインターネットを介したソーシャルメディアの特質を挙げたうえで、実際に発生したインターネット上の権利侵害事犯の実例を紹介する。

1　インターネットの特質

(1)　匿名性

第１に、匿名での情報発信が可能という点が挙げられる。これは、他者の目を気にせず、自由闊達な意見・情報の発信が可能という意味では自己表現のツールとして非常に重要な意味を持っている。たとえば、海外旅行先で、自分を知る者が誰も居ない状況にこのうえない開放感を感じるのと同様に、「友達が離れていくのが怖いから本当の自分を見せられない」「このような発言をすれば政治的に偏りのある人間だと思われてしまうから当たり障りのないことを言おう」など、知らず知らずのうちに、他者の目を気にしたり、目に見えない社会的政治的圧力に曝されている私たちにとって、自分が何者であるかを明かすことなく本心をさらけ出すことのできるインターネット上の匿名でのコミュニケーションや情報発信は、憲法21条で保障される表現の自由が志向する自己実現・自己統治を実現するうえでも非常に重要な役割を果たしている。

他方、匿名であることが、「自分がやったことがばれることはないから多少やり過ぎてもよいだろう」などといった安易な考えや、違法行為に対する心理的抵抗感の鈍磨を招き、結果的に他者の権利を侵害する違法な行為を誘発する側面があることも否定できず[4)]、実際、2ちゃんねるをはじめとする匿名掲示板などにおいては、匿名を盾に、名誉毀損的な表現やプライバシー侵害となるような違法な書き込みを行う事例が多数生じている。

⑵　即時的、全世界的な伝播性

第2に、インターネット上に公開された情報は、日時や場所を選ばず、容易かつ即時に全世界に伝播するという爆発的な伝播性が特徴として挙げられる。このことは、すなわち、インターネットにアクセスする環境があれば、誰もが、いつでも、全世界に向けて容易に情報発信をなし得るという強力な情報伝達ツールとして機能する反面、ひとたび、誰かの権利を違法に侵害する情報（以下「侵害情報」という）がインターネット上に流出すると、その侵害情報は瞬時に世界中の人々の知り得る状態下に置かれるということを意味する。

このようにして、一旦、侵害情報がインターネット上に出回ってしまうと、悪意の有無にかかわらず、世界中のインターネット利用者により、無限定に情報のコピーや転載が行われ、侵害情報がより広範囲に拡散されるおそれがあるため、不幸にしてそのような侵害行為のターゲットになってしまった場合に被害者が被る被害は甚大なものとならざるを得ない。

また、インターネット上に被害者の権利を侵害する情報が掲載され、これが多数の者によって拡散された場合、被害者がこれらすべての拡散情報を辿ることは困難を極めるため（たとえば、被害者の性的画像がインターネット上の電子掲示板にアップロードされた場合を想定すると、電子掲示板にアップロードされた画像自体は削除できても、当該電子掲示板上から被害者の画像データをダウンロードし、自宅パソコンに保存した場合の、当該パソコンに保存された画像まで削除することは通常は不可能である)、インターネット上の侵害情報により権利を侵害された被害者が侵

4）東京地判平15・7・17判時1869号46頁（**付録資料2裁判例5**〔p.421〕）は、2ちゃんねるの管理人が、2ちゃんねるのスレッドに書き込まれた名誉毀損的発言について削除すべき義務を負うか否かが争われた事案において、2ちゃんねる上の表現行為の特質につき、「本件ホームページの利用者は、当該発言を書き込んだ者が誰であるかを他人に探知されるおそれを抱くことなく、自由に発言をすることができる利点があり、これが行き過ぎると、他人の名誉や信用を毀損するなどの違法な発言に対する心理的抵抗感が鈍磨し、これを誘発ないし助長することになることは容易に推測できる」と述べている。

害情報のすべてを削除して完全な被害回復を図ることは現実的に難しい状況にある。

(3)　救済・被害回復の困難性

第3に、インターネット上における権利侵害事犯については、迅速な権利救済の実現が困難であるという点が挙げられる。

迅速な権利救済の実現を阻む要因は、インターネット上の表現行為が憲法上保障される表現の自由として厚く保護され、また、侵害情報の発信者に係る情報が通信の秘密として厳格な保護を受ける点にある。すなわち、インターネット上における表現行為は、通常、当該表現行為が行われたコンテンツ（電子掲示板等）を管理・運営するコンテンツプロバイダやインターネット上の表現行為を行う際の電気通信の媒介を行う経由プロバイダ等[5)]（以下「プロバイダ等」という）を介して行われるところ、ある者の権利を侵害する情報がインターネット上にて発信された場合、被害者の請求に応じて侵害情報の削除や発信者情報の開示に応じることは、被害者の救済に資することは間違いないが、他方で、これが無限定に許されるとすれば、発信者の通信の秘密や表現の自由といった憲法上の権利利益が不当に制約されるおそれが生じる。そのような事態が生じた場合、プロバイダ等は、発信者から民事上の責任追及を受け、又は法令により罰則を科されるリスクも負うことになる（電気通信事業法4条、179条）。こういった進退両難の状況から、プロバイダ等としては、やむなく、侵害情報の削除請求や発信者情報の開示請求などといった被害者からの救済要求に対して、慎重に対応せざるを得ない状況にあるのである。

2　インターネット上の権利侵害事例

以上で述べたとおり、インターネット上の情報発信には他者の権利を侵害する危険性が常に潜んでおり、誰もが、ある日突然、違法行為の加害者ある

5)　プロバイダ等の範囲及びインターネット上の表現行為への関与については**第4章第1節1**〔p.198〕を参照のこと。

いは被害者となる可能性を秘めている。インターネット上の権利侵害事犯の発生状況に関するイメージ作りとして、法務省が公開する統計を紹介したい。法務省の人権擁護機関が令和5年に新規に救済手続を開始した案件のうち、インターネットを利用した人権侵犯事件の手続開始件数は前年より100件程度増えて1,824件となり、平成27年に1,600件を超過して以降の高水準で推移している。このうち、プライバシー侵害事案と識別情報の適示事案、名誉毀損事案で全体の76%を占めている状況にある。この数字は、インターネット上の権利侵害のうち、法務省の人権擁護機関に対して被害者から救済要請があり、これに応じて救済手続が開始した事件の数であり、実際の権利侵害事案の発生件数のごく一部を示すものに過ぎない。

令和5年に処理した人権侵害事件1,654件のうち、被害者に対し自らが削除依頼する方法を教示するなどの「援助」が半数近くを占めるが、法務省の人権擁護機関が違法性を判断した上で直接プロバイダ等に人権侵害情報の削除請求をした件数が449件と高水準を維持しており、積極的な働きかけがなされている（**図表1-1**）。

図表1-1　インターネット上の人権侵害情報に関する人権侵犯事件の推移[6)]

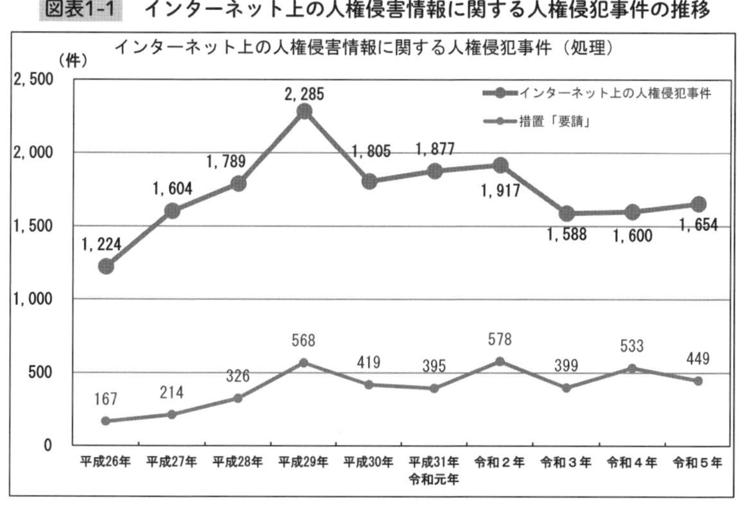

6) 法務省「令和5年における『人権侵犯事件』の状況について（概要）」より抜粋。その全文はURL（https://www.moj.go.jp/content/001415625.pdf）で公表されている。

(1)　SNS、ブログ、電子掲示板での誹謗中傷、個人情報の晒しによる名誉毀損・プライバシー侵害

プロバイダ責任制限法の制定以前から、2ちゃんねるなどの電子掲示板において、特定の人物や企業に対する誹謗中傷を書き込んだり、氏名・住所・電話番号などのプライバシー情報を無断で公開するなどといった悪質な権利侵害事案が多数発生している。

また、前述のように、昨今ではSNS利用者の急速な増加・利用世代の広がりに伴い、SNS上での誹謗中傷やネットいじめといった事案も増加傾向にある。

SNS上の名誉毀損に関する裁判例としては、被控訴人（元知事）が、同人に関する名誉毀損的な表現を含む第三者のツイートをリツイートした控訴人（ジャーナリスト）に対し、不法行為に基づく損害の賠償を求めて提訴した事案がある。同事案で裁判所は、控訴人がリツイートしたツイートの意味内容は、「一般閲読者の普通の注意と読み方を基準として解釈すれば、被控訴人が、30代でＡ知事になった当時、20歳以上年上のＡの幹部たちに随分と生意気な口をきいたことによって、被控訴人から生意気な口のきき方をされた職員の中に自殺に追い込まれた者がいたという趣旨のものと解され……その意味内容からすれば、本件投稿中の本件部分は、被控訴人の社会的評価を低下させるものというべき」であるところ、控訴人の行為はツイッターにおける単純リツイートという方法により被控訴人の社会的評価を低下させる内容の事実が摘示された表現を含む表現内容を控訴人のアカウントのフォロワーのツイッター画面に表示させてその閲読可能な状態に置いたもので、違法性の程度が重大でないとはいえないとして、慰謝料30万円及び弁護士費用3万円を認容した（大阪高判令2・6・23判タ1495号127頁）。

次に、ブログ上の名誉毀損に関する裁判例としては、控訴人が、被控訴人が開設したブログ上で在日韓国・朝鮮人であることを理由に控訴人を著しく侮辱するなど不当に差別的な内容の記事を投稿したことにより、控訴人の名誉を毀損し侮辱してその人格権を侵害したなどと主張して、不法行為による損害賠償を請求した事案がある。同事案で裁判所は、名誉毀損自体の成立は否定したものの、名誉感情の侵害による不法行為の成立を認めたうえ、損害

賠償額については、控訴人の用いた表現が「著しく差別的、侮蔑的であるばかりでなく、その読者に対し差別的・侮蔑的言動を煽るもので、控訴人の名誉感情を著しく害し、その個人としての尊厳や人格を損なう極めて悪質である」点をふまえ、慰謝料100万円、発信者情報開示関連費用20万円及び弁護士費用10万円の合計130万円を認容した（東京高判令３・５・12判例秘書登載）。これは、問題となった被控訴人の侮辱的な言動がいわゆる「ヘイトスピーチ」と評価される類の言動である点を考慮し、比較的高額な損害賠償額が認められた一例といえる。

また、電子掲示板における名誉毀損及びプライバシー侵害が争われた裁判例としては、医師である原告が、同じく医師であるＡが２ちゃんねるの掲示板に原告の名誉を毀損し、プライバシーを侵害する内容の書き込みを行ったとして、被告ら（Ａ及びＡが代表者を務める医療法人B）に対し、信用毀損による損害（評判悪化による減収減益等）及び名誉毀損・プライバシー侵害による慰謝料等として総額1,100万円の損害賠償を求めて提訴した事案がある。同事案で裁判所は名誉毀損及びプライバシー侵害の事実を認め、慰謝料及び弁護士費用として総額 110 万円を認容した[7)]。

また、侵害情報を書き込んだ本人ではなく、かかる侵害情報の削除要求に応じなかった掲示板管理者に対する損害賠償請求が認容された事例として、インターネットのレンタル掲示板に設けられた学校Aの関係者による情報交換を予定したスレッド（いわゆる「学校裏サイト」）上に、同校の生徒である原告の実名を挙げて同人を中傷する内容の書き込みがされた学校裏サイト事件がある。同事案で裁判所は、本掲示板のような学校裏サイトでは、当該学校の生徒同士が他の生徒の実名を挙げて誹謗中傷を行う等のトラブルが起こり得ることは容易に想像でき、その場合、同掲示板の閲覧者に当該学校の関係者が多いこととも相まって、実名等を公表された者の被害がインターネット上にとどまらず現実の学校生活にも及ぶことが容易に予想できることなど、学校裏サイトの特性を論じたうえ、そのようなサイトを管理運営していた被告（掲示板管理者）が被害者の学校関係者からの削除請求に迅速に対応しな

7）大阪地判平24・7・17 判例集未登載（**付録資料２裁判例35**〔p.449〕）。

かった点についての管理義務違反を認め、慰謝料50万円の支払いを命じた。[8)]

Column 1-2 「２ちゃんねるの抗弁」が裁判で通用するか

先に紹介した医師に対する名誉毀損等が争われた裁判例〔p.11〕で、被告は、「２ちゃんねるでは、真偽が入り混じり、無責任な書き込みや嫌がらせの書き込みがなされる傾向が顕著であり、閲覧する者はこの特徴を理解したうえで閲覧しているのであり、現状では、２ちゃんねるの投稿で人の社会的評価が低下させられ損害が発生するということは一部を除いて現実にはあり得ない」などと主張して争った。

これに対し、裁判所は、「『２ちゃんねる』においては、事実を伝える投稿と虚偽を伝える投稿が混在し、スレッドによっては……誹謗中傷の投稿が多くなる場合があるから、その読者が投稿内容を読むに当たっては投稿内容の真偽を注意深く吟味すべきであるとはいえるものの、現状、一般の読者がその旨正しく理解し、投稿を読んでも誹謗中傷された者の社会的評価が低下しないとまでいうことはできない」と述べ、違法な書き込みを投稿した場所が２ちゃんねるであるからといって名誉毀損の成立が否定されないことを示した。

「２ちゃんねるに書き込まれた情報など誰も信じないのだから、そこに書き込まれた情報が書き込み対象となった者の社会的評価を低下させ、名誉毀損が成立することはあり得ない」という「２ちゃんねるの抗弁」は裁判では通用しないのである。

また、やはり本文で紹介したリツイート行為の名誉毀損該当性が争われた裁判例〔p.10〕で、控訴人は、「ツイッターにおける投稿は、ＳＮＳ上双方向的な議論の空間において、次々と展開される議論・発言の中での表現であって、常に動的なもので可変的であり得、相手方の指摘を受け修正する余地もあれば、より表現の意図が明確になる場合も十分にあり、その方法と手段を双方が持ち得ているという特質があるから、本件投稿のように言論の相手方が公人であった時期の公的評価に関わる言論であり、『対抗言論』の可能性が十分にある中での投稿の内容は、それ自体、社会的評価を低下させるべき性質のものかは疑問である」などと主張して争った。

8）大阪地判平20・5・23判例集未登載（LEX/DB/28141661）。

これに対し、裁判所は、「ツイッターという表現媒体及びこれを用いた表現行為の特質を踏まえても、その表現内容によって他人の社会的評価を低下させることがあり得ることは他の表現方法と変わりはないことに加え、リツイートによる投稿をも含めて、ツイッターにおける投稿が、当該投稿に係る表現内容を容易な操作により瞬時にして不特定多数の閲読者の閲読可能な状態に置くことができることをも考慮すれば、当該投稿に係る表現の意味内容が他人の社会的評価を低下させるか否かの判断基準を上記説示と異なって解すべき理由はなく、当該表現内容が公人であった時期の公的評価に関わるものであるとの点は、違法性阻却事由の成否において検討されるべきものである」として控訴人の主張を排斥した。これを「ツイッターの抗弁」と呼ぶか否かは別として、数あるSNSの中でも特に可変性が高いというツイッターの特質性に鑑みても、名誉毀損該当性の判断基準を変えるには至らないとの判断が示されたといえる。

他者の権利を侵害するインターネット上の表現行為については、民事責任のみならず、刑事責任を問われるリスクも存在する。最高裁判所が、インターネット上の書き込みによる名誉毀損罪の成否について判断を示した事例として、被告人が自ら開設したインターネットのホームページに、Ｂ社がカルト集団である旨記載した文章[9]や、同社が会社説明会の広告に虚偽の記載をしている旨の文章を不特定多数の者に閲覧させたとして名誉毀損罪に問われた事案を紹介したい[10]。同事案で、裁判所は、「インターネット上に載せた

9) 被告人は、フランチャイズによる飲食店「A」の加盟店等の募集及び経営指導等を業とする株式会社Ｂの名誉毀損を企て、自ら開設した「H 観察会 逝き逝きて H」と題するホームページのトップページに、「インチキ FCのＢ粉砕！」「貴方が『A』で食事をすると、飲食代の４～５％がカルト集団の収入になります。」などと記載した文章を掲載したうえ、同ホームページの同社の会社説明会の広告を引用したページに、「おいおい、まともな企業のふりしてんじゃねぇよ。この手の就職情報誌には、給料のサバ読みはよくあることですが、ここまで実態とかけ離れているのも珍しい。教祖が宗教法人のブローカーをやっていた右翼系カルト『H』が母体だということも、FC店を開くときに、自宅を無理矢理担保に入れられるなんてことも、この広告には全く書かれず、『店が持てる、店長になれる』と調子のいいことばかり。」と記載した文章等を掲載していた。

10) 最一判平22・３・15刑集64巻２号１頁（**付録資料２裁判例33**〔p.447〕）。

情報は、不特定多数のインターネット利用者が瞬時に閲覧可能であり、これによる名誉毀損の被害は時として深刻なものとなり得ること、一度損なわれた名誉の回復は容易ではなく、インターネット上での反論によって十分にその回復が図られる保証があるわけでもないこと」などといったインターネットの特質を論じたうえ、被告人が摘示した事実を真実であると誤信したことについて、確実な資料、根拠に照らして相当の理由があるとはいえないとして、被告人に名誉毀損罪の成立を認め、罰金30万円の刑に処した原判決の判断を是認している。

(2)　リベンジポルノ、わいせつ動画のアップロード

「リベンジポルノ」とは、元交際相手などのわいせつな画像を嫌がらせ目的でインターネット上に公開する行為をいう。たとえば、別れた恋人の裸の写真を不特定多数の者が閲覧可能なインターネットの掲示板などにアップロードするといった行為である。平成25年に発生した三鷹女子高生殺人事件の被告人が被害者の性的画像をインターネット上に流出させていたことが明らかになったことから、「リベンジポルノ」という言葉とともに、世間の注目を集めることになった。

同事件は、被告人が、インターネット上の交流サイトで知り合った被害者（元交際相手。当時18歳）を殺害したという痛ましい事件であったが、犯行前後に、被告人が、インターネットの掲示板に被害者の性的画像等が投稿されたサイトのURLを書き込むなどして当該画像等を広く拡散させたというショッキングな事実も相まって広く世間の耳目を集めることとなった。同事件で、被告人は、当初、住居侵入、殺人、銃砲刀剣類所持等取締法違反の罪で訴追されており、リベンジポルノ自体は直接には処罰の対象となっていなかったが、その後、検察は被告人を児童買春・ポルノ禁止法違反（公然陳列）などの罪で追起訴し、懲役22年の刑が言い渡された[11)]。

11）第１次第１審：東京地判平26・８・１判例集未登載（LEX/DB/25504614）、第１次控訴審：東京高判平27・２・６判例集未登載（LEX/DB/25505813）。第２次第１審：東京地判平28・３・15判例集未登載（LEX/DB/25542693）。第２次控訴審：東京高判平29・１・24東京高等裁判所（刑事）判決時報68巻１～12号18頁。

1で述べたとおり〔p.7〕、インターネットは瞬間的に全世界的に伝播するという爆発的な伝播性を有するため、ひとたび、リベンジポルノのような被害者の名誉を著しく毀損する画像や動画がアップロードされてしまうと、被害者は甚大かつ回復困難な被害を被ることになる。このように、リベンジポルノによる人権侵害被害の重大性に鑑み、平成26年11月、リベンジポルノを刑罰の対象にすることなどを盛り込んだ「私事性的画像記録の提供等による被害の防止に関する法律」（リベンジポルノ防止法）が成立した。

⑶　著作権侵害画像・動画のアップロード

各種動画投稿サイトに投稿され、インターネットで公開された動画の中には、著作権で保護されている楽曲や映像等が無断で投稿されているケースも少なからず存在している。昨今では、著作権侵害により刑事訴追され、有罪判決が出されるなど、厳罰傾向にあるといえる。

音楽著作物の著作権等管理事業者である原告が、一般のユーザが著作権侵害動画を多数投稿する動画投稿サイトを運営する被告会社に対し、原告が管理する著作物を同サイトのサーバの記憶媒体に複製し、他のユーザに公衆送信することの差止めを求めるとともに、著作権侵害を理由に不法行為に基づく損害賠償を求めた事案において、裁判所は、被告会社が、自ら経済的利益を得るために、その支配管理する動画投稿サイト上でユーザによる著作物の複製行為を誘引し、実際に本動画投稿サイトに著作物の複製権を侵害する動画が多数投稿されることを認識しながら侵害防止措置を講じることなくこれを容認していた行為は、ユーザによる複製行為を利用して自ら複製行為を行ったと評価できる旨述べて、被告会社が著作物の複製権及び公衆送信可能化権の侵害主体であると認定し、被告会社に対する差止請求を認容し、不法行為に基づく損害賠償請求として8,993万円余の支払いを命じた原判決の判断を是認した[12)]。

上記事案は、著作権侵害動画の投稿が事実上横行していた動画配信サイトの管理会社が責任を問われた事案であるが、著作権を侵害する動画を自ら動

12）TVブレイク事件・知財高判平22・９・８判時2115号102頁（**付録資料２裁判例51**）〔p.460〕。

画投稿サイト上に投稿した者が著作権侵害に基づく責任を負うことは当然である。さらにいえば、これらの動画投稿サイトに投稿された動画が、著作権を侵害する違法なものであることを認識していながらこれをダウンロードして閲覧する行為も、著作権法上で禁止される違法行為であるため、その利用には十全の注意を払う必要がある（著作30条１項３号）。

第3節　インターネット上への権利侵害への対応策

インターネットは、誰もが情報発信者として加害者になり得ると同時に、誰もが明日にでも被害者となる可能性を秘めている。もし万が一、インターネット上の情報発信により、自分の名誉やプライバシー、著作権その他の権利が侵害される事態が生じてしまった場合、我々は、自らの権利利益を守るために、どのような対応策を講じることができるのか。

1　侵害情報の削除

(1)　削除請求の根拠について

自らの名誉やプライバシーといった権利を侵害する情報をインターネット上で発見した場合、被害者としては、まず、侵害情報の発信者、あるいは侵害情報が発信された電子掲示板の管理人や当該電気通信を媒介するプロバイダ等に対し、裁判外・裁判上において、当該侵害情報の削除を求めることが考えられる。プロバイダ等は、侵害情報の発信者ではないが、プロバイダ等が提供するサーバに蔵置されているウェブサイト上に名誉やプライバシー等の権利を侵害する表現がある場合には、客観的に、プロバイダ等が人格権を違法に侵害していると評価できるため、人格権としての名誉権・プライバシー権に基づく侵害差止請求権（妨害予防請求権ないし妨害排除請求権）に基づき、これらのプロバイダ等に対し、当該侵害情報の削除を請求することができる[13)]。従前、プロバイダ等への削除請求については、その根拠を私法上の義務や民法723条の名誉回復処分の一環と整理するものなど諸説存在したが（代表的な裁判例は**付録資料２裁判例２～15**〔p.419～〕を参照）、現在では、人格権

13）江原健志＝品川英基編著『民事保全の実務〔第４版〕（上）』（金融財政事情研究会、2021年）365頁以下。

に基づく差止請求権を根拠に、プロバイダ等に対する差止めの仮処分を申し立てるのが一般的である。

また、著作権侵害情報については著作権に基づく差止請求権（著作112条）が、商標権侵害情報については商標権に基づく差止請求権（商標36条）が、それぞれプロバイダ等に削除を求める際の根拠となり得る。

(2)　裁判外の請求

被害者は、侵害情報の発信場所が個人開設のブログであるなど、被害者において発信者の特定が可能な場合は当該発信者に対して、発信者の特定が困難な場合は当該侵害情報に係る電気通信を媒介するプロバイダ等に対して、侵害情報の削除を求めることができる。

大手のプロバイダなどは、利用規約等で自主的に情報削除の基準を定め、当該基準に該当する場合には任意の削除に応じるという体制を整えているケースが少なくないため、そのような場合は、所定のフォーマットに従って削除請求を行うことが最も簡便な方法である（**第３章第３節❸**〔p.132〕）。これに対し、プロバイダ等が、任意のフォーマットによる削除請求を受け付けていない場合や、当初からプロバイダ責任制限法ガイドラインに基づく削除請求（**第３章第３節❹**〔p.136〕）のみに対処する方針をとっている場合は、同ガイドラインに定める手順に従って削除防止措置を依頼することになる。なお、侵害情報の削除請求を行う際には、侵害情報の発信者に対する後日の損害賠償請求等に備えて、予め、侵害情報の存在と内容を証拠として保全する措置を講じておく必要がある（**第３章第３節❷**〔p.129〕）。

また、被害者がプロバイダ等に対し、侵害情報の削除を求めたが削除されなかった場合、法務省の人権擁護機関[14)]や、インターネットホットラインセンターなどの民間の相談窓口を通じて侵害情報の削除を求めることも検討に値する。[15)]実際にも、被害者本人が要求した際には実現されなかった侵害情

14）プロバイダ責任制限法ガイドライン等検討協議会「プロバイダ責任制限法名誉毀損・プライバシー関係ガイドライン（第６版）」（令和４年６月）Ⅲ－４法務省人権擁護機関からの情報削除依頼への対応（https://www.telesa.or.jp/vc-files/consortium/provider_mguideline_20220624.pdf）。

15）法務省の人権擁護機関が行う削除要請に法的拘束力はないが、「プロバイダ責任制限法名誉毀損・プライバシー関係ガイドライン」においては、法務省人権擁護機関の削除依頼に基づき、

報の削除が、法務省の人権擁護機関が関与したことにより、スムーズに行われた事案が存在する。[16]

Column 1-3 ｜インターネット上の権利侵害に関する主な相談窓口

●インターネットホットラインセンター

連絡先：http://www.internethotline.jp/

概　要：一般財団法人インターネット協会が、警察庁からの委託を受け、平成 18 年 6 月 1 日から運用を開始したインターネット上の違法・有害情報の通報受付窓口。広くインターネット利用者から違法有害情報に関する情報提供を受け付け、一定の基準に従って情報を選別したうえで、警察への情報提供や、電子掲示板の管理者等への送信防止措置依頼等を行っている（ホットラインセンターの紹介リーフレットより抜粋）。なお、官民の役割分担見直しの一環として、平成 28 年度からは同センターへの委託の範囲は「通報の受理」と「違法情報の処理」とされ、有害情報については民間による自主的対応を求めることとなった（その後、有害情報のうち自殺誘因等情報と重要犯罪密接関連情報については国の委託の範囲に改めて追加された[17]）。

プロバイダ等が送信防止措置を講じた場合、「『他人の権利が不当に侵害されていると信じるに足りる相当の理由がある』場合（法３条２項１号）に該当し、プロバイダ責任制限法の規定に基づき、プロバイダが削除による発信者からの損害賠償責任を負わない場合が多いと考えられる」（Ⅱ－１総論）旨記載されており、特段の事情がない限り、法務省人権擁護機関からの削除請求に応じることが望ましいものとされている。

16）何者かが被害者になりすまし、インターネットサイトに被害者の顔写真を掲載したほか、氏名、生年月日、住所の一部、携帯電話番号、メールアドレス及び被害者をかたった卑猥な内容の書き込みがされているとして、法務局の相談電話「女性の人権ホットライン」に電話相談がされた事案において、法務局が被害者に対してプロバイダへの削除依頼方法を教示し、被害者自身が削除依頼したところ、一部の書き込みについては削除されたものの、その余の書き込みについては削除されなかった。そこで、法務局が削除されなかった書き込みについて調査したところ、当該書き込みは被害者のプライバシーを侵害すると認められたため、法務局からインターネットサイト上の所定のフォームにより削除要請をした結果、当該書き込みは削除されるに至った（法務省「平成25年中に法務省の人権擁護機関が救済措置を講じた具体的事例（別添1）」http://www.moj.go.jp/JINKEN/jinken03_00188.html より抜粋）。

17）ホットライン運用ガイドライン（令和５年９月29日16訂）２頁（https://www.internethotline.jp/file_preview/InfoContents/952/file/）。

●法務省「インターネット人権相談窓口」
連絡先：http://www.moj.go.jp/JINKEN/jinken113.html
Mobile：https://www.jinken.go.jp/soudan/mobile/001.html
概　要：法務省が設置する人権侵害問題全般の相談受付窓口。インターネット上の人権侵害の調査を行ったうえで、必要に応じて、プロバイダ等に対する削除請求等を行っている。

●違法・有害情報相談センター
連絡先：http://www.ihaho.jp/
概　要：インターネット上の違法・有害情報に対し適切な対応を促進する目的で設置された相談窓口（総務省支援事業）。関係者等からの相談を受け付け、サイト管理者等への削除依頼の方法等に関する相談なども受け付けている。

●誹謗中傷ホットライン
連絡先：https://www.saferinternet.or.jp/bullying/
概　要：インターネット企業有志によって運営される一般社団法人セーファーインターネット協会が運営するインターネット上の誹謗中傷の通報受付窓口。インターネット上の誹謗中傷に対して、国内外のプロバイダ等に利用規約に沿った削除等の対応を促す通知などを行う。

⑶　裁判上の請求

裁判外での削除請求に対して、発信者及びプロバイダ等が削除に応じなかった場合、被害者は、侵害情報により自己の人格権や著作権等の権利が違法に侵害されたものとして、人格権に基づく妨害排除請求権（憲法13条）や著作権に基づく差止請求権（著作112条）等に基づき、侵害情報の削除を求める仮処分の申立てや民事訴訟の提起を行うことが可能である。

2　損害賠償請求

インターネット上に誹謗中傷や個人情報などが掲載されたことにより、名誉や信用等の権利を侵害された者は、かかる侵害情報を書き込んだ情報発信者に対し、当該侵害情報の書き込みによって被害者が被った損害の賠償を求める民事訴訟を提起することができる（民709条等）[18]。

3 刑事告訴・告発

前記で述べた民事上の対応と合わせて、侵害情報の発信者を、名誉毀損罪や信用毀損罪、侮辱罪、著作権侵害等の刑事処罰に処すべく、警察と相談のうえ、刑事告訴や告発を行うという方法も考えられる[19]。

平成26年11月に成立したリベンジポルノ防止法では、第三者が撮影対象者を特定することができる方法で電気通信回線を通じて性的な画像やその記録物を不特定又は多数の者に提供し、あるいは公然と陳列した者は、３年以下の懲役又は50万円以下の罰金に、これらの行為をさせる目的で、電気通信回線を通じて私事性的画像記録・記録物を提供した者は、１年以下の懲役又は30万円以下の罰金に処せられる旨が規定されている（同法３条１項～３項）。リベンジポルノ防止法の施行により、従来は名誉毀損罪やわいせつ物頒布罪などといった現行法の刑罰の枠内で対応をせざるを得なかったリベンジポルノ行為それ自体を、直接に刑罰をもって捕捉することが可能となった。

18) 民法上は、侵害情報の書き込みにより権利侵害を受けた者は、金銭賠償とともに、又は金銭賠償に代えて、情報発信者による謝罪広告等の名誉回復措置を講じるよう求めることができるとされている（民723条）。当該措置を講じることにより、世間一般に対して、侵害情報の発信者自ら、当該情報が虚偽で、名誉を損なう表現であったことを自認・謝罪させることになるため、特に、ブランドやイメージの毀損によって大きな被害を被るリスクのある著名人や企業の名誉回復を果たすうえで有効な方法となる場合もあり得る。もっとも、名誉毀損的表現がなされたことを改めて広く知らしめることで二次被害が生じるおそれもあり、また、裁判において認容された事例も乏しいため、活用例は少ない。なお、実際に謝罪広告が認容された事例としては、雑誌に掲載された記事が原告の名誉及び肖像権を侵害するものとして当該雑誌上への謝罪広告を命じた東京地判平13・9・5判時1773号104頁や、書籍による名誉毀損行為を認め、インターネット上での１ヶ月間にわたる謝罪広告を命じた東京地判平13・12・25判時1792号79頁などがある。

19) 都道府県警察本部のサイバー犯罪相談窓口等一覧（http://www.npa.go.jp/cyber/soudan. htm）。

Column 1-4　逆SEO対策

逆SEO対策とは、誹謗中傷などの侵害情報が掲載されたサイトや当該サイトと同一検索ワードでヒットする他のサイトに技術的な対策を講じることにより、Yahoo! Japan や Google などの検索エンジンの検索結果の上位に侵害情報が書き込まれたサイトを表示させないようにする手法である。これにより侵害情報を世間の目に触れにくくすることができ、事実無根の誹謗中傷等による名誉や信用の毀損を一定程度回避することが期待される。

たとえば、とある電子掲示板に、「A社社長が社員にセクハラ三昧」といった事実無根の誹謗中傷が大量に書き込まれ、これにより、「A社」というキーワードで検索を行った場合の検索結果上位に当該サイトが表示されるようになると、そのような事実無根の誹謗中傷が検索を実行した多数人の目にとまり、A社の信用が著しく毀損されるおそれが生じる。就職活動中の学生がA社にエントリーしようとして企業名を検索した際、上記のような書き込みを目にした場合や、銀座でエステを探すために「銀座　エステ」と検索したところ、「エステサロンBぼったくり詐欺」などといった書き込みのあるサイトが大量に表示された場合を考えれば、被害者の信用に対する影響の大きさは一目瞭然である。

これに対する対応策として典型的に想定されるものとしては、本文中に記載したとおり、発信者やプロバイダに対する侵害情報削除請求等の措置が挙げられるが、これらの対策とあわせて、あるいは、これらの措置が現実的に不可能又は著しく困難な場合（発信者やそのプロバイダの準拠法が日本でないなどの理由で削除請求が認められない場合など）の次善の策として、逆SEO対策を行う専門業者に依頼し、誹謗中傷が書き込まれたサイトが検索結果の上位に表示されないような対策を講じることも一定の効用を有する。

ただし、逆SEO対策はあくまでも、検索結果の上位に表示されにくくするという方法に過ぎず、その効用がどの程度継続するか不確かであるうえ、侵害情報自体が存在しなくなるわけではないため、抜本的・終局的な解決というよりは、短期間で沈静化するような誹謗中傷騒ぎが落ち着くまでの時間稼ぎとして、あるいは、削除請求がなされるまでの臨時的・暫定的な措置として補完的に利用することが考えられる。また、逆SEO対策の手法にもさまざまなものがあり、短期的には検索結果を下げる効果を発揮するが、一定期間経過すると対策実施前より検索結果が上位となってしまうようなケースや、検索結果を下げる効果がごく短期間しか維持されず、追加の対策費用として繰り返し高額な請求を受けるケースも想定されるため、逆SEO対策を依頼する際には、業者の選定、検索順位を下げるために用いる手法やその効果の内容についても十分に確認のうえで慎重に対応する必要がある。

第4節　インターネットの仕組みとプロバイダ責任法

インターネット上の権利侵害行為に対しては、**第３節**で述べたような各種の救済手段が考えられるが〔p.17〕、侵害情報をインターネット上に公開した情報発信者に対して、侵害情報の削除を求めたり、損害の賠償を求めて訴訟を提起するためには、違法な表現行為を行った「発信者」が誰であるのかを特定することが必須となる。

しかしながら、**第２節**で述べたとおり〔p.6〕、インターネット上における情報発信は、匿名でなされることが多く、被害者にとって、侵害情報の発信者を特定することは必ずしも容易ではない。

侵害情報の発信者を特定するための具体的な手段・方法については、**第３章**で詳しく述べるが〔p.107〕、なぜそのような困難が生じるのかはインターネットというものそのものの仕組みに関わっているので、まずは、インターネットの基本的な仕組みを概観しておくこととしたい。

1　インターネットの仕組み

インターネット、あるいは、ワールド・ワイド・ウェブ（WWW、単にウェブと呼ぶこともある）というのは、地域や、会社内・家庭内などのコンピュータなどの情報機器同士をつないでいるネットワーク同士を世界的な規模でつながるようにした仕組みである。このように世界中のネットワークがつながるためには、他のネットワークと情報の授受をするための共通の手順（プロトコル＝いわば共通の言語に当たるもの）や個々の情報機器を他と識別する記号（いわば固有名詞のようなもの）が必要である。共通言語に当たるものがTCP/IPと呼ばれるものであり、個々の情報機器に割り当てられた固有名称のようなものがIPアドレスと呼ばれるものである。

インターネットについて、総務省のウェブサイトでは次のように説明されている（**図表1-2**）。

図表1-2　インターネットの仕組み[20]

複数のコンピュータを、ケーブルや無線などを使ってつなぎ、お互いに情報をやりとりできるようにした仕組みを**ネットワーク**と呼びます。

インターネットは、家や会社、学校などの単位ごとに作られた1つ1つの**ネットワーク**が、さらに外の**ネットワーク**ともつながるようにした仕組みです。外の**ネットワーク**と接続するために、**ルータ**と呼ばれる機器や、**インターネットサービスプロバイダ**と呼ばれる通信事業者のサービスを利用します。世界規模でコンピュータ同士を接続した、最も大きい**ネットワーク**といえます。

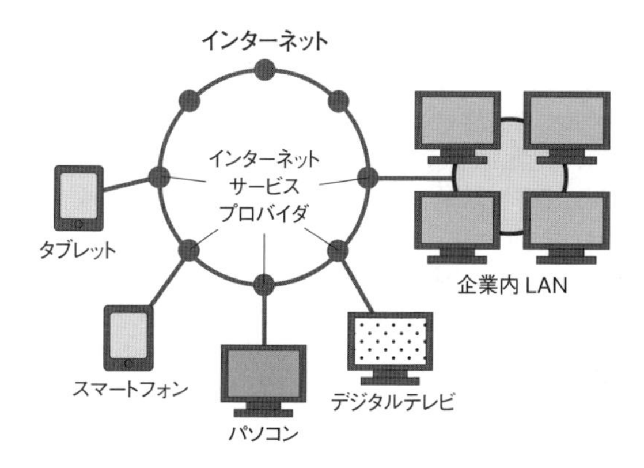

ネットワーク上で、情報やサービスを他のコンピュータに提供するコンピュータを**サーバ**、**サーバ**から提供された情報やサービスを利用するコンピュータを**クライアント**と呼びます。私たちが普段使うパソコンや携帯電話、**スマートフォン**などは、**クライアント**に当たります。

インターネット上には、**メールサーバ**や**Web サーバ**といった、役割の異なる多数の**サーバ**が設置されています。それらの**サーバ**が、**クライアン**

20）総務省ウェブサイト「インターネットの仕組み」（http://www.soumu.go.jp/main_sosiki/cybersecurity/kokumin/basic/service/01/）より抜粋。

トからの要求に従って、情報を別の**サーバ**に送ったり、持っている情報を**クライアント**に渡したりすることで、**電子メール**を送信したり、**Web ブラウザ**でホームページを見たりすることができるようになっているのです。

インターネットでは、コンピュータ同士が通信を行うために、TCP/IP（ティーシーピー・アイピー）という標準化された**プロトコル**が使われています。**プロトコル**とは、コンピュータが情報をやりとりする際の共通の言語のようなものです。この仕組みのおかげで、インターネット上で、機種の違いを超えて、さまざまなコンピュータが通信を行うことができるようになっています。

インターネットで、情報の行き先を管理するために利用されているのが、それぞれのコンピュータに割り振られている **IP アドレス**と呼ばれる情報です。この **IP アドレス**は、世界中で通用する住所のようなもので、次の例のように表記されるのが一般的です。

IP アドレスの例：198.51.123.1

ところが、この **IP アドレス**は、コンピュータで処理するのには向いていますが、そのままでは人間にとって扱いにくいので、ホームページや**電子メール**を利用するときには、相手先のコンピュータを特定するために、一般的にドメイン名が使われています。

ドメイン名を使用した記述方法では、たとえばホームページのアドレスでは“www.soumu.go.jp”のように指定します。**ネットワーク**上には、これらの**ドメイン名**と **IP アドレス**を変換する機能を持つ**サーバ**（DNS **サーバ**）があり、**ドメイン名**を **IP アドレス**に自動的に変換することで、**電子メール**の送り先やホームページの接続先を見つける仕組みになっています。

このようなインターネットの仕組みからわかるとおり、インターネット上のさまざまな情報は、多くの関係者を経由して流通している。

たとえば、電子メール（Eメール）を送る場合を考えてみよう。発信者が、パソコンやスマートフォンで通信文を書いて発信すると、まず、パソコンやスマートフォンに搭載されたメールソフトが、その通信文をデータに変換したうえで、小さな複数のパケットに分割して、送信者の所属している組織等が設置したメールサーバや、携帯電話会社や固定電話会社などの通信事業者の提供する電話回線や CATV 会社の提供するケーブル等を経由して、発信者の契約しているインターネットサービスプロバイダ（ISP）のメールサーバにそれを送る（通信業者がISPを兼ねている場合もある）。次に、これらの組織やISPのメールサーバは、世界中のインターネットにつながっているメールサーバの中から、そのメールの宛先のアドレス（××＠××××.co.jpのようなもの）の＠の後のドメイン名（メールの受信者の所属する組織や利用しているISPなどの事業者を示す名前）が示すメールサーバにそれらのデータを転送する。メールを受け取ったサーバは、受取人がメールを取りにくるまで、サーバ内にデータを保管しており、受取人のパソコンやスマートフォンのメールソフトが、受取人が契約しているISP等のメールサーバにある自分のメールボックスに接続して受取人宛のメールのデータを取り出し、それを元の通信文に再構成して表示する（**図表1-3**）。

図表1-3　電子メールの仕組み

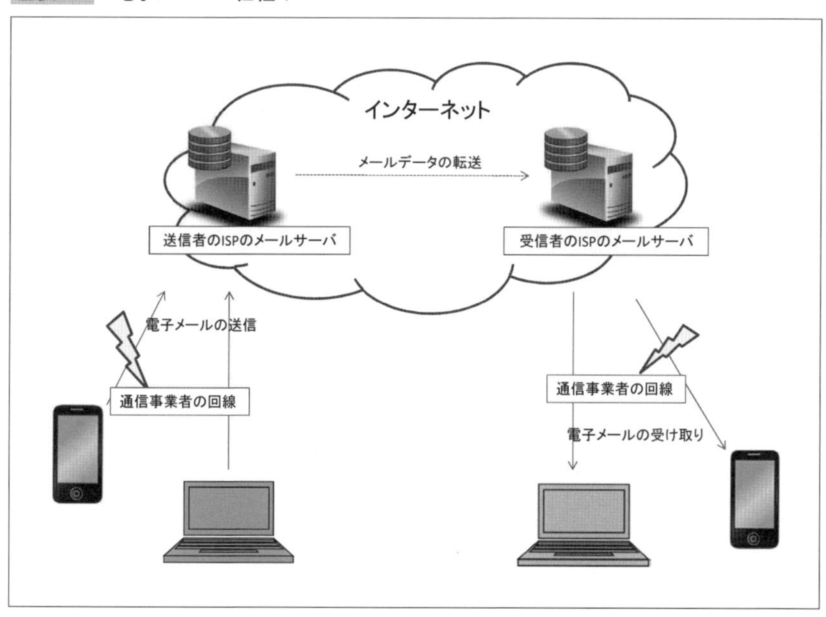

また、電子掲示板やSNS等の場合は、利用者は、パソコンやスマートフォンに搭載されたウェブブラウザ等のソフトウェアを利用して、電子メー

ルと同様に、通信事業者や自己の契約しているISPを経由して、掲示板やSNSのサイトを開設している事業者（コンテンツプロバイダ〔CP〕、あるいは、コンテンツサービスプロバイダ〔CSP〕と呼ばれる）の開設するサーバに接続し、そこに蓄積されたデータベースに書き込みをしたり、閲覧したり、さまざまなソフトウェアを利用したりする（**図表1-4**）。

図表1-4　電子掲示板、SNSの仕組み

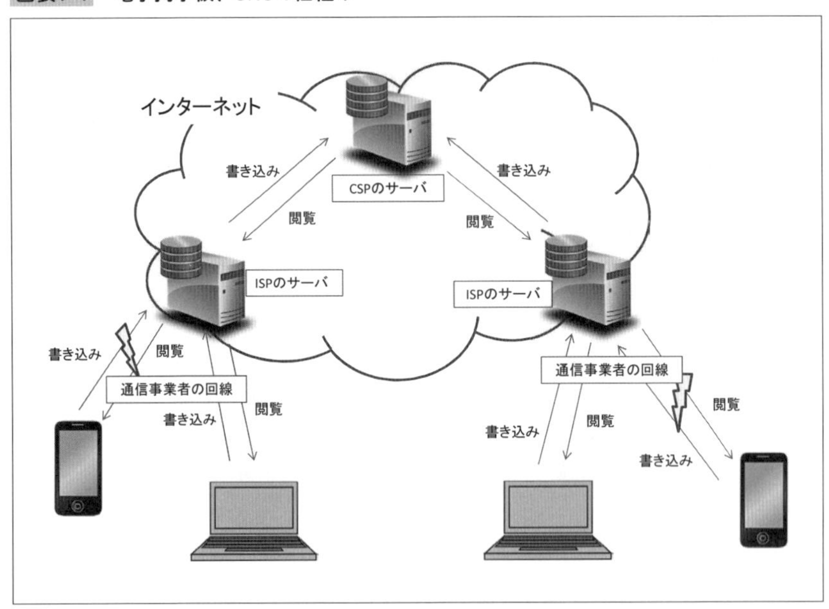

以上は、利用者が端末（クライアントと呼ばれる。）から、プロバイダなどの保有するサーバに接続してさまざまなサービスを受ける形を念頭においている。このような形態は、「クライアント・サーバ・システム」と呼ばれている。これに対して、利用者の端末同士を相互に接続して、直接データなどをやりとりするシステムもあり、P2P（ピー・ツー・ピー／ピア・ツー・ピア）と呼ばれている（**図表1-5**）。P2Pは、通信や処理が特定のサーバに集中するクライアント・サーバ・システムに比較して、サーバへの負担や依存が少なく、拡張性や耐障害性に優れ、低コストで運用できる。他方、サーバによる一元的

なデータ管理がなされないため、処理の確実性、データの真正性などに問題があるとされている。また、サーバによる管理がなされず匿名性が高いことから、P2Pを利用したファイル交換ソフトによる、著作権で保護された著作物の違法なコピーが頻発して社会問題となった。最近では、「ビットコイン」のような暗号資産の取引台帳などの記録情報を不特定多数の端末間で改ざん不可能な状態で交換・共有する技術（ブロック・チェーン）の基盤としてP2Pが用いられている。

図表1-5　P2P（ピア・ツー・ピア）通信の仕組み

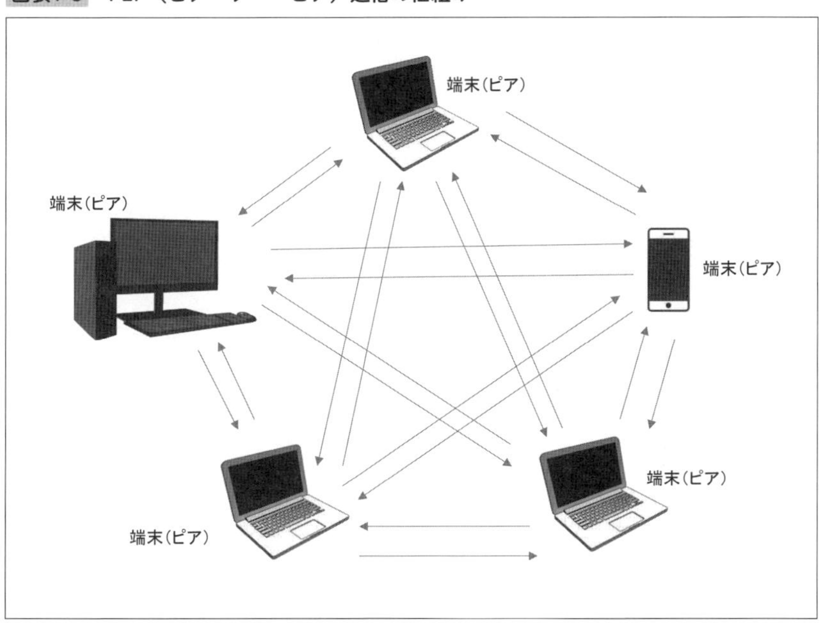

クライアント・サーバ・システムであってもP2Pであっても、利用者の間で情報を間違いなく流通させるために、IP アドレスや接続時のタイムスタンプなどのさまざまな付随した情報が付加されて、経由する関係者に次々と渡されていく。その情報の記録がアクセスログと呼ばれるものである。

第３章で後述するとおり〔p.151〕、これらの付随する情報のうち、特定の通信の受信者や発信者を特定するために重要なのが、タイムスタンプとIPアドレスとポート番号である。

前述のとおり、インターネット上の通信（電子メールの送受信、ウェブページの閲覧、電子掲示板への投稿等）は、通常、TCP/IPと呼ばれるプロトコル（通信手順）にしたがって、インターネット上でコンピュータ同士が相互にデータを交換することによって行われる。インターネット上の通信を成立させるためには、通信を行うコンピュータ同士が、相互に通信相手を識別し、どの相手（コンピュータ）と通信を行えばよいかを特定しなければならない。インターネット上では、当該識別を、IPアドレス（インターネット上の住所のようなもの）及びポート番号（IP アドレスを建物の住所とすると、ポート番号は部屋番号に該当する等と説明される）を用いて行っている。

IPアドレスは、各コンピュータに割り当てられたものであり、IP アドレスにより、通信相手のコンピュータを識別することになる。加えて、コンピュータ内で動いている複数のプログラムのうち、どのプログラムと通信しているのかを識別するためにポート番号が用いられる。したがって、インターネット上の通信を行うためには、通信元及び通信先それぞれのIPアドレス及びポート番号が必要になる。

IPアドレスは世界的な公的機関（IANA：Internet Assigned Numbers Authority）で管理されており、世界中のインターネット上のすべてのコンピュータに番号が付けられている。しかし、サーバのような、多くの者からのアクセスがあるものは、固定したIPアドレスを割り付けることが必要であるが、単に通信だけを行う、パソコンやスマートフォンなどには、通常、通信ごとにその都度自動的に IP アドレスが割り当てられる仕組みとなっている。

したがって、特定の通信にかかる送受信者を特定するためには、送受信者のIPアドレス、ポート番号と並んで、いつその通信が行われたか（すなわちその時間に特定のIPアドレスが割り振られていたのがどのコンピュータなのか）という情報、すなわち通信が行われた時刻のタイムスタンプが必須である。

以上より、発信者の識別を技術的に確実に行うためには、①当該通信が行われた時刻（タイムスタンプ）、②通信元のIPアドレス及びポート番号、③通信先の IP アドレス及びポート番号が必要となるのである。

Column 1-5 ｜ IPアドレスの枯渇

現在普及しているIPアドレスは、×××．×××．×××．×××というような、0～255までの数字4つから成り立っている。255というのは二進法の8桁であり、IPアドレスは、二進法の32桁（約43億）という有限の数しかない。そのため、今日、インターネット普及やスマートフォン等の端末の爆発的な普及により、IPアドレスが枯渇し、インターネットに接続できるコンピュータすべてにIPアドレスを直接割り当てることが困難となっているという問題が生じている。現在このIPアドレスの桁数を増やす新しいプロトコルとしてIPv6という規格が導入されているが、新しいプロトコルを開発し普及させるには時間がかかる。そのため、当面の短期的な対策として、インターネットサービスを提供する各プロバイダ会社は、当該会社に割り当てられたインターネットへ接続するために必要なIPアドレスを、自己の契約者が共用して、複数名が同時に使用できる仕組み（Network Address Translation〔NAT〕）を構築し、IPアドレスの枯渇問題に対応している状況にある。

2　プロバイダ責任制限法（情報流通プラットフォーム対処法）の制定及び改正

(1)　プロバイダ責任制限法の制定

1で概観したように、インターネットを通じての通信は、発信者からその受信者までの間に多くの者が関わっている。したがって、侵害情報がインターネット上で発信された場合に、被害者がその発信者に関する情報を知ろうとすれば、その通信が経由される当事者ごとに次々に遡って前者の情報を求めていくしかない。そして、前述のとおり、経由者の多くはプロバイダ等である。したがって、被害者が侵害情報の発信者に関する情報を取得するには発信者の情報を持つプロバイダ等から発信者情報の開示を求めることが必須である。ところが、プロバイダ等は、罰則をもって通信の秘密を保障すべきことを義務付けられているため（電気通信事業4条、179条）、侵害情報の発信者の通信の秘密の保障と、救済を求める被害者の権利保障との間で進退両難の状況に追い込まれているのである。

そこで、このような問題状況を解消し、被害者が権利救済を求める対象となる発信者の特定に必要な情報開示を可能とすべく、平成13年、プロバイダ責任制限法が制定された。これにより、特定電気通信による情報の流通により自己の権利を侵害された者は、一定の条件を満たした場合には、法的権利として発信者情報開示請求権が認められることになった。

(2)　令和３年改正法の制定に至る経緯

プロバイダ責任制限法は、インターネット上に匿名で投稿された権利侵害情報によって自己の権利を侵害されたと主張する者（被害者）が、当該匿名情報の発信者を特定して損害賠償請求等を行うことで被害回復を図ることができるよう、一定の要件を満たす場合には、プロバイダ等に対し、当該発信者の特定に資する情報の開示を請求する権利（開示請求権）を定めている。

もっとも、インターネット上で権利侵害情報の投稿が行われた場合、一般に、当該情報が投稿されたウェブサイトの管理等を行うプロバイダ（＝コンテンツプロバイダ、以下「CP」という。これに対し、当該投稿の発信者がインターネット接続の際に利用したプロバイダは「アクセス・プロバイダ」ないし「経由プロバイダ」と呼ばれる。以下「AP」という）は、発信者の氏名・住所等の情報を保有していないことが多い。したがって、被害者が発信者を特定して被害回復を図るためには、通常の場合、①CPに対する開示請求（発信者が権利侵害情報を投稿した際のIPアドレスやタイムスタンプの開示を求める手続であり、実務上は仮処分の申立てによるのが一般的である。）と②APに対する（消去禁止の仮処分及び）開示請求（上記①で判明したIPアドレス等で特定されたインターネット通信を行った発信者の氏名・住所等の開示を求める手続であり、実務上は訴訟によるのが一般的である。）により発信者を特定した上で、③発信者に対する損害賠償請求等を行うという、多段階の裁判手続を経なければならず、特に、発信者の特定のため２段階の裁判手続を必要とする点で、被害者にとって時間的・費用的に大きな負担となっていた。

また、上記手続の下では、CPに対する開示請求が認められ、これを受けて直ちにAPに対する消去禁止の仮処分や訴訟提起を行ったとしても、その時点ではすでにAPが保有するIPアドレス等のログ情報が消去されている場合もあり、現行法の仕組みは、手続が多重構造的になっていること及びそれによる時間的なロスの結果、発信者の特定が不可能となり、被害回復の途そのものが閉ざされてしまうという重大なリスクを内包するものであった。

さらに、近年では、権利侵害情報を投稿した際のIPアドレス等を記録・保存していないGoogleやTwitterなどの大手海外プラットフォーマーが台頭するようになり、投稿時のIPアドレスから通信経路を辿ることにより発信者を特定することが困難な事態が生じるなど、現行の省令に定められている発信者情報を開示対象とするのみでは、発信者を特定することが技術的に困難な場面が増加していた。

以上のような問題を解決すべく、総務省では、有識者等を参集した「発信者情報開示の在り方に関する研究会」において、令和２年４月から９回にわたって現行制度の問題点やその解決方法としての新たな裁判手続の創設について検討することとなった。同研究会では、権利侵害情報の被害者の裁判を受ける権利の保障という重要な目的を達成し、被害者救済をいかに適切に図るべきかという観点に加え、これと対極にある発信者の法益、すなわち、適法な情報発信を行った者の表現の自由、プライバシー及び通信の秘密をいかに保護すべきかという観点の両面に留意しながら具体的な制度設計についての検討が重ねられ、同年12月、同検討の結果をとりまとめた、「発信者情報開示の在り方に関する研究会最終とりまとめ」（以下「最終とりまとめ」という）が公表された。[21)]

最終とりまとめの内容をふまえて、政府内でも議論が進められ、令和３年４月21日、第204回通常国会において、「特定電気通信役務提供者の損害賠償責任の制限及び発信者情報の開示に関する法律の一部を改正する法律」（令和３年法律第27号。以下「令和３年改正法」という）が成立し、同月28日に公布された。

21）https://www.soumu.go.jp/main_content/000724725.pdf

⑶　令和３年改正法の概略

最終とりまとめは、①発信者情報の開示対象の拡大、②新たな裁判手続の創設及び特定の通信ログの早期保全、並びに③裁判外（任意）開示の促進という３本柱からなっており、このうち、令和３年改正法では①及び②の内容が盛り込まれた。

まず、①については、従前から認められていた、権利侵害投稿を行った際のIPアドレス等に加えて、当該権利侵害情報の投稿が行われたSNSサービス等にログインした際のIPアドレス等も開示対象に加えられることとなった。

また、②については、従前の２段階による発信者情報の開示請求手続に加え、発信者情報の開示を１つの手続で行うことを可能とする新たな裁判手続（非訟手続。以下「新開示請求手続」という）が創設された。

新開示請求手続においては、被害者（申立人）は、

・CP及びAPに対し、保有する発信者情報を被害者に開示するよう求める命令（開示命令）
・CPに対し、(i)保有する発信者情報により特定されるAPの氏名等の情報を被害者に提供すること、(ii)被害者から当該APに対する開示命令の申立てをした旨の通知を受けた場合は、保有する発信者情報を当該APに提供することを命じる命令（提供命令）
・APに対し、CPから提供された発信者情報をふまえ、権利侵害に関係する発信者情報の消去禁止を命じる命令（消去禁止命令）

という３種類の命令を同一の非訟事件の中で申し立てることができる。従前は２段階に分けて行わざるを得なかったCP及びAPに対する３種類の命令を１つの手続の中で一体的に申し立て、並行して審理を進めることが可能になったため、被害者にとっては、手続的な負担の軽減だけでなく、APが保有するログの早期保全という点からもより一層の権利救済が図られることとなった。３種類の各命令の流れについては以下の**図表1-6**[22]を参照されたい。

上記３つの命令のうち、開示命令に対しては異議を申し立てることができ、異議を申し立てた場合は、判決手続で開示命令（開示又は不開示の決定）

22）最終とりまとめ18頁より「図２　３つの命令のフロー」を抜粋。

図表1-6　各命令の流れ

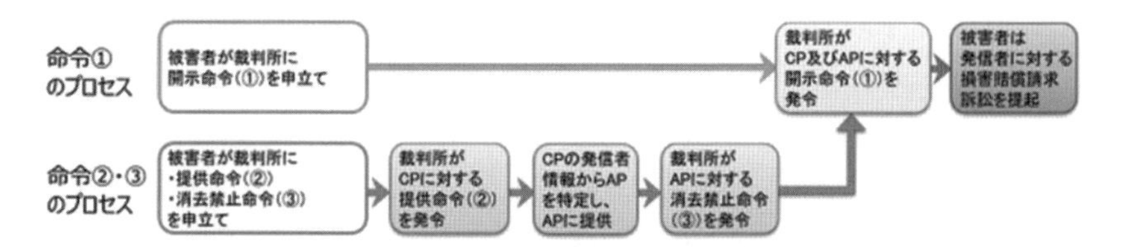

の当否が判断されることになるため、プロバイダ側ひいては発信者側の法益にも配慮した手続構造となっている。また、新開示請求手続の導入後も、現行法に基づく2段階の発信者開示請求手続は存続するため、被害者においていずれの手続で進めるかを選択することができる。

現行法に基づく2段階の開示請求手続と、令和3年改正法に基づく新開示請求手続の関係については、**図表1-7**[23]を参照されたい。

図表1-7　現行法と改正法の開示請求手続の比較

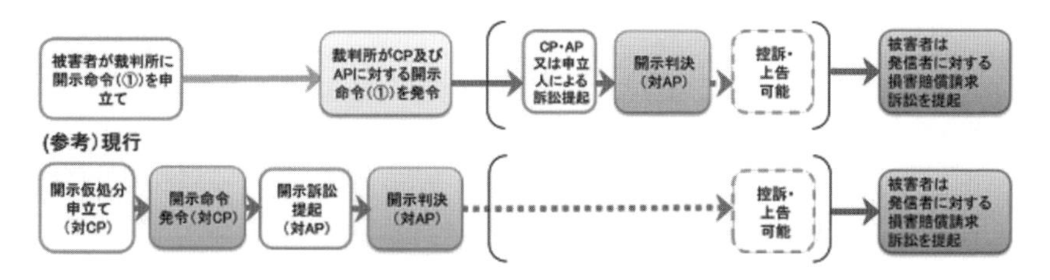

(4)　令和6年改正法の概略

誹謗中傷等のインターネット上の違法・有害情報の流通は、ネット利用が国民生活に浸透する中で社会問題化の一途を辿っており、これらの違法・有害情報の流通による被害も深刻化している。かかる状況を受けて、これまで、発信者情報開示にかかる法改正等、累次の対応が実施されてきたが、一般の被害者からの要望が多い投稿の削除に関しては制度化が十分進んでおらず、課題が多く存在する。たとえば、削除の申請窓口がわかりづらく申請が難しい、放置されると情報が拡散するため迅速な削除が要請される、削除申

23) 最終とりまとめ19頁より「図3　両案の開示命令に関する手続フロー」を抜粋。

請に対する通知がない場合があり削除の有無がわからない、事業者の削除指針の内容が抽象的で削除対象範囲が不明確である、などといった課題が挙げられる。

これらの課題に対応するため、第213回通常国会において成立した「特定電気通信役務提供者の損害賠償責任の制限及び発信者情報の開示に関する法律の一部を改正する法律」（令和6年法律第25号。以下「令和6年改正法」という。）において、大規模なSNS事業者等を大規模特定電気通信役務提供者（以下「大規模プラットフォーム事業者」という）として指定し、同事業者に対して、侵害情報送信防止措置の実施手続の迅速化及び送信防止措置の実施状況の透明化を図るための義務を課すこととされた。これにより、大規模プラットフォーム事業者は、①削除申出窓口・手続の整備・公表、削除申出への対応体制の整備、削除申出に対する判断・通知など、権利侵害情報に対する対応の迅速化に向けた義務と、②削除基準の策定・公表、削除した場合の発信者への通知など、運用状況の透明化に向けた義務を負うこととなった。

令和6年改正法は令和6年3月1日の閣議決定を経て第213回通常国会に提出され、同年5月10日に両院で承認可決された（令和6年5月17日公布）。閣議決定に際しては、本改正法が大規模プラットフォーム事業者に対し上記で述べた規律を加えるものである点をふまえ、法令名が「特定電気通信役務提供者の損害賠償責任の制限及び発信者情報の開示に関する法律（通称：プロバイダ責任制限法）」から、「特定電気通信による情報の流通によって発生する権利侵害等への対処に関する法律（通称：情報流通プラットフォーム対処法）」へと変更された。

以上に概観した法改正により、発信者情報開示請求手続の迅速化・充実化が図られるとともに、大規模プラットフォーム事業者に対する削除申出手続等の迅速化・運用状況の透明化が図られることとなった。次章では、令和3年及び令和6年の改正法を含むプロバイダ責任制限法（情報流通プラットフォーム対処法）の概要及び同法に基づく発信者情報開示の要件・手続等について詳述する。

第2章

情報流通プラットフォーム対処法の概要

令和6年改正を経た同法の姿を概観する

本章では、令和6年に大幅改正された情報流通プラットフォーム対処法を解説する。本改正により同法は、いわゆるプロバイダの損害賠償責任の制限や発信者情報開示のための手続を定めるという私法的な性格に加え、侵害情報送信防止措置の実施手続の迅速化及び送信防止措置の実施状況の透明化を図るための大規模プラットフォーム事業者の義務を定めるという公法的な性格を有するに至っている。

第1節　法律の概観

プロバイダ責任制限法（正式名称は「特定電気通信役務提供者の損害賠償責任の制限及び発信者情報の開示に関する法律」）は、平成13年11月22日に成立し、平成14年5月27日に施行された法律である。制定時には全4条からなる法律であったが、平成25年と令和3年に改正がなされて全19条からなる法律となった。

その後、令和6年改正により、法律の名称が「特定電気通信による情報の流通によって発生する権利侵害等への対処に関する法律」（略称は「情報流通プラットフォーム対処法」）に変更され、条文数も全38条となった。この改正により、同法は、いわゆるプロバイダの損害賠償責任の制限や発信者情報開示のための手続を定めるという民事法的性格に加え、侵害情報送信防止措置の実施手続の迅速化及び送信防止措置の実施状況の透明化を図るための大規模プラットフォーム事業者の義務を定めるという公法的な性格を有するに至っている。

令和6年改正は、公布の日（令和6年5月17日）から起算して1年を超えない範囲内において政令で定める日に施行されることとなっており、また、本書執筆時点で改正法に係る政省令は未成立であるが、本章においては、令和6年改正後の情報流通プラットフォーム対処法を取り扱う。詳細は次節以下に解説するが、同法全体の構造を概観すると次のとおりである。

1　第1章　総則（1条・2条）

法1条は、情報流通プラットフォーム対処法の趣旨を規定するものであり、同法が、「特定電気通信」による「情報の流通によって」「権利の侵害等」があった場合について、「特定電気通信役務提供者」（いわゆるプロバイダ）の「損害賠償責任の制限」について及び権利を侵害された者の「発信者情報の開示を請求する権利」について定めるとともに、発信者情報開示命令事件に関する裁判手続に関し必要な事項を定め、あわせて、侵害情報送信防止措置の実施手続の迅速化及び送信防止措置の実施状況の透明化を図るための大規模特定電気通信役務提供者の義務について定めるものであることを明らかにしている。

法２条は、法において用いられる「特定電気通信」、「特定電気通信設備」、「特定電気通信役務」、「特定電気通信設備役務提供者」、「発信者」、「侵害情報」、「侵害情報等」、「侵害情報送信防止措置」、「送信防止措置」、「発信者情報」、「開示関係役務提供者」、「発信者情報開示命令」「発信者情報開示命令事件」及び「大規模特定電気通信役務提供者」の用語を定義している。

2　第２章　損害賠償責任の制限（３条、４条）

インターネット上で特定の人物の権利を侵害するような情報が掲載された場合、特定電気通信役務提供者としては、①送信防止措置を講じずに放置するか、②送信防止措置を講じるかのいずれかの対応をとることになる。特定電気通信役務提供者は、①の場合は権利を侵害された者から、②の場合は発信者から損害賠償請求を受ける可能性がある。

法３条１項は、特定電気通信役務提供者が送信防止措置を講じなかった場合に、権利を侵害された者に対して賠償責任を負うことになるために最低限必要となる要件を定めるとともに、その要件が満たされない場合は、特定電気通信役務提供者が送信防止措置を講じなくても賠償責任を負わないことを規定している。

これに対し、法３条２項は、特定電気通信役務提供者が情報の送信を防止する措置を講じた場合において、送信を防止された情報の発信者に対して賠償責任を負わない場合を定めている。

法４条は、特定電気通信役務提供者が、選挙運動の期間中に頒布された文書図画に係る情報について送信防止措置を取った場合について、特定電気通信役務提供者が法３条２項のほかにも一定の要件のもとで発信者に対する賠償責任を免責されることとしている。

3　第３章　発信者情報の開示請求等（５条～７条）

本章は、特定電気通信による情報によって権利を侵害された者が、特定電気通信役務提供者や関連電気通信役務提供者に対して発信者情報の開示を請求できるための要件、開示請求を受けた特定電気通信役務提供者や関連電気通信役務提供者の義務や責任制限、発信者情報の開示を受けた者の義務等を定めている。

4　第４章　発信者情報開示命令事件に関する裁判手続（８条～19条）

本章は、令和３年改正において、従来の訴訟手続による発信者情報開示請求権の行使に加え、発信者情報開示請求権の行使のための新たな裁判手続を創設して、従来の２段階の裁判手続を、１つの非訟手続の中でまとめて解決できるようにし、被害者救済までの時間の短縮や当事者の利便性の向上が図られたものである。

5　第５章　大規模特定電気通信役務提供者の義務（20条～34条）

本章は、令和６年改正において、大規模プラットフォーム事業者（迅速化及び透明性を図る必要性が特に高いものとして、総務大臣が指定する一定規模以上の特定電気通信役務提供者）に対して、削除申出に対する判断・通知を原則一定期間内に行うなどの権利侵害情報に係る対応の迅速化、削除基準の策定・公表などの運用状況の透明化を義務付けたものである。

6　第６章　罰則

本章は、第５章において大規模特定電気通信役務提供者の義務が規定されたことに対応して、当該義務違反等があったときの罰則を定めたものである。

第２節　情報流通プラットフォーム対処法で用いられる概念

1　特定電気通信

特定電気通信は、情報流通プラットフォーム対処法が適用される範囲を確定する用語であり、重要である。

法２条１項は、「特定電気通信」を、「不特定の者によって受信されることを目的とする電気通信（電気通信事業法第２条第１号に規定する電気通信をいう。）の送信（公衆によって直接受信されることを目的とする電気通信の送信を除く。）をいう。」と定義している。

この定義によれば、特定電気通信とは、電気通信事業法２条１号に定める電気通信（「有線、無線その他の電磁的方式により、符号、音響又は影像を送り、伝え、又は受けること」）の送信のうち、不特定の者によって受信されることを目的とするもののみを指すことになる。したがって、電話や電子メール等の１対１または特定人対特定人の通信は特定電気通信には含まれない。

また、放送法２条１号において定義される「放送」すなわち「公衆によって直接受信されることを目的とする電気通信の送信」については、放送法の規制が存在することから、情報流通プラットフォーム対処法の適用範囲を画する特定電気通信には含まれないこととされているものである。

総務省総合通信基盤局によるプロバイダ責任制限法の逐条解説[1]（以下「総務省解説」という）においては、ウェブページ、電子掲示板、インターネット放送（オンデマンド型・リアルタイム型いずれも）が、特定電気通信に該当するものの例として挙げられている。

1）総務省総合通信基盤局消費者行政第二課『プロバイダ責任制限法〔第３版〕』（第一法規、2022）所収の逐条解説。

2　特定電気通信設備

法2条2号は、「特定電気通信設備」を、「特定電気通信の用に供される電気通信設備（電気通信事業法第2条第2号に規定する電気通信設備をいう。）をいう」と定義している。

電気通信事業法2条2号の電気通信設備とは、「電気通信を行うための機械、器具、線路その他の電気的設備」を指す。このような電気通信設備のうち、特定電気通信の用に供されるものが特定電気通信設備となる。具体的には、ウェブサーバやストリームサーバが該当する。

3　特定電気通信役務・特定電気通信役務提供者

(1)　特定電気通信役務

法2条3号は、「特定電気通信役務」を、「特定電気通信設備を用いて提供する電気通信役務（電気通信事業法第2条第3号に規定する電気通信役務をいう。第5条第2項において同じ。）」と定義している。

電気通信事業法2条3号によれば、「電気通信役務」は、「電気通信設備を用いて他人の通信を媒介し、その他電気通信設備を他人の通信の用に供すること」をいうとされている。ここで、「他人の通信を媒介」するとは、他人の依頼を受けて、情報をその内容を変更することなく伝送・交換し、隔地者間の通信を取り次ぎ、または仲介することをいう。また、「電気通信設備を他人の通信の用に供する」とは、電気通信設備を他人の通信のために運用することをいう。

(2)　特定電気通信役務提供者

法2条4号は、「特定電気通信役務提供者」を「特定電気通信役務を提供する者」と定義する。特定電気通信役務提供者に該当する者の代表例は、コンテンツプロバイダである。コンテンツプロバイダが、自己のコンテンツを発信しているような場合は、当該部分については特定電気通信役務提供者に該当すると同時に発信者にも該当することになる（なお、他人のコンテンツを内容を変えずに掲載している場合でも発信者と評価される場合があり得ることについては後記**4**を参照）。

いわゆる経由プロバイダについては、過去には、特定電気通信役務提供者に該当するか否か問題とされていたが、現在では経由プロバイダも特定電気通信役務提供者に該当するとの解釈が定着している（**第4節**〔p.65〕参照）。

なお、特定電気通信事業者には営利性が要求されていないため、大学や地方公共団体、さらには電子掲示板を管理する個人も特定電気通信役務提供者となり得る。

4　発信者

法2条5号は、「発信者」を、「特定電気通信役務提供者の用いる特定電気通信設備の記録媒体（当該記録媒体に記録された情報が不特定の者に送信されるものに限る。）に情報を記録し、又は当該特定電気通信設備の送信装置（当該送信装置に入力された情報が不特定の者に送信されるものに限る。）に情報を入力した者をいう。」と定義している。

本号は、情報の流通によって他人の権利が侵害された場合にその責任を一義的に負うべきは、当該情報を流通過程に置いた者であるという観点から、情報を流通過程に置いた者を発信者として定めるものである。

まず、「記録媒体（当該記録媒体に記録された情報が不特定の者に送信されるものに限る。）に情報を記録」するとは、蓄積型の特定電気通信（ウェブページ等）に関し、特定電気通信設備（ウェブサーバ等）の記録媒体に自己の発信しようとする情報を記録することによって、当該情報を流通過程に置く行為を指す。

次に、「送信装置（当該送信装置に入力された情報が不特定の者に送信されるものに限る。）に情報を入力」するとは、非蓄積型の特定電気通信（リアルタイムのストリーミング通信等）に関し、特定電気通信設備（ストリームサーバ等）の送信装置に自己の発信する情報を入力することによって、当該情報を流通過程に置く行為を指す。

記録媒体への記録と送信装置への入力いずれについても、情報が不特定の者に送信されるような形で情報を記録し、または入力した場合についてのみ、発信者に該当することとなっている。

発信者概念に関する裁判例として、TVブレイク事件判決・知財高判平成22・9・8判時2115号103頁（**付録資料2裁判例51**〔p.460〕）がある。本判決は、著作権を侵害する動画が多数アップロードされていた動画投稿・共有サイト（著作権侵害率約5割）の運営会社に関し、「ユーザーによる著作権を侵害する動画ファイルの複製又は公衆放送を誘引、招来、拡大させ、かつ、これにより利益を得る者であり、ユーザーの投稿により提供されたコンテンツである『動画』を不特定多数の視聴に供していることからすると、……発信者性の判断においては、ユーザーの投稿により提供された情報（動画）を、『電気通信役務提供者の用いる特定電気通信設備の記録媒体又は当該特定電気通信設備の送信装置』に該当する本件サーバに『記録又は入力した』ものと評価することができる」として発信者該当性を認めている。

5　侵害情報・侵害情報等

法2条6号は、「侵害情報」を、「特定電気通信による情報の流通によって自己の権利を侵害されたとする者が当該権利を侵害したとする情報」と定義している。

「自己の権利を侵害されたとする者」には、個人・法人のいずれも含まれる。また、「自己の権利」は、法律上保護される利益のことをいい、名誉権、著作権、プライバシー権などのあらゆる権利及び法律上保護される利益が含まれる。「自己の」と規定されている以上、ある者との関係で第三者の権利を侵害する情報は、当該者との関係では「侵害情報」には当たらない。

法2条7号は、「侵害情報等」を、「侵害情報、侵害されたとする権利及び権利が侵害されたとする理由をいう」と定義している。

6　侵害関連通信

法5条3項は、「侵害関連通信」を、「侵害情報の発信者が当該侵害情報の送信に係る特定電気通信役務を利用し、又はその利用を終了するために行った当該特定電気通信役務に係る識別符号その他の符号の電気通信による送信であって、当該侵害情報の発信者を特定するために必要な範囲内であるものとして総務省令で定めるもの」と定義している。

投稿のためにアカウント登録とログインが必要となる特定電気通信役務（例：X（旧Twitter）やFacebook等）については、当該サービスを提供するコンテンツプロバイダは、アカウント登録時やログイン時等のIPアドレスは保有しているものの、記事が投稿された際のIPアドレスを保有していないことが多い。令和３年改正前以前は、このようなアカウント登録やログイン等の際の通信に関する情報は発信者情報開示の対象とならないと解するのが文理上素直であったところ、裁判例も分かれていたという経緯があるが、令和３年改正後の法５条は、このようなアカウント登録やログイン等の際の通信のうち侵害情報の送信と一定の関連性があるものを発信者情報開示請求の対象とすべく、これらの通信を「侵害関連通信」と定義するものである。

なお、侵害関連通信が令和３年改正法の施行（令和４年10月１日）より前にされた場合に、後述する改正後法5条2項の規定に基づき侵害関連通信に係る発信者情報の開示を求められるかについては、最判令和６・12・23裁判所ウェブサイト（**付録資料２裁判例29**〔p.444〕）が判断を示している。同判決では、令和３年改正法附則の規定ぶりや、令和３年改正法は発信者情報の開示請求権の要件を一部整理するなどしたもので発信者情報の開示請求権そのものを新たに創設したものではないことを理由として、「改正後法５条２項の規定は、権利の侵害を生じさせた特定電気通信及び当該特定電気通信に係る侵害関連通信が令和３年改正法の施行前にされたものである場合にも適用されると解するのが相当である。」として、これを肯定している。

特定電気通信役務提供者の損害賠償責任の制限及び発信者情報の開示に関する法律施行規則（以下「施行規則」という）５条は、法５条３項に規定する「侵害関連通信」について、大要、①ログイン型サービスのアカウントを作成する際の通信（アカウント作成の際のSMS認証等に係る通信を含む。）、②ログインを行う際の通信（ログインの際のSMS認証等に係る通信を含む。）、③ログアウトを行う際の通信、④アカウントを削除する際の通信のいずれかであって、侵害情報の送信と「相当の関連性を有するもの」と定めている。かかる限定が設けられているのは、それ自体は侵害情報の投稿に係る通信ではないログイン等の通信に係る通信の秘密やプライバシーの侵害を最小限度に留めるためであり、その解釈について、総務省の担当官の解説[2)]によれば、「例えば、特定電気通信役務提供者が通信記録を保有している通信のうち、施行規則5条各号の通信の種類ごとに侵害情報の送信と最も時間的に近接して行われた通信等が該当すると考えられる」と述べられていたところ、最判令和6・12・23裁判所ウェブサイト（**付録資料2裁判例29**〔p.444〕）において判断が示されている。

同判決は、施行規則5条柱書きが侵害関連通信を「侵害情報の送信と相当の関連性を有するもの」とした趣旨について、「同条各号に掲げる符号の電気通信による送信それぞれについて、開示される情報が侵害情報の発信者を特定するために必要な限度のものとなるように、個々のログイン通信等と侵害情報の送信との関連性の程度と当該ログイン通信等に係る情報の開示を求める必要性とを勘案して侵害関連通信に当たるものを限定すべきことを規定したもの」とした。

そのうえで、「相当の関連性を有するもの」の解釈について、「上記各送信のうち、施行規則5条2号に掲げる符号の電気通信による送信（以下「ログイン通信」という。）について、「時間的近接性以外に個々のログイン通信と侵害情報の送信との関連性の程度を示す事情が明らかでない場合が多いものと考えられるところ、そのような場合には、少なくとも侵害情報の送信と最も時間的に近接するログイン通信が『侵害情報の送信と相当の関連性を有するもの』に当たり、それ以外のログイン通信は、あえて当該ログイン通信に係る情報の開示を求める必要性を基礎付ける事情があるときにこれに当たり得るものというべきである。」としている。

同判決の事案では、複数のログイン通信に係る情報の開示が求められていたところ、開示請求の対象となっていたログイン通信の中では、侵害情報の各投稿の21日後にされたログイン通信が各投稿と最も近接していたため、当該ログイン通信に係る情報の開示が認められ、他のログイン通信に係る情

2）山根祐輔「『特定電気通信役務提供者の損害賠償責任の制限及び発信者情報の開示に関する法律施行規則』の解説」NBL1220号（2022）8頁。

報の開示は認められなかった。

なお、各投稿がされてから21日後にログインがされるまでの間には、2回のログインのための通信がされていたが、経由プロバイダは、自らが保有する通信記録の中から当該各ログインに対応するものを特定できていなかったことから、当該各ログインに係る情報から各投稿をした者を特定することは困難であって、あえて各投稿がされてから21日後のログインに係る情報の開示を求める必要性を基礎付ける事情があると判断された。

7　侵害情報送信防止措置・送信防止措置

法2条8号は、「侵害情報送信防止措置」を「侵害情報の送信を防止する措置」と定義している。送信を防止する措置とは、発信者が特定電気通信設備の記録媒体に侵害情報を記録し、又はその送信装置に情報を入力したのちに、不特定多数からの求めにより行われる「送信」を防止するための措置である。具体的には、侵害情報に係る投稿を削除することである。

また、法2条9号は、「送信防止措置」を、「侵害情報送信防止措置その他の特定電気通信による情報の送信を防止する措置（当該情報の送信を防止するとともに、当該情報の発信者に対する特定電気通信役務の提供を停止する措置（…）を含む。）」と定義している。「当該情報の発信者に対する特定電気通信役務の提供を停止する措置」（役務提供防止措置）とは、具体的には、侵害情報の発信者のアカウントそのものを停止する措置を指す。

8　発信者情報・特定発信者情報

法2条10号は、「発信者情報」を、「氏名、住所その他の侵害情報の発信者の特定に資する情報であって総務省令で定めるもの」と定義している。

発信者情報は、施行規則2条1号～14号として列挙されるところ、これは限定列挙であると解されている。

発信者情報の概念は、「特定発信者情報」と、「特定発信者情報以外の発信者情報」に分かれる（法5条1項本文参照）。

(1)　特定発信者情報

このうち、「特定発信者情報」は、施行規則２条９号～13号に掲げる下記の情報であり（施行規則３条）、いずれも専ら侵害関連通信（前記６のとおり、それ自体は侵害情報の送信ではないログイン型サービスのアカウント登録やログイン等に係る通信）と紐づく情報である。**第４節**〔p.68〕で述べるとおり、特定発信者情報の開示請求が認められるためには、法５条１項１号に定める権利侵害の明白性及び同項２号に定める開示を受けるべき正当理由のほかに、同項３号に定める補充性の要件を充足する必要がある。

9　専ら侵害関連通信に係る IP アドレス及び当該 IP アドレスと組み合わされたポート番号
10　専ら侵害関連通信に係る移動端末設備からのインターネット接続サービス利用者識別符号
11　専ら侵害関連通信に係る SIM 識別番号
12　専ら侵害関連通信に係る SMS 電話番号
13　９の専ら侵害関連通信に係る IP アドレスを割り当てられた電気通信設備、10 の専ら侵害関連通信に係る移動端末設備からのインターネット接続サービス利用者識別符号に係る移動端末設備、11 の専ら侵害関連通信に係る SIM 識別番号に係る移動端末設備又は 12 の専ら侵害関連通信に係る SMS 電話番号に係る移動端末設備から開示関係役務提供者の用いる電気通信設備に侵害関連通信が行われた年月日及び時刻（いわゆるタイムスタンプ）

(2)　特定発信者情報以外の発信者情報

施行規則２条１号～14号に列挙された発信者情報のうち、９号～13号に定めるものを除いた下記の情報が、「特定発信者情報以外の発信者情報」である（以下では簡明さの観点から「一般の発信者情報」という。）。一般の発信者情報についての開示請求は、法５条１項１号に定める権利侵害の明白性及び同項２号に定める開示を受けるべき正当理由の存在を要件として認められる。

1　発信者その他侵害情報の送信又は侵害関連通信に係る者の氏名または名称
2　発信者その他侵害情報の送信又は侵害関連通信に係る者の住所
3　発信者その他侵害情報の送信又は侵害関連通信に係る者の電話番号
4　発信者その他侵害情報の送信又は侵害関連通信に係る者の電子メールアドレス
5　侵害情報の送信に係るIPアドレス
6　侵害情報の送信に係る移動端末設備からのインターネット接続サービス利用者識別符号
7　侵害情報の送信に係るSIM識別番号
8　5のIPアドレスを割り当てられた電気通信設備、6の移動端末設備からのインターネット接続サービス利用者識別符号に係る移動端末設備又は7のSIM識別番号に係る移動端末設備から開示関係役務提供者の用いる特定電気通信設備に侵害情報が送信された年月日および時刻（いわゆるタイムスタンプ）
14　発信者その他侵害情報の送信又は侵害関連通信に係る者についての利用管理符号

9　開示関係役務提供者・関連電気通信役務提供者

法２条11号は、「開示関係役務提供者」を、「第５条第１項に規定する特定電気通信役務提供者及び同条第２項に規定する関連電気通信役務提供者」と定義している。

この概念は、（ア）法５条１項に基づく発信者情報開示請求（後記**第４節2**〔p.64〕）の相手方となる特定電気通信役務提供者と、（イ）法５条２項に基づく発信者情報開示請求（後記**第４節3**〔p.71〕）の相手方となる「関連電気通信役務提供者」を包括した概念である。

法５条１項に基づく発信者情報開示請求の相手方となるのは、侵害情報に係る特定電気通信の用に供される特定電気通信設備を用いる特定電気通信役務提供者であり、具体的には、①侵害情報が投稿されたコンテンツプロバイダ（電子掲示板やログイン型サービスなど）と、②侵害情報の投稿にあたり発信者と前記①のコンテンツプロバイダとの間の通信を媒介した経由プロバイダが該当する。

法５条２項に基づく発信者情報開示請求の相手方となる「関連電気通信役務提供者」は、同項の定義によれば、「侵害関連通信の用に供される電気通信設備を用いて電気通信役務を提供した者」であって、法５条１項に基づく発信者情報開示請求の相手方となる特定電気通信役務提供者には該当しない者をいうとされている。具体的には、ログイン型サービスに侵害情報が投稿された場合における、（それ自体は侵害情報の通信ではない）ログイン通信を媒介した経由プロバイダが該当する。

10　大規模特定電気通信役務提供者

法２条14号は、「大規模特定電気通信役務提供者」を「第20条第１項の規定により指定された特定電気通信役務提供者」と定義している。

法20条１項は、総務大臣が、①平均月間発信者数又は平均月間延べ発信者数のいずれかが総務省令で定める数を超えること、②特定電気通信役務の一般的な性質に照らして侵害情報送信防止措置を講ずることが技術的に可能であること、③当該特定電気通信役務が、その利用に係る特定電気通信による情報の流通によって権利の侵害が発生するおそれの少ない特定電気通信役務として総務省令で定めるもの以外のものであること、のいずれにも該当する特定電気通信役務であって、その利用に係る特定電気通信による情報の流通について侵害情報送信防止措置の実施手続の迅速化及び送信防止措置の実施状況の透明化を図る必要性が特に高いと認められるもの（大規模特定電気通信役務）を提供する特定電気通信役務提供者を、大規模特定電気通信役務提供者として指定することができると定めている。

第３節　プロバイダ等の損害賠償責任の制限

1　送信防止措置を講じなかった場合の責任制限（３条１項）

インターネット上で特定の人物の権利を侵害するような情報が掲載されたときに、特定電気通信役務提供者が送信防止措置を講じずに放置した場合、特定電気通信役務提供者は、情報の流通により権利を侵害されたと主張する者から損害賠償請求を受ける可能性がある。

送信防止措置を講じなかった特定電気通信役務提供者に損害賠償責任が成立するためには、特定電気通信役務提供者に送信防止措置を行うべき作為義務が認められることが前提となると考えられるが、法３条１項は、不作為による賠償責任の成立要件のうち当然に考慮されるべき最低限の要件を抽出し、当該要件を具備しない特定電気通信役務提供者が免責されることを規定している（賠償責任は別途不法行為の要件をすべて充足した場合に成立する。）。

第３条第１項　特定電気通信による情報の流通により他人の権利が侵害されたときは、当該特定電気通信の用に供される特定電気通信設備を用いる特定電気通信役務提供者（以下この項において「関係役務提供者」という。）は、これによって生じた損害については、権利を侵害した情報の不特定の者に対する送信を防止する措置を講ずることが技術的に可能な場合であって、次の各号のいずれかに該当するときでなければ、賠償の責めに任じない。ただし、当該関係役務提供者が当該権利を侵害した情報の発信者である場合は、この限りでない。

一　当該関係役務提供者が当該特定電気通信による情報の流通によって他人の権利が侵害されていることを知っていたとき。

二　当該関係役務提供者が、当該特定電気通信による情報の流通を知っていた場合であって、当該特定電気通信による情報の流通によって他人の権利が侵害されていることを知ることができたと認めるに足りる相当の理由があるとき。

(1)　本項の適用場面

ア　「特定電気通信による情報の流通により他人の権利が侵害されたとき」

本項の適用対象となるのは、「特定電気通信による情報の流通により他人の権利が侵害されたとき」である。したがって、権利の侵害が「情報の流通」自体により生じたのではない場合については、本項は適用されない。

たとえば、ウェブページ上に詐欺的な情報が掲載されており、そのために特定の人物が詐欺の被害に遭ったとしても、当該人物がその情報に騙され、金銭を支出したことにより被害が生じているのであるから、この場合、被害は情報の流通自体から生じたとはいえず、本項は適用されない。

次に、「権利が侵害された」とは、特定の人物の権利が侵害される場合であり、保護法益に限定はないとされている。「権利が侵害された」場合の例としては、名誉毀損（名誉権の侵害）、プライバシー侵害、著作権侵害、商標権侵害などが想定できる。

これに対し、個人を特定しないわいせつ情報や特定の人種等に対するヘイトスピーチなどは、特定人の権利を侵害する情報とはいえないため、本項は適用されない。

イ　「当該特定電気通信の用に供される特定電気通信設備を用いる特定電気通信役務提供者」

本項の適用対象となるのは、当該情報の流通に関する特定電気通信設備を提供している特定電気通信役務提供者（関係役務提供者）である。たとえば、問題となる情報が記録されているウェブサーバを提供している者がこれに該当する。

ウ　「権利を侵害した情報の不特定の者に対する送信を防止する措置を講

ずることが技術的に可能な場合」

送信防止措置を講ずることが技術的に不可能である場合は、そもそも関係役務提供者に作為義務は発生しないし、また、結果回避可能性がなければ過失も認められないことから、関係役務提供者が権利を侵害された者に対して賠償責任を負うことはない。したがって、本項は、関係役務提供者において送信防止措置を講じることが技術的に可能な場合についてのみ適用される。

⑵　損害賠償責任を負う可能性が生ずるための必要最低条件

ア　概　観

関係役務提供者は、次のいずれかを満たさない限り、権利を侵害された者に対する賠償責任を負わないものとされている。

①　当該特定電気通信による情報の流通によって他人の権利が侵害されていることを知っていたとき（１号）

②　当該関係役務提供者が、当該特定電気通信による情報の流通を知っていた場合であって、当該特定電気通信による情報の流通によって他人の権利が侵害されていることを知ることができたと認めるに足りる相当の理由があるとき（２号）

なお、当該関係役務提供者自身が発信者となっている場合（侵害情報を投稿したとき等）には本項の適用はなく（法３条１項本文但書）、不法行為の一般原則に従って責任の有無が判断される。

イ　情報流通に関する認識

まず、１号と２号の要件いずれについても、関係役務提供者に賠償責任が生じうるのは、関係役務提供者が特定電気通信により問題となっている情報が流通していることを知っていたことが前提となっている。したがって、関係役務提供者が当該情報の流通自体を知らなかった場合、その知らなかった理由や知らなかったことについての過失の有無を問わず、賠償責任を負うことはない。このことからすると、本項は、関係役務提供者には特定電気通信により流通する情報の内容を網羅的に監視する義務がないことを示すものでもある。

ウ　権利侵害についての認識等

関係役務提供者が賠償責任を負担する可能性があるのは、関係役務提供者が、①情報の流通によって他人の権利が侵害されていることを知っていたとき（１号）、または、②情報の流通によって他人の権利が侵害されていることを知ることができたと「認めるに足りる相当の理由」があるとき（２号）に限られる。総務省解説によると、「認めるに足りる相当の理由」とは、通常の注意を払っていれば知ることができたと客観的に考えられることをいうとされている。同解説においては、次のような情報が流通しているという事実を認識していた場合には「相当の理由」が認められるべきものとされている。

・通常は明らかにされることのない私人のプライバシー情報（住所、電話番号等）

・公共の利害に関する事実でないことまたは公益目的でないことが明らかであるような誹謗中傷を内容とする情報

また、同解説においては、次のような場合には、「相当な理由があるとき」には該当しないものとされている。

・他人を誹謗中傷する情報が流通しているが、関係役務提供者に与えられた情報だけでは当該情報の流通に違法性があるのかどうかが分からず、権利侵害に該当するか否かについて、十分な調査を要する場合

・流通している情報が自己の著作物であると連絡があったが、当該主張について何の根拠も提示されないような場合

・電子掲示板等での議論の際に誹謗中傷等の発言がされたが、その後も当該発言の是非等を含めて引き続き議論が行われているような場合

(3)　効　果

関係役務提供者は、前記(2)の賠償責任を負う可能性の生じる必要最低条件が満たされる場合を除いては、権利を侵害された者に対する賠償責任を負うことはない。

(4)　主張・立証責任

本項は、関係役務提供者が賠償責任を負うことになるための必要最低条件

を定めたものであるから、情報の流通によって権利を侵害されたと主張する者は、関係役務提供者に賠償請求をするためには、本項各号の要件のいずれかに該当することを主張・立証したうえで、不法行為等の成立に必要な他の要件をも主張・立証する必要がある。

2　送信防止措置を講じた場合の責任制限

インターネット上で特定の人物の権利を侵害するような情報が掲載されたときに、特定電気通信役務提供者が当該情報の送信防止措置を講じた場合、特定電気通信役務提供者は、当該情報の発信者から損害賠償請求を受ける可能性がある。

法３条２項は、特定電気通信役務提供者が情報の送信を防止する措置を講じた場合において、送信を防止された情報の発信者に対する賠償責任が免責される場合を定めている。

> 第３条第２項　特定電気通信役務提供者は、特定電気通信による情報の送信を防止する措置を講じた場合において、当該措置により送信を防止された情報の発信者に生じた損害については、当該措置が当該情報の不特定の者に対する送信を防止するために必要な限度において行われたものである場合であって、次の各号のいずれかに該当するときは、賠償の責めに任じない。
> 一　当該特定電気通信役務提供者が当該特定電気通信による情報の流通によって他人の権利が不当に侵害されていると信じるに足りる相当の理由があったとき。
> 二　特定電気通信による情報の流通によって自己の権利を侵害されたとする者から、侵害情報等を示して当該特定電気通信役務提供者に対し侵害情報送信防止措置を講ずるよう申出があった場合に、当該特定電気通信役務提供者が、当該申出に係る侵害情報の発信者に対し当該侵害情報等を示して当該侵害情報送信防止措置を講ずることに同意するかどうかを照会した場合において、当該発信者が当該照会を受けた日から７日を経過しても当該発信者から当該侵害情報送信防止措置を講ずることに同意しない旨の申出がなかったとき。

⑴　本項の適用場面

本項は、特定電気通信役務提供者が、ある情報が他人の権利を侵害するものでなかったにもかかわらず、その「情報の送信を防止する措置を講じた場合」に、特定電気通信役務提供者が「送信を防止された情報の発信者に生じた損害」の賠償責任を免責されるための要件を定めたものである。

なお、特定電気通信役務提供者は、あらかじめ、利用規約等において送信防止措置を講じることができる範囲を定めておくことができる。特定電気通信役務提供者は、送信防止措置が利用規約等で定められた範囲で行われている限り、契約者との関係では、当該送信防止措置について責任を負うことはないと解される。また、本項は任意規定であると解されており、特定電気通信役務提供者が、そのサービスを利用する者との間の契約において、本項の適用を排除することは可能である。

⑵　免責の要件

ア　概　観

特定電気通信役務提供者が講じた送信防止措置が当該情報の不特定の者に対する送信を防止するために必要な限度において行われた場合であって、かつ、次のいずれかに該当することが、免責の要件となっている。

①　当該特定電気通信役務提供者が当該特定電気通信による情報の流通によって他人の権利が不当に侵害されていると信じるに足りる相当の理由があったとき

②　特定電気通信による情報の流通によって自己の権利を侵害されたとする者から、侵害情報等（侵害情報、侵害されたとする権利及び権利が侵害されたとする理由）を示して当該特定電気通信役務提供者に対し送信防止措置を講ずるよう申出があった場合に、当該特定電気通信役務提供者が、当該権利を侵害したとする情報の発信者に対し当該侵害情報等を示して当該送信防止措置を講ずることに同意するかどうかを照会した場合において、当該発信者が当該照会を受けた日から７日を経過しても当該発信者から当該侵害情報送信防止措置を講ずることに同意しない旨の申出がなかったとき

イ　「当該措置が当該情報の不特定の者に対する送信を防止するために必要な限度において行われたものである場合」（柱書き）

送信防止措置は、表現行為に対する制約であることから、措置の目的に照らして必要な限度において行われたものであることを要する。ここでいう「必要な限度」は事例ごとに判断されることになるが、たとえば、発信された情報の一部のみを削除すれば足り、かつ、削除可能であるにもかかわらず、発信された情報をすべて削除するような場合は、「必要な限度」を超えていると判断される可能性がある。

ウ　「権利が不当に侵害されていると信じるに足りる相当の理由があったとき」（１号）

総務省解説によれば、権利が「不当に」侵害されているとは、単にその情報の流通によって権利が侵害されていることに加え、違法阻却事由等がないことをも意味するとされている。一般的な不法行為における立証責任と同様に、ここでも、違法阻却事由が存在することについて、発信者が主張・立証することを要するとされている。

次に、「信じるに足りる相当の理由」の意義については、総務省解説によれば、「当該情報が他人の権利を侵害するものでなかった場合であっても、通常の注意を払っていてもそう信じたことがやむを得なかったとき」とされている。同解説においては、次のような場合に「相当の理由」が認められるべきとされている。

・発信者への確認その他の必要な調査により、十分な確認を行った場合
・通常は明らかにされることのない私人のプライバシー情報（住所、電話番号等）について当事者本人から連絡があった場合で、当該者の本人性が確認できている場合

エ　侵害情報送信防止措置に関する同意照会手続（２号）

本号は、客観的かつ外形的な基準による同意照会手続を実施しても発信者から送信防止措置に同意しない旨の申出がない場合には、特定電気通信役務提供者が免責されることを定めるものである。

(a)　自己の権利を侵害されたとする者からの申出

同意照会手続の起点となる侵害情報送信防止措置を講ずることの申出は、

「自己の権利」を侵害されたとする者からのものに限られる。自己以外の他人の権利が侵害されたという申出や、社会的法益が害されたとする者による申出は、本号の同意照会手続の起点となる申出には該当しない。

(b)　申出に当たり示すべき事項

自己の権利を侵害されたとする者は、侵害情報送信防止措置を講ずることの申出に当たり、法2条7号に定義される侵害情報等、すなわち(i)権利を侵害したとする情報（侵害情報）、(ii)侵害されたとする権利、(iii)権利を侵害されたとする理由を示す必要がある。

(c)　発信者への照会

特定電気通信役務提供者が本号の同意照会手続を実施する場合には、発信者に対して、前記(b)の侵害情報等を示して、送信防止措置を講じることについて同意するか否かを照会する。

なお、本号の同意照会手続を実施することは特定電気通信役務提供者の義務ではない。

(d)　照会を受けた日から7日を経過しても同意しない旨の申出がないこと

発信者が前記(c)の照会を受けてから7日を経過しても、発信者から送信防止措置について同意しない旨の申出がない場合（同意する旨の申出があった場合を含む。）には、本号の免責の要件が満たされることとなる。

(3)　効　果

前記(2)の免責の要件が充足された場合、送信防止措置を講じた特定電気通信役務提供者は、発信者に対する賠償責任を免責される。

(4)　主張・立証責任

発信者が、送信防止措置に関して不法行為や債務不履行に基づく損害賠償を請求した場合に、その免責の効果を得るためには、特定電気通信役務提供者が、本項に定める免責の要件の存在を主張・立証する必要がある。

3 公職の候補者等に係る特例

法4条は、特定電気通信役務提供者が、選挙運動の期間中に頒布された文書図画に係る情報について送信防止措置を取った場合について、特定電気通信役務提供者が法3条2項に定める以外の一定の要件のもとで発信者に対する賠償責任を免責されることを定めたものである。

第4条　前条第2項の場合のほか、特定電気通信役務提供者は、特定電気通信による情報（選挙運動の期間中に頒布された文書図画に係る情報に限る。以下この条において同じ。）の送信を防止する措置を講じた場合において、当該措置により送信を防止された情報の発信者に生じた損害については、当該措置が当該情報の不特定の者に対する送信を防止するために必要な限度において行われたものである場合であって、次の各号のいずれかに該当するときは、賠償の責めに任じない。

一　特定電気通信による情報であって、選挙運動のために使用し、又は当選を得させないための活動に使用する文書図画（以下この条において「特定文書図画」という。）に係るものの流通によって自己の名誉を侵害されたとする公職の候補者等（公職の候補者又は候補者届出政党（公職選挙法（昭和25年法律第100号）第86条第1項又は第8項の規定による届出をした政党その他の政治団体をいう。）若しくは衆議院名簿届出政党等（同法第86条の2第1項の規定による届出をした政党その他の政治団体をいう。）若しくは参議院名簿届出政党等（同法第86条の3第1項の規定による届出をした政党その他の政治団体をいう。）をいう。以下同じ。）から、当該名誉を侵害したとする情報（以下「名誉侵害情報」という。）、名誉が侵害された旨、名誉が侵害されたとする理由及び当該名誉侵害情報が特定文書図画に係るものである旨（以下「名誉侵害情報等」という。）を示して当該特定電気通信役務提供者に対し名誉侵害情報の送信を防止する措置（以下「名誉侵害情報送信防止措置」という。）を講ずるよう申出があった場合に、当該特定電気通信役務提供者が、当該名誉侵害情報の発信者に対し当該名誉侵害情報等を示して当該名誉侵害情報送信防止措置を講ずることに同意するかどうかを照会した場合において、当該発信者が当該照会を受けた日から2日を経過しても当該発信者から当該名誉侵害情報送信防止措置を講ずることに同意しない旨の申出がなかったとき。
二　特定電気通信による情報であって、特定文書図画に係るものの流通によって自己の名誉を侵害されたとする公職の候補者等から、名誉侵害情報等及び名誉侵害情報の発信者の電子メールアドレス等（公職選挙法第142条の3第3項に規定する電子メールアドレス等をいう。以下この号において同じ。）が同項又は同法第142条の5第1項の規定に違反して表示されていない旨を示して当該特定電気通信役務提供者に対し名誉侵害情報送信防止措置を講ずるよう申出があった場合であって、当該情報の発信者の電子メールアドレス等が当該情報に係る特定電気通信の受信をする者が使用する通信端末機器（入出力装置を含む。）の映像面に正しく表示されていないとき。

(1)　本条の適用場面

本条は、法3条2項と同様、送信防止措置が講じられた場合において、特定電気通信役務提供者の発信者に対する賠償責任が免責される場合を定めたものであるが、法3条2項とは異なり、対象となる情報が、選挙運動の期間中に頒布された文書図画に係る情報に限られている。なお、ここでいう選挙運動の期間とは、公示・告示日から選挙期日の前日までの期間をいう。

(2)　免責の要件

ア　共通の要件（柱書き）

法3条2項と同様、特定電気通信役務提供者が講じた送信防止措置が当該情報の不特定の者に対する送信を防止するために必要な限度において行われていることが免責の前提となる。かかる要件に加え、本条1号・2号のいずれかの要件が存在することが必要である。

イ　送信防止措置に関する同意照会手続の特例（1号）

本条1号は、法3条2項2号の同意照会手続の特例として位置づけられる。

①　侵害情報、被侵害権利および申出者の限定

本号の同意照会手続の対象となる侵害情報は、選挙運動の期間中に頒布された文書図画であって、選挙運動のために使用し、または当選を得させない

ための活動に使用するもの（特定文書図画）に係るものに限られる。

また、侵害されたとする権利は、公職の候補者等の名誉に限られている。このことから、本号の同意照会手続の起点となる送信防止措置（名誉侵害情報送信防止措置）を講ずることの申出は、自己の名誉を侵害されたとする公職の候補者等によりなされたものに限られることとなる。

なお、ここでいう公職の候補者等とは、公職の候補者または候補者届出政党（公職選挙法 86条1項または8項の規定による届出をした政党その他の政治団体）もしくは衆議院名簿届出政党等（同法86条の2第1項の規定による届出をした政党その他の政治団体）もしくは参議院名簿届出政党等（同法86条の3第1項の規定による届出をした政党その他の政治団体）をいう。

②　申出に当たり示すべき事項

自己の名誉を侵害されたとする公職の候補者等は、名誉侵害情報送信防止措置を講ずることの申出に当たり、(i)名誉を侵害したとする情報（名誉侵害情報）、(ii)名誉が侵害された旨、(iii)名誉が侵害されたとする理由、(iv)名誉侵害情報が特定文書図画に係るものである旨を示す必要がある。

③　発信者への照会

特定電気通信役務提供者が本号の同意照会手続を実施する場合には、発信者に対して、前記②の(i)～(iv)の情報（名誉侵害情報等）を示して、送信防止措置を講じることについて同意するか否かを照会する。

なお、法3条2項2号の同意照会手続と同様、本号の同意照会手続を実施することは特定電気通信役務提供者の義務ではない。

④　照会を受けた日から2日を経過しても同意しない旨の申出がないこと

発信者が前記③の照会を受けてから2日を経過しても、発信者から名誉侵害情報送信防止措置について同意しない旨の申出がない場合（同意する旨の申出があった場合を含む。）には、本号の免責の要件が満たされることとなる。

ウ　発信者の電子メールアドレス等が正しく表示されていない場合（2号）

本条2号は、自己の名誉を侵害されたとする公職の候補者等から名誉侵害情報送信防止措置を講ずるよう申出があった場合において、発信者の電子メールアドレス等が通信端末機器の映像面に正しく表示されない場合について、特定電気通信役務提供者の賠償責任を免責するものである。

①　侵害情報、被侵害権利および申出者

本条２号の適用対象となる侵害情報は、本条１号と同様、選挙運動の期間中に頒布された文書図画であって、選挙運動のために使用し、または当選を得させないための活動に使用するもの（特定文書図画）に係るものに限られる。

また、侵害の対象となる権利も、本条１号と同様、公職の候補者等の名誉に限られており、本号が適用される名誉侵害情報送信防止措置を講ずることの申出も、自己の名誉を侵害されたとする公職の候補者等によりなされたものに限られる。

②　申出に当たり示すべき事項

自己の名誉を侵害されたとする公職の候補者等は、名誉侵害情報送信防止措置を講ずることの申出に当たり、名誉侵害情報等（前記**イ②**の(i)〜(iv)）および名誉侵害情報の発信者の電子メールアドレス等（公職選挙法142条の３第３項に規定する電子メールアドレス等）が、同項または同法142条の５第１項に違反して表示されていない旨を示す必要がある。

③　発信者の電子メールアドレス等が表示されていないこと

当該名誉侵害情報の発信者の電子メールアドレス等が、当該情報に係る特定電気通信の受信をする者が使用する通信端末機器の映像面に正しく表示されていない場合には、本号の免責の要件が満たされることとなる。

(3)　効　果

前記(2)の免責の要件が充足された場合、特定電気通信役務提供者は、発信者に対する賠償責任を免責される。

第4節　発信者情報の開示請求等

1　はじめに

(1)　発信者情報開示請求権とは

法5条は、特定電気通信による情報の流通によって自己の権利を侵害されたとする者が、侵害情報に係る特定電気通信に関与した特定電気通信役務提供者に対して発信者情報の開示を請求する権利を定めたものである。

インターネット上の情報により他人の権利が侵害される場合、その情報には高度の伝播性があるとともに、発信者は当該情報を容易に反復継続して発信することが可能である。しかも、発信者は、匿名または仮名を使用して情報の発信を行うことが多く、このような場合、権利侵害を受けた者は、被害を回復することがきわめて困難である。このようなことから、権利を侵害されたとする者が、発信者情報を取得できるようにする必要性は高い。

一方、発信者情報を開示することにより、発信者のプライバシーおよび匿名表現の自由が制約されること、発信者情報それ自体が通信の秘密により保護されるべき情報であること、発信者情報が一旦開示されるとその原状回復は不可能であることからすれば、発信者の意思に反してみだりに発信者情報が開示されることはあってはならない。

法5条は、発信者情報の開示をめぐる前記の対立する利益の調和点として厳格な要件を法定し、その要件が満たされた場合に特定電気通信役務提供者の守秘義務[3)]が解除されるとともに、権利を侵害されたとする者に発信者情

3)　電気通信事業法は、その4条1項において「電気通信事業者の取扱中に係る通信の秘密は、侵してはならない。」と定めるとともに、同条2項では「電気通信事業に従事する者は、在職中電気通信事業者の取扱中に係る通信に関して知り得た他人の秘密を守らなければならない。その

報の開示を請求する権利を認めたものである。

⑵　法５条１項と法５条２項の関係

法５条１項に基づく発信者情報開示請求の相手方となるのは、侵害情報に係る特定電気通信の用に供される特定電気通信設備を用いる特定電気通信役務提供者であり、具体的には、①侵害情報が投稿されたコンテンツプロバイダ（電子掲示板やログイン型サービスなど）と、②侵害情報の投稿にあたり発信者と前記①のコンテンツプロバイダとの間の通信を媒介した経由プロバイダがこれに該当する。上記①を相手方とする場合でも、(i)一般の発信者情報（条文上は「特定発信者情報以外の発信者情報」）の開示を請求する場合と、(ii)特定発信者情報の開示を請求する場合とでは、開示が認められる要件に差が設けられており、特定発信者情報の開示のための要件は、一般の発信者情報の開示のための要件と比べて加重されている。

法５条２項に基づく発信者情報開示請求の相手方となる「関連電気通信役務提供者」は、「侵害関連通信の用に供される電気通信設備を用いて電気通信役務を提供した者」であって、法５条１項に基づく発信者情報開示請求の相手方となる特定電気通信役務提供者には該当しない者である。具体的には、ログイン型サービスに侵害情報が投稿された場合における、（それ自体は侵害情報の通信ではない）アカウント登録やログイン等に係る通信を媒介した経由プロバイダが該当する。

2　侵害情報の通信に関与した特定電気通信役務提供者を相手方とする発信者情報開示請求（法５条１項）

> 第５条第１項　特定電気通信による情報の流通によって自己の権利を侵害されたとする者は、当該特定電気通信の用に供される特定電気通信設備を用

職を退いた後においても、同様とする。」として、通信の秘密に含まれる情報の守秘義務を定めている。

いる特定電気通信役務提供者に対し、当該特定電気通信役務提供者が保有する当該権利の侵害に係る発信者情報のうち、特定発信者情報（発信者情報であって専ら侵害関連通信に係るものとして総務省令で定めるものをいう。以下この項及び第15条第２項において同じ。）以外の発信者情報については第１号及び第２号のいずれにも該当するとき、特定発信者情報については次の各号のいずれも該当するときは、それぞれの開示を請求することができる。

一　当該開示の請求に係る侵害情報の流通によって当該開示の請求をする者の権利が侵害されたことが明らかであるとき。

二　当該発信者情報が当該開示の請求をする者の損害賠償請求権の行使のために必要である場合その他当該発信者情報の開示を受けるべき正当な理由があるとき。

三　次のイからハまでのいずれかに該当するとき。

イ　当該特定電気通信役務提供者が当該権利の侵害に係る特定発信者情報以外の発信者情報を保有していないと認めるとき。

ロ　当該特定電気通信役務提供者が保有する当該権利の侵害に係る特定発信者情報以外の発信者情報が次に掲げる発信者情報以外の発信者情報であって総務省令で定めるもののみであると認めるとき。

⑴　当該開示の請求に係る侵害情報の発信者の氏名及び住所

⑵　当該権利の侵害に係る他の開示関係役務提供者を特定するために用いることができる発信者情報

ハ　当該開示の請求をする者がこの項の規定により開示を受けた発信者情報（特定発信者情報を除く。）によっては当該開示の請求に係る侵害情報を特定することができないと認めるとき。

施行規則第４条（法第５条第１項第３号ロの総務省令で定める特定発信者情報以外の発信者情報）

法第５条第１項第３号ロの総務省令で定める特定発信者情報以外の発信者情報は、特定電気通信役務提供者が第２条第２号に掲げる情報を保有していない場合における同条第１号に掲げる情報、特定電気通信役務提供者が同号に掲げる情報を保有していない場合における同条第２号に掲げる情報、同条第３号に掲げる情報、同条第４号に掲げる情報又は同条第８号に掲げる情報とする。

⑴　概　要

一般の発信者情報の開示を請求するためには、権利侵害の明白性（法５条１項１号）と開示についての正当理由（同項２号）が求められるが、特定発信者情報（発信者情報であって専ら侵害関連通信に係るものとして総務省令で定めるもの、具体的には**第２節❽**〔p.47〕参照）を開示するためには、これに加えて、補充性に関する要件（同項３号）を満たすことが求められる。

⑵　請求の主体と請求の相手方

ア　「特定電気通信による情報の流通によって自己の権利を侵害されたとする者」

発信者情報開示請求権を行使できるのは、「特定電気通信」による情報の「流通」によって権利侵害が生じたとされる場合に限られる。したがって、電子メール等の特定人に対する通信は特定電気通信ではないから、このような方法により権利が侵害されたような場合には、情報発信者情報開示請求は認められないことになる。

次に、発信者情報開示請求権の請求主体は、「自己の権利を侵害されたとする者」に限られる。したがって、自己以外の他人の権利が侵害されたと主張する者や、社会的法益が害されたとする主張する者は、発信者情報開示請求権を行使することはできない。

イ　「当該特定電気通信の用に供される特定電気通信設備を用いる特定電気通信役務提供者」に対する請求

発信者情報開示請求は、特定電気通信により侵害情報の流通があった場合における「当該特定電気通信の用に供される特定電気通信設備を用いる特定電気通信役務提供者」に対して行うことができる。

この点については、侵害情報を掲載しているコンテンツプロバイダが開示請求の相手方となることに争いはなかったが、過去においては、経由プロバイダは請求の相手方とならないとの主張がされたことがあった。すなわち、不特定の者によって受信される侵害情報がコンテンツプロバイダのウェブサーバ等により送信されるよりも前の段階に関与しているに過ぎない経由プロバイダに対する発信者情報開示請求は認められないという主張である。この問題については、最一判平22・4・8民集64巻3号676頁（**付録資料2裁判例18**〔p.434〕）が、「最終的に不特定の者に受信されることを目的として特定電気通信設備の記録媒体に情報を記録するためにする発信者とコンテンツプロバイダとの間の通信を媒介する経由プロバイダは、法2条3号にいう『特定電気通信役務提供者』に該当する」との判断を示し、実務上の決着がついている。

(3)　権利侵害の明白性（1号）

発信者情報の開示することにより、発信者のプライバシーおよび匿名表現の自由が制約されること、発信者情報それ自体が通信の秘密により保護されるべき情報であること、発信者情報が一旦開示されるとその原状回復は不可能であることから、発信者情報開示が認められるためには、権利が侵害されたことが「明らかであること」が要求されている。

総務省解説によれば、「『明らか』とは権利の侵害がなされたことが明白であるという趣旨であり、不法行為等の成立を阻却する事由の存在をうかがわせるような事情が存在しないことまでを意味する。」と説明されている。この点について、過去には、請求者の側で、①被侵害利益の存在及び侵害行為の存在、②違法性阻却事由の不存在、③責任阻却事由の不存在（故意または過失の存在）を主張・立証しなければならないことを前提とした解説がなされていたこともあったが、現在では、未だ特定されていない発信者の主観にかかわる不法行為の成立要件である故意または過失の不存在まで発信者に主張・立証させることは酷であることから、開示請求者は責任阻却事由の不存在を主張・立証する必要はないと解されている（東京高判平25・10・17判例集未登載など）。

なお、請求者側が責任阻却事由の不存在を主張・立証する必要がないことを前提に、開示関係役務提供者の側が発信者に責任阻却事由があったことを主張立証した場合については、「開示請求の相手方が責任阻却事由の存在を主張立証して、不法行為の成立を阻却する事由の存在が認められ、当該情報の流通が不法行為に該当せず、その意味で当該情報の流通が社会的に是認し得ないものとはされない場合については、『開示の請求をする者の権利が侵害されたことが明らかである』とは認められない」との判断を示した裁判例がある（東京高判平26・9・10 判例集未登載（**付録資料２裁判例20**〔p.436〕））。

⑷　開示を受けるべき正当な理由（２号）

発信者情報の開示請求が認められるためには、「当該発信者情報が当該開示の請求をする者の損害賠償請求権の行使のために必要である場合その他発信者情報の開示を受けるべき正当な理由がある」ことが必要である。

正当な理由の具体例としては、発信者に対する損害賠償請求のほか、謝罪広告等の名誉回復措置の請求、差止請求、削除請求等を行うことが含まれると考えられる。

なお、総務省解説によれば、前記の正当な理由の判断には、開示請求を認めることにより制約される発信者の利益（プライバシー等）を考慮した「相当性」の判断を含むとされ、たとえば、賠償金が支払済みであり損害賠償請求権が消滅している場合や、不法行為の要件を明らかに欠いており損害賠償請求が不可能である場合には、開示を受けるべき正当な理由が認められないことがあり得るとされる。

この点については、前掲・東京高判平26・9・10が、「開示請求の相手方が責任阻却事由の存在を主張立証して、不法行為の成立を阻却する事由の存在が認められる場合については、当該発信者情報が、その『開示の請求をする者の損害賠償請求権の行使のために必要である場合』（同項２号）に当たるとも認められないのであるから、……なお、発信者情報の開示を受けるべき正当な理由があると認められない限り、法４条１項２号所定の『正当な理由がある』とも認められない」との判断を示している。

⑸　補充性の要件——特定発信者情報の開示請求に関する加重要件

特定発信者情報に紐づくアカウント登録やログイン等の通信は、それ自体が権利侵害性を有するものではなく、侵害情報の送信に係る通信と比較して通信の秘密やプライバシーの保護を図る必要性が高いことから、特定発信者情報に係る発信者情報開示請求については、一般の発信者情報の開示請求と比較して厳格な要件が定められており、以下に述べる補充性の要件のいずれかを充足することが必要となる。

ア　法5条1項3号イ――一般発信者情報を保有していない場合

法5条1項3号イは、「当該特定電気通信役務提供者が当該権利の侵害に係る特定発信者情報以外の発信者情報を保有していないと認めるとき」に、特定発信者情報の開示請求のための補充性が認められるとする。

この要件に該当する場合として想定されるのは、たとえば、権利侵害投稿が行われたSNSを運営する開示関係役務提供者が、そのシステム上、個別の投稿が行われた際の通信履歴を保存しておらず、その他の一般の発信者情報も保有していないような場合である。[4)]

イ　法5条1項3号ロ――一般発信者情報を保有しているが類型的に発信者の特定に至らない場合が多いと考えられる場合

法5条1項3号ロは、「当該特定電気通信役務提供者が保有する当該権利の侵害に係る特定発信者情報以外の発信者情報が次に掲げる発信者情報以外の発信者情報であって総務省令で定めるもののみであると認めるとき」に、特定発信者情報の開示請求のための補充性が認められるとし、「次に掲げる発信者情報」として、⑴「当該開示の請求に係る発信者の氏名及び住所」と、⑵「当該権利の侵害に係る他の開示関係役務提供者を特定するために用いることができる発信者情報」を挙げている。これは、請求の相手方が一般発信者情報の一部を保有していたとしても、それだけでは類型的に発信者の特定に至らないと場合が多いと考えられる場合について、特定発信者情報の開示請求を認める趣旨であり、発信者を特定し得る情報を有する場合を除外しているものである。

施行規則4条は、法5条1項3号ロの委任を受け、請求の相手方が保有していても補充性要件を満たすことになる一般発信者情報を定めている。具体的には、請求の相手方が保有している一般発信者情報が、①「発信者その他侵害情報の送信又は侵害関連通信に係る者の氏名又は名称」（施行規則2条1号）と「発信者その他侵害情報の送信又は侵害関連通信に係る者の住所」（同条2号）のいずれか一方である場合、②「発信者その他侵害情報の送信又は

4）小川久仁子編著 高田 裕介・中山康一郎・大澤一雄・伊藤愉理子・中川北斗著『一問一答 令和3年改正プロバイダ責任制限法』（商事法務、2022。以下「一問一答」という）28頁。

侵害関連通信に係る者の電話番号」（同条3号）である場合、③「発信者その他侵害情報の送信又は侵害関連通信に係る者の電子メールアドレス」（同条4号）である場合、または④「侵害情報が送信された年月日及び時刻」（同条8号）のみである場合には、補充性が認められることになる。

ウ　5条1項3号ハ――開示済の一般発信者情報では発信者の特定ができない場合

法5条1項3号ハは、「当該開示の請求をする者がこの項の規定により開示を受けた発信者情報（特定発信者情報を除く。）によっては当該開示の請求に係る侵害情報の発信者を特定することができないと認めるとき」に、特定発信者情報の開示請求のための補充性が認められるとする。

この要件に該当する場合として想定されるのは、たとえば、コンテンツプロバイダから権利侵害投稿に付随する一般発信者情報（投稿時のIPアドレス及びタイムスタンプ等）を裁判外で開示された者が、経由プロバイダに対して発信者の氏名・住所等の開示を請求したものの、当該一般発信者情報を用いて特定できる発信者情報は保有していない旨の回答を受けたような場合である（一問一答31頁）。

⑹　効果――開示関係役務提供者が保有する発信者情報の開示

ア　発信者情報

本項に基づく開示請求権の開示の対象となる特定発信者情報と一般発信者情報（条文上は「特定発信者情報以外の発信者情報」）の意義と具体的内容については、前記**第2節8**〔p.47〕で述べたとおりである。

イ　開示関係役務提供者が保有する情報

本項の開示請求により開示が認められる発信者情報は、開示関係役務提供者が「保有する」ものに限られる。「保有する」といえる場合には、開示関係役務提供者が発信者情報を自らのサーバ内に記録して管理している場合のほか、当該情報の管理を第三者に委託しており、当該情報の開示を当該第三者に対して請求できる場合も含むと考えられている。

また、開示を請求された発信者情報が記録されていたとしても、当該情報が体系的に保管されておらず、事実上情報が確認できない場合や、抽出のために現実的でないコストがかかる場合は「保有する」とはいえないと解されている。

なお、法は、開示関係役務提供者に対して発信者情報の保存を義務づけるものではないので、特定電気通信役務提供者が、発信者情報となりうる情報を、内部規程などに基づく保存期間の経過により消去することは妨げられない。

3　関連電気通信役務提供者（侵害関連通信を媒介する特定電気通信役務提供者）に対する発信者情報開示請求（法５条２項）

第５条第２項　特定電気通信による情報の流通によって自己の権利を侵害されたとする者は、次の各号のいずれかに該当するときは、当該特定電気通信に係る侵害関連通信の用に供される電気通信設備を用いて電気通信役務を提供した者（当該特定電気通信に係る前項に規定する特定電気通信役務提供者である者を除く。以下この項において「関連電気通信役務提供者」という。）に対し、当該関連電気通信役務提供者が保有する当該侵害関連通信に係る発信者情報の開示を請求することができる。

一　当該開示の請求に係る侵害情報の流通によって当該開示の請求をする者の権利が侵害されたことが明らかであるとき。

二　当該発信者情報が当該開示の請求をする者の損害賠償請求権の行使のために必要である場合その他発当該信者情報の開示を受けるべき正当な理由があるとき。

法５条２項は、侵害関連通信（それ自体は侵害情報の投稿に係る通信ではないログイン等の通信）を媒介したのみである関連電気通信役務提供者を相手方とする発信者情報開示請求権について規定するものである。

開示請求が認められるための要件は、権利侵害の明白性（１号）と、開示を受けるべき正当な理由（２号）のみであり、補充性に関する要件は要求されていない。

これは、侵害関連通信に紐づく発信者情報の請求については、それに先立つコンテンツプロバイダに対する開示請求の段階で、一般発信者情報の保有状況等を勘案して補充性に関する要件の充足性が認められているため、その次の段階である関連電気通信役務提供者に対する開示請求においては、当該要件を再度判断することは要しないとされたものである（一問一答33頁）。

4　開示関係役務提供者の義務等（第６条）

法６条は、開示関係役務提供者が発信者情報開示請求を受けた場合に負う義務や責任の制限について定めている。

(1)　発信者の意見聴取（法６条１項）

> 第６条第１項　開示関係役務提供者は、前条第１項又は第２項の規定による開示の請求を受けたときは、当該開示の請求に係る侵害情報の発信者と連絡することができない場合その他特別の事情がある場合を除き、当該開示の請求に応じるかどうかについて当該発信者の意見（当該開示の請求に応じるべきでない旨の意見であるときは、その理由を含む。）を聴かなければならない。

開示関係役務提供者は、開示請求者により発信者情報の開示請求が行われた場合、問題となった侵害情報の発信者に対して、発信者情報を開示するかどうかについての意見照会を行う義務がある。これは、発信者情報を開示することにより、発信者のプライバシーおよび表現の自由が制約されること、発信者情報それ自体が通信の秘密に属する情報であること、発信者情報が一旦開示されるとその原状回復は不可能であることから、安易な開示により、このような発信者の権利利益が不当に害されることを防ぐための手続といえる。

従前より意見聴取義務は規定されていたが、発信者の権利利益の確保や開示関係役務提供者による適切な対応を促す観点から、令和３年改正により、不開示意見の場合にはその理由も聴取するべきこととされた。

ただし、手段を尽くしても侵害情報の発信者と連絡が取れない場合には、発信者に対して意見照会をすることはできないため本項の手続違反の問題は生じない。また、開示請求者の請求が法５条の要件を備えていないことが明らかである場合は「その他特別の事情」がある場合として、開示関係役務提供者に意見照会義務は課されないものと考えられる。

開示関係役務提供者は、この意見照会手続を通じて、発信者情報開示請求訴訟で提出することのできる攻撃防御方法を入手した場合は、適宜これを訴訟に提出することができる。

⑵　発信者に対する発信者情報開示命令を受けた旨の通知（法６条２項）

> 第６条第２項　開示関係役務提供者は、発信者情報開示命令を受けたときは、前項の規定による意見の聴取（当該発信者情報開示命令に係るものに限る。）において前条第１項又は第２項の規定による開示の請求に応じるべきでない旨の意見を述べた当該発信者情報開示命令に係る侵害情報の発信者に対し、遅滞なくその旨を通知しなければならない。ただし、当該発信者に対し通知することが困難であるときは、この限りでない。

開示関係役務提供者は、発信者情報開示命令を受けたときは、通知することが困難である場合を除き、当該発信者情報開示命令に係る侵害情報について不開示意見を述べた発信者に対し、遅滞なくその旨を通知する必要がある。

ここで、「通知することが困難である」とは、発信者に開示命令を受けた旨の通知するのが客観的に不能である場合をいうとされている（一問一答42頁）。

この規定は、発信者に対し発信者情報開示命令の発令を認識させ、発信者に、自身に対する損害賠償請求について必要な防御活動を早期に行う機会を与える趣旨で設けられたものである。

通知義務が課されるのは、発信者が不開示意見を述べた場合において、法８条の発信者情報開示命令がなされたときに限られている。発信者情報開示訴訟で開示判決がなされた場合は、非訟手続の場合と比べて手続保障は十分なされているといえることから、法律上、通知は要求されない。

なお、この通知に対し、発信者から開示関係役務提供者に対し、発信者情報開示命令に対する異議の訴えを提起してほしいと求められたとしても、これに応じる義務はないと考えられる（一問一答41頁）。

⑶　発信者情報の目的外使用の禁止（法６条３項）

> 第６条第３項　開示関係役務提供者は、第15条１項（第２号に係る部分に限る。）の規定による命令を受けた他の開示関係役務提供者から当該命令による発信者情報の提供を受けたときは、当該発信者情報を、その保有する発信者情報（当該提供に係る侵害情報に係るものに限る。）を特定する目的以外に使用してはならない。

本項は、開示関係役務提供者が、提供命令に基づき、他の開示関係役務提供者から発信者情報を提供された場合、提供された当該発信者情報を、自己の保有する発信者情報（当該提供命令に係る侵害情報に係るもの）を特定する目的でのみ使用し、それ以外の目的で使用することを禁じたものである。

⑷　開示を拒否した場合の責任制限（法６条４項）

> 第６条第４項　開示関係役務提供者は、前条第１項又は第２項の規定による開示の請求に応じないことにより当該開示の請求をした者に生じた損害については、故意又は重大な過失がある場合でなければ、賠償の責めに任じない。ただし、当該開示関係役務提供者が当該開示の請求に係る侵害情報の発信者である場合は、この限りでない。

ア　趣　旨

発信者情報が開示されることにより、発信者の権利利益が制約される結果となることから、法は開示に厳格な要件を定めるとともに、発信者に対する意見照会の手続を義務づけるなど、開示・非開示の判断を慎重に行うことを求めている。開示関係役務提供者が、このような法の趣旨に従って開示に慎重になり、適時の開示に応じていなかったというケースにおいて、事後的に開示が認められるべきと判断される場合もあり得る。このような場合に、開示関係役務提供者の非開示の判断について、事後的にみれば何らかの過失があったと判断された場合に、常に開示請求者からの損害賠償請求が認められてしまうとすれば酷であることから、本項は、故意または重大な過失がある場合を除いては、開示関係役務提供者が、開示に応じなかったことを理由とする損害賠償責任を負わないことを定めたものである。

イ　開示の請求に応じないことにより生じた損害

総務省解説によれば、以下のような場合に、開示請求に応じないことによる損害が生じ得るとされている。

・開示関係役務提供者が裁判外での開示請求に応じなかったため、開示請求者が裁判上の開示請求を行い、これを認容する確定判決を得たが、それまでの間に発信者が行方不明または無資力になっており、発信者に対する責任追及が無意味になった場合

・開示関係役務提供者が裁判外での開示請求に応じなかったため、開示請求者が裁判上の開示請求を行い、これを認容する確定判決を得たが、その間開示が遅れたことで、開示請求をした者の精神的苦痛が長引き、精神的損害が発生した場合

ウ　重大な過失

本項についての判断を示した最三判平成22・４・13民集64巻３号758頁（**付録資料２裁判例19**〔p.435〕）は、「開示関係役務提供者は、侵害情報の流通による開示請求者の権利侵害が明白であることなど当該開示請求が同条１項各号所定の要件のいずれにも該当することを認識し、または上記要件のいずれにも該当することが一見明白であり、その旨認識することができなかったことにつき重大な過失がある場合にのみ、損害賠償責任を負う」と判示し、当該事案における開示関係役務提供者の重過失を否定している。

5　発信者情報の開示を受けた者の義務（第７条）

法７条は、発信者情報の開示を受けた開示請求者が発信者情報を用いるに当たって負担する義務を規定している。

> 第７条　第５条第１項又は第２項の規定により発信者情報の開示を受けた者は、当該発信者情報をみだりに用いて、不当に当該発信者情報に係る発信者の名誉又は生活の平穏を害する行為をしてはならない。

法５条の発信者情報開示請求権は、開示請求者が、損害賠償請求権の行使など、発信者情報の開示を受けるべき正当な理由がある場合に限り認められるものであり、開示された発信者情報がそれ以外の用途に用いられることは予定されていない。開示を受けた開示請求者が、発信者情報を正当な目的以外のために用い、これによって発信者に損害が発生した場合には、開示請求者に不法行為責任が成立することになる。

第5節　発信者情報開示命令事件に関する裁判手続

発信者情報開示請求を裁判手続で行う場合には、従来、①仮処分によりコンテンツプロバイダからIPアドレス・タイムスタンプ等の開示を受けたうえで、②経由プロバイダから発信者の氏名・住所の開示を受けるための訴訟手続を踏むという２段階の裁判手続を踏むことが一般的であった。従来は、このように２つの別個の裁判手続を踏まなければならず、また、当事者間での対立が激しくない事案についても手続保障が手厚い訴訟手続を経る必要があったことから、当事者の負担が大きく、迅速な被害者救済の妨げとなっている面があった。こうした課題を踏まえ、令和３年改正において、従来の訴訟手続による発信者情報開示請求権の行使に加え、新たに発信者情報開示請求権の行使のための新たな裁判手続を創設して、従来の２段階の裁判手続を、１つの非訟手続の中でまとめて解決できるようにし、被害者救済までの時間の短縮や当時者の利便性の向上が図られた。

以下では、①新たな裁判手続（発信者情報開示命令事件）において創設された裁判所による３つの命令（開示命令、提供命令、消去禁止命令）について概説したうえで、②発信者情報開示命令事件の裁判管轄について概観する。

1　３つの命令（開示命令・提供命令・消去禁止命令）について

(1)　開示命令

第８条（発信者情報開示命令）
　裁判所は、特定電気通信による情報の流通によって自己の権利を侵害されたとする者の申立てにより、決定で、当該権利の侵害に係る開示関係役務提供者に対し、第５条第１項又は第２項の規定による請求に基づく発信者情報の開示を命ずることができる。

ア　発信者情報開示命令事件（非訟事件）と発信者情報開示請求訴訟の関係

発信者情報開示請求権を裁判上行使しようとする者は、従来の訴訟手続による権利行使に加え、発信者情報開示命令の申立てを行うこともできる（法8条）。

発信者情報開示命令事件は非訟手続であり、その手続については、非訟事件手続法第２編に定める非訟事件の手続の通則が適用される（但し、法17条が適用除外について定める。）ほか、法第４章が定める発信者情報開示命令事件についての特則が適用される。

発信者情報開示命令の申立てに対する決定の効力は、決定の告知により生ずるが（非訟事件手続法56条２項・３項）、当該決定の告知を受けた日から１か月の不変期間内に異議の訴えが提起されない場合には、決定は確定判決と同一の効力を有するとされている（法14条５項）。

このように、発信者情報開示命令の申立てに係る決定には既判力が生じることから、同じ侵害情報に係る投稿について発信者情報開示命令事件の手続と発信者情報開示請求訴訟が併存する場合、既判力の矛盾・抵触が生じるおそれがある。そのため、同一の侵害情報に関して発信者情報開示命令の申立てと発信者情報開示請求訴訟の提起がなされた場合には、民事訴訟法142条（重複起訴の禁止）が適用され、後続の手続が不適法になると解されている。

どのような場合に発信者情報開示命令の申立てを行い、どのような場合に発信者情報開示請求訴訟を行うのが適切かは事案によるが、たとえば、相手方が権利侵害の明白性について積極的に争う事案など、裁判所が開示命令を発令したとしても異議の訴え（法14条１項）が提起されることが見込まれるような場合には、発信者情報開示命令の申立ての審理期間を回避するため、最初から発信者情報開示命令訴訟のルートを選択することが考えらえる。

イ　発信者情報開示命令事件の審理

裁判所は、発信者情報開示命令の申立てについての決定（本案についての終局決定）をする場合には、当事者の陳述を聴かねばならない（法11条３項）。

これは、当事者双方に攻撃防御の機会を十分に保障する趣旨によるものであるが、非訟事件手続における陳述の聴取の方法については特に制限はなく、裁判官の審問のほか、書面照会等の方法によることも可能である。

ウ　コンテンツプロバイダを相手方とする発信者情報開示命令事件と経由プロバイダを相手方とする発信者情報開示命令事件の併合

発信者情報開示請求権を裁判上行使する場合、令和３年改正以前は２段階の別個の手続（コンテンツプロバイダに対する仮処分の申立てと、その後に提起される経由プロバイダに対する発信者情報開示請求訴訟）を踏む必要があり、この点が課題とされていたが、令和３年改正で創設された発信者情報開示命令事件では、コンテンツプロバイダを相手方とする手続と、経由プロバイダを相手方とする手続が一体的に審理されることが想定されている。

具体的には、侵害情報により権利利益の侵害を受けた者は、①コンテンツプロバイダを相手方として発信者情報開示命令の申立てを行い、それと同時に（またはその後）、②同事件の本案に付随する裁判である提供命令の申立てを行い、提供命令に基づき経由プロバイダの氏名等情報を得た後、③当該経由プロバイダを相手方とする発信者情報開示命令の申立てを行うことになるが、裁判所は、非訟事件手続法35条１項に基づいて上記①と③の発信者情報開示命令事件の手続を併合し、これらの事件を一体的に審理することが想定されている。

エ　発信者情報開示命令事件についての終局決定に対する異議訴訟

> 第14条（発信者情報開示命令の申立てについての決定に対する異議の訴え）
> 1　発信者情報開示命令の申立てについての決定（当該申立てを不適法として却下する決定を除く。）に不服がある者は、当該決定の告知を受けた日から１月の不変期間内に、異議の訴えを提起することができる。
> 2　前項に規定する訴えは、同項に規定する決定をした裁判所の管轄に専属する。
> 3　第１項に規定する訴えについての判決においては、当該訴えを不適法として却下するときを除き、同項に規定する決定を認可し、変更し、又は取り消す。

> 4　第1項に規定する決定を認可し、又は変更した判決で発信者情報の開示を命ずるものは、強制執行に関しては、給付を命ずる判決と同一の効力を有する。
> 5　第1項に規定する訴えが、同項に規定する期間内に提起されなかったとき、又は却下されたときは、当該訴えに係る同項に規定する決定は、確定判決と同一の効力を有する。
> 6　裁判所が第1項に規定する決定をした場合における非訟事件手続法第59条第1項の規定の適用については、同項第2号中「即時抗告をする」とあるのは、「異議の訴えを提起する」とする。

発信者情報開示命令の申立てについての決定（当該申立てを不適法として却下する決定を除く。）に対しては、不服のある当事者が異議の訴えを提起することができる（法14条1項）。異議の訴えに対する判決は、発信者情報開示命令の申立てに対する決定を、認可し、変更し、又は取り消す旨の判決をすることになる（法14条3項）。この異議の訴えは通常の民事訴訟の判決手続である。

異議の訴えは、発信者情報開示命令の申立てについての決定の告知を受けた日から1月の不変期間内に提起しなければならず、この期間内に異議の訴えが提起されなければ、発信者情報開示命令の申立てに係る決定が確定し、確定判決と同一の効力を有することとなる（法14条5項）。

なお、非訟事件手続法66条は、非訟事件手続の終局決定に対する不服申立てとして即時抗告を定めているが、法14条は不服申立てについて非訟事件手続法の特則を定めたものであることから（一問一答87頁）、発信者情報開示命令の申立てについての決定に対し、即時抗告を行うことはできない。

⑵　提供命令と消去禁止命令

提供命令（法15条）及び消去禁止命令（法16条）は、発信者情報開示命令事件（本案）に付随する裁判と位置付けられる。したがって、発信者情報開示命令の申立てをせずに提供命令及び消去禁止命令の申立てをすることはできず、また、提供命令及び消去禁止命令の申立ての管轄は、発信者情報開示命令事件の管轄と同一である（法15条1項、16条1項）。

第 15 条（提供命令）
本案の発信者情報開示命令事件が係属する裁判所は、発信者情報開示命令の申立てに係る侵害情報の発信者を特定することができなくなることを防止するため必要があると認めるときは、当該発信者情報開示命令の申立てをした者（以下この項において「申立人」という。）の申立てにより、決定で、当該発信者情報開示命令の申立ての相手方である開示関係役務提供者に対し、次に掲げる事項を命ずることができる。

一　当該申立人に対し、次のイ又はロに掲げる場合の区分に応じそれぞれ当該イ又はロに定める事項（イに掲げる場合に該当すると認めるときは、イに定める事項）を書面又は電磁的方法（電子情報処理組織を使用する方法その他の情報通信の技術を利用する方法であって総務省令で定めるものをいう。）により提供すること。

イ　当該開示関係役務提供者がその保有する発信者情報（当該発信者情報開示命令の申立てに係るものに限る。以下この項において同じ。）により当該侵害情報に係る他の開示関係役務提供者（当該侵害情報の発信者であると認めるものを除く。ロにおいて同じ。）の氏名又は名称及び住所（以下この項及び第３項において「他の開示関係役務提供者の氏名等情報」という。）の特定をすることができる場合　当該他の開示関係役務提供者の氏名等情報

ロ　当該開示関係役務提供者が当該侵害情報に係る他の開示関係役務提供者を特定するために用いることができる発信者情報として総務省令で定めるものを保有していない場合又は当該開示関係役務提供者がその保有する当該発信者情報によりイに規定する特定をすることができない場合

その旨

二　この項の規定による命令（以下この条において「提供命令」といい、前号に係る部分に限る。）により他の開示関係役務提供者の氏名等情報の提供を受けた当該申立人から、当該他の開示関係役務提供者を相手方として当該侵害情報の発信者情報開示命令の申立てをした旨の書面又は電磁的方法による通知を受けたときは、当該他の開示関係役務提供者に対し、当該開示関係役務提供者が保有する発信者情報を書面又は電磁的方法により提供すること。

2　前項（各号列記以外の部分に限る。）に規定する発信者情報開示命令の申立ての相手方が第５条第１項に規定する特定電気通信役務提供者であって、

かつ、当該申立てをした者が当該申立てにおいて特定発信者情報を含む発信者情報の開示を請求している場合における前項の規定の適用については、同項第1号イの規定中「に係るもの」とあるのは、次の表の上欄に掲げる場合の区分に応じ、それぞれ同表の下欄に掲げる字句とする。

当該特定発信者情報の開示の請求について第5条第1項第3号に該当すると認められる場合	当該特定発信者情報の開示の請求について第5条第1項第3号に該当すると認められない場合
に係る第5条第1項に規定する特定発信者情報	に係る第5条第1項に規定する特定発信者情報以外の発信者情報

3　次のいずれかに該当するときは、提供命令（提供命令により二以上の他の開示関係役務提供者の氏名等情報の提供を受けた者が、当該他の開示関係役務提供者のうちの一部の者について第1項第2号に規定する通知をしないことにより第2号に該当することとなるときは、当該一部の者に係る部分に限る。）は、その効力を失う。

一　当該提供命令の本案である発信者情報開示命令事件（当該発信者情報開示命令事件についての前条第1項に規定する決定に対して同項に規定する訴えが提起されたときは、その訴訟）が終了したとき。

二　当該提供命令により他の開示関係役務提供者の氏名等情報の提供を受けた者が、当該提供を受けた日から2月以内に、当該提供を受けた開示関係役務提供者に対し、第1項第2号に規定する通知をしなかったとき。

4　提供命令の申立ては、当該提供命令があった後であっても、その全部又は一部を取り下げることができる。

5　提供命令を受けた開示関係役務提供者は、当該提供命令に対し、即時抗告をすることができる。

ア　提供命令とは

提供命令とは、主としてコンテンツプロバイダに対する発信者情報開示命令事件が係属している場合において、当該事件の申立人の申立てにより、裁判所が、当該コンテンツプロバイダに対し、①同人が保有するIPアドレスやタイムスタンプ等の発信者情報に基づき特定される経由プロバイダの氏名又は名称及び住所（氏名等情報。氏名等情報を保有しておらず又は氏名等情報を特定できない場合はその旨）を申立人に提供することを命ずるとともに（法15条1項1号）、②IPアドレスやタイムスタンプ等の情報を、当該特定された経由プロバイダに提供することを命ずるものである（法15条1項2号）。

提供命令により、申立人は、コンテンツプロバイダに対する発信者情報開示命令の申立てについての決定がなされる以前の段階で、経由プロバイダの名称等を知ることができる。前述のとおり、経由プロバイダの情報を得た申立人は、当該経由プロバイダを相手方とする発信者情報開示命令の申立てを行い、双方の手続が併合され、一体的な審理がなされることが想定されている。

イ　提供命令発令の要件

提供命令の発令要件は以下のとおりである。これらの要件を満たすためには、民事保全法13条2項に準じ、疎明があれば足りるとされる（一問一答95頁）。

【一般の発信者情報に係る提供命令の申立ての場合】

(a)　本案の発信者情報開示命令事件が係属すること（本案係属要件。法15条1項柱書）

なお、提供命令の申立ては、コンテンツプロバイダに対する発信者情報開示命令の申立てと同時に行うことが可能である。

(b)　発信者情報開示命令の申立てに係る侵害情報の発信者を特定することができなくなることを防止するため必要があること（保全の必要性。法15条1項柱書）

【特定発信者情報に係る提供命令の申立ての場合の追加的要件】

(c)　補充性の要件（**第4節2(5)**〔p.68〕）の充足性（法15条2項、法5条1項3号）

ウ　提供命令の内容

(a)　相手方（主としてコンテンツプロバイダ）から申立人に対し、他の開示関係役務提供者（主として経由プロバイダ）の氏名又は名称及び住所（氏名等情報）を提供すること（法15条1項1号イ）、又は他の開示関係役務提供者を特定するために用いることができる発信者情報として総務省令で定めるものを保有していない場合若しくは当該開示関係役務提供者がその保有する当該発信情報により氏名等情報を特定することができない場合においてはその旨を申立人に提供すること（同号ロ）

(b)　申立人から、当該他の開示関係役務提供者を相手方として当該侵害情報の発信者情報開示命令の申立てをした旨の通知を受けたときは、当該他の開示関係役務提供者に対し、当該開示関係役務提供者が保有する発信者情報を提供すること（法15条１項２号）

なお、上記(a)の「他の開示関係役務提供者を特定するために用いることができる発信者情報として総務省令で定めるもの」については、施行規則７条が定めている。規定内容を整理すると以下のとおりとなる。

パターン１：相手方が法５条１項に規定する特定電気通信役務提供者であって、かつ、特定発信者情報の開示を請求しており、補充性の要件につき法５条１項３号該当性が認められる場合（施行規則７条１号イ）

・専ら侵害関連通信に係る IP アドレス及びこれと組み合わされたポート番号（施行規則２条９号）
・専ら侵害関連通信に係る移動端末設備からのインターネット接続サービス利用者識別符号（施行規則２条 10 号）
・専ら侵害関連通信に係る SIM 識別番号（施行規則２条 11 号）
・専ら侵害関連通信に係る SMS 電話番号（施行規則２条 12 号）

パターン２：相手方が法５条１項に規定する特定電気通信役務提供者であって、かつ、特定発信者情報の開示を請求しており、補充性の要件につき法５条１項３号該当性が認められない場合（施行規則７条１号ロ）

・侵害情報の送信に係る IP アドレス及びこれと組み合わされたポート番号（施行規則２条５号）
・侵害情報の送信に係る移動端末設備からのインターネット接続サービス利用者識別符号（施行規則２条６号）
・侵害情報の送信に係る SIM 識別番号（施行規則２条７号）

パターン３：相手方が法５条１項に規定する特定電気通信役務提供者であって、かつ、一般の発信者情報の開示を請求する場合（施行規則７条２号）

・侵害情報の送信に係る IP アドレス及びこれと組み合わされたポート番号（施行規則２条５号）
・侵害情報の送信に係る移動端末設備からのインターネット接続サービス利

用者識別符号（施行規則２条６号）
・侵害情報の送信に係る SIM 識別番号（施行規則２条７号）
・発信者その他侵害情報の送信又は侵害関連通信に係る者についての利用者管理符号（施行規則２条 14 号）

パターン４：相手方が法５条２項に規定する関連電気通信役務提供者であって、かつ、一般の発信者情報の開示を請求している場合（施行規則７条３号）
・専ら侵害関連通信に係る IP アドレス及びこれと組み合わされたポート番号（施行規則２条９号）
・専ら侵害関連通信に係る移動端末設備からのインターネット接続サービス利用者識別符号（施行規則２条 10 号）
・専ら侵害関連通信に係る SIM 識別番号（施行規則２条 11 号）
・専ら侵害関連通信に係る SMS 電話番号（施行規則２条 12 号）
・発信者その他侵害情報の送信又は侵害関連通信に係る者についての利用者管理符号（施行規則２条 14 号）

エ　提供命令の効力の消滅

本案となる発信者情報開示命令事件（異議訴訟が提起された場合には異議訴訟）が終了した場合、及び、申立人が相手方から他の開示関係役務提供者の氏名等情報の提供を受けた日から２か月以内に、相手方に対し、当該開示関係役務提供者を相手方とする発信者情報開示命令の申立てをした旨を通知しなかったときは、提供命令は失効する（法15条３項）。

(3)　消去禁止命令

第 16 条（消去禁止命令）
本案の発信者情報開示命令事件が係属する裁判所は、発信者情報開示命令の申立てに係る侵害情報の発信者を特定することができなくなることを防止するため必要があると認めるときは、当該発信者情報開示命令の申立てをした者の申立てにより、決定で、当該発信者情報開示命令の申立ての相手方である開示関係役務提供者に対し、当該発信者情報開示命令事件（当該発信者情報開示命令事件についての第 14 条第１項に規定する決定に対して同項に規定する訴えが提起されたときは、その訴訟）が終了するまでの間、当該開示関係役務提供者が保有する発信者情報（当該発信者情報開示命令の申立てに係るものに限る。）を消去してはならない旨を命ずることができる。
2　前項の規定による命令（以下この条において「消去禁止命令」という。）の申立ては、当該消去禁止命令があった後であっても、その全部又は一部を取り下げることができる。
3　消去禁止命令を受けた開示関係役務提供者は、当該消去禁止命令に対し、即時抗告をすることができる。

ア　消去禁止命令とは

経由プロバイダは、IPアドレス等の情報を３か月程度しか保存していない。そのため、発信者情報開示命令事件（あるいはその後の異議訴訟）の審理中に発信者情報が消去される可能性があるが、かかる事態を回避するため、発信者情報開示命令事件の申立人の申立てにより、裁判所が、相手方（経由プロバイダ）に対し、発信者情報開示命令事件が終了するまでの間、相手方が保有する発信者情報の消去禁止を命ずることを可能にするものである。

イ　消去禁止命令の発令要件（法16条１項）

消去禁止命令の発令要件は以下のとおりである。これらの要件を満たすためには、民事保全法13条２項に準じ、疎明があれば足りるとされる（一問一答105頁）。

(a)　本案の発信者情報開示命令事件が係属すること（本案係属要件）
なお、消去命令の申立ては、経由プロバイダに対する発信者情報開示命令の申立てと同時に行うことが可能である。
(b)　発信者情報開示命令の申立てに係る侵害情報の発信者を特定することができなくなることを防止するため必要があること（保全の必要性）
(c)　相手方たる開示関係役務提供者が発信者情報を保有すること（発信者情報の保有要件）

2　発信者情報開示命令事件の裁判管轄について

発信者情報開示命令事件の裁判管轄は、民事訴訟法が定める裁判管轄に関する規律を参考に規定されている。以下においては、実務上問題となることが多い申立ての相手方が法人である場合を前提に、発信者情報開示命令事件の裁判管轄（国際裁判管轄と国内裁判管轄）について概観する。

(1)　国際裁判管轄

（日本の裁判所の管轄権）
第９条　裁判所は、発信者情報開示命令の申立てについて、次の各号のいずれかに該当するときは、管轄権を有する。
一　人を相手方とする場合において、次のイからハまでのいずれかに該当するとき。
イ　相手方の住所又は居所が日本国内にあるとき。
ロ　相手方の住所及び居所が日本国内にない場合又はその住所及び居所が知れない場合において、当該相手方が申立て前に日本国内に住所を有していたとき（日本国内に最後に住所を有していた後に外国に住所を有していたときを除く。）。
ハ　大使、公使その他外国に在ってその国の裁判権からの免除を享有する日本人を相手方とするとき。
二　法人その他の社団又は財団を相手方とする場合において、次のイ又はロのいずれかに該当するとき。
イ　相手方の主たる事務所又は営業所が日本国内にあるとき。
ロ　相手方の主たる事務所又は営業所が日本国内にない場合において、次の(1)又は(2)のいずれかに該当するとき。
(1)当該相手方の事務所又は営業所が日本国内にある場合において、申立てが当該事務所又は営業所における業務に関するものであるとき。
(2)当該相手方の事務所若しくは営業所が日本国内にない場合又はその事務所若しくは営業所の所在地が知れない場合において、代表者その他の主たる業務担当者の住所が日本国内にあるとき。
三　前二号に掲げるもののほか、日本において事業を行う者（日本において取引を継続してする外国会社（会社法（平成17年法律第86号）第2条第2号に規定する外国会社をいう。）を含む。）を相手方とする場合において、申立てが当該相手方の日本における業務に関するものであるとき。

2　前項の規定にかかわらず、当事者は、合意により、いずれの国の裁判所に発信者情報開示命令の申立てをすることができるかについて定めることができる。

3　前項の合意は、書面でしなければ、その効力を生じない。

4　第二項の合意がその内容を記録した電磁的記録（電子的方式、磁気的方式その他人の知覚によっては認識することができない方式で作られる記録であって、電子計算機による情報処理の用に供されるものをいう。）によってされたときは、その合意は、書面によってされたものとみなして、前項の規定を適用する。

5　外国の裁判所にのみ発信者情報開示命令の申立てをすることができる旨の第2項の合意は、その裁判所が法律上又は事実上裁判権を行うことができないときは、これを援用することができない。

6　裁判所は、発信者情報開示命令の申立てについて前各項の規定により日本の裁判所が管轄権を有することとなる場合（日本の裁判所にのみ申立てをすることができる旨の第二項の合意に基づき申立てがされた場合を除く。）においても、事案の性質、手続の追行による相手方の負担の程度、証拠の所在地その他の事情を考慮して、日本の裁判所が審理及び裁判をすることが当事者間の衡平を害し、又は適正かつ迅速な審理の実現を妨げることとなる特別の事情があると認めるときは、当該申立ての全部又は一部を却下することができる。

7　日本の裁判所の管轄権は、発信者情報開示命令の申立てがあった時を標準として定める。

発信者情報開示命令事件は、プロバイダが外国法人である場合など、渉外的な要素を含むケースが多い。そこで、法は第9条において、国内の管轄の規定に先立ち「日本の裁判所の管轄権」として国際裁判管轄の規定を設け、どのような場合に日本の裁判所に発信者情報開示命令事件の申立てが可能かを明らかにしている。

ア　相手方の住所等による管轄原因（法９条１項）

(a)　相手方が自然人である場合（法９条１項１号）

相手方の住所又は居所が日本国内にあるとき（同号イ）のほか、相手方の住所又は居所が日本国内にない場合又はその住所及び居所が知れない場合において、当該相手方が申立て前に日本国内に住所を有していたとき（同号ロ）に日本の裁判所に管轄権が認められる。また、日本から外国に派遣される大使、公使その他接受国の裁判権からの免除を受ける日本人を相手方とする場合も日本の裁判所の管轄権が認められる（同号ハ）。

(b)　相手方が法人その他の社団又は財団である場合（法９条１項２号）

相手方が法人その他の社団又は財団の場合は、相手方の主たる事務所又は営業所が日本国内にあるときに日本の裁判所の管轄権が認められる（法９条１項２号イ）。

このほか、相手方の主たる事務所又は営業所が日本国内にない場合に関しては、㋐相手方の従たる事務所又は営業所が日本国内にある場合において、申立てが当該事務所又は営業所に関するものであるとき（同号ロ⑴）、及び、㋑相手方の事務所若しくは営業所が日本国内にない場合又はその事務所若しくは営業所の所在地が知れない場合において、代表者その他の主たる業務担当者の住所が日本国内にあるときにも日本の裁判所に管轄権が認められる（同号ロ⑵）。

(c)　日本国内において事業を行う者を相手方とする場合（法９条１項３号）

前記(a)及び(b)のほか、日本において事業を行う者（日本において取引を継続してする外国会社を含む。）を相手方とする場合において、申立てが当該相手方の日本における業務に関するものであるときにも日本の裁判所に管轄権が認められる（法９条１項３号）。

X（旧Twitter）、Facebook等のSNSに投稿された侵害情報に関して、これらの運営主体である外国法人を相手方として申立てを行う場合は、本号に基づいて日本の裁判所に管轄権が認められることになる。

イ　管轄権に関する合意（法９条２項～５項）

法は、発信者情報開示命令事件について、当事者の合意により、いずれの国の裁判所に申立てをすることができるかを定めることを認めている（２

項）。かかる合意については書面（電磁的記録を含む。）により行う必要がある（３項、４項）。

なお、当事者がある国の裁判所のみに対して申立てをすることができる旨の専属的合意を行った場合において、当該国の裁判所が法律上又は事実上裁判権を行うことができないときは、当該専属的合意を援用することはできない（５項）。

(2)　国内裁判管轄

（管轄）
第10条　発信者情報開示命令の申立ては、次の各号に掲げる場合の区分に応じ、それぞれ当該各号に定める地を管轄する地方裁判所の管轄に属する。
一　人を相手方とする場合　相手方の住所の所在地（相手方の住所が日本国内にないとき又はその住所が知れないときはその居所の所在地とし、その居所が日本国内にないとき又はその居所が知れないときはその最後の住所の所在地とする。）
二　大使、公使その他外国に在ってその国の裁判権からの免除を享有する日本人を相手方とする場合において、この項（前号に係る部分に限る。）の規定により管轄が定まらないとき　最高裁判所規則で定める地
三　法人その他の社団又は財団を相手方とする場合　次のイ又はロに掲げる事務所　又は営業所の所在地（当該事務所又は営業所が日本国内にないときは、代表者その他の主たる業務担当者の住所の所在地とする。）
イ　相手方の主たる事務所又は営業所
ロ　申立てが相手方の事務所又は営業所（イに掲げるものを除く。）における業務に関するものであるときは、当該事務所又は営業所
２　前条の規定により日本の裁判所が管轄権を有することとなる発信者情報開示命令の申立てについて、前項の規定又は他の法令の規定により管轄裁判所が定まらないときは、当該申立ては、最高裁判所規則で定める地を管轄する地方裁判所の管轄に属する。
３　発信者情報開示命令の申立てについて、前２項の規定により次の各号に掲げる裁判所が管轄権を有することとなる場合には、それぞれ当該各号に定める裁判所にも、当該申立てをすることができる。
一　東京高等裁判所、名古屋高等裁判所、仙台高等裁判所又は札幌高等裁

判所の管轄区域内に所在する地方裁判所（東京地方裁判所を除く。）　東京地方裁判所
二　大阪高等裁判所、広島高等裁判所、福岡高等裁判所又は高松高等裁判所の管轄区域内に所在する地方裁判所（大阪地方裁判所を除く。）　大阪地方裁判所
４　前三項の規定にかかわらず、発信者情報開示命令の申立ては、当事者が合意で定める地方裁判所の管轄に属する。この場合においては、前条第三項及び第四項の規定を準用する。
５　前各項の規定にかかわらず、特許権、実用新案権、回路配置利用権又はプログラムの著作物についての著作者の権利を侵害されたとする者による当該権利の侵害についての発信者情報開示命令の申立てについて、当該各項の規定により次の各号に掲げる裁判所が管轄権を有することとなる場合には、当該申立ては、それぞれ当該各号に定める裁判所の管轄に専属する。
一　東京高等裁判所、名古屋高等裁判所、仙台高等裁判所又は札幌高等裁判所の管轄区域内に所在する地方裁判所　東京地方裁判所
二　大阪高等裁判所、広島高等裁判所、福岡高等裁判所又は高松高等裁判所の管轄区域内に所在する地方裁判所　大阪地方裁判所
６　前項第２号に定める裁判所がした発信者情報開示命令事件（同項に規定する権利の侵害に係るものに限る。）についての決定に対する即時抗告は、東京高等裁判所の管轄に専属する。
７　前各項の規定にかかわらず、第 15 条第１項（第１号に係る部分に限る。）の規定による命令により同号イに規定する他の開示関係役務提供者の氏名等情報の提供を受けた者の申立てに係る第一号に掲げる事件は、当該提供を受けた者の申立てに係る第２号に掲げる事件が係属するときは、当該事件が係属する裁判所の管轄に専属する。
一　当該他の開示関係役務提供者を相手方とする当該提供に係る侵害情報についての発信者情報開示命令事件
二　当該提供に係る侵害情報についての他の発信者情報開示命令事件

法第10条は、日本の裁判所に発信者情報開示命令事件の国際裁判管轄権が認められることを前提として、いずれの日本の裁判所が管轄権を有するかを決定するためのルールを定めている。

ア　相手方の所在地により定める原則的な管轄裁判所（法10条１項、２項）

相手方の主たる事務所又は営業所の所在地を管轄する地方裁判所が管轄裁判所となるほか、申立てが相手方の事務所又は営業所における業務に関するものである場合には、当該事務所又は営業所の所在地を管轄する地方裁判所にも管轄が認められる（法10条１項３号イ及びロ）。

上記の事務所や営業所が日本国内にないときは、代表者その他の主たる業務担当者の住所の所在地を管轄する地方裁判所が管轄裁判所となる（法10条１項３号柱書かっこ書）。

また、上記のいずれも存在せず管轄裁判所が定まらない場合には、東京都千代田区を管轄する東京地方裁判所が管轄裁判所となる（法10条２項、発信者情報開示命令手続規則第１条）。

イ　競合管轄（法10条３項）

上記**ア**により定める管轄裁判所が、①東京地方裁判所を除く東日本の地方裁判所（東京高等裁判所、名古屋高等裁判所、仙台高等裁判所又は札幌高等裁判所の管轄区域内に所在する地方裁判所）の場合には東京地方裁判所に、②大阪地方裁判所を除く西日本の地方裁判所（大阪高等裁判所、福岡高等裁判所又は高松高等裁判所の管轄区域内に所在する地方裁判所）の場合には大阪地方裁判所にも管轄が認められる（法10条３項）。

従前から多くの発信者情報開示請求にかかる事件処理を行う東京地方裁判所と大阪地方裁判所が特段の知見を有していると考えられるために認められた管轄である（一問一答74頁）。

ウ　合意管轄（法10条４項）

上記**ア**及び**イ**のほか、発信者情報開示命令事件の申立ては、当事者が合意で定める地方裁判所の管轄に属する。この場合の合意は書面（電磁的記録によるものを含む。）でしなければならない（法９条３項・４項の準用）。

この点、民事訴訟に関して合意管轄を定める民事訴訟法11条においては、管轄に関する合意は、「一定の法律関係に基づく訴えに関して」しなければならないとされている一方で（同条２項）、情報流通プラットフォーム対処法の法文上はそのような限定は付されていない。これは、プロバイダ責任法における発信者情報開示命令の申立てが「一定の法律関係に基づく」ことが明らかであることから、あえて明示する必要がないとの考慮によるものであり、本法においても、管轄に関する合意が「一定の法律関係に基づく」ものであることは必要であるとされている（一問一答75頁）。

エ　特許権等の侵害を理由として申立てを行う場合（法10条5項）

特許権、実用新案権、回路配置利用権又はプログラムの著作物についての著作者の権利の侵害を理由とする申立てについて、前記アないしウの規定により、①東日本の地方裁判所（東京高等裁判所、名古屋高等裁判所、仙台高等裁判所又は札幌高等裁判所の管轄区域内の地方裁判所）が管轄権を有することとなる場合には東京地方裁判所が、②西日本の地方裁判所（大阪高等裁判所、福岡高等裁判所又は高松高等裁判所の管轄区域内に所在する地方裁判所）が管轄権を有することとなる場合には大阪地方裁判所が、それぞれ専属管轄裁判所となる（法10条5項）。

なお、大阪地方裁判所がした決定に対する即時抗告は、東京高等裁判所の専属管轄となる（法10条6項）。

オ　発信者情報開示命令事件係属後の管轄について

提供命令の結果、その申立ての相手方から他の開示関係役務提供者の氏名等情報の提供を受けた場合において、当該他の開示関係役務提供者に対して開示命令の申立てをするときは、先行する発信者開示命令事件が係属する裁判所が専属管轄裁判所となる（法10条7項）。

この専属管轄により、コンテンツプロバイダ及び経由プロバイダに対する開示命令申立が同一の裁判所に係属し、一体的な手続が可能となる。

第6節　大規模特定電気通信役務提供者の義務等

法第5章の大規模特定電気通信役務提供者の義務及び法第6章の罰則は、令和6年改正により新設された章である。

これまで、発信者情報開示に係る法改正等が行われている一方、被害者からの要望が多い投稿の削除に関しては、その仕組みの構築が特定電気通信役務提供者に委ねられており、手続の流れや基準が必ずしも明らかでない等の課題が存在していることを踏まえ、これらの課題に対応するため、大規模プラットフォーム事業者に対し、①対応の迅速化（削除申出窓口・手続の整備・公表、削除申出への対応体制の整備、削除申出に対する判断・通知を原則として一定期間内とすること）と、②運用状況の透明化（削除基準の策定・公表、削除した場合の発信者への通知）に係る具体的措置を義務付けることとされたものである。

1　大規模特定電気通信役務提供者の指定

法20条は、特定電気通信役務提供者のうちどのような者が、法第5章に定める義務を負う主体となる「大規模特定電気通信役務提供者」として指定されるのかを定めている。

（大規模特定電気通信役務提供者の指定）
第20条　総務大臣は、次の各号のいずれにも該当する特定電気通信役務であって、その利用に係る特定電気通信による情報の流通について侵害情報送信防止措置の実施手続の迅速化及び送信防止措置の実施状況の透明化を図る必要性が特に高いと認められるもの（以下「大規模特定電気通信役務」という。）を提供する特定電気通信役務提供者を、大規模特定電気通信役務提供者として指定することができる。
一　当該特定電気通信役務が次のいずれかに該当すること。

イ　当該特定電気通信役務を利用して一月間に発信者となった者（日本国外にあると推定される者を除く。ロにおいて同じ。）及びこれに準ずる者として総務省令で定める者の数の総務省令で定める期間における平均（以下この条及び第24条第2項において「平均月間発信者数」という。）が特定電気通信役務の種類に応じて総務省令で定める数を超えること。

ロ　当該特定電気通信役務を利用して一月間に発信者となった者の延べ数の総務省令で定める期間における平均（以下この条及び第24条第2項において「平均月間延べ発信者数」という。）が特定電気通信役務の種類に応じて総務省令で定める数を超えること。

二　当該特定電気通信役務の一般的な性質に照らして侵害情報送信防止措置（侵害情報の不特定の者に対する送信を防止するために必要な限度において行われるものに限る。以下同じ。）を講ずることが技術的に可能であること。

三　当該特定電気通信役務が、その利用に係る特定電気通信による情報の流通によって権利の侵害が発生するおそれの少ない特定電気通信役務として総務省令で定めるもの以外のものであること。

2　総務大臣は、大規模特定電気通信役務提供者について前項の規定による指定の理由がなくなったと認めるときは、遅滞なく、その指定を解除しなければならない。

3　総務大臣は、第一項の規定による指定及び前項の規定による指定の解除に必要な限度において、総務省令で定めるところにより、特定電気通信役務提供者に対し、その提供する特定電気通信役務の平均月間発信者数及び平均月間延べ発信者数を報告させることができる。

4　総務大臣は、前項の規定による報告の徴収によっては特定電気通信役務提供者の提供する特定電気通信役務の平均月間発信者数又は平均月間延べ発信者数を把握することが困難であると認めるときは、当該平均月間発信者数又は平均月間延べ発信者数を総務省令で定める合理的な方法により推計して、第一項の規定による指定及び第二項の規定による指定の解除を行うことができる。

「大規模特定電気通信役務提供者」は、総務大臣が、以下の「大規模特定電気通信役務」を提供する特定電気通信役務提供者の中から指定するものとされている。

「大規模特定電気通信役務」は、以下の①〜③のいずれにも該当する特定電気通信役務であって、侵害情報送信防止措置の実施手続の迅速化と、送信防止措置の実施状況の透明化を図る必要性が特に高いと認められるものである。

① 平均月間発信者数（平均月間アクティブユーザ数）又は平均月間延べ発信者数（平均月間投稿数）のいずれかが、総務省令で定める数を超えること
② 当該特定電気通信役務の一般的な性質に照らして侵害情報送信防止措置を講ずることが技術的に可能であること
③ 当該特定電気通信役務が、情報の流通によって権利の侵害の発生するおそれが少ない特定通信役務として総務省令で定めるもの以外のものであること

大規模特定電気通信役務提供者には後記**2**で述べる義務が課されることになる。このように、規制の対象を一定規模以上の事業者としたのは、利用者数や投稿数の多さなどから短時間で被害が深刻化するため手当てを行う必要性、緊急性が高いと考えられることに加え、課される業務を履行するには一定の経済的・実務的負担が生じるからである。

利用者の多い主要なSNSサービスや匿名掲示板などが「大規模特定電気通信役務提供者」として指定されることになると見込まれる。

2　大規模特定電気通信役務提供者の義務

(1)　総務大臣に対する届出

（大規模特定電気通信役務提供者による届出）
第21条　大規模特定電気通信役務提供者は、前条第一項の規定による指定を受けた日から3月以内に、総務省令で定めるところにより、次に掲げる事項を総務大臣に届け出なければならない。
一　氏名又は名称及び住所並びに法人にあっては、その代表者の氏名
二　外国の法人若しくは団体又は外国に住所を有する個人にあっては、国内における代表者又は国内における代理人の氏名又は名称及び国内の住

所
三　前二号に掲げる事項のほか、総務省令で定める事項
2　大規模特定電気通信役務提供者は、前項各号に掲げる事項に変更があったときは、遅滞なく、その旨を総務大臣に届け出なければならない。

大規模特定電気通信役務提供者は、指定を受けた日から3月以内に、総務大臣に対し、「氏名又は名称及び住所並びに法人にあってはその代表者の氏名」や外国法人等にあっては「国内における代表者又は国内における代理人の氏名又は名称及び国内の住所」等の事項を届け出る義務を負う。

(2) 被侵害者からの申出を受け付ける方法の公表

（被侵害者からの申出を受け付ける方法の公表）
第22条　大規模特定電気通信役務提供者（前条第1項の規定による届出をした者に限る。以下同じ。）は、総務省令で定めるところにより、その提供する大規模特定電気通信役務を利用して行われる特定電気通信による情報の流通によって自己の権利を侵害されたとする者（次条において「被侵害者」という。）が侵害情報等を示して当該大規模特定電気通信役務提供者に対し侵害情報送信防止措置を講ずるよう申出を行うための方法を定め、これを公表しなければならない。
2　前項の方法は、次の各号のいずれにも適合するものでなければならない。
一　電子情報処理組織を使用する方法による申出を行うことができるものであること。
二　申出を行おうとする者に過重な負担を課するものでないこと。
三　当該大規模特定電気通信役務提供者が申出を受けた日時が当該申出を行った者（第25条において「申出者」という。）に明らかとなるものであること。

大規模特定電気通信役務提供者は、被侵害者（その提供する大規模特定電気通信役務を利用して行われる特定電気通信による情報の流通によって自己の権利を侵害されたとする者）が、侵害情報送信防止措置を講ずるよう申出を行うための方法を定め、それを公表する義務を負う。

上記の申出を行うための方法は、①電子情報処理組織を用いる方法によっ

て申出を行うことができるものであること、②申出を行おうとする者に過重な負担を課するものではないこと、③大規模特定電気通信役務提供者が申出を受けた日時が申出を行った者に明らかとなるものであること、の各条件を満たす必要がある。

(3)　侵害情報に係る調査の実施及び侵害情報調査専門員の選任・届出

（侵害情報に係る調査の実施）
第23条　大規模特定電気通信役務提供者は、被侵害者から前条第１項の方法に従って侵害情報送信防止措置を講ずるよう申出があったときは、当該申出に係る侵害情報の流通によって当該被侵害者の権利が不当に侵害されているかどうかについて、遅滞なく必要な調査を行わなければならない。

（侵害情報調査専門員）
第24条　大規模特定電気通信役務提供者は、前条の調査のうち専門的な知識経験を必要とするものを適正に行わせるため、特定電気通信による情報の流通によって発生する権利侵害への対処に関して十分な知識経験を有する者のうちから、侵害情報調査専門員（以下この条及び次条第２項第２号において「専門員」という。）を選任しなければならない。
２　大規模特定電気通信役務提供者の専門員の数は、当該大規模特定電気通信役務提供者の提供する大規模特定電気通信役務の平均月間発信者数又は平均月間延べ発信者数及び種別に応じて総務省令で定める数（当該大規模特定電気通信役務提供者が複数の大規模特定電気通信役務を提供している場合にあっては、それぞれの大規模特定電気通信役務の平均月間発信者数又は平均月間延べ発信者数及び種別に応じて総務省令で定める数を合算した数）以上でなければならない。
３　大規模特定電気通信役務提供者は、専門員を選任したときは、総務省令で定めるところにより、遅滞なく、その旨及び総務省令で定める事項を総務大臣に届け出なければならない。これらを変更したときも、同様とする。

大規模特定電気通信役務提供者は、被侵害者から侵害情報送信防止措置を講ずるよう申出があったときは、当該被侵害者の権利が不当に侵害されているかどうかについて、遅滞なく必要な調査を行う義務を負う（法23条）。「不当に侵害」されていることの意義については、法３条の２の解説を参照されたい。

また、大規模特定電気通信役務提供者は、上記の調査のうち専門的な知識経験を必要とするものを適正に行わせるため、特定電気通信による情報の流通によって発生する権利侵害への対処に関して十分な知識経験を有する者のうちから、侵害情報調査専門員を選任するとともに、総務大臣に対し所定の事項の届出をする義務を負う（法24条１項、３項）。

侵害情報調査専門員については、平均月間発信者数又は平均月間延べ発信者数及び種別に応じて総務省令で定める数以上でなければならない（法24条２項）。

⑷　申出者に対する通知

（申出者に対する通知）

第25条　大規模特定電気通信役務提供者は、第23条の申出があったときは、同条の調査の結果に基づき侵害情報送信防止措置を講ずるかどうかを判断し、当該申出を受けた日から14日以内の総務省令で定める期間内に、次の各号に掲げる区分に応じ、当該各号に定める事項を申出者に通知しなければならない。ただし、申出者から過去に同一の内容の申出が行われていたときその他の通知しないことについて正当な理由があるときは、この限りでない。

一　当該申出に応じて侵害情報送信防止措置を講じたとき　その旨

二　当該申出に応じた侵害情報送信防止措置を講じなかったとき　その旨及びその理由

２　前項本文の規定にかかわらず、大規模特定電気通信役務提供者は、次の各号のいずれかに該当するときは、第23条の調査の結果に基づき侵害情報送信防止措置を講ずるかどうかを判断した後、遅滞なく、同項各号に掲げる区分に応じ、当該各号に定める事項を申出者に通知すれば足りる。この場合においては、同項の総務省令で定める期間内に、次の各号のいずれに該当するか（第３号に該当する場合にあっては、その旨及びやむを得ない理由の内容）を申出者に通知しなければならない。

一　第23条の調査のため侵害情報の発信者の意見を聴くこととしたとき。

二　第23条の調査を専門員に行わせることとしたとき。

三　前２号に掲げる場合のほか、やむを得ない理由があるとき。

本条は、大規模特定電気通信役務提供者に対し、被侵害者から申出があった場合に一定期間内の応答を行う義務を課すことで、対応の迅速化を実現しようとするものである。

大規模特定電気通信役務提供者は、被侵害者から侵害情報送信防止措置を講ずるよう申出があったときは、第23条に従ってした調査の結果に基づき侵害情報送信防止措置を講ずるかどうかを判断し、当該申出を受けた日から14日以内の総務省令で定める期間内に、侵害情報送信防止措置を講じたか否か、侵害情報送信防止措置を講じなかった場合はその理由を、申出者に通知する義務を負う（法25条１項）。この総務省令で定める期間については、一週間を念頭に制度設計を検討するものとしている[5]。

もっとも、大規模特定電気通信役務提供者は、①調査のために侵害情報の発信者の意見を聴くこととしたとき、②調査を専門員に行わせることとしたとき、③その他やむを得ない理由があるとき（天変地異などにより営業所が被災したため期間内での応答が困難な場合などが考えられる。）のいずれかに該当する場合は、その旨を上記期間内に申出者に通知したうえで、侵害情報送信防止措置を講じたか否かや、講じなかった場合の理由については、その判断の後遅滞なく通知すれば足りる（法25条２項）。これは、対象となる大規模特定電気通信役務提供者が、期間を遵守することのみにとらわれて申出の内容を十分に吟味せずに送信防止措置を講じてしまい、発信者の表現の自由を過度に制約することのないよう、的確な判断の機会を与えることを目的とするものである。

(5)　送信防止措置の実施に関する基準の公表

（送信防止措置の実施に関する基準等の公表）
第26条　大規模特定電気通信役務提供者は、その提供する大規模特定電気通信役務を利用して行われる特定電気通信による情報の流通については、次の各号のいずれかに該当する場合のほか、自ら定め、公表している基準に従う場合に限り、送信防止措置を講ずることができる。この場合において、当該基準は、当該送信防止措置を講ずる日の総務省令で定める一定の期間前までに公表されていなければならない。

5）第213回国会衆議院総務委員会における政府参考人答弁。

一　当該大規模特定電気通信役務提供者が送信防止措置を講じようとする情報の発信者であるとき。
二　他人の権利を不当に侵害する情報の送信を防止する義務がある場合その他送信防止措置を講ずる法令上の義務（努力義務を除く。）がある場合において、当該義務に基づき送信防止措置を講ずるとき。
三　緊急の必要により送信防止措置を講ずる場合であって、当該送信防止措置を講ずる情報の種類が、通常予測することができないものであるため、当該基準における送信防止措置の対象として明示されていないとき。
2　大規模特定電気通信役務提供者は、前項の基準を定めるに当たっては、当該基準の内容が次の各号のいずれにも適合したものとなるよう努めなければならない。
一　送信防止措置の対象となる情報の種類が、当該大規模特定電気通信役務提供者が当該情報の流通を知ることとなった原因の別に応じて、できる限り具体的に定められていること。
二　役務提供停止措置を講ずることがある場合においては、役務提供停止措置の実施に関する基準ができる限り具体的に定められていること。
三　発信者その他の関係者が容易に理解することのできる表現を用いて記載されていること。
四　送信防止措置の実施に関する努力義務を定める法令との整合性に配慮されていること。
3　大規模特定電気通信役務提供者は、第１項第３号に該当することを理由に送信防止措置を講じたときは、速やかに、当該送信防止措置を講じた情報の種類が送信防止措置の対象となることが明らかになるよう同項の基準を変更しなければならない。
4　第１項の基準を公表している大規模特定電気通信役務提供者は、おおむね一年に一回、当該基準に従って送信防止措置を講じた情報の事例のうち発信者その他の関係者に参考となるべきものを情報の種類ごとに整理した資料を作成し、公表するよう努めなければならない。

ア　公表された基準に従った送信防止措置

大規模特定電気通信役務提供者は、原則として、自ら定め、公表している基準に従う場合に限って、送信防止措置を講ずることができ、当該基準は、当該送信防止措置を講ずる日の一定の期間前までに公表されていなければならない（法26条１項）。なお、大規模特定電気通信役務提供者自身が発信者である場合や、法令上の削除義務が認められる場合、あるいは緊急の必要による場合には、事前に公表されている基準によらずに送信防止措置を講ずることができる。

イ　基準を定めるに当たっての内容に関する努力義務

大規模特定電気通信役務提供者は、送信防止措置の基準を定めるに当たっては、その基準の内容が、以下に適合したものとなるよう努力する義務を負う（法26条2項）。

① 送信防止措置の対象となる情報の種類が、当該大規模特定電気通信役務提供者が当該情報の流通を知ることとなった原因の別に応じて、できる限り具体的に定められていること

② 役務提供停止措置（当該情報の発信者に対する特定電気通信役務の提供を停止する措置。具体的には、アカウントの停止）を講ずることがある場合においては、その実施に関する基準ができる限り具体的に定められていること

③ 発信者その他の関係者が容易に理解することのできる表現を用いて記載されていること

④ 送信防止措置の実施に関する努力義務を定める法令との整合性に配慮されていること

投稿の削除（侵害情報送信防止措置）とアカウントの停止（役務提供防止措置）については、表現の自由と迅速な被害者救済とのバランスを踏まえ、一義的には事業者において削除基準に基づき対応することが期待される[6)]。

(6) 発信者に対する通知等の措置

（発信者に対する通知等の措置）
第27条　大規模特定電気通信役務提供者は、その提供する大規模特定電気通信役務を利用して行われる特定電気通信による情報の流通について送信防止措置を講じたときは、次の各号のいずれかに該当する場合を除き、遅滞なく、その旨及びその理由を当該送信防止措置により送信を防止された情報の発信者に通知し、又は当該情報の発信者が容易に知り得る状態に置く

6）第213回国会衆議院総務委員会における政府参考人答弁参照。

措置（第２号及び次条第３号において「通知等の措置」という。）を講じなければならない。この場合において、当該送信防止措置が前条第１項の基準に従って講じられたものであるときは、当該理由において、当該送信防止措置と当該基準との関係を明らかにしなければならない。
一　当該大規模特定電気通信役務提供者が送信防止措置を講じた情報の発信者であるとき。
二　過去に同一の発信者に対して同様の情報の送信を同様の理由により防止したことについて通知等の措置を講じていたときその他の通知等の措置を講じないことについて正当な理由があるとき。

大規模特定電気通信役務提供者は、送信防止措置を講じたときは、原則として、遅滞なく、発信者に対し、送信防止措置を講じた旨及びその理由を通知し、または発信者が容易に知り得る状態に置く措置を講じる義務を負う（法27条）。これにより、発信者は、送信防止措置が適切ではないと考える場合には、大規模特定電気通信役務提供者に対し、異議を述べることが可能になる。

もっとも、「正当な理由」がある場合には、発信者に対する通知等の措置を要しない（法27条２号）。「正当な理由」には、過去に同一の発信者に対して同様の通知等の措置を講じていた場合のほか、通知等の措置を行うことにより申出者に危害が及ぶおそれがある場合などが含まれると解される。

また、送信防止措置が法26条１項に基づき定められた基準に従って行われた場合は、理由の通知の際に、講じられた送信防止措置と当該基準との関係について明らかにしなければならない。

(7)　送信防止措置の実施状況等の公表・報告の徴収

（措置の実施状況等の公表）
第28条　大規模特定電気通信役務提供者は、毎年一回、総務省令で定めるところにより、次に掲げる事項を公表しなければならない。
一　第23条の申出の受付の状況
二　第25条の規定による通知の実施状況

三　前条の規定による通知等の措置の実施状況
四　送信防止措置の実施状況（前３号に掲げる事項を除く。）
五　前各号に掲げる事項について自ら行った評価
六　前各号に掲げる事項のほか、大規模特定電気通信役務提供者がこの章の規定に基づき講ずべき措置の実施状況を明らかにするために必要な事項として総務省令で定める事項

大規模特定電気通信役務提供者は、毎年一回、法務省令で定めるところにより、①送信防止措置を講じるようにとの申出（法23条）の受付の状況、②申出者に対する通知（法25条）の実施状況、③発信者への通知（法27条）の実施状況、④送信防止措置の実施状況、⑤前記①～④に関する自己評価、⑥その他法務省令で定める事項について公表する義務を負う。利用者に対する透明性の確保や、検証可能性を確保することを目的とするものである。

3　報告の徴収、勧告及び命令

（報告の徴収）
第 29 条　総務大臣は、第 22 条、第 24 条、第 25 条、第 26 条第１項若しくは第３項、第 27 条又は前条の規定の施行に必要な限度において、大規模特定電気通信役務提供者に対し、その業務に関し報告をさせることができる。

（勧告及び命令）
第 30 条　総務大臣は、大規模特定電気通信役務提供者が第 22 条、第 24 条、第 25 条、第 26 条第一項若しくは第３項、第 27 条又は第 28 条の規定に違反していると認めるときは、当該大規模特定電気通信役務提供者に対し、その違反を是正するために必要な措置を講ずべきことを勧告することができる。
２　総務大臣は、前項の規定による勧告を受けた大規模特定電気通信役務提供者が、正当な理由がなく当該勧告に係る措置を講じなかったときは、当該大規模特定電気通信役務提供者に対し、当該勧告に係る措置を講ずべきことを命ずることができる。

⑴　報告の徴収

総務大臣は、大規模特定電気通信役務提供者の義務である、①法22条（被侵害者からの申出を受け付ける方法の公表）、②法24条（侵害情報調査専門員）、③法25条（申出者に対する通知）、④法26条１項若しくは３項（送信防止措置の実施に関する基準等の公表）、⑤法27条（発信者に対する通知の措置）、⑥法28条（措置の実施状況等の公表）の規定の施行に必要な限度において、大規模特定通信役務提供者に対し、その業務に関する報告をさせることができる（法29条）。

⑵　勧告及び命令

総務大臣は、大規模特定電気通信役務提供者が上記⑴①～⑤の規定に違反していると認めるときは、当該大規模特定電気通信役務提供者に対し、違反是正のために必要な措置を講ずべきことを勧告することができる（法30条１項）。

上記の勧告にもかかわらず、特定電気通信役務提供者が正当な理由がなく当該勧告に係る措置を講じなかったときは、総務大臣は、当該特定電気通信役務提供者に対し、当該勧告に係る措置を講ずべきことを命ずることができる（法30条２項）。

4　罰　則

> 第六章　罰則
> 第35条　第30条第２項の規定による命令に違反した場合には、当該違反行為をした者は、１年以下の拘禁刑又は100万円以下の罰金に処する。
> 第36条　次の各号のいずれかに該当する場合には、当該違反行為をした者は、50万円以下の罰金に処する。
> 一　第21条の規定による届出をせず、又は虚偽の届出をしたとき。
> 二　第29条の規定による報告をせず、又は虚偽の報告をしたとき。
> 第37条　法人の代表者又は法人若しくは人の代理人、使用人その他の従業者が、その法人又は人の業務に関し、次の各号に掲げる規定の違反行為をしたときは、行為者を罰するほか、その法人に対して当該各号に定める罰金

刑を、その人に対して各本条の罰金刑を科する。
一　第 35 条又は前条第１号　１億円以下の罰金刑
二　前条第２号　同条の罰金刑
第 38 条　次の各号のいずれかに該当する者は、30 万円以下の過料に処する。
一　正当な理由がなく、第 20 条第３項の規定による報告をせず、又は虚偽の報告をした者
二　第 24 条第３項の規定による届出をせず、又は虚偽の届出をした者

令和６年改正では、大規模特定電気通信役務提供者の義務に違反した者を対象とする罰則が新たに設けられた。具体的には、①法30条２項に基づく総務大臣の命令に違反した場合、②法21条に定める大規模特定電気通信役務提供者の指定を受けた場合の報告義務に違反した場、③法29条に定める総務大臣による報告の徴収に応じなかった場合には、違反行為者について罰則が適用されるほか（法35条、法36条）、本人である大規模特定電気通信役務提供者も罰則の適用対象となる（法37条）。

第3章

被害者側の対応

侵害情報の投稿を見つけた被害者は、法的に何ができるのか

本章では、インターネット上に侵害情報が発信された場合に、その被害者がとるべき対応について説明する[1)]。例えば、SNSに個人を誹謗中傷するような書き込みがなされたり、第三者が自己に成りすましてSNSを開設したり、電子掲示板に「ある会社が反社会的勢力と取引を行っている」などの事実無根の情報が投稿されたり、口コミサイトに「ある店が消費期限切れの食材を使用している」といった悪意のある書き込みがなされたりした場合、被害者はどのような対応をとることができるのだろうか。本章では、**図表3-1**のフローチャートのように、まず、第１節で侵害情報を発見した場合に被害者がとるべき対応策に関する留意点を総括的に述べ、第２節以下で各対応方法の具体的な手順等について述べることとする。

1）本書は、不特定の者によって受信されることを目的としたインターネット上の発信を対象とするものであり、特定者間のやり取りであるメールやSNS等のダイレクトメッセージ（DM）での中傷、また不正アクセス等は対象としない。

図表３-１　被害者がとるべき対応フローチャート

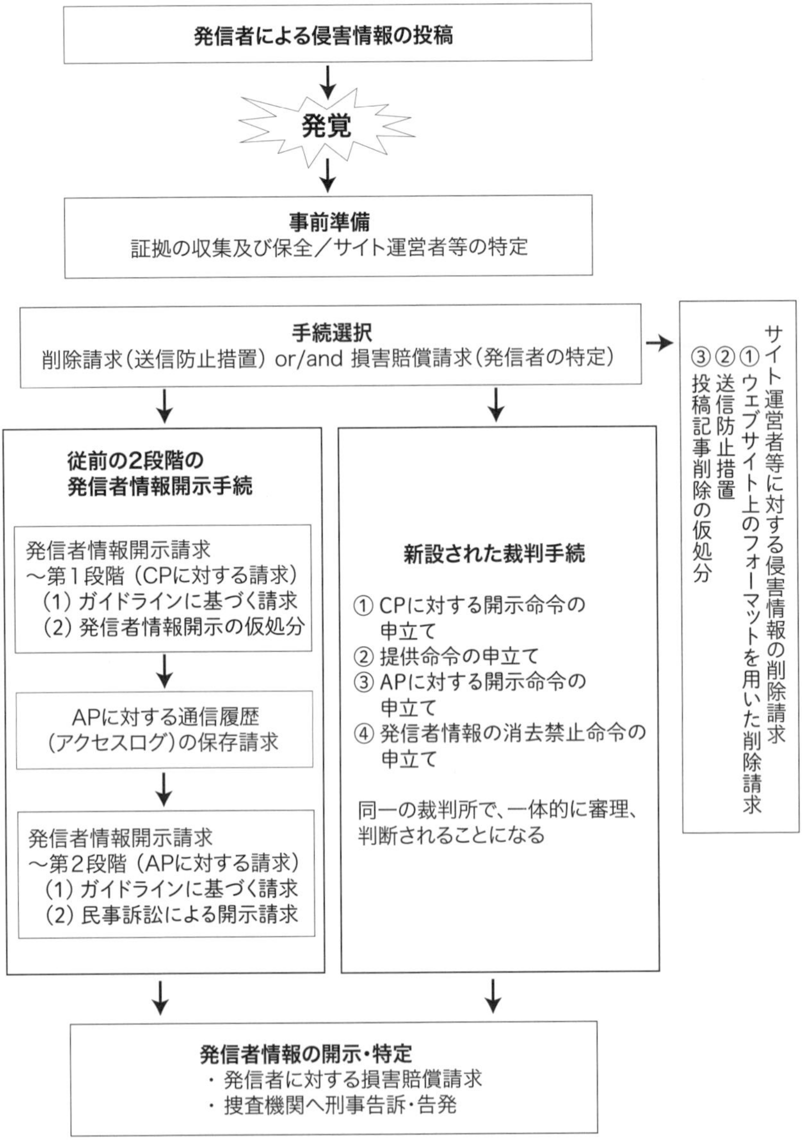

第1節　侵害情報を発見した場合の対応策及び留意点

1　考えられる対応策

被害者は、インターネット上に侵害情報が投稿等されていることを発見した場合、法的には、以下の対応をとることが可能である。

(1)　侵害情報の削除請求

被害者は、裁判外の請求または裁判上の請求により、侵害情報の投稿等によって自己の権利が侵害されたことを理由に、当該投稿等がされているコンテンツ（掲示板等）の管理・運営者等（コンテンツプロバイダ、サイト運営者）に対して、当該侵害情報の削除を求めることが可能である（**第３節**〔p.127〕参照）。

(2)　発信者に対する損害賠償請求（発信者の特定）

侵害情報により権利を侵害された被害者は、加害者である発信者に対して、不法行為（民709条）等に基づき、損害賠償請求を行うことが可能である。

しかし、損害賠償請求を行うためには、相手方（被告）となる発信者を特定する必要があるところ、インターネット上の投稿等は匿名で行われることも多く、発信者が誰かわからないことが多い。

そのため、侵害情報の投稿等が匿名で行われた場合には、まず、損害賠償請求をする相手方となる発信者を特定する必要がある。

発信者の特定の方法については、**第４節**〔p.151〕ないし**第６節**〔p.178〕で後述する。

⑶　刑事告訴

侵害情報の内容によっては、当該投稿等の行為自体が、名誉毀損罪（刑230条１項）や業務妨害罪（刑233条）、また著作権侵害等の犯罪に該当する場合がある。

これらの場合には、被害者は、発信者に対する刑事処罰を求めて、捜査機関に対して、刑事告訴（刑訴230条）を行うことも可能である（**第７節❷**〔p.190〕参照）。

Column 3-1 ｜侵害情報への対応（放置）

侵害情報が電子掲示版等に投稿された場合、その被害者は、当該侵害情報の削除を求めたり、当該発信者を特定し、当該発信者に対して、何らかの責任追及を行いたいと考える場合も多いだろう。

しかし、❷⑵で後述するとおり〔p.112〕、発信者・被害者の反応によっては、侵害情報が拡散するなどし、かえって権利侵害が拡大する可能性もある。また、何らかの対応を行うためには、時間も費用もかかる一方で、発信者に対して損害賠償請求を行っても多額の賠償金を得られる可能性は必ずしも高いとはいえない。

そもそも、インターネットが全世界中で閲覧可能ではあるといっても、匿名でなされたインターネット上の電子掲示版への投稿等は、新聞、雑誌及びテレビ等とは異なり、注目をされない限り、実際には人の目にほとんど触れない場合も多い。仮にインターネットユーザが当該侵害情報を目にしたとしても、匿名でなされた投稿や当該掲示版の特徴等からして、侵害情報が真実ではないと考える者も少なくなく、社会的な評価が低下しないといった場合もあり得る。

さらに、インターネット上では、日々新しい情報が更新され、人々の興味も移り変わりやすく、１つの話題が忘れ去られるのも早い。

したがって、インターネット上に侵害情報が投稿等されたとしても、一般の興味や関心を引かないように、あえて何らの対応をとらない、すなわち放置するということも、侵害行為の態様や侵害情報の内容によっては、十分検討に値する選択肢といえよう。

他方、自身で開設したSNSアカウントや自身が所属するコミュニティのアカウント、関係者のSNSアカウントに投稿された侵害情報については、その性質上、看過できない場合が多いと思われる。SNSの仕様によっては、当該侵害情報自体を自身で削除できたり、コメント欄を非表示にできる場合もあるので、削除請求等をすることなくそのような対策を講じたり、侵害情報を投稿してくるアカウントをブロックするといった対策を講ずることもあり得るだろう。

2　留意点

被害者は、侵害情報への対応をするにあたり、**第１章第２節**で述べたインターネットの特質〔p. 6〕に鑑み、主に以下の３点に留意する必要がある。

(1)　迅速な対応

被害者が、侵害情報の発信者に対して損害賠償請求等を行うためには、まずは発信者を特定しなければならない。そして発信者を特定するためには、匿名や偽名で投稿がなされた場合（インターネット上では、たとえ投稿者が名前や所属等を名乗っていたとしてもそれが真実であるかどうかは必ずしも明らかではないことにも留意すべきである）、プロバイダ等から、当該通信に関するIPアドレスや発信者（契約者）情報（氏名、連絡先等）等の発信者を特定できる情報の開示を受ける必要がある。

しかし、プロバイダ等における当該通信に関するアクセスログ（通信履歴）の保存期間は、一般に、１か月～６か月程度のようである[2)]。そのため、侵害情報が発信されてから時間が経過してしまうと、被害者がプロバイダ等に対して発信者情報の開示を求めた時点において、既にアクセスログの保存期間が経過し、アクセスログが消去されてしまっており、発信者の情報にた

2）現行法の下では、電気通信事業者は、通信にかかるアクセスログを保存する義務を負っていない。むしろ、**第４章第２節**で述べるとおり〔p.217〕、電気通信事業者は、個人情報保護の問題等から、「業務の遂行上必要な場合に限り」アクセスログを記録することができると考えられている。そのため、課金等をする必要がない場合には、そもそも電気通信事業者がアクセスログを保存していない場合もあり得る。

どり着けない可能性もある。[3] 特にコンテンツプロバイダからの発信者情報の開示に時間がかかると、経由プロバイダ、アクセスプロバイダにたどりついた際にはアクセスログが既に消去されてしまっている場合もある。[4]

そのため、被害者が発信者の特定を行うためには、侵害情報の投稿等を発見次第、迅速な対応をとる必要がある。

(2)　慎重な対応

被害者が、侵害情報に対して過剰な反応等をすると、発信者自身や当該情報を閲覧した第三者のインターネットユーザが、被害者の反応自体を面白がり、当該被害者の対応をさらに電子掲示板等に書き込み、かえって侵害情報が拡散し、再度の権利侵害が発生してしまうといったことが起こる可能性があり得る（いわゆる「炎上」と呼ばれる現象である）。また、投稿がなされた当初は特定少数の者しか閲覧をしていない電子掲示板等であったとしても、当該電子掲示版等が炎上することにより、それまで無関心だった多くのインターネットユーザの注目を集めてしまい、侵害情報がより多くの人の目に触れることになってしまう場合もある。[5]

したがって、被害者が、侵害情報に対応するにあたっては、無防備にネット上で反論等をすることは避け（Column3-2 **反論の有効性**〔p.113〕参照）、当該行為によってさらに侵害情報が拡散するリスクを念頭におきつつ、慎重な対応を心がける必要がある。

3）なお、アクセスログの保存期間については、「電気通信事業における個人情報保護に関するガイドライン（解説）」も参考となる。

4）令和３年法改正による非訟手続が創設されたことにより、１つの手続での開示が可能となり、従前よりも迅速な開示が期待できるようになった。

5）東京地判平27・３・11判例集未登載（LLI/DB/L07030251）。

Column 3-2 | 反論の有効性

1 侵害情報が投稿された電子掲示版等を通じた反論

新聞、雑誌及びテレビ等のマスメディアを通じて名誉毀損行為がなされた場合、被害者は、当該権利侵害がなされた媒体での情報発信が現実的に困難であったことから、同じ媒体を通じての反論は容易ではなかった。[6)]

他方、電子掲示板等に侵害情報が投稿された場合には、被害者も当該電子掲示版等への投稿が可能な場合も多く、権利侵害がなされた媒体自体に投稿をすることなどにより、反論が可能な場合も多い。

しかし、侵害情報が投稿された電子掲示板等に被害者やその関係者が反論の投稿を行うことにより、かえって書き込みがエスカレートし、当該電子掲示版等が炎上し、被害がより拡大するといったこともあり得る。また、被害者等が当該電子掲示版等による反論を試みたとしても、インターネット上での反論によって十分にその回復が図られる保証はない。[7)]

このように、電子掲示板等に投稿された侵害情報に対して当該電子掲示版等を通じて反論することは、権利侵害を回復するための有効な手段とならず、かえってその被害を拡大させることにつながる可能性もあることから、当該電子掲示版に反論の投稿を行うべきか否かは慎重に検討する必要がある。

なお、被害者が侵害情報に対する反論を電子掲示版等で行う場合には、その反論の投稿が加害者（発信者）への誹謗中傷といったものにならないよう、注意が必要である。[8)]

2 ニュースリリース等における対応

侵害情報等の内容が、当該企業の自社製品の模倣品がネットオークションで大量に出回っているといった企業の営業活動を妨害しかねないものであったり、株価の低下を招くような情報であった場合には、当該企業が、一般の消費者等の被害の拡大を防止したり、風評被害の拡大を防ぐために、自社のウェブサイト上のニュースリリース等を用いて、当

6）文書・記事による名誉毀損がなされた場合に、当該文書・記事の掲載された刊行物上に被害者が反論文を掲載することが民法723条に基づいて認められるかについては、否定的な見解が優勢である（潮見佳男『不法行為法』〔信山社出版、1999〕509頁）。

7）最一判平22・３・15刑集64巻２号１頁（**付録資料２裁判例33**〔p.447〕）、大阪地決平27・６・１判時2283号75頁参照。

8）**Column3-3 議論の応酬に関する名誉毀損等の成否**〔p.114〕参照。

該情報が誤りであることを広く公表する方法も考えられる。

企業等では、正確な事実関係を迅速に公開することで、当該情報が誤りであることを広く世の中に知らせることができる場合もあるだろう。むしろそのような毅然とした対応が望まれる場合も多いと思われる。しかし、このような場合であっても、内容や表現いかんによっては上記同様インターネット上でのさらなる炎上を招いたり、自ら情報を拡散してしまうこともあり得ることから、そのリリース内容やタイミング等については、細心の注意が必要である。

Column 3-3　議論の応酬に関する名誉毀損等の成否

電子掲示版においては、ある者の書き込みに対して他の者がこれに対抗的な書き込みを行い、議論の応酬となる場合がある。そして、このような場合、例えばＸがＹについて批判的な書き込みを行い、かつその書き込みの中にＹの名誉を毀損する内容が含まれていると、つい、ＹもＸに対して当該電子掲示版上で反論を行うのみならず、その反論の中でＸの名誉を毀損したり、侮辱するような書き込みを行ってしまうことがある。

この場合、反論したＹの書き込みについても、名誉毀損等は成立するであろうか。

東京地判平16・１・26判例集未登載[9]は、「相手方（Ｘ）の批判ないし非難が先行し、その中に名誉等を害する発言があったため、これに対し、名誉等を害されたとする者（Ｙ）が相当な範囲で反論をした場合、その発言の一部に相手方（Ｘ）の名誉を毀損する部分が含まれていたとしても、そのことをもって、直ちに名誉毀損又は侮辱による不法行為を構成すると解するのは相当でなく、不法行為を構成するのは、当該反論等が相当な範囲を逸脱している場合に限るというべきである。この相当な範囲を逸脱するものであるか否かの判断は、発言の内容の真否のみならず、反論者（Ｙ）が擁護しようとした名誉ないし利益の内容や、当該反論がいかなる経緯・文脈・背景のもとで行われたかといった事情を総合考慮してすべきものである」と判示している。

9）付録資料２裁判例32〔p.447〕。

このように、議論の応酬については、必ずしもその反論の部分だけを取り上げて名誉毀損等の成否が判断されるわけではなく、全体として相当な反論の範囲を逸脱しているかどうかという観点で評価されている。

もっとも、反論の場合も名誉毀損等が成立し得る余地は十分にあり得るところであるから、[10] 反論をする場合であっても、論理的な反論や誤った事実の指摘にとどめ、感情にまかせて元の投稿者の名誉を毀損したり侮辱したりするような書き込みは極力避けるべきであることはいうまでもない。

(3)　プロバイダ等との協力

侵害情報の削除請求や発信者の特定のための発信者情報の開示請求は、加害者である発信者に対してではなく、第三者であるプロバイダ等に対して行っていくことになる。

しかしながら、プロバイダ等は、これらの請求を受けたとしても、権利侵害が明白な場合を除いては、任意に応じないものと思われる。なぜなら、第**４章第１節❷**で述べるとおり〔p.199〕、プロバイダ等は、通信の秘密や個人情報保護等の法的な義務を負っていることから、みだりに発信者の情報を開示すると民事上や刑事上の責任を負う可能性があり、安易に被害者からの各請求に応じることはできないからである。

そのため、被害者は、上記請求の相手方であるプロバイダ等が、争う姿勢を示したとしても、それはプロバイダ等が負う法的義務に照らしてやむを得ないものであるというプロバイダ等の立場を十分に理解するとともに、プロバイダ等に対して、敵対的な態度をとるのではなく、プロバイダ等から協力が得られるように努めるべきである。

10）上記裁判例では「本件各発言は、社会的に容認される限度を逸脱したものとまでは認め難く、これを対抗言論と呼ぶかどうかは別として、不法行為責任の対象となるほどの違法な行為と評することはできないというべきである」とし、名誉毀損の成立を認めなかった。

Column 3-4 名誉回復請求の有用性

名誉毀損行為等により権利侵害を受けた者は、発信者に対して、謝罪広告等の名誉回復措置を講じるように求めることが可能である（民723条、著作115条）。

これらの名誉回復措置は、主に、新聞や雑誌による名誉毀損に対する名誉回復の手段として用いられているものである。インターネット上においても、例えば有名人が実名で発信したブログ等において、名誉毀損発言がなされた場合には、同ブログ上に謝罪文等を掲載させることは有効な名誉回復措置となり得るものと思われる。しかし、「２ちゃんねる」「５ちゃんねる」等の匿名電子掲示板における名誉毀損については、発信者を特定した後に、当該発信者に対して謝罪広告等の名誉回復措置を求め、仮にその請求が認められたとしても、当該匿名人（多くの場合無名の者と思われる）の謝罪広告等により、被害者の名誉が回復されるのか疑問がある。むしろ、謝罪広告を契機に侵害情報が再度注目されることになり、被害者の権利侵害が拡大してしまうといった可能性も考えられる。

したがって、匿名電子掲示版等による名誉毀損については、謝罪広告等の名誉回復措置を講じるように求めるかは特に慎重に検討する必要がある。

第２節　事前準備

1　証拠の収集及び保全

(1)　証拠化すべき事項

一旦刊行・放送されてしまえば情報の変更・上書き・削除ができない雑誌やテレビ等の媒体とは異なり、インターネット上で発信された情報はいつ変更・上書き・削除されてしまうかもわからないような不安定なものである。例えば、自身の名誉を毀損するようなブログ記事を発見し、損害賠償請求に先立ち発信者情報開示請求等をしているうちに、当該ブログ記事が削除されたり、記事内容が修正されたり、あるいはブログ自体が閉鎖されるなどしてしまえば、いざ損害賠償請求をしようと思っても、権利侵害を裏付ける証拠が手元になく、請求を断念せざるを得ないといった事態も想定される。

したがって、被害者がインターネット上での権利侵害について、プロバイダ等に対して何らかの対応（侵害情報の削除、発信者情報の開示、アクセスログの保存等）を求めたり、当該侵害情報の発信者に対して損害賠償請求等を行う前提として、まずはその対象となる侵害情報を特定し、侵害状況を保全しておかなければならない。

そのため、侵害情報が電子掲示版等に投稿等されていることを発見した被害者や被害者から相談を受けた弁護士等は、まず当該侵害情報を保全し、当該侵害情報が投稿された事実を証拠化しておく必要がある。侵害情報の内容等は短時日のうちに変更・上書き・消去等される可能性もあることから、見つけたらその場で証拠化しておくことが望ましい。

証拠化すべき情報は以下のとおりである。

①　侵害情報がインターネット上のウェブページに発信されている事実

②　当該侵害情報が発信されたウェブページのURL

③　侵害情報の内容

上記のほか、証拠化した日時も一緒に記録化しておくことも有用である。これにより、後日当該侵害情報が削除等されてしまったとしても、少なくとも当該時点まではウェブ上に当該侵害情報が公開されていたことを示すことができる。

⑵　証拠化の方法

侵害情報等を証拠化する方法として、以下が考えられる。

ア　ウェブページをプリントアウトする方法

侵害情報が投稿されているウェブページ自体をプリントアウトする方法がある。プリントアウトした紙自体を、裁判等で証拠として用いることができる。

ただし、ウェブページをプリントアウトした場合には、実際に閲覧できた画面全体がうまく印字できず、証拠化が十分にできない場合があったり、またプリントアウトした紙がかさばり、保管や整理に手間がかかる場合もあり得る。

イ　PDF化してデータで保存する方法

侵害情報が投稿されているウェブページ自体をプリントアウトするのではなく、そのままPDFで保存する方法がある。印刷画面において、プリンタ機器を指定するのではなく、PDFで保存や「Microsoft Print PDF」等を選択することにより、プリントアウトではなくPDFで保存できるようになる。

印刷すると保管や整理が大変となるが、この方法によりPDFデータとして保存しておくことができ、必要なときに、必要な箇所だけ印刷することが可能となる。

Column 3-5 ｜ URLの保存に際しての留意点

侵害情報特定のためには、URLの特定が必要不可欠である。URLが表示されていないと、証拠価値がないとされる可能性もある。[11)]

しかし、URLの中には非常に長いものもあり、そのまま印字や保存をしたのではURLのすべてが表示されず、URLの証拠化が十分に行えない場合がある。

URLが画面上にすべて表示されていない場合には、例えば用紙を縦向きから横向きに設定をして印刷をしたり、印刷の用紙をA4サイズからA3サイズに大きくするといった方法を試み、URLのすべてが印字されるように工夫する必要がある。また、**ウ**で述べるスクリーンショットを利用する際等には、URLのすべてが画面上に表示された状態でも画面を保存しておくことが必要だろう。

なお、侵害情報の削除を求めたり、発信者情報の開示請求を行う場合には、請求する書面において当該侵害情報が掲載されているURLを特定して明記する必要がある。当該URLは、複雑なアルファベットや数字の組合わせで非常に長くなる場合も多く、これらの手続の都度書き写すと誤る可能性がある。そのため、侵害情報の掲載画面等を証拠として保全をする段階において、上記の画面のプリント等とは別に、あらかじめ当該掲載画面のURL自体をデータで保存しておき、その後の手続において、写し違い等が起こることを避けるために、データで保存した当該URLをコピー&ペーストして請求書面に記載することが望ましい。

ウ　ウェブページに表示されている画面を画像として保存する方法

パソコンやスマートフォン等で閲覧した画面そのものを画像として保存し、後日の裁判等にプリントアウトして提出するという方法も有用である。この保存方法は、スクリーンショット等を用いて行うことになる。[12)]

画面自体を画像として保存する場合には、閲覧した画面そのものを保存で

11)「インターネットのホームページを裁判の証拠として提出する場合には、欄外のURLがそのホームページの特定事項として重要な記載であることは訴訟実務関係者にとって常識的な事項である」(知財高判平22・6・29判例集未登載〔LEX/DB/25442371〕)。

12) スクリーンショットの撮り方がわからないといった場合には、当該ウェブページをスマートフォン等で写真や動画撮影するという方法により保存するということでもかまわない。

きることから、印字がずれるといった問題は生じず、また、画像データで保存することができることから、保管も容易である。

ただし、この方法には、パソコン等のモニターに表示されている範囲しか画像として保存できないという欠点がある。そのため１つの画面に表示しきれない部分については、前の画面と次の画面のつながりがわかるようにしつつ、何度もスクロールをしながら、複数回にわたり保存しなければならない。

Column 3-6　スクリーンショットの撮り方

スクリーンショットの撮り方（キャプチャする方法）は、利用するパソコンやスマートフォンの機種によって異なる。以下、Windowsのパソコンによるスクリーンショットの撮り方について簡単に紹介する。

なお、スクリーンショットの撮り方は、インターネット上で容易に検索をすることができるので、実際にスクリーンショットを利用する際には、検索を行い、自己のコンピュータで使用できるスクリーンショットの撮り方を確認されたい。

〔Windows のパソコンによるスクリーンショット〕

①　侵害情報が掲載されているウェブページをパソコン等のモニターに表示させる。

②　キーボードのPrint Screenキーを一度押す。

③　ペイント（「すべてのプログラム」→「アクセサリ」→「ペイント」）を起動させる。

④　ペイントの左上にある貼り付けというボタンをクリックする。

⑤　ペイントに保存したい画面が表示される。

⑥　ペイントのファイルメニューから当該画面を保存する。

なお、Snipping Tool を用いること（「すべてのプログラム」→「アクセサリ」→「Snipping Tool」）等により、モニターに表示された画面すべてを保存するのではなく、その一部のみを切り取って保存することも可能である。

エ　侵害情報が動画や音声の場合の保存方法

侵害情報が文字や静止画像である場合には、**ア～ウ**の方法により、証拠化が可能である。しかし、侵害情報は、文字や静止画像に限られるわけではなく、動画や音声の場合もある。このような場合には、上記方法では、証拠化が困難である。

そのため、侵害情報が動画や音声の場合には、動画や音声自体を保存し、後日の裁判等で再生できるようにしておく必要がある。

当該動画や音声は、ウェブサイト上から直接保存（ダウンロード）できる場合もある[13]。しかし、著作権の問題等から、ダウンロードできないことも多く、この場合には、特別なソフトをパソコンにインストールするなどして当該侵害情報をダウンロードし、証拠化する必要がある。

そのようなソフトを用いたダウンロードが困難である場合等には、当該動画や音声が再生されている画面自体を動画で撮影し、証拠化しておくことが求められる。

オ　ウェブページにおける表示のされ方等を保存する方法

侵害情報が、どのように表示されるのかの一連の流れを保存する場合（例えば、一定のキーワードで検索を行い、どのような検索結果が表示されるかなどを説明したいような場合）には、これらの一連の流れが表示されるパソコン等のモニターを動画で撮影し、保存しておく方法が有用である。

Column 3-7 ｜ファイルの保存

上記の保存方法に加え、ウェブページ自体をファイルとして保存しておくことが望ましい。

ファイルとして保存することにより、閲覧した際に表示される画面のみでなく、HTMLのソースコードを保存することができるようになる。当該コードを保存することにより、閲覧した際に表示される画面の状態のみではなく、リンク先の情報等も

13）投稿された動画や音声自体のデータのダウンロードができ、当該データの保存ができた場合であっても、データ自体しか保存できていないと思われる。この場合、当該動画や音声が本当に問題となったウェブページ上に掲載ないし発信されていたものかどうかは一見して明かではない。そのため、被害者は、当該データが問題となったウェブページ上で発信されていた動画等と同一であることを、後日立証しなければならないこともあり得る。同一性を証拠化するためには、当該ウェブサイト上で動画等を再生し、その様子を撮影し、そのデータを保存するという方法が有用だろう。

確認できるようになる。

ウェブページ自体を保存する場合、保存するファイルの種類として、インターネットブラウザによって違いはあるが、通常のテキストファイルやHTMLファイルの保存方法ではなく、1ファイルで保存する方法である、たとえば、Google Chromeの場合「ウェブページ、完全」という方法で保存することが考えられる。

● GoogleChromeの場合

Column 3-8 | 公正証書等の利用

被害者がコンテンツプロバイダや発信者に対して訴訟を提起等した際、既に侵害情報が削除されていたり、その内容が変更されている場合があることから、上記各方法により証拠化された侵害情報が、特定の時点において存在していたことについても証拠化する必要がある。もっとも通常は、上記各方法で証拠化した記録を提出することで十分だろう。

しかし、事案によっては、提出したウェブサイトのプリントアウト等の証拠について、①インターネット上に掲載されていた時期を改ざんした、②URLと当該ウェブサイトの表示が一致していない（URLを改ざんした）、③当該ウェブサイトの内容を改ざんしたなどと主張されて、その信用性が争われる場合がある。

このような場合に備え、上記各方法に加え、公証役場において、プリントアウトしたものにつき確定日付を取得したり、公証人に当該ウェブサイトが当該URLに存在することを実際に確認してもらい事実実験公正証書[14)]を作成してもらうといった方法も考えられる。

もっとも、公正証書等を作成する

14）公証人が五感の作用により直接見聞した事実を記載した公正証書（公証人法35条）。裁判所が作成する「検証調書」に近い。

ためには、手間や費用[15]がかかる。そのため、公正証書等の作成まで行うかは、当該事案の重大性、当該証拠の信用性を争われる可能性、想定される損害賠償額等を踏まえ、総合的に判断する必要がある。[16]

2 コンテンツプロバイダの特定

(1) コンテンツプロバイダの特定の必要性

侵害情報の投稿が匿名で行われた場合、この時点においては発信者が不明なので、被害者は、まずは当該侵害情報が掲載されたサイト等を運営・管理するコンテンツプロバイダに対して、侵害情報の削除や発信者情報の開示を求めていく必要がある。

そのため、被害者は、侵害情報の証拠化に引き続き、当該侵害情報が投稿されたウェブサイトの運営者・管理者を特定する必要がある。

(2) コンテンツプロバイダの特定の方法

著名な電子掲示板等のウェブサイトには運営者・管理者が明記されていることも多く、これらのコンテンツプロバイダの情報は、当該ウェブサイトのトップページや各ウェブページの下部等に「会社概要」等として記載されていることが多い。また、「プライバシーポリシー」「利用規約」の中に運営会社名が明記されていることもある。そのため、まずは問題となっている当該サイトのトップページや問題となったウェブページをくまなく閲覧して、コンテンツプロバイダに関する情報を調査する必要がある。

他方で、ウェブサイトの中には運営者・管理者の情報が明記されていなかったり、明記されているとしてもわかりにくく、容易に探すことができない場合もある。そのような場合には、「Who is 検索」を用いてドメイン名の

15) 公証人に支払う手数料として、確定日付は1通につき700円、事実実験公正証書は1時間あたり1万1,000円である。

16) 例えば、特許権侵害といった知的財産関連の侵害情報に関しては、多額の損害賠償請求が想定されることから、手間と費用をかけ、公正証書まで作成するといったことが考えられる。

登録者を検索するのが有用である。ドメイン名を第三者に譲渡している場合等もあるため、ドメイン名の登録者が必ずしも当該ウェブサイトのサイト運営者であるという関係にはないが、多くはドメイン名の登録者がコンテンツプロバイダであると思われる。[17)]

その他、お問い合わせフォームや電子メールアドレスが公開されている場合には、当該フォームを用いて、運営会社等はどこか直接尋ねてみるという方法も有用だろう。

なお、ミラーサイトがある「２ちゃんねる」「５ちゃんねる」などの電子掲示板の場合、投稿者はミラーサイトに投稿をしたわけではないため、ミラーサイトでは投稿者の情報を有しておらず、当該掲示板に情報開示を求めたとしても発信者情報は開示されない。そのため、発信者の特定を行う場合には、もともとどの電子掲示板等に投稿されたものであるのかの調査が重要となる。

これらの方法を用いて、被害者は、コンテンツプロバイダを特定したうえで、コンテンツプロバイダに対して、侵害情報の削除や発信者情報の開示を求めていくことになる。

Column 3-9 | Who is 検索

「Who is検索」とは、IPアドレスやドメイン名の登録者等に関する情報を誰でも参照できるサービスのことである。

主な「Who is検索」のウェブサイトは以下のとおりである。

(1)　aguse（アグス）　https://www.aguse.jp/

サイト運営者等がわからない場合には当該サイトを利用することにより、ドメイン保有者とサーバ管理者を特定することができる。例えば、同検索サイトを用いて、「食べログ（http://tabelog.com/）」の「Who is検索」を行うと以下のとおりとなる。

①　検索したいウェブページのURLを入力する

17）Who is 検索を用いてもドメイン名の登録者が分からない場合には、ウェブサイトを保存しているサーバの管理者を調査することになる。この場合は、ドメイン名からIPアドレスを調べて、IPアドレスの管理者をWho is 検索を用いて調べることになる。

②　検索結果が表示される

同サイトのドメイン名の登録者が表示される。その結果、食べログのドメインの登録者が、「Kakaku.com, Inc.」という会社であり、連絡先等も判明する。

tabelog.com のドメイン情報

登録者	名前 0023 PLAT 組織名 Kakaku.com, Inc. 住所1 3-5-7 Ebisu-minami 住所2 DAIKANYAMA DIGITALGATE BUILDING 郵便番号 150-0022 都道府県 Tokyo 市区町村 Shibuya-ku 国名 Japan 電話番号 03-5725-4558 Email platform_engineers@kakaku.com
連絡先	名前 0023 PLAT 組織名 Kakaku.com, Inc. 住所1 3-5-7 Ebisu-minami 住所2 DAIKANYAMA DIGITALGATE BUILDING 郵便番号 150-0022 都道府県

正引きIPアドレス 210.129.130.1 の管理者情報

IPネットワークアドレス	210.129.130.0/25
ネットワーク名	KAKAKUCOM-5
組織名	株式会社カカクコム
管理者連絡窓口	氏名 中島 善平 Eメール admin@kakaku.com 組織名 株式会社カカクコム 最終更新 2008/08/23 05:31:01 (JST)
技術連絡担当者	氏名 中島 善平 Eメール admin@kakaku.com 組織名 株式会社カカクコム 最終更新 2008/08/23 05:31:01 (JST)
割当年月日	2013/07/25
最終更新	2013/07/25 20:56:03(JST)

WHOISで調べる

⑵　株式会社日本レジストリサービスが運用する検索サイト

http://Whois.jprs.jp/

「.jp」のドメインの場合には当該サイトを用いて検索をすることが可能である。

⑶　ドメイン管理機関INTERNICが運用する検索サイト

https://www.internic.net/whois.html

全世界用の検索サイトであり、「.com」や「.net」等の汎用ドメインの場合、当該サイトを用いて検索をすることが可能である。

⑷　一般社団法人日本ネットワークインフォメーションセンター（JPNIC）が運用する検索サイト

https：//www.nic.ad.jp/ja/application.html

日本国内のIPアドレスについて検索が可能である。例えば、同検索サイトを用いて⑴で検索した結果判明した「食べログ」のIPアドレス（210.129.130.1）を検索すると、以下のとおりとなる。

①　検索したいIPアドレスを入力する

②　検索結果が表示される

その結果、IPアドレス「210.129.130.1」を割り当てられているのは、株式会社カカクコムであることが判明する。

```
[ JPNIC database provides information regarding IP address and ASN. Its use    ]
[ is restricted to network administration purposes. For further information,  ]
[ use 'whois -h whois.nic.ad.jp help'. To only display English output,         ]
[ add '/e' at the end of command, e.g. 'whois -h whois.nic.ad.jp xxx/e'.       ]

Network Information: [ネットワーク情報]
a. [IPネットワークアドレス]     210.129.130.0/25
b. [ネットワーク名]             KAKAKUCOM-5
f. [組織名]                     株式会社カカクコム
g. [Organization]               kakaku.com,Inc.
m. [管理者連絡窓口]             ZN213JP
n. [技術連絡担当者]             ZN213JP
p. [ネームサーバ]
[割当年月日]                    2013/07/25
[返却年月日]
[最終更新]                      2013/07/25 20:56:03(JST)
```

⑸　株式会社シーマンが運用する検索サイト

http://www.cman.jp/network/support/ip.html

⑹　合資会社アスカネットワークサービスが運用する検索サイト

http://whois.ansi.co.jp/

第3節　侵害情報の削除請求

1　侵害情報を削除する方法

被害者がコンテンツプロバイダに対して侵害情報の削除を求める方法として、以下の方法がある。

(1)　裁判外の請求

①　ウェブサイト上のフォーマットまたはメールを用いた削除請求

②　プロバイダ責任制限法ガイドライン等検討協議会作成のガイドラインに則った送信防止措置（削除）の請求

(2)　裁判上の請求

投稿記事削除の仮処分命令の申立てまたは訴訟提起

なお、当該請求を受けた場合のプロバイダ側の対応については、**第4章第3節**〔p.222〕を参照されたい。

Column 3-10　削除の対象となる情報

侵害情報が投稿された場合、その削除の対象として考えられるものとして、①侵害情報自体が記載されている投稿、②当該侵害情報が投稿されたウェブページすべて、③投稿するためには会員登録等が必要な電子掲示板等では、当該侵害情報を投稿する際に使用したアカウント[18]といっ

18）アカウントがあることによりさらなる投稿が容易にでき、また、リベンジポルノや誹謗中傷と

たものがあり得る。

しかし、②については、権利侵害をしているのは投稿自体であってウェブページすべてではなく、また、技術的にも投稿のみの削除が可能であることが多いことから、ウェブページすべての削除請求を求めても認められないことが多い[19]。さらに、③についても、アカウントの存在自体が権利侵害に該当するといったことは通常考えがたいことから、法的に削除を求めることは困難と思われる。

Column 3-11　侵害情報をすべて削除することの困難性

インターネット上に一度侵害情報が投稿されると、自動的に他のウェブサイトに保存されたり（これらのウェブサイトは「ミラーサイト」等と呼ばれる）、第三者が当該侵害情報を他のウェブサイトにコピーしたり、また第三者が当該情報を自らのコンピュータに保存してしまうといったことがあり得る。

このように一度インターネット上に侵害情報が発信されると、当該情報は拡散する可能性が高く、当該情報が拡散してしまった場合、元となるウェブページのみならず、それ以外のものまで削除しなければ、侵害情報をすべて削除したとはいえなくなる。しかし、すべての侵害情報を被害者が探し出し、完全に削除することは非常に困難である。

そのため、被害者から相談を受けた弁護士は、インターネット上に発信された侵害情報のすべてを削除することは困難であることを念頭において依頼者からの削除の相談に応じる必要がある。なお、一般のインターネットユーザが侵害情報にたどり着くためには検索エンジンを利用することが多いと思われることから、場合によっては本章**第３節❻**で述べるとおり〔p.145〕、検索結果の削除を求める方法を選択することもあり得るだろう。

いった場合には、被害者にとってそのアカウントが存在していること自体、許し難い場合もある（成りすましアカウント等）。そのため、被害者からアカウント自体の削除までできないかとの相談を受けるケースも相当数あるものと想定される。

19）他方で、動画サイトに投稿された動画の削除が問題となった事例（大阪地決平27・6・1判時2283号75頁）では、社会的評価を低下させる事実の適示ありとされた箇所のみならず、動画全体を削除の対象としたものもある。

2　削除請求の法的根拠及び要件

⑴　法的根拠

電子掲示版等に権利侵害を伴う投稿がなされた場合、その被害者は、差止請求権の一形態として投稿記事の削除を求めることが可能であると考えられている。

その法的根拠[20]は、名誉毀損である場合[21]には、人格権としての名誉権に基づく妨害排除・予防請求権（北方ジャーナル事件・最大判昭61・６・11民集40巻４号872頁〔**付録資料２裁判例１**（p.418）〕参照）である[22]。また、著作権侵害や商標権侵害の場合には、侵害する者または侵害するおそれのある者に対し、それぞれ著作権法112条１項、商標法36条１項に基づく差止請求権を根拠に削除を求めることが可能である。

⑵　要　件

人格権としての名誉権に基づく差止請求として投稿記事の削除を求める場合は、物権と同様に排他性を有する権利の行使であることから、故意・過失の主観的要件は不要であり、当該投稿が違法であれば、その請求が認められるものと解される。

では、どのような要件が充足されれば、人格権としての名誉権に基づく差止請求が認められるのか。

前掲北方ジャーナル事件最高裁判決は、知事選立候補予定者を誹謗中傷す

20）法３条（**第２章第３節**〔p.51〕参照）は、プロバイダ側に削除義務があることを前提としている規定ではあるものの、同規定は、削除しなかった場合に賠償責任が成立するための必要最低条件を定めた規定に過ぎず、削除請求の直接的な根拠規定ではない。

21）名誉権のみならず、プライバシー侵害を理由とする差止めも可能である。

22）名誉回復措置（民723条）の「名誉を回復するのに適当な処分」として、削除を求めることも可能とも解されるが、通常、同処分は、取消し・訂正・謝罪文の掲載等侵害された名誉を回復するための積極的行為と解されており、単なる差し止め=名誉侵害行為の中止は念頭に置かれていないようである。他方で、人格権としての名誉権に基づく妨害排除・予防請求権により削除が認められると考えられていることから、あえて、民法723条の「名誉を回復するのに適当な処分」として、削除を求める意義は乏しいとされている（江原健志=品川英基編著『民事保全の実務〔第４版〕（上）』〔金融財政事情研究会、2021年〕「インターネット関係仮処分⑴投稿記事削除仮処分」364頁〜365頁）。

る雑誌記事の掲載予定に対する印刷・販売禁止の事前差止めが問題となった事案において、仮処分によって事前に差し止めることができるのは、①表現内容が真実ではないかまたは専ら公益を図る目的のものでないことが明白であって、②被害者が重大にして回復困難な損害を被るおそれがある場合に限られると判示している[23)]。

もっとも、当該判例は、知事選立候補者をめぐる記事を含む雑誌発行前の事前差止めが問題となった事案であり、これ以外の場合、たとえば、私人や私企業に対する表現行為や、匿名電子掲示版への投稿のように既に表現行為が開始されている場合には、上記①②より緩やかな要件で差止めが認められると考えられている[24)]。

そのため、人格権としての名誉権に基づいて電子掲示版等への投稿記事の削除を求める場合の要件としては、①名誉権が違法に侵害されており、②金銭による損害賠償のみでは損害の補填が不可能あるいは不十分である場合、と考えられる。そして、①の名誉権が違法に侵害されているかの要件充足性を判断するに当たっては、裁判所は、上記最高裁判例を参考に、相対立する利益を衡量して総合判断することになる[25)]。

Column 3-12　業務妨害を理由とする削除請求の可否

人格権に基づく差止請求は認められているものの、業務妨害を理由とする差止請求は通常は人格権に基づくものではないことから、認められない。そのため、業務妨害を伴う投稿がなされた場合であっても、当該投稿の削除を求める場合には、可能な限り、名誉毀損といった構成で請求する必要がある。

ただし、「業務」は、人格権をも内

23）なお、特定の事実を基礎とする意見ないし論評による名誉毀損については、上記①に加えて、表現に係る内容が人身攻撃に及ぶなど意見ないし論評としての域を逸脱したものではなく、意見等の前提としている事実の重要な部分が真実であるときには違法性が阻却されると考えられており（最三判平９・９・９民集51巻８号3804頁〔**付録資料２裁判例31**（p.446）〕）、この場合には、名誉毀損は成立しないこととなる。

24）江原=品川編著・前掲22）「インターネット関係仮処分(1)投稿記事削除仮処分」366頁・367頁。

25）江原=品川編著・前掲22）「インターネット関係仮処分(1)投稿記事削除仮処分」367頁・368頁。

容に含む総体としての保護法益ということができることを根拠に「法人に対する行為につき、〔1〕当該行為が権利行使としての相当性を超え、〔2〕法人の資産の本来予定された利用を著しく害し、かつ、これら従業員に受忍限度を超える困惑・不快を与え、〔3〕『業務』に及ぼす支障の程度が著しく、事後的な損害賠償では当該法人に回復の困難な重大な損害が発生すると認められる場合には、この行為は『業務遂行権』に対する違法な妨害行為と評することができ、当該法人は、当該妨害の行為者に対し、『業務遂行権』に基づき、当該妨害行為の差止めを請求することができる」とした裁判例（東京高決平20・7・1判時2012号70頁〔付録資料2裁判例63〕〔p.468〕）もある。そのため、例外的に、業務妨害を理由として差止請求（削除請求）が認められる余地はあるものと考えられる。

⑶　コンテンツプロバイダに対する削除請求の可否

電子掲示板等に名誉毀損等の投稿がなされた場合、人格権としての名誉権に基づいて、当該発信者に対して、削除請求を求めることは当然に可能であるが、加害者とは言い難いコンテンツプロバイダに対して、削除請求を求めることができるのかが問題となる。

この点については、⑵のとおり、名誉権に基づく差止請求は物権と同様に排他的な権利であることから、権利侵害にあたって故意・過失は不要であること、また当該コンテンツプロバイダのサーバにあるウェブサイトに侵害情報が投稿されている以上、客観的にはコンテンツプロバイダが他人の名誉を毀損していると評価しても差し支えないことから、コンテンツプロバイダ[26]に対して削除請求できるものと考えられている。[27]

なお、著作権法112条1項及び商標法36条1項に基づく削除請求についても、一定の場合には、直接の侵害主体ではないコンテンツプロバイダに対す

26）対象となるコンテンツプロバイダとして、①問題となった掲示板等自体を管理している者、②当該掲示板全体のサービスを管理している者、③当該掲示板等がおいてあるサーバ会社といった複数の管理者が想定される。どのコンテンツプロバイダに対して削除を求めるかは、削除請求の容易さや管理権限の有無等を考慮して判断することになる。

27）江原=品川編著・前掲22）「インターネット関係仮処分⑴投稿記事削除仮処分」349頁～350頁。

る削除請求が認められている。[28)]

Column 3-13　発信者自身に対する侵害情報の削除請求の有用性

発信者を特定できていない段階では、被害者は、コンテンツプロバイダに対して侵害情報の削除請求をするほかない。

しかし、コンテンツプロバイダが、被害者が侵害情報であると考える情報のうち一部しか削除しない場合があり得る。また、被害者が気付いていない他の電子掲示版等にも、発信者により同様の侵害情報が投稿されている場合もあり得る。

このような場合、被害者が、これらの情報のすべてを把握し、削除を行うことは非常に困難であり、また可能だとしても多大な時間や費用等がかかることになる。

他方で、発信者であれば、投稿者として当該情報の削除が容易に可能である場合がある。また、発信者であれば、どこの電子掲示版等に投稿したのかも当然に把握しているはずである。

さらに、上記Column3-10 **削除の対象となる情報**〔p.127〕において言及したアカウントについても、発信者であれば、その登録者として削除が可能である。

そのため、発信者が特定できた際には、既にコンテンツプロバイダにより侵害情報が削除されていても、発信者が反省しているような場合には、発信者に対して、事実上、侵害情報を投稿したすべての電子掲示版等の情報の開示及び投稿に用いたアカウント等の開示を求め、その結果開示された情報をもとにすべての情報の削除を求めることも有用である。

3　ウェブサイト上のフォーマット等を用いた削除請求

(1)　任意の削除申請フォーマット等を通じた削除請求

ウェブサイトによっては、投稿等により権利侵害を受けた者や公序良俗に

28)　２ちゃんねる小学館事件控訴審判決（東京高判平17・３・３判時1893号126頁〔**付録資料２裁判例6**（p.422)〕。著作権法違反）、及びチュッパチャプス事件控訴審（知財高判平24・２・14判時2161号86頁。商標権違反）（**付録資料２裁判例７・52**〔p.423・461〕)）。**第４章第１節❷(2)**〔p.200〕及びColumn4-10 **電子ショッピングモール運営者の商標権侵害リスク――チュッパチャプス事件**〔p.250〕参照。

反する投稿等を発見した者が、ウェブサイト上から削除を求めることができるフォーマットを任意に設けている場合やメールでの削除請求を受け付けている場合がある。[29)]

この場合、被害者等は、当該ウェブページ上のフォーマット等を用いて、コンテンツプロバイダに対して、当該侵害情報の削除を求めることが可能である。

図表３－２　参考資料

Amebaヘルプ

アメーバヘルプ > お問い合わせ > 権利者向け窓口

権利者向け窓口

お問い合わせをする前に必ずお読みください。

・こちらの窓口では、誹謗中傷されたご本人や無断で著作物を掲載された方など、権利侵害された当事者からの対応依頼を受け付けています。
・該当箇所が特定できない場合、または具体的な理由が不明な場合には、回答がいたしかねます。
・モバイル端末フルブラウザからのお問い合わせは正常に受信ができませんので、端末より(http://m.ameba.jp)へお問い合わせください。

権利者向け窓口

あなたのアメーバID	会員の方はIDを入力してください。アメーバIDは、3〜24文字の半角英数字です。
メールアドレス	
メールアドレス（確認）	
サービス名	選択してください
あなたの権利が侵害されているページURL	http:// ※記入例はこちら
上記URLに記載されている侵害内容	※記入例はこちら
侵害されている権利	
希望の対応	選択してください 対応をお約束するものではありません。
あなたの立場	選択してください
権利者であることを証明できるWEBページのURL	※記入例はこちら

PC
クイックガイド
よくある質問
トラブルを防ぐために
モバイル
よくある質問（モバイル
利用規約
健全化に資する運用
用語集
広告掲載について
お問い合わせ
通報

29) たとえば、アメブロでは、ヘルプ/お問い合わせの中に権利者向け窓口（http://helps.ameba.jp/inq/inquiry/right）というフォーマットを設けて、権利侵害に対応している。**図表３－２「参考資料」**参照。

被害者が、当該フォーマット等を用いて削除請求を行ったとしても、コンテンツプロバイダが迅速に対応するかどうかはわからず、何の反応もないこともある。しかし、明らかに権利侵害が認められる投稿や公序良俗に反する投稿等（コンテンツプロバイダの担当者が容易に判断できる内容のもの）については、コンテンツプロバイダによる削除を含む迅速な対応が期待できる場合もある。

当該方法は、一番簡単かつ迅速な方法であり、早期に情報拡散を防ぐことが期待できるうえ、弁護士等の専門家に依頼することなく被害者自身の対応が可能であり、裁判手続と異なり特段の費用もかからない。

したがって、このようなフォーマット等が当該ウェブサイトに存在している場合には[30)]、削除されるかは不明ではあるものの、まずは当該フォーマット等を用いて、侵害情報の削除を試みるべきであろう。ただし、侵害情報の削除とともに通信ログまで一緒に削除されてしまう可能性があるため、発信者への損害賠償請求等のために発信者情報開示請求を予定している場合には、通信ログは保存しておくように求める、発信者情報開示請求を実施した後に削除請求するなどの対応が必要となる。

⑵　法定の削除申請窓口に対する削除請求

令和6年改正法により、一定の要件を満たす大規模なプラットフォーム事業者（コンテンツプロバイダ）に対しては、削除請求に対する窓口の設置、削除申出の対応体制の整備や一定期間内での削除申出に対する判断・通知等が義務付けられることになる。そのため、当該要件を満たすコンテンツプロバイダに対しては、まずは同窓口に対し削除請求をすることが有用だろう。同制度の詳細については、**第2章**〔p.37〕を参照されたい。

なお、将来の損害賠償請求等に備えて、削除請求前の証拠保全が必要なことは**第2節❶**で述べたとおりである〔p.117〕。

30）「5ちゃんねる」の場合、「5ちゃんねる削除体制」（https://ace.5ch.net/saku2ch/）が公表されており、この類型に該当する場合には、メールでの削除請求に応じているようである。このようなポリシーが示されているサイトについては、当該ポリシーに該当する請求の場合には、裁判外での請求をした方が早期解決が期待できる場合がある。

Column 3-14 | スニペットの削除

侵害情報自体が削除されことにより、当該ウェブページにおける侵害情報は閲覧できなくなるが、Google等の検索エンジンの検索結果において、スニペット（検索結果の一部として表示されるウェブサイトの要約文）が残り続けることがある。この場合、スニペットにも権利侵害となる内容が記載されていれば、問題となった投稿を削除したとしても、スニペットを見ることにより、その記事の内容がおおむねわかってしまい、権利侵害が継続することになってしまう。

このような場合、Google は、以下の URL 記載のフォーマットを用いて請求することにより、スニペットにつき任意での削除に応じているようである。なお、当該フォーマットを利用するためには、Google にログインしなければならないことから、Google のアカウントが必要となる。

https://www.google.com/webmasters/tools/removals

●スニペット

ogle　日本弁護士会連合会

ウェブ　地図　ニュース　画像　ショッピング　もっと見る▾　検索ツール

約 544,000 件 （0.37 秒）

日本弁護士連合会 Japan Federation of Bar Associations ...
www.nichibenren.or.jp/ ▾
弁護士や日本弁護士連合会についての解説。その活動についての紹介。法律相談窓口について等.
Google のクチコミ (2) · レビューを書く

〒100-0013 東京都千代田区霞が関１－１
03-3580-9841

スニペット

Column 3-15 | サジェストの削除・関連検索ワードの削除

Googleでは、検索語の入力中に検索候補が表示されるというサジェスト機能が導入されている。そのため、企業名を検索すると、商品名等も検索候補として表示されるといったメリットもある一方で、「企業名ブラック企業」といったマイナスイメージの検索候補も表示されることがある。これらのサジェストの削除請求が認められた裁判例は現状見当たらないが、検索サイト上の削除請求フォームから請求すれば、任意で削除に応じることもあるようである。

https://support.google.com/legal/contact/lr_legalother?product=searchfeature

●サジェスト

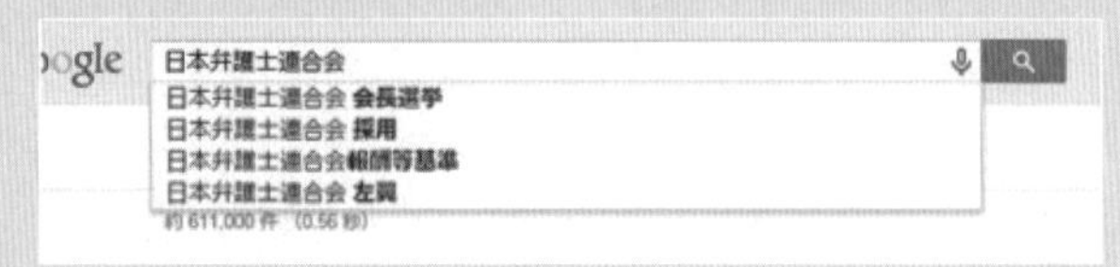

また、検索を行うと、関連検索ワードもあわせて表示されている。この関連検索ワードも裁判においての削除請求は難しいものの、検索サイトでは、任意の削除に応じる場合もあるようである。

https://www.yahoo-help.jp/app/ask/p/2508/form/searchrelword-info

（上記 URL を入力すると、まず、プライバシー等に関する確認画面が表示される。そこで必要な確認を行うと、上記のURL のウェブページが表示される）

●関連検索ワード

4　ガイドラインに則った送信防止措置の請求

(1)　ガイドラインについて

第４章第１節3〔p.203〕及び**同4**〔p.207〕で後述するとおり、送信防止措置の手続や発信者情報開示請求に関し、電気通信事業者団体その他著作権等の管理団体を構成員とするプロバイダ責任制限法ガイドライン等検討協議会（以下「ガイドライン等検討協議会」という）[31]が、権利者（被害者）やプロバイダ等の行動基準となるガイドラインを制定し、公表している。

これらのガイドラインには、裁判外において送信防止措置等を求める際の書式例や添付すべき必要書類等も掲載されている。[32]

日本国内のプロバイダ等は、おおむね上記ガイドラインに則った運用を行っているものと考えられることから、[33]被害者は、日本国内のプロバイダ等に対しては、同ガイドラインに基づいて侵害情報の送信防止措置（削除）の請求を行うことで、削除に応じてもらえる場合がある。[34]特に、ガイドラインに基づいた送信防止措置請求は受け付ける旨が明記されているウェブサイトの場合には有用だろう。

⑵　請求の方法

ガイドラインは、侵害された権利の類型に応じて「名誉毀損・プライバシー関係ガイドライン」[35]「著作権関係ガイドライン」[36]及び「商標権関係ガイドライン」[37]に区別されている。

被害者は、自己が侵害された権利の内容に応じて、それに対応するガイドラインの書式（侵害情報の通知書兼送信防止措置依頼書）に必要事項を記載のうえ、侵害情報が投稿等されたサイトの運営者等に対し、同依頼書に必要書類を添付のうえ、送信防止措置の請求をすることとなる。[38]

31）ガイドライン等検討協議会の構成員は、インターネット関連（プロバイダ等）の団体や著作権関連の団体であり、オブザーバは、学識経験者や法律の実務家、外国の著作権関係団体等である（テレコムサービス協会ウェブサイト参照〔http://www.telesa.or.jp/consortium/provider/〕）。

32）情報プラットフォーム対処法関連情報ウェブサイト（http://www.isplaw.jp/）参照。

33）**第４章第１節3**〔p.203〕参照。

34）なお、被害者は、上記ガイドラインの書式とは異なる書式の文書でプロバイダ等に対して、裁判外において、侵害情報について任意の削除を求めることも可能である。ただし、ガイドラインに基づかない方法で請求すると、プロバイダ等の審査に時間がかかったり、プロバイダ等が定めた書式を用いていないことなどを理由に削除に応じないといった可能性もあり得る。そのため、ウェブサイトのフォーマットを用いずに書面で削除請求を求める場合には、可能な限り、ガイドラインの書式を用いて請求をすべきだろう。

35）https://www.isplaw.jp/vc-files/isplaw/provider_mguideline_20220624.pdf

36）http://www.telesa.or.jp/ftp-contect/consortium/provider/pdf/provider_031111_ 1 .pdf

37）http://www.telesa.or.jp/ftp-contect/consortium/provider/pdf/trademark_guideline_050721.pdf

38）当該請求は原則として書面で行うことになる。ただし、ガイドラインでは、コンテンツプロバイダとの間に継続的なやりとりがある場合等、コンテンツプロバイダとの間に一定の継続的信頼関係が構築されている場合には、電子メール・ファックス等によって請求することを申し出ることができるとされている（なお、この場合には、電子メール・ファックス等送信後速やか

記載方法等については、以下の書式を参照されたい。

（参照）**付録資料１　書式一覧**
書式１　名誉毀損・プライバシー侵害の場合〔p.307〕
書式２　著作権侵害の場合〔p.310〕
書式３　商標権侵害の場合〔p.318〕

⑶　必要書類

ガイドラインでは、送信防止措置の請求をする際に、その請求書の書式のみならず、その際に提出すべき書類についても公表している。

第４章第３節❷記載のとおり〔p.226〕、コンテンツプロバイダは、これらの書類等を審査し、当該請求に応じるか否かを判断することになる。

Column 3-16 ｜ 発信者への照会に関する被害者側の留意点

第４章第３節❷⑴イ記載のとおり〔p.227〕、被害者から送信防止措置の請求を受けたコンテンツプロバイダは、発信者に対して、送信防止措置を講じることの要請があったこと及び被侵害情報や権利を侵害されたとする理由等を通知し、送信防止措置を講ずることに同意するか否かを照会することになる（法３条２項２号）。

その際、コンテンツプロバイダも被害者の個人名等が発信者に伝わらないように配慮しているものと思われる（名誉毀損・プライバシー侵害の場合の（**付録資料１書式一覧1-1**〔p.307〕）参照）。

しかし、コンテンツプロバイダに対して、送信防止措置を講ずるよう

に書面を提出する必要がある）。また、コンテンツプロバイダとあらかじめ合意できている場合には、請求を行う電子メールにおいて、公的電子署名又は「電子署名及び認証業務に関する法律」の認定認証事業者によって証明される電子署名の措置を講じた場合であって、当該電子メールに当該電子署名に係る電子証明書を添付している場合には、電子メールにより請求ができるとされている（上記ガイドライン参照）。

に求めることができる者は限定されていることから、コンテンツプロバイダが当該意見照会を行うことにより、発信者側において、被害者が送信防止措置を講じるように求めていることを推測できてしまうという問題がある。

このような場合、発信者が直ちに意図的に侵害情報やアカウント等を消去してしまうことも考えられるので、後日損害賠償請求等をすることを考えている場合には、コンテンツプロバイダに対し削除請求等をする前に、**第2節1**記載のとおり〔p.117〕侵害情報の証拠化をしておくことが必要である。なお、Column3-1**侵害情報への対応（放置）**〔p.110〕も参照されたい。

5　投稿記事削除の仮処分命令の申立て

(1)　概　要

被害者は、人格権としての名誉権等に基づく妨害排除・予防請求権、また著作権法や商標法に基づく差止請求権（著作112条１項、商標36条１項）等を根拠に、コンテンツプロバイダに対し、侵害情報の削除を求めて投稿記事削除の仮処分命令を裁判所に申し立てることが可能である（民保23条２項）。

なお、投稿記事の削除は、保全手続ではなく、通常の訴訟手続を用いて行うことも可能である。しかし、通常の訴訟手続によるとその解決までに時間を要することとなり、その間、侵害情報が削除されず、権利侵害状態が継続してしまうこととなる。そのため、法的な手続により侵害情報の削除を求める場合は、通常訴訟ではなく民事保全手続で行うことが多い。

この申立ては、被害者本人が行うことも不可能ではないが、法的にも難しい問題を含んでいる裁判上の手続であるため、弁護士に相談のうえ、弁護士に委任して行うことが望ましいと思われる[39)]。以下、弁護士が仮処分命令を申し立てることを念頭に手続等を説明する。

39）インターネット広告等において、削除代行業者と名乗る業者が格安で削除請求をすると謳っている場合がある。しかし、このような業者は違法業者である場合も多く（弁護士法72条違反の非弁行為に該当するおそれがある。）、また、削除請求を受けるコンテンツプロバイダ側も本人または弁護士以外の者からの削除請求には、適法な請求ではないとして対応しないことも多いため、当初から弁護士に依頼するのが適切である。

Column 3-17　同定可能性

インターネット上での誹謗中傷等は、イニシャル、伏字（○山○太郎）等での摘示や、そもそも問題となった投稿等では被害者の固有名詞が記載すらされていないといった場合がある。さらに被害者が自身に対する誹謗中傷と考えていても、実名が明示されていない限り、第三者が見たら当該投稿で対象となっているのが被害者であるのかわからない場合や、実名が明示されていても、同姓同名の別人についての誹謗中傷等という場合もあり得る。現実社会での誹謗中傷等は、その被害者が誰かということが問題となることはほとんどないものの、インターネット上の誹謗中傷等の場合は、その性質上、被害の対象となっている者を特定できるかが問題となることが多い。これを同定可能性の問題という。

同定可能かどうかについては、問題となった投稿等以外の周辺情報（前後の書き込み内容、スレッド・掲示板のテーマ等）に照らし合わせて、全体的な状況に鑑みて当該被害者に関する誹謗中傷等といえるかを判断していく必要がある。

また、上記のほか、源氏名やインターネット上で使用しているハンドルネーム、アカウント名といった実名ではない場合であっても、実在している人が当該名称を使用していると判断できるのであれば、当該名称を使用している人に対する名誉毀損等が成立し、削除請求や発信者情報開示の対象となるものと解されている（大阪地判令4・8・31判タ1501号202頁〔**付録資料２裁判例48**（p.458)〕)。実名ではない場合には、上記請求をする際に、当該被害者が当該名称を使用していることを客観的に示す必要がある。[40)]

⑵　管　轄

投稿記事削除の仮処分命令申立事件は、本案の管轄裁判所に申し立てることになる（民保12条）。

本案の管轄裁判所として考えられるのは、債務者の住所地を管轄する裁判

40）なお、法人からの相談の場合、それは法人自身に対する誹謗中傷等ではなく、法人の代表者や特定の従業員に対する誹謗中傷等であるといった場合もある。これらの法人以外の当該法人に所属する役職員に対する誹謗中傷等も当該法人のレピュテーションに影響するとはいえるものの、法人の権利を侵害しているとまで言えるかは不明瞭であることから、この場合には、法人を被害者とするのではなく、代表者や特定の従業員を被害者として請求していくのが賢明だろう。

所（民訴4条）、または不法行為があった地を管轄する裁判所（民訴5条9号）である。そして、「不法行為があった地」には不法行為の行われた地と損害の発生した地の双方が含まれると解されている[41]。すなわち、債務者（コンテンツプロバイダ）の住所地の裁判所のみならず、インターネット上の投稿によって債権者（被害者）の住所地で損害が発生したと評価できる場合には、債権者（被害者）の住所地の裁判所にも管轄が認められることになる[42]。

そのため、被害者は、自己の住所地の管轄裁判所に投稿記事削除の仮処分命令の申立てを行うことが可能となる場合が多い[43]。

なお、投稿記事の削除を行うための費用は算定することがきわめて困難であることから、本案の訴額は160万円となる（民事訴訟費用等に関する法律4条2項後段）。そのため、投稿記事削除の仮処分命令申立事件は、簡易裁判所ではなく、地方裁判所に申し立てる必要がある。

(3)　申立て

債権者（被害者）は、**2**(2)〔p.129〕の要件を満たした申立書を作成し、当該申立書とともにそれらを疎明するための証拠、ならびに附属書類を裁判所に提出する。

疎明資料としては、以下のような資料の提出が必要となる[44]。

ア　当事者に関するもの

申立ての相手方（債務者）がウェブサイトを管理運営していることを疎明する資料を提出する必要がある。当該ウェブサイト上から当該債務者がコン

41）秋山幹男ほか『コンメンタール民事訴訟法Ⅰ〔第2版追補版〕』（日本評論社、2014年）127頁。

42）発信者情報開示請求の仮処分との管轄の関係については Column3-28 **投稿記事削除請求の仮処分命令申立事件との併合**〔p.171〕を参照のこと。

43）コンテンツプロバイダが外国法人である場合には、国際裁判管轄が問題とはなるが、**第5節**及び**第6節**で後述する発信者情報開示の仮処分命令申立事件や訴訟とは異なり、投稿記事削除の仮処分命令申立事件では、問題となった記事が投稿された電子掲示版等を管理するコンテンツプロバイダが、外国法人であり、かつ日本に拠点を全く有せず、日本語のウェブサイト等を有しない場合であったとしても、「不法行為があった地が日本国内にあるとき」（民訴3条の3第8号）に該当する。そのため、日本の裁判所に国際裁判管轄が認められることから、日本の裁判所での裁判が可能である。

44）野村昌也「東京地方裁判所民事第9部におけるインターネット関係仮処分の実情」判タ1395号（2014年）33頁〜34頁、江原＝品川編著・前掲22）「インターネット関係仮処分(3)申立て上の留意点」390頁以下参照。

テンツプロバイダであることが明らかではない限り、Who is 検索の検索結果を疎明資料として提出することになる（**第２節❷(2)**〔p.123〕参照）。

なお、当事者が法人の場合には、附属書類として資格証明書を提出する必要があるが、債務者が外国で設立された法人の場合には、外国法人として日本で登記されていない限り[45]、当該国から資格証明書を取り寄せる必要がある[46]。外国法人の場合の資格証明書の取得には時間もかかることから、費用がかかるものの、代行業者に取得を依頼するもの一案だろう。

イ　権利侵害に関するもの

権利侵害があったことを疎明するために、投稿記事が記載されたウェブサイトをプリントアウトしたものや侵害情報を撮影した動画等を証拠として提出する必要がある（**第２節❶(2)**〔p.118〕参照）。

また、投稿記事内容について違法性阻却事由の存在を窺わせる事情がないことについても債権者側で主張疎明する必要がある。報告書や陳述書で疎明されることもあるが[47]、客観的な証拠により疎明できる場合には、それらの証拠も提出する。

ウ　保全の必要性に関するもの

報告書や陳述書を提出することになる。

（参照）**付録資料１　書式４**
投稿記事削除仮処分命令申立書〔p.321〕

45）会社法では、日本において継続して取引をする外国会社は、日本において登記することを義務付けているが、これまでグーグル等の大手コンテンツプロバイダを含め登記していない例が多くみられたところ、法務省の働きかけにより、これらの法人も登記に応じるようになっている（Google、Meta等、外国の大手コンテンツプロバイダは登記に応じているとのことである。）。日本で外国法人としての登記がなされることにより、資格証明の問題、翻訳の問題、送達の問題等、多くの点が解消されることになる。

46）当該資格証明書は、当該国の言語で作成されている。日本の裁判所に提出する際には、訳文も提出しなければならない（民訴規則６条、138条）。

47）陳述書や報告書を提出する際には、違法性阻却事由を窺わせる事情がないことを具体的に記載すべきであって、「当該投稿記事の内容は真実ではない」とだけの記載では不十分である。

Column 3-18　東京地方裁判所における担当部

東京地方裁判所では、民事保全法その他の法令により本庁が扱う保全事件のうち、商事事件、労働事件及び知的財産事件を除くもののみを保全部である民事第9部が担当している。著作権や商標権等の知的財産関係の仮処分については、東京地方裁判所では、知的財産権部が扱っているので注意が必要である。

なお、知的財産関係の仮処分であっても、案件によっては、知的財産権部が扱わないこともあるようである。この場合には保全部が扱うことになるので、侵害権利が著作権や商標権等の知的財産の場合には、まずは知的財産権部に申立書を持参し、受け付けてもらえるのかを確認することが望ましい。

(4)　面接（東京地方裁判所の場合）

東京地方裁判所民事第9部では、仮処分命令の申立てがあった場合には、明らかに不適法な申立てなどの場合を除いて、通常「全件」債権者に対する裁判官面接が行われているものの、インターネット関連の仮処分（投稿記事削除の仮処分等）については、その運用が見直され、現在は、必要のない限り面接は行わず、書面審査となっている。

なお、他の地方裁判所では、面接をしている場合もあるので、申立てにあたっては各裁判所に確認されたい。

面接の際の持参物
- 証拠の原本
- 職印

(5)　審尋期日

仮の地位を定める仮処分の場合、原則として、口頭弁論または債務者が立ち会うことができる審尋の期日を経なければ、仮処分命令を発することができない（民保23条2項・4項）。

東京地方裁判所では、口頭弁論ではなく、申立ての相手方であるコンテンツプロバイダの債務者審尋を経たうえで、仮処分命令を発する運用がなされている。

債権者は、債務者審尋の期日が定められた後、既に裁判所に提出した主張書面及び書証を債務者に直送する必要がある（民保規則15条）。

また、裁判所から、債務者に対して、審尋期日の呼出しをする必要があるが、審尋期日への呼出しの方法は「相当と認める方法」で行えばよいことから（民保規則３条１項）、送達による方法ではなく、郵便による直送によって呼出状を送付しているようである。[48)]

なお、審尋は１回の期日で終了することが多い。

⑹　担　保

審尋等を経て、裁判所が債権者側の申立てに理由があると認めた場合には、債権者は、裁判所が決定した担保を法務局に供託することになる。

担保額は、削除を求める投稿の件数や審尋を経ているか否かなど、事案により異なるものの、おおむね30万円～50万円程度のようである。

⑺　送　達

裁判所により発信者情報開示の仮処分命令が発令された場合、その決定書を当事者に送達しなければならない（民保17条）。保全命令が債務者に送達されない限り、決定の効力は生じない。

債務者が日本法人等である場合、外国法人であっても日本で登記している場合や、日本に拠点を有しない外国のコンテンツプロバイダについても日本の弁護士が代理人に選任されている場合には送達に関し大きな問題は生じないものの、当該外国のコンテンツプロバイダが代理人を選任していないような場合には、どのようにして送達を実施するのかが問題となる。

外国への送達の方法については、**第５節❹⑺**〔p.173〕を参照されたい。

48）東京地方裁判所では、外国のコンテンツプロバイダに呼出状を郵送する場合、日本郵便の国際スピード郵便（EMS）を用いて呼出状を送り、郵便追跡サービスを用いて債務者に呼出状が配達されているか確認する例が多いようである。この場合、呼出状の配達に通常よりも期間を要するため、審尋期日を呼出状送付日から２週間後以降に定めることが多いようである（野村・前掲注37）34頁）。

Column 3-19 ｜送達を遅らせる旨の上申

日本国内に全く拠点を有しない外国のコンテンツプロバイダに対して送達を実施するためには、費用と時間がかかる。

他方で、外国のコンテンツプロバイダの中には、答弁書等の書面を提出することもなく、審尋期日に出席することもないものの、裁判所により仮処分の決定がなされた旨をメール等で連絡すれば、決定書の送達を受けなくとも、任意で記事の削除に応じているコンテンツプロバイダもあるようである。

この場合、投稿記事削除を命じる仮処分の決定書が相手方に送達されなくても、決定がなされた旨を伝えることにより、事実上その目的を達成することができることになる。

したがって、任意での開示が期待できる場合には、債権者（被害者）は、裁判所に対し、送達を遅らせる旨の上申を行い、コンテンツプロバイダが任意で投稿記事の削除を行った後に仮処分命令申立事件自体を取り下げるという方法をとることもあり得る（民保18条）。

⑻　保全執行

投稿記事削除の仮処分は、不代替的作為を命ずる仮処分であることから、その執行方法は、間接強制の方法による（民保52条１項、民執172条）。ただし、一般には、仮処分命令が発令された場合、保全執行を行うまでもなく、プロバイダ等は任意に削除に応じる場合が多いと思われる。

6　検索サイトに対する検索結果の削除請求

⑴　検索エンジンについて

インターネット上には、膨大かつ多種多様な情報があふれており、このような情報から、自己が探し求めている情報を瞬時に見つけ出すことは、本来であれば非常に困難である。しかし現在では、Google 、Bing等のインターネット上の検索エンジンが発達しており、当該検索エンジンを利用することで、インターネット上にある膨大かつ多種多様な情報から必要な情報を取捨選択することが可能となっている。そのため、インターネットユーザは、URLを直接入力するのではなく、検索エンジンを用いてインターネット上の情報を入手することが多いと思われる。

そこで、侵害情報が投稿されているウェブページの削除ができない場合であっても、検索エンジンによる検索結果に侵害情報が掲載されているウェブページが表示されなければ、一般のインターネットユーザは、侵害情報へのアクセスが困難となり、侵害情報の拡散を相当程度防ぐことが可能になると考えられる。

⑵　判　例

検索サイトの運営者（以下「検索事業者」という）に対する検索結果の削除請求が認められるかについては、積極・消極の裁判例があったが、平成29年1月31日の最高裁決定（最三決平29・1・31民集71巻1号63頁〔**付録資料2裁判例12**（p.428）〕参照）により、一定の場合には削除請求が認められることが明らかになった。

すなわち、検索事業者が行う検索結果の提供について、検索事業者自身による表現行為という側面と現代社会においてインターネット上の情報流通の基盤として大きな役割をはたしていることを前提に、「検索事業者が、ある者に関する条件による検索の求めに応じ、その者のプライバシーに属する事実を含む記事等が掲載されたウェブサイトのURL等情報を検索結果の一部として提供する行為が違法となるか否かは、当該事実の性質及び内容、当該URL等情報が提供されることによってその者のプライバシーに属する事実が伝達される範囲とその者が被る具体的被害の程度、その者の社会的地位や影響力、上記記事等の目的や意義、上記記事等が掲載された時の社会的状況とその後の変化、上記記事等において当該事実を記載する必要性など、当該事実を公表されない法的利益と当該URL等情報を検索結果として提供する理由に関する諸事情を比較衡量して判断すべきもので、その結果、当該事実を公表されない法的利益が優越することが明らかな場合には、検索事業者に対し、当該URL等情報を検索結果から削除することを求めることができるものと解するのが相当である。」と判示した。[49)]

(3)　実務上の対応

上記判例は逮捕歴に関するプライバシー権の侵害を理由とするものであり、その他検索結果の削除について争われた裁判例も、逮捕歴等の削除を求める事案が多いようである。[50] もっとも、上記判示は、逮捕歴等に限定した内容ではないため、他のプライバシー侵害の事案、名誉毀損の事案等も同様の判断枠組みが妥当するものと思われる。

また、上記判例は、侵害情報自体が掲載されているウェブページの削除が困難である場合に検索結果の削除が認められるといった補充性の要件も求めていない。そのため、最初から、検索事業者への削除請求も可能と解される。

ただし、検索サイト運営事業者に対して検索結果の削除を求める場合、検索事業者側は、積極的に争ってくるものと想定され、仮処分では解決できず、訴訟になり上訴審まで争われ、解決までには長期間かかる場合もあり得る。そのため、個別のウェブページの削除を地道に求めたほうが結果的には早期に解決できる場合もあることは念頭におく必要がある。

なお、コンテンツプロバイダ等に対する削除仮処分決定を取得したうえで、それを検索サイト運営事業者に提供して、当該ウェブページを検索結果に表示されないよう求める場合には、その範囲においては、比較的容易に削除（当該ウェブページを検索結果に表示させない措置）に応じてくれる場合もあるとのことである。

49）なお、当該判例は、本件事実は公共の利害に関する事項であり、また「氏名＋居住する県名」を検索条件の場合に出てくるもので伝達される範囲がある程度限定されているなどとして、結論としては、本件事実を公表されない法的利益が優先することが明らかであるとはいえないとして、削除は認めなかった。

50）上記判例の調査官解説（法曹会編『最高裁判所判例解説民事篇平成29年度（上）』49頁〔高原知明〕参照）によれば、削除請求を求める記事等の内容としては（検索結果の削除ではない）、逮捕歴等が最も多く、次いで特定の団体への所属歴、その他のものとしては破産手続開始決定を受けた事実、成りすましサイトに掲載された事実等とのことである。

Column 3-20 ｜忘れられる権利

「忘れられる権利（right to be forgotten)」という言葉は、2012年1月に欧州委員会によって公表されたEUデータ保護規則案17条の中に盛り込まれたものである。[51)]

もっとも、「忘れられる権利」が何を意味するかは明確ではない。日本国内では、メディアの報道もあり、2014年5月の欧州司法裁判所の先行判決で認められた「個人が一定の場合に、検索サービス提供者に対し、個人に関する情報へのリンクの削除を請求する権利」が想起されることが多いのではないかと指摘はされているものの、同権利内容について、共通の理解が存在しているわけではないようである。[52)]

「忘れられる権利」は日本の法制度とは異なる欧州の法制度の中で議論されてきたものであり、検索結果の削除を認めた判例も、従来からの人格権に基づく削除請求の枠組みの中で削除が認められるか否かを判断したものである。日本法においては、人格権に基づく妨害排除請求権として削除請求が可能と考えられていることから、それとは別個に「忘れられる権利」を認める意義は乏しいようにも思われる。いずれにせよ、インターネットにおいては、他者に忘れてもらいたい過去の事項がいつまでも掲載され続けるという特性があり、裁判で争われることも多いものと考えられることから、今後も裁判例の動きを注視し続ける必要がある。

51）なお、その後の審議において修正がなされ、現在では「忘れられる権利」という言葉は削除され、「消去権（right to erasure)」という言葉が使用されている。

52）最三決平成29・1・31の原々審である「忘れられる権利」に言及したさいたま地決平27・12・22（判時2282号78頁〔**付録資料2裁判例11**（p.427)〕）も、同権利につき一般的な定義までは述べていない。

Column 3-21 ｜検索結果の非表示措置の請求

ヤフー株式会社（当時）は、2015年３月30日、同社が運営するヤフーの検索結果の表示について、自己のプライバシーに関する情報が掲載されていると考える者から非表示措置の申告を受けた場合の対応方針を公表した。[53] 当該対応方針によれば、プライバシー侵害とされている情報が掲載ているウェブページにつき削除を命じる裁判所の判決等の提出がない場合であっても、事案によっては検索結果の削除に応じるようである。実際に任意の削除請求にどの程度応じるかどうかは不明であるものの、検索エンジン（ヤフー）による検索結果により、プライバシー侵害がなされているといった場合には、当該請求を行うことも有用だろう。[54] また、当該対応方針には、比較衡量すべき被害者側の法的利益と公表する理由等が具体的に記載されている。そのため、ヤフーに対して上記請求を行わない場合であっても、検索情報の削除請求をする場合には、当該対応方針は参考となる。

Column 3-22 ｜リベンジポルノ被害にあった場合の裁判外での対応

2013年に設立された一般社団法人セーファーインターネット協会（SIA）[55] は、インターネット上の情報を監視し違法・有害であるとみなした情報について日本国内・国外問わずサイト運営者等に削除要請等をするという活動を行っている。SIAは、リベンジポルノへの対応も積極的に行っており、リベンジポルノ被害者からの相談を受け付けるとともに、削除請求も代行している。SIAによれば、リベンジポルノに関する2023年の削除率は74％ということであり、[56] 高い削除率を実現している。

53）https://about.yahoo.co.jp/info/blog/20150331/privacy.html

54）検索サイト（Googleも含む）では、スニペットやサジェスト等の削除に関するフォーマットを設けている場合がある（Column3-14 **スニペットの削除**〔p.135〕、Column3-15 **サジェストの削除・関連検索ワードの削除**〔p.135〕）。これらも参照されたい。

55）LINEヤフー㈱、アルプスシステムインテグレーション㈱、ポールトゥウインホールディングス㈱、日本電気㈱を主な構成員とする。

そのためリベンジポルノの被害にあった場合には、弁護士ではなくまずはSIAに相談することも有用だろう。詳しくはSIAが運営するウェブサイト「リベンジポルノの被害にあわれたら」[57]を参照されたい。

56）https://www.safe-line.jp/wp-content/uploads/statistics_2023.pdf参照。なお、リベンジポルノに限らず削除依頼全体の削除率は93％であり（2023年）、高い削除率を維持している。

57）http://www.safe-line.jp/against-rvp/

第4節　発信者情報開示請求（新たな開示手続）

1　発信者情報の入手手順

第１章第４節で述べたとおり〔p.24〕、侵害情報を発信した発信者に対して、損害賠償請求等の権利行使を行うためには、当該発信者を特定しなければならない。

発信者の特定は、法５条に基づいて、プロバイダ等に対し、発信者情報の開示を請求していくことになる。

もっとも、インターネット上の通信は、多くの場合、発信者が所持しているコンピュータ端末から直接インターネット上のウェブサイトに接続して行われているのではない。通常、発信者は、インターネット通信事業者のような経由プロバイダとプロバイダ契約をし、当該経由プロバイダを介してインターネットに接続し、インターネット上でさまざまなコンテンツを提供しているコンテンツプロバイダ（＝サイト運営者等）のサーバと通信を行うという形でインターネット上のウェブサイトや電子掲示板等にアクセスしている。そのため、侵害情報が投稿等されたウェブサイトのコンテンツプロバイダが把握している発信者情報は、当該投稿がどの経由プロバイダを介して行われたのかという情報（当該侵害情報の書き込みのための通信に用いられた経由プロバイダのIPアドレス等）にすぎず、経由プロバイダの先のどの契約者（コンピュータ端末）から通信が行われたのかということまでは把握していない。すなわち、当該通信を誰が発信したかという情報は、侵害情報が掲載されたウェブサイト等のコンテンツプロバイダではなく、経由プロバイダが契約者情報を通じて把握しているのである。そのため、インターネットのウェブサイト上に侵害情報を投稿した発信者を特定するためには、令和３年のプロバイダ責任制限法改正により新手続が追加されるまでは、以下のとおり、コンテンツプロバイダに対する請求を行い、そのうえで経由プロバイダに対する請求を行うという、２段階の手順を踏む必要があった。

⑴　第１段階

コンテンツプロバイダに対し、当該侵害情報を投稿した際に用いられたIPアドレス及びポート番号や投稿した時刻（タイムスタンプ）の開示を求め、それらの発信者情報（IPアドレス、ポート番号及びタイムスタンプ等）の開示を受ける。

⑵　第２段階

当該IPアドレスを割り当てられている経由プロバイダに対して、当該侵害情報が投稿された時刻に当該IPアドレス及びポート番号を使用していた当該経由プロバイダの利用者である契約者の氏名等の情報の開示を求め、それらの発信者情報（契約者〔発信者〕の氏名、連絡先等）の開示を受ける。

しかし、**第１章第４節❷⑵**で述べたとおり〔p.32〕、発信者を特定するために２段階の裁判手続が必要となると、被害者にとって時間的・費用的に大きな負担が発生するばかりか、第１段階のコンテンツプロバイダに対して発信者情報の開示を求めている間に、経由プロバイダが保有しているアクセスログが保存期間経過により消去されてしまい、発信者を特定することができなくなってしまうといった問題があった。

そこでこの問題を解決すべく、令和３年改正により、新たに発信者情報開示命令、並びに開示命令事件を本案とする付随する裁判として提供命令及び消去禁止命令の裁判手続（非訟事件）が新設された。

当該新設された裁判手続を利用することにより、従前は２段階の別の裁判手続（消去禁止仮処分命令申立手続も含めると３段階の裁判手続）を経なければならなかったところ、１度の裁判で一体的に解決できるようになる。そのため、今後は発信者情報開示請求をする際には、従前の２段階の手続ではなく、新設された発信者情報開示命令を利用することが原則的な対応になるものと思われる。

本節では、新設された発信者情報開示命令を利用する場合の対応について説明し、次節〔p.164〕及び次々節〔p.178〕において、従前の2段階の開示手続（次節は経由プロバイダの特定までの発信者情報開示請求第1段階、次々節は発信者の特定までの第2段階）について説明する。

Column 3-23　発信者情報開示請求まで行う必要性

ウェブサイト上に侵害情報が投稿された場合、その投稿内容等の状況証拠からして、誰が投稿等をしたのかの予想ができる場合もある。このような場合においても、発信者情報の開示を求める必要はあるのだろうか。

仮に、被害者が、発信者情報の開示の手続を経ることなく、自らが発信者であると考える相手方に対して、損害賠償訴訟を提起したとする。この場合、その相手方（被告）から「侵害情報を投稿したのは自分ではない」といった反論がなされると、立証責任の問題から、被害者である原告のほうで、当該被告が侵害情報を発信した発信者であることを立証しなければならなくなる。特定の者しか知らないような秘密にわたる内容が記載されているとか、相手方の反論が不合理なものである場合等には、その立証が容易な場合もあるだろう。しかし、相手方の反論に一定の合理性がある場合には、被害者が有する状況証拠のみでは、発信者と被告の同一性の立証が困難となる場合も想定される。このような場合には、発信者情報開示手続を経たうえで、発信者を特定することが望ましい。

もっとも、当該段階になってはじめてコンテンツプロバイダに対して発信者情報の開示を求めたとしても、既にアクセスログの保存期間が経過している可能性がある。そのため、当該段階になって、発信者情報の開示を求めようとしても、アクセスログの保存期間経過により、発信者情報の開示を受けられない場合が想定される。

このように、被害者が、発信者に対して損害賠償請求等の何らかの責任追及を考えている場合には、発信者をある程度予想できたとしても、発信者より発信者は自分ではないとの反論をさせないために、まず初めに発信者情報開示の手続を経ることを検討する必要がある。

2 新設された裁判手続の概要

発信者情報特定のための新設された新たな裁判手続の概要は、以下のとおりである（**図表3-2**）。

(1) ①権利侵害を受けたとする申立人（被害者）は、裁判所に対し、コンテンツプロバイダを相手方とする発信者情報開示命令（以下「CPに対する開示命令」という）の申立てを行う（法8条）。

(2) ②申立人は、コンテンツプロバイダに対する開示命令の申立てと同時ないし当該事件が係属中に、コンテンツプロバイダに対し、経由プロバイダ（アクセスプロバイダ）の名称等・住所（他の開示役務提供者の氏名等情報）を申立人に提供すること、及び申立人が経由プロバイダに発信者情報開示命令（以下「APに対する開示命令」という）の申立てをした旨の通知を受けた場合には、経由プロバイダにコンテンツプロバイダが保有する発信者情報の提供を求める[58]提供命令（以下「CPに対する提供命令」という）の申立てを行う（法15条）。

(3) ③CPに対する提供命令の発令により、④コンテンツプロバイダは、申立人に対し、経由プロバイダの名称等・住所を提供する。

(4) ⑤それを受けて、申立人は、経由プロバイダに対し、当該プロバイダが保有する発信者情報についてAPに対する開示命令の申立てを行う（法8条）。APに対する開示命令の申立事件は、CPに対する開示命令と同じ裁判所に係属し（法10条7項）、併合される[59]（非訟事件手続法35条1項）。

(5) ⑥APに対する開示命令の申立てと同時ないしAPに対する開示命令の裁判が係属中に、申立人は、経由プロバイダに対し、発信者情報の消去禁止命令の申立てを行う（16条）。

58）これにより、CPに対する開示命令の結論が出る前に、被害者にはサイト運営者等が有する発信者情報（経由プロバイダの情報は除く）が開示されることがないまま、APに対し発信者情報の保存及び開示命令を求められることになる。

59）向井敬二ほか「発信者情報開示命令事件に関する裁判手続の運用について」NBL1226号（2024年）80頁。運用については、作田寛之ほか「東京地方裁判所民事第9部における発信者情報開示命令事件の概略等について」NBL1266号（2024年）4頁も参照されたい。また東京地方裁判所民事第9部のウェブサイト（https://www.courts.go.jp/tokyo/saiban/minzi_section09/hassinnsya_kaiji/index.html）にも書式等が掲載されているのであわせて参照されたい。

図表3－2　新設手続

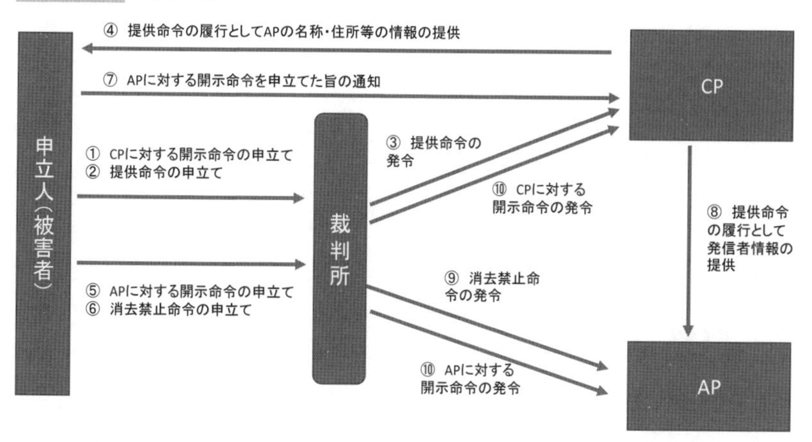

(6)　⑦申立人は、経由プロバイダに対し、APに対する開示命令の申立てを行った旨の通知を行い、⑧当該通知を受けたコンテンツプロバイダは、経由プロバイダに自己が保有する発信者情報を提供する。

(7)　⑩裁判所は、CPに対する開示命令事件とAPに対する開示命令事件を併合し、一体的に審理し、理由があるときは、それぞれ発信者情報の開示が認められ、発信者の特定に至る。

これらの一連の裁判手続はすべて非訟事件[60]であることから、従前の２段階の裁判手続（２段階目の経由プロバイダに対する開示請求は訴訟手続による必要があった）よりも、迅速・簡易な対応が可能になるほか、CPに対する開示命令の結論が出る前に、APに対する開示命令の申立てや経由プロバイダが保有する発信者情報の保存が可能となり、また、同じ裁判所が一体として判断することになるため、裁判手続の負担が軽減するとともに、統一的な解決が図られることになる[61]。

60）非訟事件であることから、当事者は、申立人と相手方、代理人は、訴訟代理人ではなく申立人手続代理人、相手方手続代理人と呼称される。

61）なお、新設された裁判手続について、１つの裁判手続で可能となったと評価されることがあるが、上述したとおり、開示命令としては２つの申立てをしなければならない。もっとも、CPに対する開示命令とAPに対する開示命令は併合され、提供命令及び消去禁止命令も本案に付随する裁判手続となることから、そのような意味で、一体となった手続といえる。

Column 3-24 新設された開示命令制度の用い方

新設された開示命令制度は、①ＣＰに対する開示命令、②ＣＰに対する提供命令、③ＡＰに対する開示命令、④ＡＰに対する消去禁止命令の申立てをセットとして行うことを想定しているものと考えられるものの、法令上、①をしてから③をしなければならない関係にはない。

他方、新制度は、コンテンツプロバイダによる協力が重要になるが、コンテンツプロバイダは外国法人も多く、提供命令に基づく迅速な情報の提供がなされないことも多いようである。また、経由プロバイダが複数いることが想定される場合には、相手方当事者が増え、１つの手続ですると審理が長引く可能性もあり得る。さらに、従前の開示命令制度も、第１段階の発信者情報開示の仮処分命令は、仮処分手続であることから、第２段階の発信者情報開示訴訟よりも、迅速な対応がとられていた。

そのため、コンテンツプロバイダからのアクセスログの開示の段階においては、新制度である①を利用せず、従前の第１段階の発信者情報開示の仮処分命令と侵害情報削除の仮処分命令の申立てを保全事件として行い、経由プロバイダに対するアクセスログの開示の段階で、新制度である③、④を利用するという方法もあり得る。

3 発信者情報開示命令の申立て――CPに対する開示命令

(1) 日本の裁判所の管轄権

発信者情報開示命令の手続に適用される非訟事件手続法には、国際裁判の管轄の規程がないことから、プロバイダ制限責任法９条に、国際裁判の管轄が明記された。[62] 詳細については、**第２章第５節2(1)**〔p.87〕を参照されたい。

(2) 職分管轄

発信者情報開命令申立事件の職分管轄は、地方裁判所となる（法10条）。

62）２段階の従前の発信者情報開示請求に関する国際裁判管轄については、**第５節4(2)**〔p.168〕参照のこと。

(3) 土地管轄

法10条1項及び2項において、相手方（コンテンツプロバイダ）の普通裁判籍を管轄する裁判所が管轄裁判所となるほか、合意管轄も認められている（同条4項）。

そのほか、競合管轄の規定も設けられており、相手方の普通裁判籍が東日本（東京高裁、名古屋高裁、仙台高裁、札幌高裁の管轄区域内）にある場合には東京地方裁判所、西日本（大阪高裁、広島高裁、高松高裁、福岡高裁の管轄区域内）にある場合には大阪地方裁判所にも申し立てることが可能であり（同条3項）、被害者は、これらの地方裁判所から申立てをする裁判所を選択することになる。

ただし、特許権、実用新案権、回路配置利用権及びプログラムの著作物についての著作権の侵害を理由とする発信者情報開示命令の申立ては、民事訴訟法第6条第1項の場合と同様、東日本の地方裁判所が管轄を有する場合には東京地方裁判所、西日本の地方裁判所が管轄を有する場合には大阪地方裁判所に、それぞれ専属することになる。

(4) 申立て

被害者は、コンテンツプロバイダの普通裁判籍を管轄する地方裁判所に対して、法第5条1項及び第2項に基づく発信者情報開示請求権を有していることを記載した申立書、それらの証拠及び附属書類を提出する。[63] 1個の申立てごとに1,000円の印紙が必要である（民事訴訟費用等に関する法律3条1項、別表第一16項イ）。

(5) 審理等

裁判所は、相手方に対し、申立書の写しを送付する（法11条1項）。[64] 送達ではなく、送付で足りることから、特に外国法人として日本に登記されておら

63) 外国の住所に送達する場合、日本語を解することが明らかな場合を除き、翻訳文をつける必要がある。翻訳の対象となるのは申立書のみならず証拠も含まれることから、外国法人が相手方となる場合には、申立書の内容を最低限のものにする、証拠も厳選するといったことも必要だろう。

64) 申立書以外の主張書面、証拠書類その他裁判所の資料となる書類は、申立人が相手方に直送する（発信者情報開示命令事件手続規則5条）。

ず、日本に拠点のない外国法人の場合には、迅速な対応が可能となる。

また、裁判所は、開示命令の申立てについて決定をする場合には、当事者の陳述を聴かなければならないとされている（法11条3項）。ただし、保全処分とは異なり、審尋期日の開催が必須でなく、その方法は裁判所の裁量にゆだねられている。非訟事件手続法における「陳述の聴取」の方法には制限はなく、裁判官の審問によるほか、書面照会や音声の送受信による方法等によることも可能と解される（非訟事件手続法47条）。

開示命令の各要件については、疎明ではなく、証明を要する。

裁判所が決定をする場合には、告知が必要となるが、相当と認める方法で告知すれば足り（非訟事件手続法56条1項）、送達が必須というものではない。当該告知により、決定の効力はその効力を生ずる（同条2項）。

なお、当該決定に不服のある当事者は、当該決定の告知を受けた日から1か月の不変期間内に異議の訴えを提起することができる（法14条1項）。

4　提供命令の申立て

被害者は、発信者情報開示命令の申立てと同時[65]ないし同裁判が係属中に、発信者情報開示命令申立事件の相手方となっているコンテンツプロバイダを相手方とし、CPに対する開示命令事件が係属している裁判所に対し、侵害情報の発信者を特定することができなくなることを防止するために必要があることを疎明の上、以下の各事項を求める、提供命令の申立てをする（法15条）。

ア　経由プロバイダの名称等・住所（他の開示役務提供者の氏名等情報）を申立人に提供すること

イ　申立人がAPに対する開示命令の申立てをした旨の通知を受けた場合には、経由プロバイダに対してコンテンツプロバイダが有する発信者情報を提供すること

65）同時に申し立てる場合には、CPに対する開示命令の申立てと同一書面で行うことも可能である（発信者情報開示命令事件手続規則4条2項）。

提供命令の申立ては、CPに対する開示命令申立事件を本案とする付随した特殊な保全手続であるため、申立てができる裁判所は、CPに対する開示命令申立事件が係属する裁判所だけとなる。また、開示命令の申立てにおいて、特定発信者情報を含む発信者情報の開示を請求している場合には、法第５条１項３号の要件を充たすことも疎明する必要がある（法15条２項）

提供命令を発令するにあたり、相手方からの陳述の聴取は必要とされていない。

１個の申立てごとに1,000円の印紙が必要である（民事訴訟費用等に関する法律３条１項、別表第一16項イ）。

（参照）**付録資料１　書式５　CP に対する申立て**
５―１　提供命令も併せて申し立てる場合〔p.326〕
５―２　発信者情報開示命令のみを申し立てる場合〔p.336〕

提供命令が発令された場合のその後の手続の流れは以下のとおりとなる。これにより、被害者は、迅速に経由プロバイダ等に対し、発信者情報の保存を請求できるようになる。

① CPに対する提供命令の申立人に対し、経由プロバイダ等の名称等・住所が開示される[66]。
② 申立人が提供を受けた経由プロバイダ等を相手方とする発信者情報開示命令の申立て（APに対する開示命令）をしたうえで、当該申立てをした旨をコンテンツプロバイダに対し通知する（通知方法は書面のみならず電磁的方法による通知でもよい）。
③ 通知を受けたコンテンツプロバイダは、当該経由プロバイダ等に対し、コンテンツプロバイダが保有する発信者情報を直接提供する。

66）サイト運営者等は自己が保有する当該通信に係るIPアドレスから経由プロバイダ等を特定することになる。従前の２段階による開示請求では、被害者において第１段階で開示されたIPアドレスから経由プロバイダ等を探索する必要があったが、提供命令により、それをサイト運営者等が実施することになった。なお、IPアドレスから経由プロバイダ等を検索する方法については、**第５節５**〔p.175〕を参照されたい。

5　発信者情報開示命令の申立て――APに対する開示命令

被害者は、提供命令により経由プロバイダ等の名称等・住所が提供された場合、CPに対する開示命令の決定を待つことなく、当該経由プロバイダ等に対し、APに対する開示命令の申立てを行うことになる。経由プロバイダは、APに対する開示命令が申し立てられた段階では、侵害情報にかかるタイムスタンプ等の発信者情報はわからず、コンテンツプロバイダより提供命令の履行として提供される発信者情報を得て、それらの情報を知ることになる。

この場合の申立てができる裁判所は、CPに対する開示命令が係属している場合には、当該裁判所だけとなる（法10条７項）。それ以外は、CPに対する開示命令と同様である。

当該開示命令が認められ、経由プロバイダ等から発信者情報が開示されることにより、発信者の特定が可能となる。

１個の申立てごとに1,000円の印紙が必要である（民事訴訟費用等に関する法律３条１項、別表第一16項イ）。

Column 3-25　提供命令が発令された場合のCPに対する開示命令の取扱い

被害者は、CPに対する開示命令及び提供命令の申立てを行い、提供命令が発令され、経由プロバイダ等の名称等及び住所が提供されれば、APに対する開示命令の申立てが可能となり、APに対する開示命令が認められれば、発信者の特定が可能となるはずである。そのため、提供命令が発令され、コンテンツプロバイダから経由プロバイダ等の名称等及び住所が提供されれば、CPに対する開示命令を取り下げてしまってもよいとも思われる。しかし、事案に即して考える必要はあるものの、以下の懸念があるので、申立人である被害者側としてはあえて取り下げる意義は乏しいように思われる。

① コンテンツプロバイダに対して電話番号や電子メールアドレスの開示を求めていた場合には、取り下げるとその開示がなされることがなくなること

② 提供命令は、CPに対する開示命令に付随する処分であることから、コンテンツプロバイダから経由プロバイダに情報が提

供される前に、CPに対する開示命令を取り下げてしまうと、提供命令の効果がなくなってしまうというミスを誘発しかねないこと	③　取り下げるためには、相手方の同意が必要であること

6　消去禁止命令の申立て

被害者は、APに対する開示命令の申立てと同時ないし同裁判が係属中に、APに対する開示命令事件の相手方となっている経由プロバイダ等を相手方とし、APに対する開示命令事件が係属している裁判所に対し、侵害情報の発信者を特定することができなくなることを防止するために必要があることを疎明の上、当該開示命令申立事件が終了するまでの間、当該発信者情報開示命令申立事件で開示を求めている発信者情報を消去してはならない旨を申し立てることができる（法16条１項）。

消去禁止命令の申立ては、APに対する開示命令申立事件を本案とする付随した特殊な保全手続であるため、申立てができる裁判所は、APに対する開示命令が係属する裁判所だけとなり、APに対する開示命令事件はCPに対する開示命令事件と同じ裁判所に係属することから、消去禁止命令の申立てもCPに対する開示命令事件と同じ裁判所に申し立てることになる。

消去禁止命令を発令するにあたり、相手方からの陳述の聴取は必要とされていない。

１個の申立てごとに1,000円の印紙が必要である（民事訴訟費用等に関する法律３条１項、別表第一16項イ）。

書式６　APに対する申立て

６―１　消去禁止命令も併せて申し立てる場合〔p.346〕
６―２　発信者情報開示命令のみを申し立てる場合〔p.356〕

Column 3-26 ｜「なりすまし」への対応

インターネットの世界では、第三者が自身の氏名や顔写真を冒用して勝手にSNSを開設するといったいわゆる「なりすまし」が問題となる場合がある。

なりすました者が当該アカウント等を用いて情報発信している場合には、当該書き込み等を本人がしていないのに当該本人による投稿等と受け止められてしまうことを理由に、その投稿内容いかんによっては、本人に対する名誉毀損やプライバシー侵害を構成するとして、削除請求の対象となったり、発信者情報開示請求の対象となったりする場合もあり得る。しかし、SNSでなりすました投稿において、事実摘示がされることは多くなく、当該投稿自体名誉毀損等を構成することが少ないほか、プライバシー情報や写真等についてもすでに本人が公開した情報を流用している場合が多く、プライバシー権や肖像権の侵害等を構成しない場合が多いといった問題がある。[67] また、仮に問題となった投稿自体の削除は可能であっても、アカウント自体の削除は困難であるし、特段の書き込み等がない場合には、そもそも請求自体が困難となってしまうという問題もある。

そこで、なりすまされたこと自体が権利侵害であるとして、アカウントの削除や作成者の発信者情報の開示ができないか、問題となる。この場合の被侵害権利としては、氏名権やアイデンティティ権（他者との関係において人格的同一性を保持する利益）が考えられる。[68]

以下、氏名権やアイデンティティが問題となった裁判例を紹介する。

１　氏名権に関する裁判例

「氏名は、その個人の人格の象徴であり、人格権の一内容を構成するものというべきであるから、人は、その氏名を他人に冒用されない権利を有するところ、これを違法に侵害された者は、加害者に対し、損害賠償を求めることができるほか、現に行われている侵害行為を排除し、又は将来生ずべき侵害を予防するため、侵害行為の差止めを求めることもできると解するのが相当である」（最三判昭63・２・16民集42巻２号27頁、最二判平18・１・20民集60巻１号137頁）

67）なりすましではなく、アカウント自体を乗っ取られた場合には、パスワードの不正使用等を理由に不正アクセス禁止法に違反する可能性がある。

68）なお、その他、運営会社に対して「なりすまし」がされていることを報告して、当該アカウントを凍結してもらうといった方法もあるだろう。

と解されている。どのような場合に差し止めが認められるのかは個別具体的に検討する必要はあるものの、判例において、氏名を冒用されない権利（氏名権）の存在が認められていることから、氏名についてなりすまされた場合には、氏名権を被侵害権利として請求していくことも十分に検討に値する。

実際、氏名権の冒用があったとして、発信者情報の開示を認容した裁判例もある（東京地判令３・９・15判例集未登載）。

２　アイデンティティ権についての裁判例

「名誉毀損、プライバシー権侵害及び肖像権侵害に当たらない類型の成りすまし行為が行われた場合であっても、例えば、成りすまし行為によって本人以外の別人格が構築され、そのような別人格の言動が本人の言動であると他者に受け止められるほどに通用性を持つことにより、なりすまされた者が平穏な日常生活や社会生活を送ることが困難となるほどに精神的苦痛を受けたような場合には、名誉やプライバシー権とは別に、『他者との関係において人格的同一性を保持する利益』という意味でのアイデンティティ権の侵害が問題となりうると解される。」（大阪地判平28・２・８判時2313号73頁）として、アイデンティティ権の存在自体を認めた裁判例は存在するものの、結論としては、当該権利の侵害がなかったと判断している（上記裁判例、大阪地判平29・８・30判時2364号58頁〔**付録資料２裁判例43**（p.454）〕）。

アイデンティティ権の存在は、氏名権とは異なり、一部の裁判所が認めたにすぎず、他の裁判所においても認められる権利かは不明であるものの、なりすまし被害を受けたとして開示請求等をする場合には、検討に値する権利だろう。

以上のとおり、なりすましをされた場合、具体的な事実の摘示やプライバシー侵害といったことがなくても、氏名権やアイデンティティ権の侵害を理由に、削除請求や発信者情報開示請求が認められる余地はある。もっとも、上記裁判例は実際になりすましたアカウントを用いて投稿等がなされていた場合の事例であり、単にアカウントが存在することをもって、権利侵害があると主張したわけではないことには留意が必要である。

第5節 発信者情報開示請求（従前からの開示手続・第１段階）――コンテンツプロバイダに対するIPアドレス等の開示請求

1 概　要

令和３年法改正により発信者情報開示命令による開示手続が新設されたものの、従前の２段階の開示手続によって発信者を特定していくことも引き続き可能である。

開示命令制度の新設により、従来の２段階の発信者情報開示手続を用いる場面は限定されるものの、当該２段階の手続を利用する事例がなくなるわけではないこと、従前の２段階の開示手続を知ることにより、新設された制度の内容理解がより深まるものと考えられることから、以下、２段階の手続の１段階目について説明する。

Column 3-27 ｜ 従来の２段階の発信者情報開示請求制度を利用すべき場合

令和３年法改正により、発信者情報開示制度は、従前の２段階の方法による開示制度と新設された発信者情報開示命令の申立てという２つの制度が併存することになった。[69]

発信者情報開示命令の申立ての方が、裁判所の審理が簡易迅速になることから、今後は当該手続を利用することが多くなると思われるものの、他方で、プロバイダ側が争う姿勢を示している場合等には、裁判所が発信者情報開示命令を発令しても

69）発信者情報開示請求訴訟と発信者情報開示命令を同時に裁判所に係属させることは二重起訴に抵触することから禁止される（民訴142条）。他方、発信者情報開示仮処分の申立てはその決定に既判力がないことから、発信者情報開示命令との重複が提訴は可能と解されるが、その場合には、保全の必要性が充たされるのかなど、個別の要件を充足するのかが問題になるだろう。

異議の訴えが提起され、結局訴訟手続で争うことになることから、かえって時間がかかってしまうことになる。
　このような場合には、最初から従前の２段階の発信者情報開示請求を用いたほうがよいものと思われる。
また、Column3-24 **新設された開示命令制度の用い方**〔p.156〕も参照されたい。

2 IPアドレス等の取得方法

発信者情報開示請求の第１段階において開示の対象となるIPアドレス等の発信者情報[70)]は、以下の２通りの方法により取得可能である[71)]。

・ガイドラインに則った開示請求（裁判外の請求）

・発信者情報開示の仮処分命令の申立て（裁判上の請求）以下、各方法について説明する。

なお、当該請求を受けた場合の、プロバイダ側の対応については、**第４章第４節２**〔p.253〕を参照されたい。

3 ガイドラインに則った開示請求

(1) ガイドライン

第３節４(1)で述べたとおり〔p.136〕、ガイドライン等検討協議会が、プロバイダ責任法５条の運用に関するガイドライン[72)]も制定し、当該請求を行う際の書式も公表している。

送信防止措置の場合と同様に、発信者情報の開示請求を受けた日本国内のコンテンツプロバイダは同ガイドラインに則って開示するか否かを判断する

70）発信者情報開示請求の第１段階での開示の対象となる発信者情報は、主に、IPアドレス、ポート番号、タイムスタンプである。これ以外にもメールアドレス、電話番号等を登録している場合もあるので、これらの開示を求めることもあるだろう。

71）IPアドレスは、発信者側のIPアドレスのほか、サイト運営者等側の受信者側のIPアドレスの２つがある。両方とも開示を求めるのが望ましい。

72）「プロバイダ責任制限法発信者情報開示関係ガイドライン（第３版補訂版）」(http://www.telesa.or.jp/ftp-content/consortium/provider/pdf/provider_hguideline_20151209.pdf)。

ことが多いと考えられる（**第4章第4節**〔p.253〕参照）。そのため、被害者は、日本のコンテンツプロバイダに対して、裁判外で発信者情報の開示を求める場合には、当該ガイドラインに則って、プロバイダ等に対して、発信者情報の開示を求めるべきである。

⑵　請求の方法

被害者は、ガイドラインの書式に従って、必要事項を詳細に記載するとともにガイドラインで求められている必要書類及び疎名資料を添付のうえ、コンテンツプロバイダに対して、IPアドレス等の発信者情報の開示を求めることになる。

これに対し、コンテンツプロバイダは、同請求が法所定の要件を満たしているかを審査し、また、侵害情報の送信防止措置と同様、法6条1項に基づき、発信者に対して照会手続[73)]をとることになる（**第4章第4節❷**〔p.256〕参照）。

なお、**Column3-16** **発信者への照会に関する被害者側の留意点**〔p.138〕で前述したとおり、被害者は、コンテンツプロバイダに対して、発信者へ被害者の情報（氏名や権利が明らかに侵害されたとする理由等）を明かさないように求めることは可能であるものの、被害者情報の秘匿性には限界があることから、注意が必要である。また、コンテンツプロバイダは、発信者に意見照会ができる場合には発信者に対して開示してもよいか意見照会することになるが、この場合その照会のやり取りにも相当の日数がかかるため、コンテンツプロバイダからの被害者への回答には最短でも1か月程度の時間がかかることにも留意が必要である。

（参照）**付録資料1　書式7-1**
発信者情報開示請求書〔p.366〕

73）コンテンツプロバイダは、当該サイトが登録制といった場合でない限り、発信者の個別情報を知らないことが多い。このような場合、そもそも照会手続はなされない。

(3) 添付書類

ガイドラインでは、発信者情報開示の請求を行う際に、請求書（**書式７-１**〔p.366〕参照）とともに、提出すべき必要書類を公表している。

また、ガイドライン等検討協議会は、ガイドラインに則った請求をする場合に手続等をスムーズに進めるために必要となる資料一覧のチェックリストも公表し、当該チェック結果の同封を求めている[74)]。当該チェックリストも参照されたい。

これらの書類の提出は郵送で行うことが原則であるが、コンテンツプロバイダによっては、例外的に電子メール、ファックス等による請求も受け付けている場合がある。

（参照）**付録資料１　書式７-２**
発信者情報開示請求チェックリスト〔p.369〕

4　発信者情報開示の仮処分命令の申立て

(1) 概　要

被害者は債権者として、民事保全法23条２項に基づき、債務者であるコンテンツプロバイダに対して、IPアドレス等の発信者情報の開示を求めて、被保全権利を法５条の発信者情報開示請求権とする仮処分命令を裁判所に申し立てることが可能である。

この場合、被害者は、被保全権利が存在することを疎明するとともに、保全の必要性も疎明しなければならない。

本仮処分の手続は、民事保全法23条２項に基づく仮処分と同様の手続である。投稿記事等の削除請求の仮処分（**第３節5**〔p.139〕）同様、この申立ても弁護士に相談のうえ、弁護士に委任して行うことが望ましい。以下では、

74）http://www 2 .telesa.or.jp/consortium/provider/provider_hcklist_20111007.html

弁護士が仮処分命令申立てをすることを念頭に、問題となる要件等について簡単に説明する。

なお、コンテンツプロバイダに対するIPアドレス等の発信者情報の開示請求は、通常の民事訴訟によって行うことも可能である。しかし、**1**で述べたとおり（p.164）、従前の方法によって発信者情報の開示を受けるためには２段階の手続を経る必要がある一方で、アクセスログ等は比較的早期に消去されてしまう可能性が高い。そのため、第１段階の発信者情報手続において通常の訴訟手続を用いると、その間に第２段階で開示を求めるべき経由プロバイダが保存していたアクセスログ等が消去されてしまうことになりかねない。そのため、第１段階の発信者情報開示請求では、民事保全法上の仮処分の手続を用いることが望ましい。

⑵　日本の裁判所での裁判の可否

日本の裁判所で裁判を行うためには、日本の裁判所に国際裁判管轄が認められなければならない。

発信者情報開示請求に関する裁判については、原則として、債務者となるコンテンツプロバイダが自然人であればその住所地が日本国内にあり、また債務者が法人その他の社団等であればその主たる事務所または営業所が日本国内にあれば、日本の裁判所に国際裁判管轄が認められることになる（民訴３条の２第１項・３項）。

しかし、インターネットは世界中とつながっており、インターネット上での権利侵害行為が日本人同士で行われるとは限られず、その際に利用されるSNSや掲示板等の運営会社が日本法人ではなく、外国の法人である場合もあり得る。

以上のように、発信者情報開示の仮処分命令を申し立てるコンテンツプロバイダが日本人や日本法人ではない場合（外国のコンテンツプロバイダの場合）に、被害者は、そもそも日本の裁判所に対して当該コンテンツプロバイダを相手方とする発信者情報開示の仮処分命令を申し立てることができるのか、すなわち日本の裁判所で裁判を行うことが可能であるのかが問題となる。

以下、コンテンツプロバイダの属性に応じて、日本の裁判所での裁判が可能か説明する。

ア　コンテンツプロバイダが日本国内に事務所や営業所を有する外国法人の場合

コンテンツプロバイダが外国法に基づいて設立された法人等で場合であったとしても、日本国内に当該コンテンツプロバイダの主たる事務所や営業所がある場合には、民事訴訟法３条の２第３項前段の場合に該当することから、日本の裁判所での裁判が可能である。

イ　コンテンツプロバイダが日本国内に事務所や営業所を有しない外国法人の場合

コンテンツプロバイダが、外国法に基づいて設立された法人等であり、かつ日本国内に主たる事務所や営業所を有しない場合であっても、当該コンテンツプロバイダの代表者や主たる業務担当者の住所が日本国内にある場合には、民事訴訟法３条の２第３項後段の場合に該当することから、日本の裁判所での裁判が可能である。

ウ　コンテンツプロバイダが日本語のサイトを運営するものの日本国内に拠点が全くない場合

「２ちゃんねる」や「５ちゃんねる」等のウェブサイトを運営するコンテンツプロバイダは、外国法人であり、かつ、日本国内に主たる事務所や営業所はない。また、その代表者や主たる業務担当者の住所は日本にはないとされている。

そのため、当該コンテンツプロバイダについては、民事訴訟法３条の２第３項によっては、日本の裁判所には管轄権は認められない。

しかし、このような日本国内に拠点が全くない外国法人の場合であっても、「日本において事業を行う者（日本において取引を継続してする外国会社）」であり、かつ、当該訴えがその者の日本における業務に関するものであれば、日本の裁判所に管轄権が認められ、日本の裁判所での裁判が可能となる（民訴３条の３第５号柱書）。

また、「日本において事業を行う者」には、自然人・法人であるかを問わず、法人でない社団も含まれ、さらに、営利事業に限られず、営利を目的としない事業も含まれることから、その運営主体が法人ではなく日本に住所がない外国人（自然人）であっても「日本において継続的に事業を行う者」に該当する。[75)]

そのため、外国法人や外国の団体または個人が管理するウェブサイトであっても、当該コンテンツプロバイダが日本語のウェブサイトを運用しており、当該日本語のウェブサイトにおける投稿が問題となった場合には、民事訴訟法３条の３第５号に基づいて、日本国内の裁判所に管轄権が認められ、日本国内で裁判を行うことが可能である。

エ　コンテンツプロバイダが日本国内に拠点を全く有さず、外国語のウェブサイト上に権利侵害情報が発信された場合

コンテンツプロバイダが外国法人であり、日本国内に拠点を有さず、権利侵害情報が発信されたウェブサイトが日本向けのサービスではない場合（日本語のウェブサイトではない場合等）には、その被害者が日本人であったとしても、**ア～ウ**のいずれにも該当しない。

上記の場合には、日本の裁判所に国際裁判管轄は認められないことから、日本の裁判所で裁判を行うことはできない。

⑶　職分管轄

発信者情報開示請求は財産上の請求ではないことから、本案の訴額は160万円となる（民事訴訟費用等に関する法律４条２項前段）。

そのため、発信者情報開示請求の本案の裁判所は地方裁判所となり、仮処分命令の申立てについても、地方裁判所に対して行う必要がある（裁判所法24条１号、33条１項１号、民保12条１項、３項）。

⑷　土地管轄

発信者情報開示請求の仮処分命令の申立ては、法５条１項に基づく発信者情報開示請求権を被保全権利とするものであることから、それ自体経済的利益を目的とするものではなく、これに基づく訴えは「財産権上の訴え」（民訴５条１号）にも、その他特別裁判籍が認められる場合にも該当しない。

そのため、コンテンツプロバイダの普通裁判籍を管轄する地方裁判所に申

75）兼子一ほか『条解民事訴訟法〔第２版〕』（弘文堂、2011年）55頁。

立てを行う必要がある（民訴4条1項、民保12条1項）[76]。

ア　日本法人等の場合

仮処分命令申立事件の相手方であるコンテンツプロバイダの住所地や主たる事務所または営業所等の普通裁判籍（自然人の場合は住所地）を管轄する地方裁判所に仮処分命令の申立てを行うことになる（民訴4条1項・2項・4項、民保12条1項）。

イ　日本に事務所や営業所等を有する外国法人等の場合（(2)ア及びイの場合）

日本において主たる事務所または営業所があればその地を管轄する裁判所に、日本国内に事務所または営業所がないときは日本における代表者その他の主たる業務担当者の住所を管轄する地方裁判所に、仮処分命令の申立てを行うことになる。

ウ　日本語のウェブサイトを運営するものの日本国内に拠点が全くない場合（(2)ウの場合）

日本国内に全くの拠点がないことから、コンテンツプロバイダの住所等（民訴4条）に基づいて、土地管轄を定めることができない。また発信者情報開示に関する裁判は民事訴訟法5条のいずれにも該当しない。

この場合、東京都千代田区を管轄する裁判所が管轄裁判所となることから、東京地方裁判所に申立てを行うこととなる（民訴10条の2、民訴規則6条の2）。

Column 3-28　投稿記事削除請求の仮処分命令申立事件との併合

発信者情報開示請求の仮処分命令申立事件と投稿記事削除の仮処分命令申立事件は、併合して申し立てられることも多い。

しかし、本案提起前の保全処分については、併合請求における管轄（民訴7条）の適用はない（民保4条、12条）。そのため、両事件の管轄裁判所が同一の裁判所でなければ、両事件を併合して申し立てることはできないので、注意が必要である。

76）野村・前掲44）25頁以下参照。

(5)　申立て

被害者は、地方裁判所に対して、被保全権利として法５条１項に基づく発信者情報開示請求権を有していること、及び保全の必要性が記載された発信者情報開示仮処分命令申立書及びそれらを疎明するための証拠、ならびに附属書類を提出する。記載例については、**書式８**を参照されたい。また、**第３節５**で述べたとおり〔p.141〕、各証拠を疎明資料として提出する必要がある。提出する疎明資料の内容は、投稿記事削除の仮処分の申立ての場合と大きくは変わらないが、発信者情報開示の仮処分については、保全の必要性を疎明するものとして、アクセスログが短期間で消去されてしまうことに関する疎明資料も提出する必要がある。

（参照）**付録資料１　書式８**
発信者情報開示仮処分命令申立書〔p.372〕

(6)　面接、審尋期日、担保

東京地方裁判所では、**第３節５**で述べたとおり〔p.143〕、発信者情報開示関連の仮処分命令の申立てについては、原則として裁判官面接は行われていない。**第３節５(5)**で述べたとおり〔p.143〕、債権者は、債務者審尋の期日が定められた後、既に裁判所に提出した主張書面及び書証を債務者に直送する必要がある（民保規則15条）[77]。

そして、審尋等を経たうえで、裁判所が債権者側の申立てに理由があると認めた場合には、債権者は、裁判所が決定した担保を法務局に供託することになる。

担保額は、開示を求める投稿の件数や審尋を経ているか否かなど、事案により異なるものの、おおむね10万円～30万円程度である[78]。

77）日本に拠点がなく、また外国法人として日本で登記していない外国のコンテンツプロバイダに対して審尋等を実施する場合には、申立書の訳文を作成し、債務者に対して、直送することが求められている。

Column 3-29 ｜無審尋の上申

発信者情報の開示を求める仮処分命令申立事件は、上記のとおり、原則として債務者に対する審尋期日が設けられ、審尋を経たうえで、仮処分命令を発するという運用がなされている。しかし、コンテンツプロバイダの中には、外国にしか拠点がなく、日本国内には全く拠点がない場合もある。このような場合、申立書を債務者である外国法人のコンテンツプロバイダに対して直送し、かつ審尋期日の呼び出しを行っていると、それだけで相当に時間がかかってしまう。

そのため、一部の外国にしか拠点がない外国のコンテンツプロバイダについては、申立人が、裁判所に対して、民事保全法23条４項ただし書の適用を上申し、その結果、債務者に対する審尋を行うことなく、仮処分命令を発する決定がなされるということもあるようである。

(7) 送　達

裁判所により発信者情報開示の仮処分命令が発令された場合、その決定書を当事者に送達しなければならない（民保17条）。保全命令が債務者に送達されない限り、決定の効力は生じない。

ところで、日本に拠点を有さず、外国法人として登記していない外国のコンテンツプロバイダに対する送達はどのように実施するのか。[79]

日本の裁判所は、日本国内に居住する者に対して送達する権限を有しているのみであり、外国に対する送達権限は有していない。そのため、外国における送達は、条約等の取り決めにより、仮処分命令申立事件の裁判を担当した裁判所の裁判長が、その国の管轄官庁またはその国に駐在する日本の大

78）東京地方裁判所では、発信者情報開示及び投稿記事削除の仮処分を併せて発令する場合には、両者を合算した金額ではなく、投稿記事削除の仮処分の基準によって担保額を決定している（野村・前掲注44）37頁）。

79）日本に拠点のない外国のコンテンツプロバイダに対する送達であっても、日本の弁護士が代理人に選任されていれば、日本国内にいる代理人宛の送達が可能となるので、容易に送達を実施できる。また、外国法人として日本で登記している場合には、日本に住所を有する者が代表者となるので、その者に対する送達が可能となる。

使、公私もしくは領事に嘱託のうえ、実施することになる（民訴108条）。以上のとおり、外国で送達を実施するためには、日本国内での送達よりも時間も費用もかかることになる。

なお、発信者情報開示の仮処分命令申立事件においても、Column3-19 **送達を遅らせる旨の上申**〔p.145〕で述べたとおり、発信者情報開示命令の発令後、コンテンツプロバイダから任意での開示を受け、事実上目的を達成後に、仮処分命令の申立てを取り下げるといったことも行われているようである。

Column 3-30 ｜送達場所に関する上申

外国法人のコンテンツプロバイダの中には、日本に子会社を有している場合がある。このような場合、日本の子会社にも当該サイトに関してデータ削除や発信者情報の管理権限があれば、当該日本法人を債務者として仮処分命令の申立てを行うことができる。しかし、日本法人に当該管理権限がない場合には、当該申立ては認められないことになる（京都地判平26・9・17判例集未登載）。

もっとも、そのような場合であっても、日本法人での送達は受け付ける扱いを行っている外国法人のコンテンツプロバイダもあるようである。そのような場合には、日本法人宛の送達の上申を行うことで、送達が容易に行える場合もあるだろう。[80)]

⑻　保全執行

発信者情報開示の仮処分命令申立事件についても、投稿記事削除の仮処分命令申立事件の場合と同様に、不代替的作為を命ずる仮処分であることか

80）福島政幸「インターネット上のトラブルの概観と解決法Ⅱ保全事件を担当する裁判官の立場から見たインターネット関連事件」LIBRA13巻9号（2013年）9頁。なお、Googleは外国法人としての登記を完了しているので、現在は、Google自身への送達が容易になっている。

ら、その執行方法は間接強制の方法による（民保52条1項、民執172条）。ただし、一般には、仮処分命令が発令された場合、保全執行を行うまでもなく、プロバイダ等は任意に開示に応じることが多いと思われる。

Column 3-31　弁護士会照会の活用

従前の2段階の発信者情報開示の結果、その第1段階において、コンテンツプロバイダから発信者の電話番号やメールアドレスが開示されることがある。

電話番号により本人確認をしているSNS等であれば、登録された電話番号は、発信者に直接結び付くことが多いと想像される。そのため、当該電話番号を割り当てられている通信会社に対して、当該電話番号の利用者に関する弁護士会照会を行うことにより、当該電話番号の利用者を特定できる可能性がある。電話番号を割り当てられている通信会社は、総務省のウェブサイト（電気通信番号指定状況）で調査可能である（「電話番号の利用について」という検索ワードで検索）。

また、開示されたメールアドレスが通信会社のものなどであれば、当該アドレスを管理する事業者に対する弁護士会照会をすることにより、当該アドレスの利用者が開示される可能性がある。

このように、弁護士会照会を活用することにより、発信者が特定できる場合もある。

5　IPアドレスからプロバイダ会社を検索する方法

(1)　IPアドレスの見方

発信者情報の開示の仮処分命令の申立てが裁判所により認められた場合、コンテンツプロバイダからIPアドレス等が開示されることになる。

その開示方法は、プロバイダ会社によって多種多様であり、端的にタイムスタンプ[81)]とIPアドレス等を抜粋して開示してもらえる場合もあれば、他方で、開示を求めた情報以外の多くの情報までもが開示される場合もある。このようにIPアドレスと明示されずに情報が開示された場合には、どの情報がIPアドレスであるのかと戸惑うこともあるかもしれないが、IPアドレスは、通常、「202.32.5.240」のように0から255の数字4組をドット「.」でつないだものであることから（IPv4の場合）、慣れてしまえば見つけ出すことはそれほど難しくない。

⑵　IPアドレスの使用者の検索

IPアドレスの開示を受けたあと、被害者は、同IPアドレスを割り当てられたプロバイダ会社（経由プロバイダ）がどこであるかを調査する必要がある。

当該調査は「Who is 検索」を用いて行うことになる。「Who is 検索」の使用方法についてはColumn3-9 **Who is 検索**〔p.124〕を参照されたい。

Column 3-32 ｜ コンテンツプロバイダとの交渉

アクセスログ等の保存期間は短期間であることから、侵害情報が投稿されていることを被害者が知った時点や、弁護士等の専門家に相談をした時点において、既にアクセスログ等の保存期間が経過してしまっているケースもある。

このような場合、費用をかけて、発信者情報開示の仮処分命令の申立てを行ったとしても、債務者であるコンテンツプロバイダから、既にアクセスログの保存期間が経過しており、IPアドレス等を所持しておらず開示はできないとの回答があり（法5条1項の「保有する」という要件を満たさなくなる）、無駄に終わってしまうということもある。

したがって、侵害情報の投稿から半年以上も経過しているような場合には、何もしないという選択も十分にあり得る。

他方で、侵害情報に関係するアクセスログ等には、①当該投稿自体の通信に関するアクセスログ（発信者情報開示の対象となるアクセスログ）の他に、②当該投稿を行う場合にログインをする必要があるような電子掲示版やSNSであれば、そのログインした際のアクセスログ、③ウェブサイトに登録をした際の登録情報やその際のアクセスログといったものがあり得る。上記①～③のアクセスログの保管期間がすべて同一であるとは限らず、①については保存期間が

81）日本のサイト運営者等から開示されるタイムスタンプは日本標準時（JST）で表示されるのが一般的である一方、海外のサイト運営者等の場合には、協定世界時（UTC）を基準に表示することが一般的である（日本標準時は協定世界時より9時間進んでいるため+0900(JST)、UTC＋9という表記になる）。タイムスタンプが日本標準時とは限らないことに留意が必要である。

経過していても、②や③については保存期間を経過していないといった場合もあり得る（②③は、令和３年法改正により明文で発信者情報開示の対象に一部含まれることになったが、侵害情報の送信と相当の関連性を有している必要がある）。

そのため、発信者情報開示の仮処分命令を申し立てることにより、発信者情報開示の対象となるアクセスログの保存期間は経過してしまっていても、コンテンツプロバイダの担当者や代理人弁護士と直接交渉した結果、事案によっては、発信者情報開示手続とは別の手続（たとえば、弁護士法23条の２に基づく弁護士会照会等）により、上記③等の情報を開示してもらえたり、その他の方法により協力を得られる場合もあり得る。したがって、侵害情報の投稿から一定期間が経過しており、アクセスログの保存期間が経過している可能性があったとしても、直ちに諦める必要はない。

なお、令和３年法改正により、②③についても発信者情報開示の対象となり得ることが明らかになったことから、従前よりも裁判手続での開示の可能性は高くなったといえる。

第6節　発信者情報開示請求（従前からの開示手続・第２段階）――経由プロバイダに対する発信者情報の開示請求

1 概　要

発信者情報開示請求の第１段階の請求を経てコンテンツプロバイダからIPアドレスの開示を受け、当該IPアドレスを割り当てられた経由プロバイダが判明した後は、被害者は、**第４節1**記載のとおり〔p.151〕、発信者情報開示請求第２段階の手続をとり、発信者を特定していくことになる。

すなわち、被害者は、第１段階で開示を受けたIPアドレスを割り当てられていた経由プロバイダに対して、侵害情報が投稿された時刻に当該IPアドレス及びポート番号を割り当てられていた契約者の氏名及び住所等の発信者情報の開示を求めることになる。

従前の２段階の手続をとる場合には、当該手続を経て、経由プロバイダから氏名や連絡先等の発信者情報が開示されることにより、ようやく発信者の特定が可能となる。[82)]

Column 3-33　ドメイン登録代行業者を通じてIPアドレスを取得している場合

経由プロバイダは、自らIPアドレスを取得して、自らの契約者に使用させている場合もあるが、自らIPアドレスを取得するのではなく、ドメイン登録代行業者が取得したIPアドレスを当該代行業者からレンタルのうえ、自らの契約者に使用させている場合もある。

82）なお、複数の経由プロバイダを経て通信をしている場合には、さらなる開示請求を求めなければならない場合もある。

この場合、ドメイン登録代行業者に対して発信者情報開示請求を行っても、発信者の氏名といった情報が開示されることはない。

そのため、発信者情報開示請求第1段階の手続を経た結果、開示されたIPアドレスがドメイン登録代行業者の可能性がある場合には、発信者は、あらかじめ照会をするなどして、実際に当該IPアドレスを使用している経由プロバイダを特定のうえ、当該経由プロバイダに対して発信者情報開示請求を行う必要がある。[83]

2 アクセスログの保存請求

(1) 概　要

第1節2(1)で述べたとおり〔p.111〕、アクセスログの保存期間は短期間であることが多いことから、経由プロバイダに対して発信者情報の開示を求めている間に、これらのアクセスログの保存期間が経過し、アクセスログが消去されてしまう可能性がある。[84]

そのため、被害者は、経由プロバイダが判明した時点で、発信者情報開示の請求を行う前またはそれと並行して、まず、当該投稿にかかるアクセスログが消去されないための保全措置を講じる必要がある。[85]

保全措置として、主に以下の2通りの方法が考えられる。

83）ドメイン登録代行業者についても、「特定電気通信役務提供者」（法2条3号）に該当すると考えられることから（**第2章第2節**〔p.42〕参照）、同業者に対しても発信者情報開示請求の訴訟を提起することは可能である。しかし、裁判で争うと時間も費用もかかり、その間に、経由プロバイダが有するアクセスログが消去される危険もあることから、可能な限り、任意での開示を求めるべきである。

84）アクセスログの意義については、**第1章第4節**〔p.29〕を参照されたい。

85）発信者情報開示請求第1段階においては、当該請求自体を保全手続で行えたことから、迅速な対応が可能であり、別途アクセスログの保全措置を講じる必要性は乏しかった。しかし、発信者情報開示請求第2段階においては、**3**で後述するとおり〔p.182〕、保全の必要性を認めることが困難であることから、仮処分手続でその開示を求めることは困難である。そのため、通常の訴訟手続で開示を求めることになるが、通常の訴訟手続を経ると判決までに比較的時間がかかり、その間にアクセスログが削除されてしまう可能性が高い。したがって、発信者情報開示請求第2段階においては、別途、アクセスログの保全措置を講じておく必要がある。

・経由プロバイダに対して裁判外においてアクセスログの保存を求める方法
・発信者情報消去禁止の仮処分命令の申立て

なお、当該請求を受けた場合の、プロバイダ側の対応については、**第4章第2節**〔p.217〕を参照されたい。

(2) 裁判外におけるアクセスログの保全を求める方法

債権者は、裁判外において、経由プロバイダに対して、アクセスログの保全を求めることが可能である。[86]

当該請求はあくまでも任意での協力を求めるものであることから、当該請求を行ったとしても、経由プロバイダがアクセスログの保存に応じるとは限らない。

しかし、以下(3)で述べる裁判上の請求である発信者情報消去禁止の仮処分命令の申立てよりも、裁判外の請求は迅速かつ容易に行うことが可能である。そのため、まずは裁判上の手続ではなく、一定の回答期限を設けたうえで、本請求を行ってみることも有用だろう。当該請求書の記載例は**書式9**を参照されたい。

（参照）**付録資料1　書式9**
裁判外におけるアクセスログの保存請求書〔p.378〕

(3) 発信者情報消去禁止の仮処分命令の申立て

債権者は、経由プロバイダに対して、発信者情報（アクセスログ）の消去禁止を求める仮処分命令の申立てを裁判所に行うことが可能である。

当該申立ても、上述した投稿記事削除の仮処分命令申立事件（**第3節5**

86) なお、平成27年7月にプロバイダ責任制限法発信者情報開示関係ガイドライン（http://www.telesa.or.jp/ftp-content/consortium/provider/pdf/provider_hguideline_20150727.pdf）が改訂され、プロバイダ等が発信者情報の保全措置を受けた場合の対応が明記された。もっとも、その内容は、プロバイダ等は提出された書類から発信者情報を保全することが合理的であると判断したときは、合理的期間を定めて例外的に発信者情報を保全できるとされたにとどまり、保存するか否かは、プロバイダ等側の任意の判断に委ねられている。

〔p.139〕）及び発信者情報開示の仮処分命令申立事件（**第５節4**〔p.167〕）と同様に、仮の地位を定める仮処分手続である。

当該申立ては、被保全権利を法５条に基づく発信者情報開示請求権とするものであるため、発信者情報開示の仮処分命令申立事件の場合と同様に管轄等が問題となる。これらについては**第５節4**〔p.167〕を参照されたい。

また、保全決定がなされる場合の担保額は、10万円～30万円程度である。

なお、発信者情報の消去禁止の仮処分命令申立事件は、第１回目の債務者審尋期日において、本案訴訟までの暫定的な和解として、以下のような和解が成立することが少なくないようである。

> 和解条項[87)]
> 1．債務者は、債権者に対し、債務者が別紙発信者情報目録記載の各情報（以下「本件発信者情報」という。）を現在保管していることを確認する。
> 2．債務者は、債権者に対し、本件発信者情報の開示を求める本件仮処分命令申立事件の本案訴訟に係る請求棄却判決が確定するまでの間、または当該本案判決の判決において、裁判所から債務者に対し、本件発信情報の全部若しくは一部の開示が認められたときには、債務者が当該判決にしたがって本件発信者情報の全部または一部を開示するまでの間、本件発信者情報を保管する。ただし、令和〇〇年〇月〇〇日までに[88)]、本件仮処分命令申立事件の本案訴訟に係る訴状が債務者に送達されなかった場合は、この限りでない。
> 3．債権者は、本件仮処分命令の申立てを取り下げる。
> 4．申立費用は各自の負担とする。

（参照）**付録資料１　書式10**
発信者情報消去禁止仮処分命令申立書〔p.382〕

87）野村・前掲44）35頁。
88）和解成立日から60日ないし90日後の日が記載されることが多い。

Column 3-34 アクセスログの保全

経由プロバイダの中には、アクセスログ等の保存請求を行わなくとも、発信者情報開示の訴状が経由プロバイダに送達された段階で、当該アクセスログが削除されないように保全するという措置をとっている会社もあるようである。[89)]

しかし、この対応は経由プロバイダが任意に行っているものにすぎず、経由プロバイダは発信者情報開示の訴訟提起をもって、アクセスログを保存する義務を当然に負うとまでは解されていない。[90)]

むしろ、**第4章第2節❶(1)**で述べるとおり〔p.217〕、経由プロバイダが記録したアクセスログは、記録目的に必要な範囲で保存期間を設定のうえ、保存期間が経過したときは自動的に消去する必要があるとされている。そのため、被害者側が何らかの対応を求めなければ、自動的にアクセスログが消去されてしまう可能性もある。

したがって、被害者側は、経由プロバイダを被告として発信者情報の開示の訴訟を提起しさえすれば、経由プロバイダがアクセスログを保全するだろうと安易に期待することなく、アクセスログの保全も別途求めておく必要がある。

3 発信者情報の取得方法

アクセスログの保存措置を講じてから、またはそれと並行して、被害者は、開示されたIPアドレスを前提に、当該IPアドレスが割り当てられている経由プロバイダに対し、法5条に基づき、侵害情報が投稿された時刻に当該IPアドレス及びポート番号を使用していた契約者の氏名及び連絡先等の開示を求めることになる。

これらの発信者情報の開示を求めるための方法は、主に以下の2通りであ

89) 石井ほか・前掲注46) 18頁〜19頁参照。
90) 発信者情報開示請求をしているにもかかわらず、アクセスログが消去された場合には、被害者は経由プロバイダに対して損害賠償請求といった法的請求を行うことが可能な場合もあり得るものの、発信者を特定するとの目的を達せなくなってしまう。

る。[91]

・ガイドラインに則った請求（裁判外の請求）

・通常の民事訴訟の提起（裁判上の請求）

発信者情報開示請求の第２段階については、**2**のとおり〔p.179〕、アクセスログの保存さえできれば、仮処分命令を求める際の要件である、保全の必要性、すなわち「争いがある権利関係について債権者に生ずる著しい損害又は急迫の危険を避ける」必要があるとは認められないものと思われる（民保23条２項）。

そして、**2**のとおり、アクセスログの保全は可能である〔p.180〕。そのため、発信者情報開示請求の第２段階については、仮処分による開示は原則として認められず、通常の訴訟手続によって、経由プロバイダに対して発信者情報の開示を求める必要がある。なお、複数の経由プロバイダを経由し通信がなされている場合には、第２次経由プロバイダが保有している発信者情報のみで発信者を特定することは不可能であるから、例外的に、第２次経由プロバイダに対して仮処分の方法により発信者情報の開示を求めることが可能だろう。[92]

以下、各手続について説明する。

4　ガイドラインに則った開示請求

ガイドラインに則った発信者情報の開示請求の方法については、**第５節3**〔p.165〕のとおりである。[93] 記載例については、**書式７-１**〔p.366〕を参照されたい。また、当該請求を受けた際の経由プロバイダがとると考えられる対応については、**第４章第４節**〔p.253〕を参照されたい。

91）この段階で、新設された裁判手続のAPに対する開示命令を用いることも可能である。

92）八木ほか編・前掲注21）「インターネット関係仮処分⑵発信者情報開示仮処分・発信者情報消去禁止仮処分」〔鬼澤友直ほか〕360頁以下。

93）なお、発信者情報開示請求第１段階と第２段階とでは、問題となった投稿等の特定方法（第１段階ではサイトのURLで特定し、第２段階では、第１段階で開示されたIPアドレス等により特定する）や開示を求める情報（第１段階では主にIPアドレスとタイムスタンプの開示を求めるが、第２段階では氏名や連絡先等の開示を求める）に差異があるので注意が必要である。

（参照）**付録資料１　書式７**
書式７-１　発信者情報開示請求書〔p.366〕
書式７-２　発信者情報開示請求チェックリスト〔p.369〕

５　発信者情報開示を求める通常の民事訴訟の提起

ガイドラインに則った発信者情報の開示請求に経由プロバイダが応じない場合、またはそれと並行して、もしくは、ガイドラインに則った発信者情報の開示請求を経ることなく、被害者は、経由プロバイダに対して、法５条に基づき、発信者情報の開示を求める通常の民事訴訟を地方裁判所に提起することが可能である。

発信者情報開示の請求の訴額は、160万円であることから（民事訴訟費用等に関する法律４条２項）、当該訴訟は、地方裁判所に提起することになる。土地管轄は、原則として、経由プロバイダの所在地を管轄する地方裁判所である。管轄に関する問題については、**第５節４(2)**〔p.168〕を参照されたい。

第１節２(3)で述べたとおり〔p.115〕、被告である経由プロバイダが争うことなく発信者情報を開示することは少なく、経由プロバイダは、当該請求が法５条の要件を満たしていないなどとして争うことが多いものと思われる。

しかし、被告である経由プロバイダが争うといっても、具体的な事情等については通常把握していない一方で（発信者に照会をして発信者側から具体的な情報等を入手している場合はある）、権利侵害が認められるか否かは投稿自体を含む書証により判断できることが多いことから、多くの発信者情報開示の訴訟では、証人尋問を経ることなく数回の期日を経て結審することが多い。

そのため、争われたとしても、通常の民事訴訟手続より早期に解決にいたる場合が多い。

（参照）**付録資料１　書式11**
発信者情報開示訴訟の訴状〔p.387〕

Column 3-35 | 損害賠償請求の併合

発信者情報開示請求の第２段階については、通常の民事訴訟であることから、経由プロバイダに対する損害賠償請求を求める訴えを併合することも可能である（民訴136条）。損害賠償請求を併合する場合、被告である経由プロバイダの所在地のみならず、損害賠償債務の義務履行地等を理由に、原告である被害者の住所地を管轄する地方裁判所にも土地管轄が認められる（民訴５条１号、７条）。

ただし、経由プロバイダに対して損害賠償請求を行ったとしても、その請求が認められる事例は少ないものと思われる。[94)]

Column 3-36 | 日本の裁判所での裁判の限界

第５節４(2)で述べたとおり〔p.168〕、外国語のウェブサイト上に発信された侵害情報に関し、日本国内に拠点を全く有さない外国のコンテンツプロバイダを債務者とする発信者情報開示の仮処分命令の申立ては、日本の裁判所には国際裁判管轄が認められず、日本の裁判所で裁判を行うことができない。

上記のような場合、通常は、日本の裁判所で裁判を求める必要性が高いとは思われないものの、発信者情報開示請求の第２段階においては、不都合が生じる場合がある。

すなわち、日本語版のXに侵害情報が投稿された場合において、当該発信者が外国人であり、当該発信者がインターネットの通信に使用しているプロバイダ（経由プロバイダ）が、当該発信者が居住する外国のプロバイダ会社といった場合である。

この場合、コンテンツプロバイダであるXを債務者とする発信者情報開示手続は可能であるものの、その結果、Xから開示を受けた当該IPアドレスを割り当てられている経由プロバイダは、日本国内に全く拠点の有しない外国のプロバイダ会社となる。そのため、当該経由プロバイダに対して、発信者情報開示の裁判を

94）送信防止措置を行わなかったことを理由にプロバイダの損害賠償責任が認められた事例として神戸地尼崎支判平27・２・５判例集未登載（**付録資料２裁判例９・55**〔p.425・463〕）がある。

提起しようとしても、日本の裁判所には国際裁判管轄が認められないこととなる。[95)]

以上のように、発信者情報開示請求の第２段階においては、日本の裁判所の国際裁判管轄の問題から日本の裁判所に裁判を提起できないという問題が生じ得る。

6　発信者情報の開示

発信者情報開示訴訟に勝訴した場合や、発信者情報を開示する旨の和解ができた場合には、経由プロバイダから被害者に対して発信者の情報が開示されることになる。

この結果、被害者はようやく発信者を特定することが可能となる。

Column 3-37　発信者情報開示制度の限界

本書で説明したとおり、インターネット上に匿名でなされた投稿等が他人の権利を侵害している場合には、発信者情報開示制度の対象となり、その発信者を特定できる可能性があるが、発信者情報開示制度は万能な制度ではなく、発信者にたどり着けない一定の類型がある。他人のPC等を乗っ取って接続する、海外の複数のサーバを経由するといった悪意をもって痕跡を残さないようにしている場合以外にも、以下で述べるとおり、発信者情報開示制度には一定の限界があることには留意が必要である。

1　経由プロバイダが個人情報を保持していない場合

発信者情報開示制度は、発信者の具体的な個人情報を経由プロバイダが保有していることが前提になっているが、経由プロバイダが使用者に対して課金をしない場合には、経由

95）この他にも発信者が日本国内の経由プロバイダを使用して侵害情報を発信している場合であっても、侵害情報を発信するに当たり、特別なソフトを用いるなどして、外国のプロバイダを含む複数の経由プロバイダを介して通信を行っているような場合には、日本の裁判所で裁判を行うことが非常に困難となる。

プロバイダが発信者の個人情報を保存しておく必要性が乏しいため、経由プロバイダ側で発信者の個人情報を保存していない、保存していたとしても極めて短時間しか保存していない場合がある。また、経由プロバイダが何らかの個人情報を取得していたとしても、メールアドレス程度であったり、本人確認をしていない個人情報で正確性が担保されない情報にすぎない場合もある。

この類型の典型例は、公衆無線LAN（フリーWi-Fi）である。公衆無線ランを介して通信をしている場合、コンテンツプロバイダ等に発信者情報開示請求を行うことにより、どこのフリーWi-Fiから発信したかということまでは判明すると思われるものの、当該フリーWi-Fiを管理する経由プロバイダにおいて、発信者の情報を保持していない、保持していたとしても個人に直ちに結び付くような情報ではない可能性が高い[96]。そのため、発信者情報開示請求では、それ以上の特定が難しくなってしまう。

警察が犯罪捜査として調査する場合には、そこまで特定できたのであれば、当該Wi-Fiが利用できる空間の防犯カメラを調べるなどして、投稿した可能性が高い人物を絞り込むことは可能だろうが、民事ではそこまでの対応は困難だろう。

2　飲食店等がサービスとして提供している無線LAN等

近年、ホテルや飲食店のサービスとしてWi-Fiが提供されている場合が増えてきた。ホテルや飲食店も発信者情報の開示を義務付けられる「開示関係役務提供者」に該当し得るものと解されるものの、ホテルならまだしも、飲食店において、発信者情報を保存しているかどうは極めて疑わしい。仮にシステム上保存してあったとしても、それを知らず、飲食店に開示請求をしても開示されないことが多いのではなかろうか。

3　インターネットカフェ

インターネットカフェからなされた投稿の場合、インターネットカフェの運営者は、会員登録を通じて、発信者に関する一定の情報を保有しているものの、インターネットカフェの運営者が保有する利用者の情報は、発信者情報開示の対象となる発信者情報には該当しないと解されている（東京高判平20・5・28判タ1297号283頁〔**付録資料２裁判例17**（p.434)〕参照）。そのため、インターネットカフェからなされた投稿等についても、同法に基づいた請求は困難だろう。

96）メールアドレスが登録され、当該メールアドレスが開示されたとしても、そのアドレスがフリーアドレス等であれば、その後の特定は一般には困難であると考えられる。

　他方、たとえば東京都の場合、平成22年７月１日に「インターネット端末利用営業の規制に関する条例」（平成22年３月31日東京都条例第64号）を施行し、インターネットカフェの運営者は、利用者の本人確認と顧客の入店時間、退店時間および通信端末機器を特定するための事項を記録の上、３年間保存することが義務付けられている。そのため、インターネットカフェから投稿されたことが判明した場合には、インターネットカフェの運営者に対して、弁護士会照会を通じて開示を求めるといった対応もあり得るだろう。

第7節　発信者特定後の対応

1　損害賠償請求

発信者の特定が完了した後、被害者は、当該発信者に対して、当該侵害情報の投稿により被害者が被った損害の賠償を求めて、損害賠償請求訴訟を提起することができる（民709条等）。

当該訴訟では、発信者から、身に覚えがない、自らは投稿していない、何者かにパソコンを乗っ取られその者が自己のパソコンを用いて投稿した、自宅でWi-Fiを利用しているので、その回線を自宅外の隣接地から誰かが利用したといった反論がなされることがある。もっとも、発信者情報開示手続を経たうえで発信者を特定している場合には、よほど合理的な反論がなされない限り、発信者の特定が不十分であると判断され、請求が棄却される可能性は低いものと思われる[97]。

損害賠償請求の訴訟では、主に権利侵害の有無、損害額[98]が争点となる。

（参照）**付録資料１　書式 12**
損害賠償請求訴訟の訴状〔p.392〕

97）なお、例外的な事案ではあるが、旧法４条に基づいて発信者情報開示請求により発信者と特定された者に対して損害賠償を請求した事案において、インターネット上の電子掲示板に他人の名誉を毀損する書込みをした人物が被告であることの証明がないとして、損害賠償請求が棄却された事例も存在する（横浜地川崎支判平26・９・11判時2245号69頁〔**付録資料２裁判例21**（p.437）〕）。

98）裁判所で認められる可能性が高い損害項目は慰謝料等の無形の損害である。他方で、営業損害、たとえば、電子掲示版に当該企業が反社会的勢力とつながりがあるといった虚偽の情報が書き込まれ、その結果当該企業のイメージダウンし、売上が低下したような場合には、これらの損害が、当該投稿等によって発生したことを立証することは非常に困難であることから、営業損害が相当因果関係のある損害と認められる可能性は低い。

Column 3-38　発信者の特定に要した費用

第４節～第６節で述べたとおり、インターネット上の電子掲示版等に侵害情報を投稿された被害者が、加害者である発信者に対して損害賠償請求等を行うためには、その前段階として発信者の特定が必要となる。そして、発信者の特定には時間、費用及び手間を要することとなり、弁護士にこれらの手続を依頼した場合には弁護士費用も必要となる。

これらの調査にかかる費用（弁護士費用も含む。以下「調査費用」という）について、加害者に負担させることができないか、すなわち、調査費用が不法行為と相当因果関係のある損害として認められないかが問題となる。

この点については、裁判例が分かれており、[99] いまだ裁判実務は固まっていないようである。実際に認められるかは不明ではあるものの、被害者としては、調査費用も請求すべきだろう。

なお、発信者特定後の損害賠償訴訟では、上記調査費用とは別に、当該損害賠償訴訟に要した弁護士費用として、損害額の１割程度の金額は、不法行為と相当因果関係のある損害として認められている。

2　刑事告訴

侵害情報の投稿が、名誉毀損罪（刑230条１項）、信用毀損罪や業務妨害罪（刑233条）等に該当する場合、被害者は、発信者に対して、民事上の責任追及のみならず、捜査機関に対して、刑事処分を求めて刑事告訴をすることも可能である。

99）調査費用の全額を損害と認めた裁判例（東京地判平24・１・31判時2154号80頁、横浜地判平26・４・24判例集未登載〔LLI/DB/L06950186〕、一部しか損害として認めなかった裁判例（東京地判平24・12・20判例集未登載〔**付録資料２裁判例53**〔p.461〕〕、東京地判平25・12・２判例集未登載〔**付録資料２裁判例54**〕〔p.462〕〕）、全額を損害として認めなかった裁判例（東京地判平26・６・13判例集未登載〔LLI/DB/L06930447〕）等がある。認められた調査費用額については、巻末の裁判例一覧を参照されたい。

捜査機関が刑事告訴を受理するか[100]、また受理したとしても捜査機関が起訴まで行うかはわからないものの、刑事処分まで至った場合には再発防止を防ぐ最大の手段にもなり得る。

なお、名誉毀損罪は親告罪であることから（刑232条１項）、犯人を知ったときから６ヶ月以内に告訴する必要があるので注意が必要である（刑訴235条１項）。もっとも、「犯人を知った日」とは、当該犯罪行為終了後において犯人が誰であるかを知った日をいい、犯罪の継続中に告訴権者が犯人を知ったとしてもその日をもって親告罪の告訴期間の起算日とされることはない（最二決昭45・12・17刑集24巻13号1765頁）。インターネット上における名誉毀損の場合、当該投稿が削除されるまでは名誉毀損状態が継続していると考えられることから、削除されるまでは原則として告訴期間は起算しないと考えられている（大阪高判平16・4・22判タ1169号316頁）。

（参照）**付録資料１　書式 13**
刑事告訴状〔p.397〕

Column 3-39 ｜氏名不詳者に対する告訴

刑事告訴は、発信者の特定がなされていない段階でも可能である。この場合、被疑者を「氏名不詳者」として告訴することになる。そして、捜査機関が、捜査のうえ発信者を特定することになる。

もっとも、捜査機関内にもサイバー犯罪に特化した部署はあるものの、警察署単位ではサイバー犯罪に精通した捜査官がいないといった問題や人員不足等から、氏名不詳の段階では告訴が受理されないケースも多いものと思われる。そのため、可能な限り、発信者の特定をしたうえで刑事告訴をすることが望ましい。

100）むしろ受理されない場合が多いのが実情である。

3　発信者に対する投稿記事の削除請求

Column3-11 **侵害情報をすべて削除することの困難性**〔p.128〕で述べたとおり、コンテンツプロバイダによる侵害情報の削除請求のみでは、すべての侵害情報が削除されるかはわからない。また、コンテンツプロバイダが当該侵害情報自体の削除に応じたとしても、それらの周辺の情報等は削除されずに残ったままであったり、被害者が知らない別のウェブサイトに投稿されていたり、発信者のパソコンにデータとして保管されていたままであったりすることがあり得る。

したがって、被害者は、Column3-13 **発信者自身に対する侵害情報の削除請求の有用性**〔p.132〕で述べたとおり、送信防止措置の請求のみならず、発信者を特定できた場合には、発信者自身に対して、侵害情報に関するすべての情報[101)]の削除を求める必要がないかも検討する必要がある。

4　担保の回収

債権者は、本章で言及した仮処分命令申立事件において供託した担保につき、発信者の特定等が完了した後に回収を行うこととなる。担保の回収は、以下の類型に応じて、以下の方法により可能である。

(1)　担保取消し

法務局に供託した担保は、民事訴訟法79条１項ないし３項のいずれかの事由に該当する場合には、仮処分命令を発令した裁判所に対して、担保取消しの申立てを行い、担保取消決定を経たうえで、供託した法務局に対し請求を行うことで、担保を回収することができる[102)]。

101）すべての情報には、法的に削除請求が認められる情報（他のウェブサイトに掲載された侵害情報等）のみならず、法的には削除請求が認められない情報（当該侵害情報を投稿するために作成したアカウント等）も含まれる。

102）担保取消しの手続については、東京地方裁判所民事第９部のウェブサイト（http://www.courts.go.jp/tokyo/saiban/minzi_section09/tanpo_torikesi/）に詳細に掲載されているので、参照されたい。

ア　勝訴（民訴79条１項）の場合

本案訴訟で勝訴判決を得て、同判決が確定した場合等には、判決書と確定証明書を添付のうえ、担保取消しの申立てを行うことが可能である。この場合、担保取消しの申立てを行い、供託原因消滅証明書の受領を受けるまでにおおむね１か月の期間を要するようである。

もっとも、本章で言及した仮処分の手続は、すべて満足型仮処分手続であることから、仮処分のみで債権者の目的が達せられることが多く、本案訴訟まで提起をすることは少ないと思われる。

イ　同意（民訴79条２項）の場合

それぞれの仮処分命令申立事件の相手方である債務者との間で担保の取消しについて同意が得られた場合には、その同意書や和解書等を添付のうえ、担保取消しの申立てを行うことが可能である。この場合、担保取消しの申立てを行い供託原因消滅証明書の受領を受けるまでに、おおむね２週間の期間を要するようである。

ウ　催告（民訴79条３項）の場合

上記の事由に該当しない場合には、権利行使催告の方法で担保の取消しを行う。

権利行使催告の方法による場合は、仮処分命令申立事件を取り下げるとともに、保全命令を発令した裁判所に対して、担保取消申立書兼権利行使催告申立書、供託原因消滅証明書を提出することになる。この場合、担保取消しの申立てを行い供託原因消滅証明書の受領を受けるまでに、おおむね２か月の期間を要するようである。

⑵　簡易の取戻し

Column3-19 送達を遅らせる旨の上申〔p.145〕で述べたように、仮処分決定正本について送達を遅らせ、その間に、債務者から任意で削除や開示が行われた場合には、「保全命令により債務者に損害が生じないことが明らか」であることから、上記⑴記載の担保取消の方法ではなく、より簡易な担保取戻し手続により（民保規則17条１項）、担保金の回収が可能である。この場合、仮処分命令を申立てた裁判所に対し、仮処分命令申立事件の取下げを行うとともに、担保取戻許可申立書、仮処分決定正本を提出することになる。

Column 3-40　インターネット技術の進歩等と発信者情報開示制度

インターネットの世界は日々技術が進歩しており、プロバイダ責任制限法が制定された時点においては、想定されていなかった技術が開発されたり、広く普及したりしており（スマートフォンや公共の無料のLAN・スポットの普及、同一のIPアドレスを多数の端末が同時に使用する状態、ログイン型のSNSの普及等）、法律の制度が、現在のインターネットの仕組みに追いついていない状況にある。

たとえば、従前、プロバイダ責任制限法において開示の対象となっていたのは、IPアドレスまでであり、ポート番号までは対象となっていなかった。しかし、**第１章第４節**で述べたとおり〔p.30〕、同一のIPアドレスを同時刻に多数の者が共有して使用している現在においては、発信者情報を技術的に特定するためには、ポート番号までの特定が必要と考えられており、従前の開示の対象となっていた情報のみでは、技術的に発信者の特定として十分といえるのか疑問があると技術者の間では言われていた。[103)]

この点については、横浜地川崎支判平26・９・11（判時2245号69頁〔**付録資料２裁判例21**（p.437)〕）等も契機となり、2015年12月、特定電気通信役務提供者の損害賠償責任の制限及び発信者情報の開示に関する法律第４条第１項の発信者情報を定める省令が改正され、ポート番号も開示の対象に含まれたことにより、ようやく解決がなされた。

また、FacebookやX（旧Twitter）等のログイン型のSNSにおいては、コンテンツプロバイダはログイン時の情報しか保存しておらず、ログイン後の各書き込みの情報は保存しておらず（コンテンツプロバイダ側では書き込み時の情報は書き込みの瞬間だけ分かればよく、それ以降保存しておく意味がない）、ログイン時の発信者情報が発信者情報の請求の対象になるかが争わ

103）当職らが担当した事案（横浜地川崎支判平26・９・11判時2245号69頁〔**付録資料２裁判例21**〕（p.437)〕。２ちゃんねるに投稿された侵害情報について被害者が発信者情報の開示を求め、開示された情報をもとに、発信者とされた人物（被告）に対して、損害賠償訴訟を提起した事案）において、プロバイダ等が行った発信者の識別に誤りがあった可能性があるとして、被告が発信者であるとは認定できないことを理由に、損害賠償請求が棄却された。当該事案において、プロバイダ会社が識別を誤った明確な理由はわからなかったものの、ポート番号の開示もなされていれば、そのような間違いが生じることはなかったものと思われる。

れた。この点については、令和３年改正により、ログイン時の情報も発信者情報開示の対象となることが立法上明確になり、法令上は解決がなされた。また最二判令６・12・13（判例集未搭載〔**付録資料２裁判例29**（p.444)〕）において、ログイン時の情報については令和３年改正前においても開示の対象になる旨判示し、判例上も解決がなされた（ただし、ログイン時の情報については、侵害情報の送信と「相当の関連性を有するもの」について開示の対象となると定められたのみであり（施行規則第５条)、どのような場合に「相当の関連性を有する」なるかは判然とせず、今後の裁判例の蓄積が望まれるところである。)。

今後も技術の進歩にあわせて、発信者の特定に資する情報の内容を見直していく必要がある。

第4章

プロバイダ等の対応

民事上・刑事上の
リスク等を整理する

本章では、プロバイダの実務対応について検討する。プロバイダ等は、被害者の救済と発信者の利益との間の板挟みという苦しい立場におかれるが、発信者が情報を取得した経緯や、内容の正確性・意図等について直接には知り得ない第三者でありながら、当該情報による権利侵害の有無、法に規定された責任制限の要件の充足性等について適切かつ迅速に判断しなければならない。

第1節　実務上の運用・対応の状況

1　プロバイダ等の範囲

第2章第2節3のとおり〔p.42〕、プロバイダ責任制限の規定が適用される「特定電気通信役務提供者」（プロバイダ等）は、ウェブサーバ等の特定電気通信設備を用いて、インターネット上のウェブページ・電子掲示板等の不特定の者に受信されることを目的とされる電気通信役務を提供する者を指す。

プロバイダ等は、電気通信事業法2条5号の定義する「電気通信事業者」と同一の意味ではなく、ウェブホスティング[1]を行い顧客に自社のサーバの利用をさせるホスティングプロバイダや、第三者が自由に書き込める電子掲示板を運用する者も含まれる。また、営利目的による限定はなく、「特定電気通信設備を設置して、企業の従業員、大学の職員・学生に外部の者との通信のために当該設備を使用させている場合」、「ウェブホスティング等を行ったり、第三者が自由に書込みのできる電子掲示板を運用したりしている者」であれば、企業、大学、地方公共団体やSNSや電子掲示板を管理する個人もプロバイダ等に該当し得るとされている[2]。

したがって、プロバイダ等は、電気通信サービスを提供する電気通信事業者に限らず、レンタルサーバ業者、電子掲示板の運営者および職場内に端末機器等を設置して従業員等に利用させている事業者も含まれ得る。

1）ユーザにサーバを提供し、ユーザがインターネット経由で情報、画像、映像等のデジタルコンテンツを格納したり、ウェブサイトを運営したりすることを可能にするサービス。
2）総務省総合通信基盤局消費者行政第二課「プロバイダ責任制限法逐条解説」（以下本章においては「総務省逐条解説」という）8頁。（https://www.soumu.go.jp/main_content/000883501.pdf）

図表４-１　情報の流通過程とプロバイダ等の関与

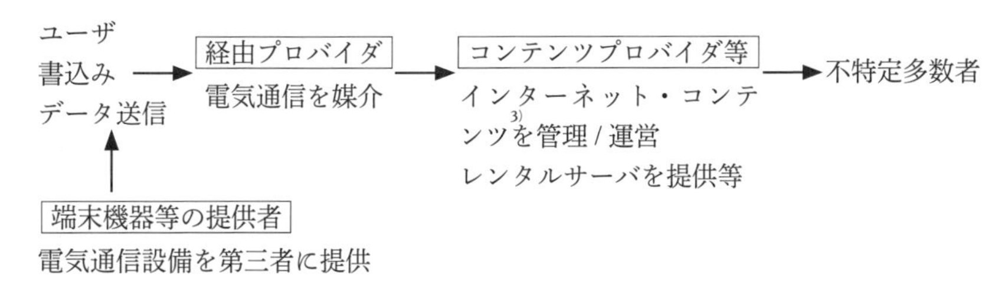

なお、ファイル共有ソフト[4]を組み込んだ端末機器を通じて共有フォルダに電子ファイルを置き、サーバを経由せず端末機器同士を接続する通信もあるが、これも実際上は共有フォルダを通じて不特定多数のユーザに閲覧可能な状態とするものであって、特定電気通信にあたる（ピア・ツー・ピア通信／P2P。**第１章第４節**〔p.28〕、**用語集**〔p.487〕参照。）。

経由プロバイダについては、発信者と契約を締結し、氏名・住所の情報を保有する末端の接続プロバイダのほか、当該プロバイダがMVNO（仮想移動体通信事業者）である場合には、その上流のMNO（移動体通信事業者）も含まれる。

2　プロバイダ等の対応にかかる留意点

⑴　プロバイダ等の立場

インターネット上に他人の権利を侵害する情報が流通された場合、プロバイダ等は、権利を侵害されたとする者の利益（被害者の救済）と発信者の利益（表現の自由、通信の秘密、プライバシー等）との間の板挟みという苦しい立場におかれることになる。しかも、プロバイダ等は、発信者が情報を取得した経

3）ネットワークを通じて不特定多数の者に情報が流布されるコンテンツには、①ウェブサイト、②電子掲示板（BBS）、③ソーシャルネットワークサービス（SNS）、④動画共有サイト、⑤インターネット放送、⑥インターネットオークション等がある。

4）我が国で主に使用されているファイル共有ソフトとして、Winny、Share、Gnutella、BitTorrent、PerfectDark、WinMX等がある（一般社団法人コンピュータソフトウェア著作権協会ホームページ　http://www2.accsjp.or.jp/fileshare/about/software.php）。

緯や、内容の正確性、インターネット上に流通させた意図等について、直接には知り得ない第三者でありながら、当該情報による権利侵害の有無、プロバイダ責任制限法に規定された要件の充足性等について適切かつ迅速に判断しなければならない（**図表4-2**）。

図表4-2　プロバイダ等がウェブホスティングを提供している場合

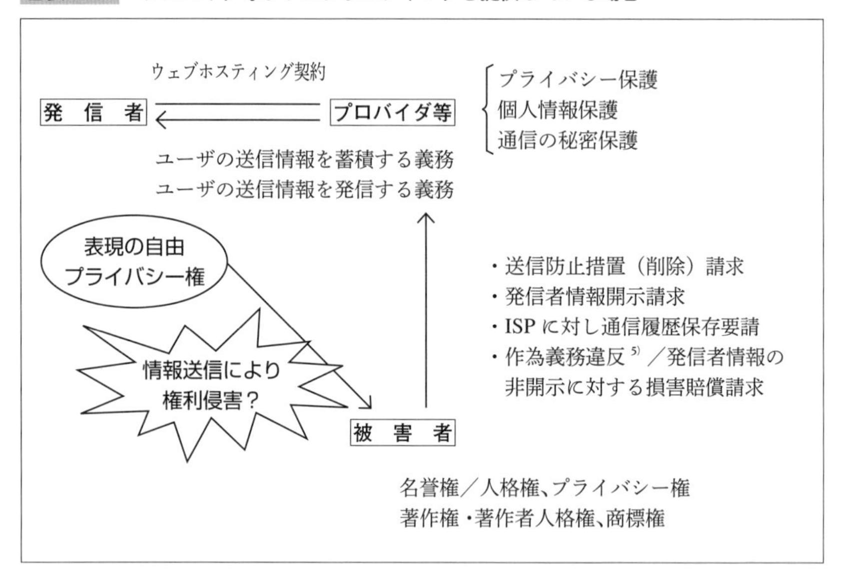

(2) プロバイダの責任

プロバイダ等は、ユーザに業としてインターネットサービスを提供する事業者、通信の秘密及び個人情報保護の責務を負う電気通信事業者または個人のプライバシー等を侵害してはならない事業者等であり、その対応いかんによっては、権利を侵害されたと主張する者（被害者）又は当該情報を流通させた者（発信者）から、損害賠償請求等の民事上の請求がなされる可能性がある。また、通信の秘密に関わる情報の不適切な取扱いについて、プロバイ

5) プロバイダ等は、条理上、名誉・プライバシー侵害情報を自ら設置している情報通信設備等により流通させ、違法な侵害状態を継続させない適切な措置（侵害情報を削除する送信防止措置）を講じる義務を負うとされている。

ダ等は刑事上の責任を負う可能性すらある。

プロバイダ等が直面することになる民事上・刑事上のリスク等を整理すると、以下のとおりである。

① プロバイダ等が送信防止措置を要請された場合
(a) 送信防止措置（投稿の削除等）を行わなかったとき
・被害者より当該侵害情報の削除請求（仮処分／民事訴訟）
〔法的根拠〕人格権に基づく侵害差止請求
著作権法 112 条１項[6]、商標法 36 条１項[7]
・被害者より不法行為に基づく損害賠償請求
〔法的根拠〕条理上の作為義務（削除義務）違反
(b) 他人の権利を侵害しない情報を削除したとき
・発信者より債務不履行または不法行為に基づく損害賠償請求
・（非侵害情報を削除した場合には、表現の自由を尊重しない事業者としてのレピュテーションリスク）
② 発信者情報の開示を請求された場合
(a) 発信者情報の任意の開示を拒否したとき
・被害者より発信者情報開示請求（仮処分・民事訴訟／非訟手続）
・被害者より不法行為に基づく損害賠償請求
(b) 発信者情報を任意で開示したとき
・発信者より債務不履行または不法行為に基づく損害賠償請求
・通信の秘密の侵害（電気通信事業法４条１項・179 条）
・第三者提供による個人情報保護法違反（個人情報保護法 27 条１項）
③ 経由プロバイダに発信者情報消去禁止の仮処分／消去禁止命令が発令された場合

6) 著作権法112条１項による差止請求は、著作権を侵害する（または侵害するおそれのある）者に対する権利である。プロバイダ等は直接の侵害主体ではなく間接的な関与者であり、たとえばユーザが掲示板に著作権侵害情報を投稿した場合は、掲示板管理運営者が差止請求の対象者となるか問題となる。この点、２ちゃんねる小学館事件控訴審判決（東京高判平17・3・3判時号126頁〔**付録資料２裁判例50**（p.460）〕）は、著作権者から侵害の事実の指摘を受けても何らの是正措置を取らなかった掲示板運営者について、故意または過失により著作権侵害に加担していたとして、差止請求を認めた。

7) チュッパチャプス事件控訴審（知財高判平24・2・14判タ1404号214頁〔**付録資料２裁判例７・52**（p.423・461）〕）は、一定の場合にインターネットショッピングモール運営者に対して差止請求が認められると判断した（Column4-10 **電子ショッピングモール運営者の商標権侵害リスク――チュッパチャプス事件**〔p.250〕参照)。

命令に違反して発信者情報を消去したとき
　・被害者より不法行為に基づく損害賠償請求

プロバイダ等はこうした民事上及び刑事上の責任を負う可能性があることを認識しながら、被害者への対応を慎重に行う必要がある（**図表4-3**）。

ところで、プロバイダ責任制限法は、プロバイダ等が「被害者の救済」と発信者の「表現の自由」等の権利・利益のバランスに配慮しつつ、適切な対応が行えるようにするために制定されたものであるが、プロバイダ等の責任が制限されるのは、①他人の権利を侵害したとされる情報を削除した場合、②侵害情報を削除しなかった場合、及び③発信者情報を非開示とした場合に限定されており、発信者情報を任意に開示した場合の責任を制限する規定はない。また、プロバイダ等は、発信者情報を任意に開示した場合、通信の秘密を侵害による刑事上の責任を負うリスクもある。したがって、プロバイダ等としては、発信者情報開示の請求を受けた場合に、裁判所の開示決定等があるまで開示しないという、より保守的な対応をとらざるを得ないといえる。

図表4-3　プロバイダ等の置かれている状況

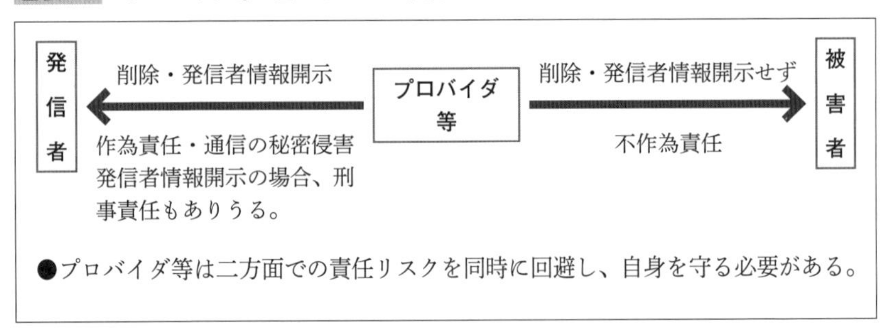

プロバイダ等は、「権利侵害」について判断が困難な場合は、発信者からの訴訟リスクを重視して静観するか（不作為の選択）、被害者からの訴訟リスクを重視して請求に応じて削除ないし発信者情報の開示を行うか（作為の選択）、選択を迫られることになる。

図表4-4　プロバイダ等の作為責任・不作為責任

	任意に行った場合（作為責任）	拒否した場合（不作為責任）
送信防止措置	**法3条2項** ・他人の権利が不当に侵害されていると信じるに足る相当の理由がある。 ・発信者への照会から7日を経過しても不同意の申出がない。 ・送信防止措置に必要な限度 →　発信者に対する損害賠償責任なし	**法3条1項** ・プロバイダ等≠情報の発信者 ・情報の流通により権利が侵害されていることを知らない。 ・情報の流通を知っていた場合でも、権利侵害について認識しうる相当の理由がない。 →　被害者（申出者）に対する損害賠償責任なし
発信者情報開示	・民事上のリスクのほか、刑事上の責任のリスクがある。 ・法による責任制限なし →　プロバイダ等としては、最も慎重な対応とせざるを得ない。	**法6条4項**（軽過失免責） ・プロバイダ等≠情報の発信者 ・発信者情報開示請求権の要件（権利侵害の明白性・開示の必要性）を具備していないとの判断に、故意及び重過失がない。 →　被害者（請求者）に対する損害賠償責任なし

3　プロバイダ等の実務的な対応――ガイドラインの活用

(1)　プロバイダ等の行動基準

では、プロバイダ等が、権利を侵害されたと主張する被害者から、侵害情報の削除請求（送信防止措置の要請）または発信者の特定に資する情報開示の請求をされた場合、具体的にどのように対応すべきであろうか。

プロバイダ責任制限の規定の適用を検討するにあたって、対象となる「権利侵害」の態様は極めて多様である一方、条文数はあまり多くなく、その規定も抽象的であって、条文からだけでは、プロバイダ等がどのように振る舞うべきか明らかではない。個別具体的な事案において、情報の内容、表現方法、関係資料等をふまえ、権利侵害の有無といった法的な判断をしなければならないことは、全くの第三者的立場にあるプロバイダ等にとっては、相当酷なことといえる。ことに、名誉毀損・プライバシー侵害等に関わる事案や、具体的な事実の摘示なく侮辱的な表現がなされている場合等は、プロフェッショナルな司法判断機関である裁判所でも、地方裁判所と高等裁判所の判断が異なる場合があるほどで、極めて高度な法的判断とならざるを得ない。

また、プロバイダ責任制限法の適用対象となるプロバイダ等は、前記のとおり幅広く、大手の電気通信事業者から、中小企業、大学、地方公共団体、個人にも及ぶと考えられているため、必ずしも迅速かつ適切な判断ができる能力・体制を備えているとは限らない。

そうした条件・制約の中でも、プロバイダ等は、被害者の救済と発信者の権利・利益のバランスに配慮しながらプロバイダ責任制限法を円滑に運用することが求められ、また、プロバイダ等自らも、被害者と発信者に対する責任を同時に回避する必要がある。そのため、法の解釈適用にあたってプロバイダ等がとるべき一定の行動指針をあらかじめ策定して、明確化しておくことが有用である。そこで、電気通信事業者団体、著作権関係団体、商標権関係団体、その他インターネット関連の団体を構成員とする「情報プラットフォーム対処法ガイドライン等検討協議会」（旧「プロバイダ責任制限法ガイドライン等検討協議会」。以下、本章においては「ガイドライン等検討協議会」という）が、権利者やプロバイダ等の行動基準となるガイドラインを策定し、名誉毀損・プライバシー関係、著作権関係、商標権関係および発信者情報開示関係のガイドラインを公表している。これらのガイドラインは、社会環境や国民意識の変化等に対応して、継続的に見直しがなされている。プロバイダ等としては、侵害情報の性質と請求の内容に応じて最新の各ガイドラインを参照し、適切かつ迅速な行動を行うことが、実務上重要となる。

⑵　ガイドラインに準拠することの意義

プロバイダ責任制限法によりプロバイダ等の責任が制限されるかどうかは、究極的には裁判所が判断する事項である。そのため、ガイドラインには、「ガイドラインに従って対応したとしても、プロバイダ等が当然に損害賠償責任を免れるようなものではない」、「ガイドラインに即した対応が行われたとしても、それのみで『相当の理由』があると判断されるものではない」等明記されており、ガイドラインが絶対的な指針となるわけではない。

もっとも、プロバイダ等が送信防止措置または発信者情報開示の請求を受け、当該ガイドラインに従った取扱をしたことは、後日、被害者や発信者から訴訟を提起された場合の重要な防御方法となり得る。

⑶　その他の留意点

ガイドラインは策定・改訂時の重要な裁判例を踏まえてはいるものの、近時はプロバイダ責任制限法、プロバイダ等の削除義務等に関する裁判例の集積等も進み、新たに参考とすべき事例がある可能性もあるため、プロバイダ等は、ガイドラインが策定ないし改訂された後の情報等も積極的に収集することが望まれる。

また、プロバイダ等がガイドラインに従って対応するには、権利侵害に関わる相当の理由や権利侵害の明白性等、法の定める要件等について、事案毎に適切に評価し、判断しなければならないが、これらの点の判断について仮に誤りがあった場合でも、プロバイダ等は後日責任を負うことを避けたいところである。そこで、プロバイダ等は、自社の法務部門等、適切な部署において検討のうえ対応し、評価の根拠等を整理して文書化しておくと良い。また、判断が困難な事案については、後日の損害賠償請求リスクを最小限にするために、外部の弁護士等の法律の専門家に、①インターネット上の情報流通による権利侵害成立の見通し、②被害者の請求に応じて情報削除または発信者情報を開示した場合のリスク等に関する意見を照会し、場合によっては意見書を作成してもらうこと等も有用である。

Column 4-1　裁判所により不法行為の成否の判断が分かれた事例

１　ブラック企業

東京地判平24・２・23（判例集未登載）[8]は、「日本一のブラック企業」という表現について、前提とする事実が必ずしも明確でなく、「否定的な評価ないし論評をしているという印象を持たせるということを超えて、原告の社会的評価を低下させるものということはできない」として、名誉毀損の成立を否定した。

これに対し、東京地判平24・12・18（判例集未登載）[9]は、「ブラック企業」という単語の意味について、「程度の差はあるものの、労働諸法規等の各種法令に反し、あるいは、反する可能性がある程度まで労働環境等が劣悪であることを示すものといえる」として、原告の社会的評価を低下させる名誉毀損と認定し、発信者情報開示請求を認容した。

２　侮辱的表現

侮辱的表現については、同じ事件で審級によって判断が分かれた事例がある。

第１審の東京地判平20・６・17（民集64巻３号769頁）は、「気違い」という表現について、侮辱的ではあるものの、その書き込みの趣旨は、正常でないのはスレッドの書き込み内容から認められる原告の行動のほうであるとの感想を述べることで、人格攻撃の意図でなされたものとは認められず、「違法性が強度で社会通念上許される限度を超える表現であるとは認められない」とし、権利侵害を認めなかった。

これに対し、第２審の東京高判平20・12・10（民集64巻３号782頁）は、「気違い」は極めて強い侮辱的表現であり、差別的用語と理解されていると指摘し、「社会生活上許される限度を超えてその人の権利（名誉感情）を侵害するもの」として権利侵害を認めた。さらにその上級審の最三判平22・４・13（民集64巻３号758頁〔**付録資料２裁判例19**（p.435)〕）も、社会通念上許される限度を超える侮辱行為と認定した原審を支持している（ただし、「社会通念上許される限度を超える侮辱行為であることが一見明白であるということはでき」ないとしてプロバイダ側の重過失は否定した。）[10]。

8）**付録資料２裁判例34**〔p.448〕。
9）**付録資料２裁判例36**〔p.449〕。
10）原審は、プロバイダ等が発信者情報を任意に開示にしなかったことについて、重過失を認定し、損害賠償請求を認容したものの、最高裁判決では、違法な侮辱行為であることが一見明白であるとはできないと判断し、プロバイダ等に重過失を認めなかった。

4　各ガイドラインの概要

(1)　名誉毀損・プライバシー関係ガイドライン

ア　制定・改訂等

名誉毀損・プライバシー関係ガイドラインは、ガイドライン等検討協議会により平成14年5月に初版が公表された後、平成16年10月の第2版から令和4年1月の第5版までの改訂を経て、同年6月に第6版が公表された。[11] 付属する「裁判例要旨集」の最新版には、名誉毀損関係47件及びプライバシー侵害関係64件の裁判例の要旨が収録されており、名誉毀損・プライバシー侵害にかかる実体法的な判断に資するものとなっている。[12]

また、インターネット等を使っての選挙運動の実施により、公職の候補者等の名誉を侵害する情報が流通した場合の送信措置の申出の対応が想定されることから、別冊として「公職の候補者等に係る特例」に関する対応手引も公表されている。

イ　ガイドラインの目的

名誉毀損・プライバシー関係ガイドラインは、名誉を毀損され、またはプライバシーを侵害された者からの送信防止措置の要請に対し、プロバイダ等のとるべき行動基準を明らかにするものとされている。

同ガイドラインは、「①　送信防止措置を講じなかったとしても、申立者に対する損害賠償責任を負わないケースにはどのようなものがあるか（法3条1項）」、「②　申立者等からの要請に応じて送信防止措置を講じた場合に発信者に対する損害賠償責任を負わないケースにはどのようなものがあるか（法3条2項）」という観点からの整理のもと、プロバイダ等が迅速かつ適切な対応を行うための判断基準を示している。

11）プロバイダ責任制限法関連情報WEBサイトhttps://www.isplaw.jp/名誉毀損・プライバシー関係ガイドライン（第6版）（https://www.isplaw.jp/vc-files/isplaw/provider_mguideline_20220624.pdf）参照。最新版は、「性をめぐる個人の尊厳が重んぜられる社会の形成に資するために性行為映像制作物への出演に係る被害の防止を図り及び出演者の救済に資するための出演契約等に関する特則等に関する法律」（令和4年法律第78号）第16条を踏まえ一部改訂された。

12）裁判例要旨―名誉毀損編―（https://www.isplaw.jp/vc-files/isplaw/provider_mguideline_ex_m_20210330.pdf）裁判例要旨―プライバシー編―（https://www.telesa.or.jp/vc-files/consortium/provider_mguideline_ex_p_20231020.pdf）

⑵　著作権関係ガイドライン

ア　制定・改訂等

著作権関係ガイドラインは、ガイドライン等検討協議会により平成14年５月に初版が公表された後、平成15年11月に第２版が公表された。[13)]

イ　ガイドラインの目的

著作権関係ガイドラインは、著作権及び著作隣接権（以下「著作権等」という）を侵害する情報の流通に関し、著作権者等及びプロバイダ等の行動基準を明確化するものとされている。特に、著作権等を侵害する情報の流通は、被害の拡大が甚大となり、迅速な対応が求められることがあるため、法３条２項２号の要件である「発信者に対し当該侵害情報等を示して当該送信防止措置を講ずることに同意するかどうかを照会し」、当該発信者が照会を受けてから７日を経過しても不同意の申出がない場合に該当せずとも、速やかに送信防止措置を講ずることができる場合を可能な範囲で明らかにし、プロバイダ等がガイドラインに沿って形式的な判断で迅速かつ適切に対応できるようにすることを目的としている。

⑶　商標権関係ガイドライン

ア　制定・改訂等

商標権関係ガイドラインは、ガイドライン等検討協議会により平成17年７月に初版が公表された後、改訂はなされていない。[14)]

イ　ガイドラインの目的等

商標権関係ガイドラインは、主としてネットオークション上に掲載された偽ブランド品等の出品情報が商標権等を侵害するとして、権利者等から削除の申出があるケースが増大していたことをふまえ、権利者及びネットオークション事業者等の行動基準を明確化するものとされている。侵害情報の性質上、主としてネットオークション事業者や電子ショッピングモール等を管理

13）https://www.isplaw.jp/vc-files/isplaw/provider_031111_1.pdf
14）https://www.isplaw.jp/vc-files/isplaw/trademark_guideline_050721.pdf

または運営する者を対象としており、プロバイダ等が法3条2項2号の要件である「発信者に対し当該侵害情報等を示して当該送信防止措置を講ずることに同意するかどうかを照会し」、当該発信者が照会を受けてから7日を経過しても不同意の申出がない場合に該当せずとも、速やかに送信防止措置を講ずることができる場合を可能な範囲で明らかにし、これらの事業者がガイドラインに沿って形式的な判断で迅速かつ適切に対応できるようにすることを目的としている。

(4)　発信者情報開示関係ガイドライン

ア　制定・改訂等

発信者情報開示関係ガイドラインは、ガイドライン等検討協議会により平成14年5月に初版が公表された後、平成23年9月の第2版から令和3年7月の第8版までの改訂を経て、令和4年9月に最新版の第9版[15]が公表された。なお、令和3年改正法により創設された発信者情報開示命令事件が円滑に進むよう、あわせて、プロバイダ責任制限法発信者情報開示関係ガイドライン別冊「発信者情報開示命令」に関する対応手引き[16]も公表されている。

イ　ガイドラインの目的等

発信者情報開示関係ガイドラインは、発信者情報開示請求の手続や判断基準等を可能な範囲で明確化するものとされている。発信者情報開示請求権は、裁判外での行使も可能であるが、法5条の要件を満たすかどうかの判断について誤った場合には、プロバイダ等が損害賠償責任を負うとともに、刑事責任を問われる可能性もあることから、「法5条の要件を確実に満たすと考えられる場合」についての明確化が図られている。

(5)　権利侵害の明白性ガイドライン

ア　制定・改訂等

権利侵害の明白性ガイドラインは、一般社団法人セーファーインターネッ

15）https://www.isplaw.jp/vc-files/isplaw/provider_hguideline_20220831.pdf
16）https://www.isplaw.jp/vc-files/isplaw/provider_hguideline_inform_guide_20220831.pdf

ト協会（SIA）により令和3年4月5日に初版が公表された。[17]

イ　ガイドラインの目的等

権利侵害の明白性ガイドラインは、権利侵害が明白であるとプロバイダが判断できる類型について方向性を示すため、名誉権及び名誉感情の侵害の事案について、プロバイダ等にとって比較的容易に判断できる類型を絞って、裁判外（任意）開示に関する考え方を明確化したものである。裁判例要旨もあわせて公表されている。[18]

ガイドライン等検討協議会は、このガイドラインについて、「発信者情報開示関係ガイドライン」の「第IV章　権利侵害の明白性の判断基準等」のうち、名誉毀損の類型に関連して、プロバイダ等による判断の参考とすることができる資料として位置づけられるとしている。

5　プロバイダ責任制限法（令和3年改正法）について

(1)　概　要

令和3年改正法の下では、プロバイダ等に対する請求は、従前の2段階の裁判手続に加え、被害者の円滑な救済を目的として新たに非訟手続が創設され、①開示命令の申立て、②開示命令までの間に必要とされる通信記録の保全に資するための提供命令及び消去禁止命令の申立ての手続に関する規定が設けられた。また、開示請求の対象について、発信者特定のために必要となる一定の場合に、法5条3項に該当するログイン時等の通信（侵害関連通信）に係る発信者情報（特定発信者情報）の請求も可能となった。

(2)　コンテンツプロバイダ・SNS事業者等への影響

非訟手続の創設、特定発信者情報の概念の創設により、改正法の下ではコンテンツプロバイダの対応業務が増えることになる。

ア　経由プロバイダの特定とその情報提供（法15条1項1号イ）

従前、SNS事業者等のコンテンツプロバイダは、一定期間のIPアドレス、

17）https://www.saferinternet.or.jp/wordpress/wp-content/uploads/infringe_guidenline_v0.pdf
18）https://www.saferinternet.or.jp/wordpress/wp-content/uploads/infringe-trial-summary.pdf

タイムスタンプ等の発信者情報開示請求を受け、仮処分手続を経て請求者にこれを網羅的に提供することで足り、IPアドレスを開示された請求者側でWho is 検索等により経由プロバイダを特定していた。

令和3年改正法により新設された非訟事件手続では、開示命令の申立てを本案とする「提供命令」の申立てが可能となり、これが発令された場合、コンテンツプロバイダ等は保有する発信者情報により他の開示関係役務提供者を特定のうえ、その氏名等の情報を申立人に提供しなければならない。

イ　経由プロバイダへの発信者情報等の提供（法15条1項2号）

申立人が提供命令に基づき提供された他の開示関係役務提供者に関する情報をもとに当該役務提供者に開示命令申立てを行い、受理された旨コンテンツプロバイダに通知すると、コンテンツプロバイダは提供命令に従い、自己の保有する発信者情報を、書面又は電磁的方法により当該他の開示関係役務提供者に提供しなければならない。

ウ　特定発信者情報の開示請求がなされた場合には、補充的な要件充足性についての検討（法5条1項3号）。

投稿時IPアドレスを保有していない（同号イ）、氏名・住所のいずれかしか保有していない、電話番号のみ保有もしくはSMPTメールアドレスのみ保有（同号ロ、施行規則4条）、経由プロバイダ不保有（同号ハ）の該当性について確認する。

エ　特定発信者情報の開示請求がなされた場合には、「侵害関連通信」の要件充足性の検討・該当するIPアドレスの特定（法5条1項、3項）。

いわゆるログイン型サービスにおいて開示請求の対象となるログイン情報等の特定発信者情報は、「専ら侵害関連通信に係るものとして総務省令において定めるもの」とされる。「侵害関連通信」の要件は、施行規則において定められているが、「侵害情報の送信と相当の関連性を有するもの」との記載があるのみで、その範囲は明確ではない。従来も、ログイン型サービスにおいては二重ログインが可能、直近のログインが相当前の時期、侵害情報投稿に近接して複数回ログインがなされている等のケースがあり、開示の是非について裁判所の判断も分かれていた。最二判令和6・12・23裁判所ウェブサイト（**付録資料2裁判例29**〔p.444〕）は、「相当の関連性を有するもの」の解釈について、時間的近接性以外に個々のログイン通信と侵害情報の送信との関連性の程度を示す事情が明らかでない場合には、少なくとも侵害情報の送信と最も時間的に近接するログイン通信が「侵害情報の送信と相当の関連性を有するもの」に当たり、それ以外のログイン通信は、あえて当該ログイン通信に係る情報の開示を求める必要性を基礎付ける事情があるときにこれに当たり得るとした。

オ　特定発信者情報を開示する場合の類型の明示

特定発信者情報の開示の方法については、法律・施行規則に規定されていないものの、後述のとおり、発信者情報開示関係ガイドラインにおいて、アカウント作成、認証、アカウント削除、ログイン、ログアウトのいずれの類型に該当するかを示して開示するとされている。

(3)　侵害情報の発信者に関する情報を保有しているプロバイダの意見照会・通知義務

侵害情報の発信者に連絡をとることができるプロバイダは、開示請求に応じるかどうかの意見聴取を行う義務を負うが、応じない場合の理由も含めて意見聴取を行わなければならないこととされた（法6条1項）。ただし、実務上は、発信者情報開示関係ガイドラインの書式に開示拒否する場合の理由の記載欄があり、同ガイドラインに則って意見照会を行ってきたプロバイダ等にとっては、改正前と変わらない対応となる。

また、開示拒否の発信者に対しては、開示命令が発令された場合、遅滞なくその旨を通知する（同条2項）。なお、この通知義務は新設された非訟事件手続の開示命令に関する規定であり、訴訟において開示を認容する判決を受けた場合の通知義務は規定されていない。これまで実務上、開示後に発信者に通知を行っていた接続プロバイダは、開示命令発令後に遅滞なく通知義務を負うことに留意が必要である。

6 情報流通プラットフォーム対処法(令和6年改正法)について

(1) 概　要

不特定の者が情報を発信しこれを不特定の者が閲覧できるサービス（いわゆる「プラットフォーム」）については、情報交換ツールとしては有用であるが、誰しもが簡単に情報を発信できるため、違法・有害情報の流通が起きやすく、ひとたび違法・有害情報の流通が起これば、それによる被害・悪影響は甚大になりやすい。違法・有害情報の削除のためには、プラットフォーム事業者に対する裁判手続（主として仮処分申立）又はプラットフォーム事業者の利用規約等に基づく裁判外の請求のいずれかによることが考えられる。しかしながら、裁判手続は費用や時間の点でハードルが高く、利用数が少ないとされる一方、利用規約に基づく削除請求は、窓口や申請フォームが分かりにくい、判断結果の伝達が不十分等の課題があった。[19)]

また、プラットフォーム事業者は、自ら削除の基準等を設け、自主的に投稿の削除やアカウントの停止措置等を行っているが、必ずしも基準が明らかでない事業者がいるとの指摘や、グローバル企業については日本の法令や被害実態に即していないという声もあった。

そこで、プラットフォーム事業者の自主的な削除の迅速化と、運用の透明性を図る規律として、法が改正されることなった（公布日：2024年5月17日、施行日：公布日から1年以内の政令で定める日。以下、「令和6年改正法」という）。令和6年改正法は、誹謗中傷等の違法・有害情報の流通に対する対策として、大規模特定通信役務提供者（大規模プラットフォーム事業者）に対し、削除申出への対応の迅速化と運用状況の透明化のために、新たな義務を課したものである。

詳細については、**第2章**〔p.37〕を参照されたい。

(2) 大規模プラットフォーム事業者への影響

令和6年改正法は、大規模プラットフォーム事業者に対する行政的な規制

19) 詳細については、総務省・プラットフォームサービスに関する研究会「第三次とりまとめ」参照（https://www.soumu.go.jp/main_content/000928312.pdf）

を課したものであるが、罰則規定も伴う。大規模プラットフォーム事業者として指定される可能性のある事業者は、今後制定される総務省令についても注視し、適切に対応する必要がある。以下、令和６年改正法による新たな規制等について述べる。

ア　総務省による指定を受けた後の届出（令和６年改正法20条・21条）

大規模プラットフォーム事業者は、平均月間発信者数又は平均月間発信者延べ人数を基準とする月間アクティブユーザーが一定規模以上の特定電気通信役務提供者のうち、送信防止措置の実施の迅速化・送信防止措置の実施状況の透明化を図る必要性が特に高いものについて、総務省から指定される。主として、SNSや電子掲示板等の運営事業者が指定されると考えられている。

送信防止措置を講ずることが技術的に可能であること、情報の流通により権利の侵害が発生するおそれの類型的に少ない事業に該当しないことについても要件とされる。

・大規模プラットフォーム事業者は、指定を受けてから３か月以内に以下の事項を総務省に届けなければならない。

(i)　氏名又は名称及び住所、法人の場合は代表者名

(ii)　外国法人等の場合は、国内における代表者又は代理人の氏名又は名称及び国内の住所

(iii)　その他、総務省令で定める事項

・総務大臣から求められる平均月間発信者数・平均月間延べ発信者数の報告（大規模プラットフォーム事業者の指定・解除に必要な限度。総務省令により定められる。）

イ　削除申出への対応の迅速化（令和６年改正法21条〜25条）

大規模プラットフォーム事業者に対し、削除申出への対応の迅速化を図るための規律として、以下が義務づけられることとなった。

・被侵害者からの申出受付法の策定と公表（電子情報処理組織を使用する方法による申出を可能とすること、申出者に過剰な負担を課さないこと、申出日時が申し出者に明らかとなるものであること。）

・遅滞なく侵害情報に係る調査を実施

・情報の流通によって発生する権利侵害への対処に関して十分な知識経験

を有する者からの侵害情報調査専門員の選任と届出（人数は大規模プラットフォーム事業差の月間アクティブ数と種別に応じて総務省令で定められる。）

・申出者に対する削除した事実／削除しなかった場合にはその事実と理由を通知（14日以内の総務省令で定められた期間内）

ウ　運用状況の透明化（令和６年改正法26条・27条）

大規模プラットフォーム事業者に対し、運用状況の透明化を図る規律として、以下が義務づけられることとなった。

・削除基準の策定と参考となる削除事例の公表（おおむね１年に１回）

なお、削除基準の以下への適合努力義務あり。

(i)　削除対象情報の種類が、情報流通を知る原因の別に応じて具体的に定められていること

(ii)　役務提供停止措置を講じる場合の基準の明確化

(iii)　発信者等が容易に理解することのできる表現

(iv)　送信防止措置の実施に関する努力義務を定める法令との整合性への配慮

・送信防止措置を講じた時の発信者への通知等の措置（削除した旨とその理由）

・毎年１回の送信防止措置の実施状況等の公表（申出の受付、申出者に対する通知、発信者への通知等の措置、その他総務省令で定める事項）

エ　イ・ウの規律に関するエンフォースメント

改正により大規模プラットフォーム事業者に課せられた措置の実効性を確保するための規定が新設された。

・総務大臣による報告聴取（令和６年改正法29条）

・総務大臣による違反を是正するのに必要な措置の勧告及び勧告に応じない場合の命令（令和６年改正法30条）

・大規模プラットフォーム事業者の指定、報告の徴収、命令はの送達に関する規定（令和改正法31条～34条。民事訴訟法の送達の規定が適用されるほか、公示送達が規定された。）

・罰則規定（令和６年改正法35条～38条）

令和６年改正法30条２項（総務大臣による命令）に対する違反：１年以下の

拘禁又は100万円以下の罰金

令和６年改正法21条（指定を受けた者の届出）に対する違反又は虚偽届出、同法第29条（総務大臣による報告徴収）に対する違反：50万円以下の罰金

法人の従業者による30条２項の総務省の命令違反／21条の届出義務違反ないし虚偽届出の場合は、法人に対する両罰規定：１億円の罰金

法人の従業者による29条の報告義務違反ないし虚偽報告の場合は法人に対する両罰規程：同条の罰金

・令和６年改正法20条３項（平均月間発信者数又は平均月間延べ発信者数の報告）の懈怠・虚偽報告又は同法24条３項（侵害情報専門調査員の届出）の懈怠・虚偽報告：30万円以下の罰金

Column 4-2 ｜ シャドーバン（シャドウバン）について

シャドーバンの定義は確立されていないものの、SNS事業者等が、投稿されたある情報について発信者に通知を行わずに発信者以外の利用者が閲覧できない状態にする措置等を指し、検索の表示で順位が下げられるといった比較的軽い措置についても含まれるものとされる。X Corp.は、公式サイトにおいて、シャドーバンの実施を否定しているものの、ツイートのランク付けを行ってることは認めている。[20]

令和６年改正法について審議された総務委員会において、発信者以外の者が投稿を見られないような措置は送信防止措置に該当すること、そのため、プラットフォーム事業者がこれを実施した場合は、令和６年改正法27条に基づき、当該措置を講じたことを発信者に通知することが義務づけられるとの総務省総合通信基盤局長の見解が示された。但し、正当な理由がある場合は発信者への通知を要しないとされ（同条２号）、この例外に該当する場合については、総務省から一定の見解が示されるとのことで、今後の動向が注目される。[21]

20）https://help.x.com/ja/using-x/debunking-twitter-myths　https://blog.x.com/en_us/topics/company/2018/Setting-the-record-straight-on-shadow-banning

21）第213回国会　総務委員会　第15号（令和６年４月18日（木曜日））　総務委員会会議録https://www.shugiin.go.jp/Internet/itdb_kaigiroku.nsf/html/kaigiroku/009421320240418015.htm

第２節　通信履歴等の保全要請・保全命令申立等への対応

1　問題の所在

(1)　プロバイダ等の責務――通信の秘密の保護

インターネットに投稿等を行った当事者の住所、氏名、通信日時等の通信の構成要素及び通信の存在の事実の有無は、「通信の秘密」の保護の対象である。電気通信事業者がこうした情報を正当な理由なく取得し、自己若しくは他人のために利用し、または第三者に漏えいすることは、違法な行為であり、刑事罰が科されることになる（電気通信事業４条１項・179条２項）[22]。電気通信事業者が、通信履歴を取得し、利用することについて違法性を阻却されるのは、正当業務行為（刑35条）として行う場合であり、電気通信サービスを円滑に提供するうえで必要な範囲でのみ許される。

また、インターネット投稿を行った当事者の住所及び氏名等の個人を特定できる情報は、個人情報保護法の対象となり、本人の承諾なく第三者に提供することが禁じられる[23]。

「電気通信事業における個人情報保護に関するガイドライン」（令和４年３月31日個人情報保護委員会・総務省告示第４号、最終改正令和５年３月13日）（以下「個人情報保護ガイドライン」という）[24]においても、電気通信事業者は、利用者の同意がある場合その他の違法性阻却事由がある場合を除いては、通信の秘密に係

22）通信の秘密侵害罪の一般個人の法定刑は２年以下の懲役または100万円以下の罰金であるが（電気通信事業法179条１項)、電気通信事業者による場合の法定刑は３年以下の懲役または200万円以下の罰金であり（同条２項)、一般個人よりも重い。
23）個人情報保護法２条１項１号・23条１項。
24）https://www.soumu.go.jp/main_content/000886447.pdf

る個人情報を保存してはならず、保存が許される場合であっても利用目的達成後においては、その個人情報を速やかに消去しなければならないとされる（同ガイドライン11条2項）。通信履歴[25]については、「課金、料金請求、苦情対応、不正利用の防止その他の業務の遂行上必要な場合に限り」記録することができるとされており（同ガイドライン38条1項）、必要最小限度の記録は正当な業務行為として違法性が阻却されるものであることを明らかにしている。

実務上は、3ないし6か月程度を保存期間と定め[26]、当該期間経過後は速やかに削除する運用がなされているようである。

Column 4-3　通信履歴の保存期間について

経由プロバイダ各社は、社内基準により通信ログの保存期間を定めているようであるが、外部には公表されていない。

「電気通信事業における個人情報保護に関するガイドライン（令和4年個人情報保護委員会・総務省告示第4号）の解説」[27]には以下の記載があり（197頁）、プロバイダ等が業務遂行に必要とする場合、一般に6か月程度の保存が認められるとする。

「例えば、通信履歴のうち、インターネット接続サービスにおける接続認証ログ（利用者を認証し、インターネット接続に必要となるIPアドレスを割り当てた記録）の保存については、利用者からの契約、利用状況等に関する問合せへの対応やセキュリティ対策への利用など業務上の必要性が高いと考えられる一方、利用者の表現行為やプライバシーへの関わりは比較的小さいと考えられることから、電気通信事業者がこれらの業務の遂行に必要とする場合、一般に6か月

25）「通信履歴」とは、利用者が電気通信をした日時、当該通信の相手方その他利用者の通信にかかる情報であって通信内容以外のものをいう（個人情報ガイドライン38条1項）。具体的には、電気通信の送信先、送信元、通信日時等、通常「アクセスログ」「ログ」と呼ばれているものがこれに該当する。

26）通信履歴の保存期間は、3か月とする事業者が典型例であり、6か月保存している事業者も多いと言われている（木村孝「ISPにおける個人情報取扱の現状等」ICTサービス安心・安全研究会個人情報・利用者情報等の取扱に関するWG（第2回）資料4・15頁）。ただし、1か月等、それより短期間の事業者もいるようである。

27）https://www.soumu.go.jp/main_content/000886448.pdf

程度の保存は認められ、適正なネットワークの運営確保の観点から年間を通じての状況把握が必要な場合など、より長期の保存をする業務上の必要性がある場合には、1年程度保存することも許容される。」

認定個人情報保護団体である一般財団法人日本データ通信協会[28]電気通信個人情報保護推進センターが策定する「電気通信事業における個人情報保護指針」(令和2年5月25日)[29]は、「保存期間については、各対象事業者が取り扱う個人情報の内容及び業務の実情を踏まえ定めるものであるが、加入者との関係で取り交わす書類等(申込書、利用明細、通信履歴)については洗い出しを行い、特に配慮して適切な保存期間を定める必要がある。」とする。

実務上は、保存期間が3か月という経由プロバイダも相当数あるため、被害者側は早期の発見とIPアドレス・タイムスタンプの保存要請や消去禁止命令の取得等が重要となる。

(2)　発信者情報保全要請の必要性

権利侵害を受けた被害者は、侵害情報の削除等の送信防止措置を求めるとともに、被害回復のために発信者に対して損害賠償請求を行うこととなるが、民事訴訟を提起する場合には、被告とする者の特定が必要となる。しかしながら、インターネット上に権利侵害情報が流された場合の多くは匿名であり、被害者は、プロバイダ責任制限法に基づき、プロバイダ等から発信者情報を開示してもらう必要がある。多くの場合、被害者は、発信者の氏名・住所に関する情報を保有する経由プロバイダを特定するために、まずはコンテンツプロバイダに対して発信者情報開示請求権を行使する必要があり、発信者の氏名・住所にたどり着く前に経由プロバイダが通信履歴を削除してしまえば、発信者に対して損害賠償請求等を行う途が閉ざされてしまう。

そこで権利を侵害された被害者は、プロバイダ等(経由プロバイダ)に対し、通信履歴を消去しないよう、IPアドレスとタイムスタンプにより特定される通信の接続を行った発信者の氏名及び住所(実質的には通信履歴・アクセス

28) 通信事業会社が会員となっている一般社団法人テレコムサービス協会も法人会員である。
29) https://www.dekyo.or.jp/kojinjyoho/data/law/20200525_guideline.pdf

ログ）の保全を求めることになる。

2　経由プロバイダの対応

被害者からの通信ログ保全の要請は、従前より、裁判外での協力要請にとどまる場合と裁判所に対して発信者情報開示請求訴訟を本案とする発信者情報消去禁止の仮処分命令申立てを通じて行われる場合とがあった。

令和3年改正法のもとでは新たな手続として非訟手続による発信者情報の開示命令申立てが可能となったが、開示命令事件の審理中に発信者情報が消去されることを防ぐため、これに付随して消去禁止命令の申立てを行うことも可能となった（改正法第16条）。

経由プロバイダとしては、①裁判所から発信者情報消去禁止の仮処分命令ないし非訟手続における発信者情報消去禁止命令が発令された場合のみ保全する、②同仮処分命令申立てないし発信者情報消去禁止命令申立てがなされた場合に、一定期間、通信履歴を保全することについて和解に応じる、③裁判所に対する命令申立てがなされない場合でも、発信者情報開示請求があった場合や情報保存の要請があった場合には保全に協力するといった対応が考えられる。

実務上は、発信者情報消去禁止仮処分の申立てがなされない場合であっても、発信者情報開示請求がなされれば、通信履歴の保全要請については柔軟に対応し、発信者情報消去禁止の仮処分命令がいまだ発令されていない場合でも通信履歴を消去せずに事実上保全する通信事業者が多いとされるが、裁判所の命令がない限り任意の保全はしないという厳格な取扱いをしている通信事業者もいたといわれている。また、任意の書式による通信履歴保存の要請では、保存に応じないが、ガイドライン等検討協議会の発行者情報開示請求の書式（いわゆるテレサ書式）による場合にのみ通信履歴の保存に応じる通信事業者もいるとされる。[30)]

30）清水陽平「ネット中傷対策実務の基礎（後編）」NIBEN Frontier 2020年6・7月合併号（https://niben.jp/niben/books/frontier/backnumber/202006/post-202.html）。

発信者情報開示関係ガイドラインは、保全を要請する者から、①発信者情報を特定する情報及び発信者情報開示請求の準備に時間を要する等のやむを得ない事情を記載した書面、②本人性確認資料並びに③権利侵害を証する資料（その時点で添付可能な資料）が提出され、プロバイダ等が発信者情報保全を合理的と判断したときは、合理的期間を定めて例外的に発信者情報を保全できるとする。この合理的期間を定めるにあたっては、発信者情報消去禁止の仮処分の申立があった場合に、一般的な実務として和解成立日から発信者情報開示請求訴訟が60日ないし90日以内に提起されることを前提に、その期間内に限り保全することを和解条件とすることが多いことが参考となるとされ、合理的期間内に発信者情報開示請求訴訟が提起された場合は、請求棄却が確定するまで保存を継続することとされる[31]。

なお、情報保存の形態としては仮処分・和解・任意での保全のいずれの場合でも、通信履歴をそのまま残すのではなく、IPアドレス及びタイムスタンプ等によって特定できる通信に関わる契約者情報ないし会員情報といった、必要最小限の情報だけ残すのが相当と思われる。

31）発信者情報開示関係ガイドライン７頁・脚注７。

第3節　送信防止措置の要請／削除請求への対応

1　問題の所在

ウェブページ又は電子掲示板等を運営するプロバイダ等は、自己の管理下にあるサーバに格納された情報が他人の権利を侵害していないかどうか、常時監視する義務はない。[32] しかしながら、ひとたび自己の権利を侵害されたと主張する者から、侵害情報を摘示のうえ削除等の送信防止措置をとるよう要請された場合には、プロバイダ等は当該情報の送信防止措置を講じる条理上の義務が発生することがあり、仮にそうした場合に情報流通を放置すれば、プロバイダ等は被害者から不法行為に基づく損害賠償請求を受ける可能性がある。[33]

他方で、プロバイダ等は、たとえば、ユーザとの間で締結したウェブホスティング契約等により、ユーザの送信情報を蓄積したり、発信したりする契約上の義務を負っており、権利侵害を構成しない情報を誤って削除した場合、権利侵害情報のみを抜き出すことが困難で合法的な情報もあわせて削除した場合、または情報の一部の削除により顧客のサイトに悪影響を及ぼした場合等には、債務不履行責任を負うことがある。[34]

プロバイダ等は、利用規約等により、他人の権利やプライバシーを侵害す

32）名誉毀損・プライバシー関係ガイドライン3頁

33）神戸地尼崎支判平27・2・5（判例集未登載〔**付録資料2裁判例9・55**（p.425・463）〕）参照。

34）岡村久道編『インターネットの法律問題理論と実務』（新日本法規出版、2013年）における「第5章プロバイダの地位と責任」161頁〔丸橋透〕は、権利侵害情報のみを抜き出して送信防止措置を講じるここと が困難な場合がほとんどであること、合法的な情報発信部分を残そうとすると、顧客の作成したHTMLソースを改ざんすることになり、その結果、サイト全体に悪影響を及ぼした場合にも、債務不履行責任のおそれがあると指摘する。

る情報をウェブサイトに掲載すること、他人の知的財産権を侵害するコンテンツをアップロードすること等を禁止することを明記するのが一般であり、当該約定に従ってサービス提供を停止することが可能な場合があるが、利用規約等の削除要件に該当すると考えられる場合でも、必要最小限の措置にとどめる必要があろう[35)]。また、実際に情報を削除した場合には、ユーザからのクレーム対応等を余儀なくされる等、事実上の負担が大きくなることもあり得るし、恣意的な運用を行えば、利用規約等の条項が消費者契約法との関係で一方的な免責条項として無効とされるリスクもある[36)]。さらに、電気通信事業者に該当するプロバイダ等は、利用の公平という責務を負っているほか[37)]、表現の自由を尊重すべき立場にもあり、権利侵害が認められないにもかかわらず安易に削除する対応を行う場合には、表現の自由を尊重しない事業者としてレピュテーションリスクが生じる可能性もある。そのため、プロバイダ等は、送信防止措置の実施について、基本的にはガイドラインの枠組みに沿って慎重に判断する必要があるものと思われる。

なお、法3条1項により、プロバイダ等が被害者に対して損害賠償責任を負うのは、送信防止措置を講ずることが技術的に可能であり、かつ、情報流通による権利侵害を知っていたとき、または知ることができたと認めるに足りる相当の理由がある場合であり、被害者の申出後の対応で足りることになる。

35）法3条2項柱書参照。

36）消費者契約法8条1項2号は、事業者の故意または重大な過失ある場合の債務不履行責任の一部免除について無効と定めている。また、同法10条は、民法、商法等の規定の適用による場合に比し、消費者の権利を制限し、信義誠実の原則に反して消費者の利益を一方的に害するものは、無効とする。

37）電気通信事業法6条。

Column 4-4　違法・有害情報への対応（ガイドラインおよびモデル条項）

インターネット関連の業界4団体[38)]により構成される違法情報等対応連絡会は、平成18年11月、「インターネット上の違法な情報への対応に関するガイドライン」（以下「違法情報対応ガイドライン[39)]」という）、「違法・有害情報への対応等に関する契約約款モデル条項」（以下「モデル条項[40)]」という）、「違法・有害情報への対応等に関する契約約款モデル条項の解説[41)]」（以下「モデル条項解説」という）を策定した。これらは、数次にわたり改訂され、違法情報対応ガイドラインの最終改訂は平成26年12月、モデル条項の最終改訂は平成28年４月、モデル条項解説の最終改訂は令和５年10月２日となっている。

違法情報対応ガイドラインの対象通信は、電子掲示板・ウェブサイト等の特定電気通信による情報の流通であり、対応主体は違法情報の流通について送信防止措置を行うことができる電子掲示板の管理者等である。対象情報は、法令に違反する情報であり、わいせつ関連法規、薬物関連法規、振り込め詐欺関連法規、貸金業関連法規等に関する違法性判断の基準が示されている。裁判例において、違法情報流通の放置による刑事責任は、単に他人の流通させた違法情報の認識と放置のみでは認められず、電子掲示板の管理者等が積極的な関与をした場合に認められていることから、事業者による自主的な対応における判断指針として位置づけられている。

一方、モデル条項においては、わいせつ等の社会的法益侵害情報の流通のみならず、著作権・商標権等の知的財産権侵害行為、プライバシー・肖像権侵害、名誉・信用毀損行為およびそのおそれのある行為についても禁止条項として列挙している。こうした禁止行為に該当し、他者からクレームがあった場合に、プロバイダがユーザに該当行為をやめるよう要求すること、ユーザに当該他者とのクレーム等解消のための協議を要求すること、プロバイダからユーザに対して削除要求することおよびプロバイダが削除等を行うこと（モデル条項３条）、利用者がプロバイ

38）一般社団法人電気通信事業者協会、一般社団法人テレコムサービス協会、一般社団法人日本インターネットプロバイダー協会および一般社団法人日本ケーブルテレビ連盟

39）https://www.telesa.or.jp/vc-files/consortium/20141215guideline.pdf

40）https://www.telesa.or.jp/vc-files/consortium/The_contract_article_model_Ver11.pdf

41）https://www.telesa.or.jp/vc-files/consortium/Explanation_of_The_contract_article_model_Ver13-2.pdf

ダの警告等に応じなければサービスの利用を停止すること（同７条１項３号）、さらには利用停止期間中に停止事由が解消されない場合には、利用契約を解約できることが盛り込まれている（同８条１項）。

このモデル条項の規定は、法３条２項の、送信防止措置を講じた場合のプロバイダ等の発信者に対する賠償責任の特約として位置づけられ、プロバイダ等としては、契約約款の条項を根拠に免責を主張するほうが有利となる。ただし、モデル条項を契約約款に採用したプロバイダ等であっても、プロバイダ責任制限法のガイドラインから著しく外れるような権限の行使は、合理性を欠くとの事実上の推定が働く可能性があることも指摘されており[42]、実務上の対応としては、恣意的な運用にならないよう、慎重に検討すべきである。

モデル条項（抜粋）

（情報の削除等）

第３条　当社は、契約者による本サービスの利用が、第１条（禁止条項）の各号に該当する場合、当該利用に関し他者から当社に対しクレーム、請求等が為され、かつ当社が必要と認めた場合、またはその他の理由で本サービスの運営が不適当と当社が判断した場合は、当該契約者に対し、次の措置のいずれかまたはこれを組み合わせて講ずることがあります。

⑴　第１条（禁止事項）の各号に該当する行為をやめるよう要求します。

⑵　他者との間で、クレーム等の解消のための協議を行うよう要求します。

⑶　契約者に対して、表示した情報の削除を要求します。

⑷　事前に通知することなく、契約者が発信または表示する情報の全部もしくは一部を削除し、または他者が閲覧できない状態に置きます。

⑸　第６条に規定する連絡受付制の整備が講じられていない場合、連絡受付体制の整備を要求します。

２．前項の措置は契約者の自己責任の原則を否定するものではなく、前項の規定の解釈、運用に際しては自己責任の原則が尊重されるものとします。

42）山下純司「プロバイダ等における約款のあり方——プロバイダ責任制限法との関係を中心にして」堀部政男監修『プロバイダ責任制限法実務と理論（別冊NBL141号）』（商事法務、2012年）136頁。

2　プロバイダ等のガイドラインに基づいた対応

インターネット関連のサービスを業として提供するプロバイダ等は、苦情・相談窓口等の対応窓口を設置し、送信防止措置を講ずることの申出に対し、迅速に対応できる態勢を整えることが望ましい。

送信防止措置の申出を受領したプロバイダ等は、侵害情報の種類によって対象となる各ガイドラインに沿った対応を行うことになるが、基本的な流れは以下のとおりとなる（**図表4-5**〔p.232〕参照）。

(1)　対応の流れ

ア　送信防止措置を講じることの申出の審査

プロバイダ等は、送信防止措置の申出を受けた場合、①送信防止措置を要請する者が特定電気通信による情報の流通によって自己の権利を侵害されたとする者であること、②特定電気通信による情報の流通により自己の権利を侵害されたとする情報であること、③侵害されたとする権利が特定されていること、④権利が侵害されたとする理由が述べられていること、及び⑤送信防止措置を希望することの意思表示があること、についてそれぞれ確認する。ただし、①については、必ずしも申立者が被侵害者であるとは限らず、法務省人権擁護機関等の第三者の申立てであっても、申出により発信された情報が特定され、それが明白に侵害情報であると認められるような場合には、法３条１項２号の「他人の権利が侵害されていることを知ることができたと認めるに足りる相当の理由があるとき」に該当する場合があることに留意する必要がある。

具体的な確認事項としてガイドラインで指摘されているのは以下の点である。

(a)　申立者の本人確認

・本人による場合：署名または記名押印のある申立書（依頼書）に運転免許証やパスポートの写し、登記事項証明書の原本等、本人性を証明できる資料が添付されていることを確認する。

・代理人による場合：上記に加え委任状（代理人が弁護士の場合には、委任状の相手方への提示の慣行がないことから不要。)、法定代理人（保護者等）による場合は、法定代理関係を証する住民票等の提出も求める。

(b)　侵害情報の特定

発信者が自ら送信防止措置（削除等）を行うかどうか判断できる程度に特定されている必要がある。不明確な場合には、申立書等を修正してもらう等して確認する。

この時点においては、申立者は、当該情報によって他人の権利が不当に侵害されているとプロバイダ等が信じるに足りる相当の理由まで疎明する必要はないが、不明確な点を質しても削除等すべき対象が特定しない場合、申立者の主張におよそ理由があるとは考えられない場合や、侵害情報が自己の管理下にない場合は、照会手続を開始できないことを申立者に遅滞なく通知するべきである。

なお、この時点で、緊急性があり、裁判例や関係ガイドライン等に照らして、当該情報によって他人の権利が不当に侵害されていると信じるに足りる相当の理由があると判断できる場合には、発信者への照会手続を経ることなく送信防止措置（削除等）を行うことも可能であるが、発信者からの損害賠償リスクがあるため、プロバイダ等としては、照会手続を取ることが多い。

イ　発信者に対する照会手続（名誉毀損・プライバシー侵害事案）

法は、送信防止措置の申出がなされた場合、プロバイダ等に対して発信者への意見照会義務を課しているわけではない。しかしながら、申出の内容だけみても、違法性阻却事由の有無や不当な権利侵害であるかどうかまで判断できる事例は、ほとんどないといえる。他方で、発信者に対して意見照会を行ない、送信防止措置を講じることについて定められた期間内に発信者から不同意の申出がなかったときは、プロバイダ等は、発信者との関係で責任を負わずに当該情報を削除し、被害者に対する不作為責任から免れることが可能となる（法3条2項2号)。

そこで、プロバイダ等としては、発信者に対して送信防止措置を講じることの要請があったこと及び侵害情報・被侵害権利・権利を侵害されたとする理由等を通知し、送信防止措置を講ずることに同意するか否か照会するのが相当である。

何らかの理由で発信者と連絡がとれない等により、意見照会が不可能な場合には、意見照会手続がないまま即時に送信防止措置を講じても差し支えない場合（情報の流通によって他人の権利が不当に侵害されていると信じるに足りる相当の理由があったとき）に該当するか判断せざるを得ない。かかる判断が困難な場合、発信者からの訴訟リスクを考慮して静観するか、申立者からの訴訟リスクを考慮して送信防止措置を講じるかいずれかの対応となる。利用規約によりプロバイダ等の裁量で削除できる旨の規定がある場合には、発信者からの訴訟リスクよりも送信防止措置の申立者からの訴訟リスクを避けることを重視して、送信防止措置を講じることも考えられる。

（参照）**照会書及び回答書の書式（付録資料１　書式 14）**

書式 14-1　侵害情報の通知書兼送信防止措置に関する照会書（名誉・プライバシー）〔p.399〕
書式 14-2　私事性的画像侵害情報の通知書兼送信防止措置に関する照会書〔p.400〕
書式 14-3　性行為映像制作物侵害情報の通知書兼送信防止措置に関する照会書〔p.401〕
書式 14-4　回答書（名誉毀損・プライバシー）〔p.402〕

なお、迅速に対応することが想定される著作権侵害・商標権侵害の事案については、発信者に対する意見照会なく、ガイドラインの要件該当性を検討のうえ、送信防止措置を講じることが想定されており、権利許諾がないことについての確認も申立者の申告によって行うこととなる。

ウ　発信者からの回答をふまえた対応の検討

プロバイダ等は、発信者からの回答の有無及び回答がある場合には、その内容が合理的かどうかを検討し、以下のとおり対応について検討する。

(a)　発信者から削除に同意しない旨の回答があった場合

「他人の権利が侵害されていることを知ることができたと認めるに足りる相当の理由があるとき」（法３条１項２号）、「他人の権利が不当に侵害されていると信じるに足りる相当の理由があるとき」（法３条２項１号）の該当性について検討する。

・発信者の反論が一定程度合理的で、それを踏まえると上記相当の理由があるとまでは判断できない場合

→　この場合は、申立者との関係では法３条１項２号に該当せず、発信者との関係でも法３条２項１号に該当しないと考えられるので、プロバイダ等としては、送信防止措置を講じないことになる。

　このような場合は、送信防止措置を講じなくても、申立者との関係で損害賠償責任を免れる。

・反論が不合理であったり、公益を図る目的がないことや書き込みに関する事実が真実でないことを自認しているなど、「他人の権利が侵害されていることを知ることができたと認めに足りる相当の理由があるとき」（法３条１項２号）、「他人の権利が不当に侵害されていると信じるに足りる相当の理由があるとき」（法３条２項１号）に該当することが概ね確認できた場合（最終的には司法判断によるので、絶対確実とはいえないが、裁判例や関係ガイドライン等に照らして不当な権利侵害であるとほぼ判断できる場合等。具体的には(2)以下で述べる。）

→　送信防止措置を講ずる（削除する）のが安全である。

　このような場合は、送信防止措置を講ずることで、申立者に対して当該情報の流通に関する不作為責任を免れ、しかも上記相当の理由があると概ね確認できるのであれば、発信者との関係でも情報の削除による作為責任を免れる可能性が高いからである。[43]

(b)　発信者から７日間経過する前に不同意の回答がなかった場合[44]

→　プロバイダ等は、送信防止措置を講じる。

　この場合、法３条２項２号により発信者との関係で損害賠償責任を免れる。また、申立者との関係でも、情報の流通に関する不作為責任を免れる。

43）名誉毀損・プライバシー関係ガイドライン41頁（脚注34）は、法３条１項各号に該当しても、発信者に対して遅滞なく警告し、申立者との相談に応じるなど適切な対応を行うことにより削除義務違反を免れるケースがあると指摘している。

44）法３条の２は、公職の候補者等に係る特例を定めており、選挙期間中に頒布された選挙運動のために使用する文書図画・落選させるための活動に使用する文書図画にかかる情報の流通による名誉毀損については、プロバイダ等の待機期間を２日間に短縮している。

エ　送信防止措置の実施

プロバイダ等は送信防止措置を講じるとき、違法情報の送信を遮断するために必要最小限度の措置を講じることが責任制限の要件となっている。

ガイドラインに示された「必要最小限度の送信防止措置」の判断基準は次のとおりである。

・違法な書込みのみの削除。
・違法な書込みのみの公衆からの閲覧の停止。
・管理するサーバに存在するファイル内に違法情報以外の情報が含まれている場合等で、当該ファイル単位でしか削除行為等ができないときは、個別具体的に判断する。

オ　送信防止措置以外の対応

プロバイダ等が申立者からの申告のあった情報について、法3条1項2号に該当するとまではいえず、自ら送信防止措置を講じる必要がないと判断した場合でも、名誉毀損・プライバシー関係ガイドラインは、「照会手続をとるなどして、発信者と申立者との直接交渉による紛争解決を促すなど、当事者間による自主的問題解決を促進する措置を講じることが望ましい」としている。また、重畳的にプロバイダ等が存在する場合には、より当該情報への管理可能性の高いプロバイダ等（ウェブページ開設者・電子掲示板管理者）に対応を求めるよう、申立者に要請する対応もあり得る。ただし、申立者に現実の被害の発生があり、緊急性がある場合は、この限りではないとされる。

Column 4-5　削除と放置の中間的な対応

送信防止措置の要請があり、ある程度権利侵害があるのではないかと疑われる場合でも、法3条1項2号の「情報の流通によって他人の権利が侵害されていることを知ることができたと認めるに足りる相当の理由」および法3条2項1号の「他人の権利が不当に侵害されていると信じるに足りる相当の理由」があるといえるか、判断が困難な場合がある。最終的には、司法判断に委ねるしかなく、プロバイダ等としては情報を削除せずに放置することに傾かざるを得ない。もっとも、全件訴訟対応とすることもプロバイダ等にとっては負担であり、かつ損害賠償請求リスクも残ることから、権利侵害が相当程度疑われる事案については、当事者による自主的な解決が図られることが望ましい。

そこで、プロバイダ等は、情報を流通させた者に対し権利侵害がないよう見直しを求めたり、真摯に削除請求者との紛争解決を促し、申請者との意見の仲介をしたり、直接交渉による紛争解決を促す等、削除と放置の中間的な対応を行うことがある。こうした当事者間による自主的問題解決を促進する措置については、名誉毀損・プライバシー等ガイドラインにおいて「送信防止措置以外の対応」として記載されているが、被害拡大を阻止するために即時に対応する場合等、緊急性がある場合にはふさわしくないとされている。またプロバイダ等が発信者と被害者の間の仲介者として役割を果たすことにも限界があり、結局は、長期間両者の間で板挟みとなり対応に苦慮する等、かえって負担が大きくなることも考えられ、プロバイダ等としては悩ましいところである。[45)]

なお、プロバイダ等の実務上の対応として、発信者と連絡がつかない場合や、発信者が理由なく自主削除を拒否する場合に、契約上の権限に基づきサイト全体を一時閲覧停止状態にして反応を待つことも多いようである。[46)]

45）丸橋透「プロバイダにおける対応状況③——消極的メディエーターとしての悩み」堀部監修・前掲42）43頁参照。

46）岡村編・前掲34）161頁〔丸橋〕。

図表4-5　送信防止措置請求への対応にかかる基本的な流れ
（名誉毀損・プライバシー侵害事案）

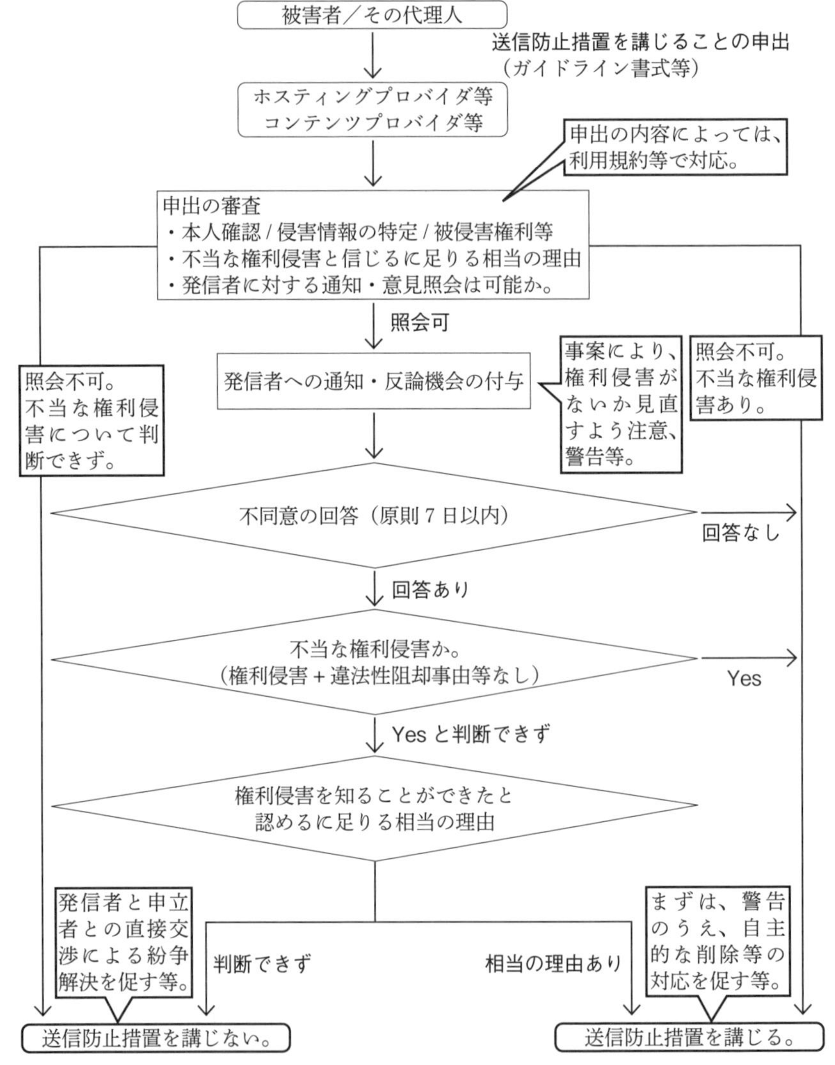

※著作権侵害・商標権侵害については、プロバイダ等は発信者に反論の機会を付与することなくガイドラインの要件について判断し、その結果、削除によって発信者から苦情等があった場合には、申出者または信頼性確認団体に協力を求めることができる。

⑵　名誉毀損・プライバシー関係

名誉毀損・プライバシー関係ガイドラインは、名誉毀損又はプライバシー侵害等に該当するとして削除等の送信防止措置を要請されたプロバイダ等が発信者に対して損害賠償責任を負わないと考えられる場合について、被害者が個人の場合と法人の場合に分けて例示的に列挙している。

プロバイダ等は、名誉毀損・プライバシーにかかる侵害情報が主張された場合には、侵害情報がプライバシーを侵害するのか、具体的な事実の摘示のある名誉毀損に該当するのか、具体的な事実の摘示のない侮辱的な表現なのか等、その内容について見極めたうえで、名誉毀損・プライバシー関係ガイドラインに沿った判断を行う必要がある。著作権または商標権侵害の事例と異なり、名誉毀損・プライバシー関係の事案は、不法行為の成立や違法性阻却事由の有無について判断が難しいケースが多い。

ア　個人のプライバシーを侵害する情報の場合

⒜　氏名、勤務先および自宅の住所・電話番号等の連絡先情報

ⅰ　一般私人の場合

私生活上の平穏を害する嫌がらせが行われるおそれが高いため、プロバイダ等が削除可能な場合には、原則として削除することができる。[47] なお、電話番号として記載されたものが誤っていて他人の電話番号が記載されている場合は、迷惑行為であることから、削除要請があれば、原則として削除する。

名簿等の集合した形態での記載でも原則として削除することができる。

ネット上でハンドルネームのみで行動している場合において、氏名を開示する情報が記載されたとき、公表されていない電子メールアドレスを開示する情報が記載された場合も、原則として削除することができる。

ⅱ　公人等[48]の場合

公人の職務、役職等及びそれに関係する住所・電話番号等、広く知られて

47）総務省逐条解説においても、「他人の権利侵害を知ることができたと認めるに足りる相当の理由」（法３条１項２号）、「他人の権利が不当に侵害されていると信じるに足りる相当の理由」（法３条２項１号）の例として、「通常は明らかにされることのない私人のプライバシー情報等（住所、電話番号等）」が挙げられている（同解説15頁・18頁）。

48）名誉毀損・プライバシー関係ガイドラインでは「国会議員、都道府県の長、議員その他要職につく公務員など」を公人とし、公人に準じる公的性格を持つ存在として「会社代表者、著名

いるものについては、削除の必要がない場合が多い。ただし、広く知られている連絡先でも、私生活の平穏を害する嫌がらせ等が現実に発生し、緊急性が高い場合には、プロバイダ等は削除することもできる。

職務、役職等と関係のない自宅の住所、電話番号等は、原則として一般私人の情報と同様に取り扱うことが望ましい。

(iii)　犯罪関係者の場合

犯罪の被疑者・被告人、申立者及びこれらの者の親族の勤務先・自宅の住所の公開が正当化されるのは、それが犯罪の実行場所である場合等に限られる。電話番号について正当化されることはほとんど考えられない。

犯罪関係者が公人等である場合を除き、一般私人として取り扱う。

(iv)　著名人の場合

自宅ないし実家（親族の住居）の住所・電話番号については、出版差止を認める判決が複数あり、公開に正当性が認められる場合はあまりないとされる。

(b)　**氏名・連絡先以外の情報（身体情報、信用情報等のセンシティブ情報等）**

(i)　一般私人の場合

学歴、病歴、成績、資産、思想信条、前科前歴、社会的身分等および犯罪事実に関連しない犯罪関係者に関する情報は、発信者に対して削除要請を伝え、発信者が自主的に削除しない場合には、プロバイダ等が原則として削除する。プライバシー侵害の観点のほか、名誉毀損の観点からも削除の要否を検討する。

(ii)　公人等の場合

「職業上の事実」といえる場合は削除しないでよい。「私生活上の事実」については、発信者に削除要請を伝え、自主的な削除がない場合には、経過を削除要請者に伝え、自主的な解決を促す。

個人情報のうち、いわゆるセンシティブ情報の公表については、公人、準公人についてはその目的と必要性によっては正当化される場合がある。記載の内容が品位を欠くときなどは、削除可能な場合もある。表現行為の目的、

人」があり、公人ではないが会社代表者等の立場にあり、社会的影響力を有する私人を「準公人」とする。これらの者は、職務との関係上、一定限度での私生活の平穏を害されることを受忍することを求められるとしている（同10頁／脚注12）。

必要性と表現方法から違法なことが明らかな場合は削除し、よくわからない場合は自主的解決に任せる。

プライバシー侵害の観点のほか、名誉毀損の観点からも削除の要否を検討する。

ⅲ　犯罪関係者の場合

「犯罪事実に関連しない事実」（例えば、犯罪関係者の家族に関する情報等）については、本人又はその関係者から削除要請があれば、発信者に削除要請を伝え、発信者が自主的に削除しない場合、原則として削除する。

(c)　写真・肖像等

(i)　私事性的画像記録[49]又は性行為映像制作物[50]に係る情報の場合

送信防止措置にかかる照会に対する発信者の回答期限が２日に短縮されており、通知の到達から２日間経過しても不同意の回答がない場合には、プロバイダ等は削除する。撮影対象者が死亡している場合には、配偶者、直系親族及び兄弟姉妹からの送信防止措置の申出もなされる。

ⅱ　一般私人の場合

識別可能な顔写真等の場合、写真の内容・掲載の状況から本人の同意を得て撮影されたものでないことが明白な場合には、原則として削除できる。ただし、群像の一部であったり、犯罪報道における被疑者の顔写真の公益目的での掲載は、送信防止措置を講じず放置しても直ちにプライバシー・肖像権

49）私事性的画像記録の提供等による被害の防止に関する法律２条により、次のいずれかに掲げる人の姿態が撮影された画像に係る電磁的記録その他の記録とされる。
① 性交又は性交類似行為に係る人の姿態、② 他人が人の性器等（性器、肛門又は乳首）を触る行為又は人が他人の性器等を触る行為に係る人の姿態であって性欲を興奮させ又は刺激するもの、③ 衣服の全部又は一部を着けない人の姿態であって、殊更に人の性的な部位（性器等若しくはその周辺部、臀部又は胸部をいう。）が露出され又は強調されているものであり、かつ、性欲を興奮させ又は刺激するもの。ただし、第三者に見られることを認識して撮影を許可したものは除かれる。

50）性をめぐる個人の尊厳が重んぜられる社会の形成に資するために性行為映像制作物への出演に係る被害の防止を図り及び出演者の救済に資するための出演契約等に関する特則等に関する法律２条２項により、性行為に係る人姿態を撮影した映像並びにこれに関連する映像及び音声によって構成され、社会通念上一体の内容を有するものとして制作された電磁的記録又はこれに係る記録媒体であって、その全体として専ら性欲を興奮させ又は刺激するものをいうとされる。性行為は、「性交若しくは性交類似行為又は他人が人の露出された性器等（性器又は肛門をいう。 以下この項において同じ。）を触る行為若しくは人が自己若しくは他人の露出された性器等を触る行為をいう」とされる（同条１項）。

の侵害には該当しないと考えられる。

撮影について同意が得られていると思われても、公表に不快感または精神的な苦痛を感じると思われる写真については削除可能なことが多い。

明らかに未成年の子供と認められる顔写真は、親権者の同意があると判断できる場合を除き、削除することができる。

(iii)　公人等の場合

識別可能な顔写真等の場合、写真の内容・掲載の状況から本人の同意を得て撮影されたものでないことが明白な場合には、以下の場合を除き、削除することができる。

・掲載記事の内容が公人の職務に関する事柄等、社会の正当な関心事、かつ、顔写真掲載の手段方法が相当。
・著名人の顔写真等は、パブリシティによる顧客吸引力を不当に利用しようとしたものではなく、顔写真等を掲載した記事内容が社会の正当な関心事で、顔写真掲載の手段方法が相当。

(d)　犯罪事実

(i)　一般私人の場合

犯罪が実名で報道されている場合でも、犯人に対する刑の執行も終わったときの蒸し返しは、権利侵害となり得る可能性がある。ただし、どのような場合に（どの程度の期間で）犯罪事実の報道等が違法となるのかについては、一般的な基準は示されていない。

(ii)　少年の場合

更生の観点から少年法 61 条で犯人が特定できるような報道が禁じられている。実名報道は、原則として削除することができる。

最高裁判決[51]では、事実を公表されない法的利益とこれを公表する理由とを比較衡量し、前者が後者に優越する場合に不法行為が成立するとした。

(iii)　公人等の場合

現在公職にあり、または公職の候補者である場合は、犯罪事実の公表が許容される範囲が広い。

51)「長良川リンチ殺人」事件上告審判決（最二判平15・3・14民集57巻3号229頁）。

図表4-6　プライバシー侵害情報の送信防止措置

情報の種類	一般私人	公人等
(a)氏名・取引先／自宅の住所・電話番号・メールアドレス	原則、削除可。	公人等の職務、役職およびこれらに関係する住所・電話番号等広く知られるものは削除不要。 自宅住所・電話番号は、原則、削除可。
(b)氏名・連絡先以外（学歴、病歴、資産、思想信条、前科前歴等）	発信者に削除要請を伝え、自主的に削除されない場合は、原則、削除。 名誉毀損の観点からも検討。	職業上の事実は削除せず。 私生活上の事実は自主的解決を促すが、態様の品位を欠く等、削除可の場合もある。 記載内容の品位、名誉毀損の観点からも検討。
(c)写真・肖像（被写体識別可能）	撮影の同意を得ていないことが明白な場合は削除（群像、犯罪報道被疑者写真除く）。 公表に不快感・精神的苦痛を感じると思われる場合は削除可能。未成年者は削除。	撮影の同意を得ていないことが明白な場合は削除（記事内容が社会の正当な関心事等の場合を除く）。
(d)犯罪事実	犯罪後長期間経過し、刑の執行も終了しているときの蒸し返しは、権利侵害となり得るが、一般的な基準設定は困難。	一般私人よりは削除可能な範囲小さい。

イ　個人の名誉毀損に該当する情報の場合

特定個人の社会的評価を低下させる情報について、以下の３つの要件を満たす可能性がある場合には、削除を行わない。社会的評価を低下させるかどうかは、一般読者の普通の注意と読み方を基準として判断する。なお、個人の特定については、氏名が記載されなくとも、他の事情を総合すれば誰を示しているか推知される場合は、名誉毀損が成立し得る（同定可能性）。

(a)　**公共の利害に関する事実であること**

摘示された事実の内容・性質に照らして客観的に判断する。

(b)　**個人攻撃の目的ではなく、公益を図る目的にでたものであること**

記事の内容・文脈等の外形と、外形に現れない実質的関係[52]も含めて判断する。

(c)　**当該情報が真実である、または真実と信じるに足りる相当の理由があること**[53]

当該情報が虚偽であることが明白、あるいは、発信者に当該情報が真実であると信じるに足りる相当の理由があるといえないことが明らかな場合には、削除が可能となる。

名誉毀損の場合には、違法性阻却事由の要件（上記(a)(b)(c)）の判断が難しく、プロバイダ等が「不当な権利侵害」であると信じることのできる理由に乏しい場合が多い。

なお、名誉毀損に該当しなくとも、プライバシー侵害を構成する場合もあるので、プライバシー侵害の観点からも検討する必要がある。

ウ　特定個人の論評の場合

特定個人に関する論評について、人身攻撃に及ぶような侮辱的表現が用いられている場合には、当該情報を削除することができる。

52）表現方法、根拠となる資料の有無、執筆態度等を総合して公益目的に基づくというにふさわしい真摯なものであったか、隠された動機として私怨を晴らすためや私利私欲を追求するため等の公益性否定につながる目的が存しなかったかどうか等（東京地判昭58・６・10判時1084号37頁）。

53）名誉毀損・プライバシー関係ガイドラインにおいても、プロバイダ等が真実性、相当性の要件について検討することが予定されているが、プロバイダ等の立場では判断できないことが多い。そのため、実際には、情報が虚偽であることが明白な場合、真実と信じるに足りる相当の理由があるとはいえないことが明らかな場合について、「不当な権利侵害がある」ものとして、送信防止措置を講じることが可能と指摘されている（同ガイドライン31頁）。真実と信じるに足りる相当の理由については、発信者を基準として判断されるものであり、申出者が主張できないのが一般的であるが、発信者から合理的な理由・根拠資料等が具体的に示された場合には、プロバイダ等において、相当性の抗弁の成否の可能性についても、判断できることがある（東高判平26・９・10判例集未登載〔**付録資料２裁判例20**（p.436）〕）。

Column 4-6　法務省人権擁護機関からの情報削除依頼への対応

重大な人権侵害事案で名誉毀損・プライバシー侵害等に該当する場合、法務省人権擁護機関（各法務局・地方法務局長）が、被害者からの申告を端緒として、プロバイダ等に削除依頼を行うことがある。この場合、「他人の権利侵害が不当に侵害されると信じるに足りる相当の理由」（法３条２項１号）を否定する特段の理由がなければ、プロバイダ等が最小限度の送信防止措置を講じたとき、発信者に対する損害賠償責任を免れるものと期待できるため、名誉毀損・プライバシーガイドラインでは、プロバイダ等の行動指針として以下の対応が示されている。

(1)　受付（形式審査）

①　法務省人権擁護機関からの依頼であること

②　侵害情報等の特定

③　侵害されたとする権利の特定および権利侵害の理由が明白であること

(2)　送信防止措置要否の検討

法務省人権擁護機関からの削除依頼に応じることができない以下の理由がないか確認し、当該理由がなければ送信防止措置をとる。いずれかに該当する場合は専門家に相談。

①　法務省人権擁護機関からの依頼であることが確認できないとき

②　法務省人権擁護機関から示された場所に侵害情報がないとき

③　侵害されたとする権利が特定されていないとき

④　権利侵害情報の違法性が明白でないとき（公権力の濫用について合理的に疑いをさしはさむ余地のあるときを含む。）

⑤　侵害情報削除により他の無関係の情報を大量に削除してしまうことになる場合等「必要な限度」を超える措置となってしまうとき

上記に該当してプロバイダ等が送信防止措置を講じない場合には、法務省人権擁護機関に追加説明を求めることができる。一方、削除依頼がガイドラインの基準を満たしていない場合には、その理由を付して法務省人権擁護機関に通知することが望ましいとされている。

法務省の公表資料によると、インターネットを利用した人権侵犯事件は近年増加しており、法務省人権擁護機関が新規に救済手続を開始した人権侵犯事件の数は、高水準で推移している。[54)]なお当該件数は、要請件数ベースであり、投稿数ではない。

	プライバシー侵害事案	名誉毀損事案	プロバイダ等への削除依頼
令和2年	900件	430件	578件
令和3年	725件	483件	399件
令和4年	665件	346件	533件
令和5年	542件	415件	449件

エ　企業その他法人等の権利を侵害する情報の場合

摘示事実の真偽について判断できないことが多いため、法3条2項2号の照会手続を経て対応する。ただし、企業の営業秘密等がウェブページに掲載された場合等、法3条の免責に該当しなくとも、正当防衛または緊急避難に該当する可能性についての検討が必要な場合がある。

オ　公職の候補者等に係る特則が適用される情報の場合

選挙運動・落選運動用文書図画に係る流通によって自己の名誉が侵害されたという公職の候補者等から送信防止措置の申出があった場合の対応手順・留意点等は、名誉毀損・プライバシー関係ガイドライン別冊の「公職の候補者等に係る特例」に関する対応手引き[55]に記載されている。

(a)　法3条の2の第1号に定める手続の対応手順

(i)　確認事項

・本人性の確認とともに、公職の候補者等であるか否かを、必要に応じて、選挙管理委員会への問い合わせ、または同委員会のホームページにより確認する。

・特定電気通信による情報であること、選挙運動の期間中に頒布された文書図画に係る情報であることを確認する（SNS書き込み日時、タイムスタンプその他の手段により確認）。

54）法務省ホームページ「令和5年における『人権侵犯事件』の状況について（概要）」https://www.moj.go.jp/content/001415625.pdf

55）https://www.telesa.or.jp/vc-files/consortium/internet_election_guide_ver2.pdf

・名誉を侵害したとする情報、名誉が侵害されたこと、名誉が侵害されたとする理由、名誉侵害情報が選挙運動用文書図画に掲載されているものであることが示されていることを確認する。

(ii)　発信者への照会手続

・発信者への照会手続による待機期間は、当該照会が照会者に到達した日の翌日から起算して２日間に短縮されている。

(iii)　送信防止措置の実施

・発信者から、送信防止措置を講じることに同意しない旨の回答があれば、プロバイダ等は、法３条の２第１項による免責を受けられないが、当該回答がなければ、プロバイダ等は送信防止措置を講じることができる。

・公職の候補者であること、及び選挙運動期間中に頒布された文書図画に該当するか明らかでない場合に、プロバイダ等が送信防止措置を講じると、免責を受けられないおそれがある。

(b)　法３条の２の第２号に定める手続の対応手順

(i)　確認事項

・本人性確認、公職の候補者等であるか否か、特定電気通信による情報であること、選挙運動の期間中に頒布された文書図画であることの確認は、上記(a)と同じ。

・名誉を毀損したとする情報、名誉が侵害されたこと、名誉が侵害されたとする理由、名誉侵害情報が選挙運動・落選運動用文書図画に掲載されているものであることが示されていることを確認する。

・発信者の電子メールアドレス等の表示義務違反があることを、通知されたURLにアクセスしたうえで確認する。表示されたメールがあれば、プロバイダ等は電子メールに送信して、正しく表示されているかを確認することが望ましい。

(ii)　送信防止措置の実施

・確認事項が全て確認できれば、プロバイダ等は送信防止措置を講じる。なお、要件該当性があっても、それだけでプロバイダ等が直ちに削除義務を負うことにはならない。

Column 4-7　口コミサイトの批判等の削除請求

飲食店のユーザから寄せられる口コミ情報と点数評価をもとに、独自のレストラン・ランキングを算出して提供するサイト運営会社に対し、店舗側が口コミ情報を削除しないことについて、サイト運営会社を相手に訴訟を提起する事例がある。

2013年に札幌地裁に訴訟提起されたケースでは、店舗側が、「料理が出てくるまで40分くらい待たされた」旨の口コミの削除を求めたところ、サイト運営会社が投稿者に店舗側の指摘を説明したうえで口コミの修正を依頼している旨回答し、削除までは行わなかったため、口コミサイトでの店名使用についての不正競争防止法違反ないし人格権の侵害（名称の冒用）や営業権の侵害等を理由として情報の削除と店舗の売上減少による損害の賠償を請求した。裁判所は、店舗側の名称の冒用にあたらず、営業権の侵害もないこと、店舗側は個人と同様の自己に関する情報をコントロールする権利を有さず、店舗側の要求を認めれば、望まない情報を拒絶する自由を与え、他人の表現行為や得られる情報が恣意的に制限されることになるものとして、店舗側の請求を棄却した。[56]

2014年には、大阪で「秘密の隠れ家」という営業方針で経営していたバーが店舗情報を無断で掲載されたとして、大阪地裁に対してサイト運営会社に営業権侵害を理由に情報削除と損害賠償を求める訴訟を提起した。本事案では、原告が自らホームページで店名、住所、電話番号、店内見取り図等を公開し、その他ツイッターやブログでも店舗情報が公開されていたものの、原告は、どのような媒体にどのような情報を提供するか等の「情報コントロール権」が侵害されたと主張した。サイト運営会社側は、「管理者の作為による情報操作をせず、ユーザーの情報をそのまま提供するサイトを設ける」、「一般に公開されている情報であれば公開する」という方針をとっているとして削除に応じなかった。裁判所は、「情報コントロール権」について、その内容や外延が不明確であるとして、不法行為や差し止めのための保護法益として認めることは相当ではないとし、サイト運営者側の対応についても、悪質ではなく違法性もないとして請求を棄却した。[57]なお、当該裁判の控訴審において和解が成立し、その和解内容は公

56）札幌地判平26・９・４判例集未登載（**付録資料２裁判例８**〔p.424〕）。
57）大阪地判平27・２・23判例集未登載。

表されていないものの、後日、店舗の電話番号と地図が口コミサイトから削除され、住所も一部のみの表示となったとのことである。[58]

一般に、インターネット掲示版において批判的な書き込みがなされた場合でも、それが不当な権利侵害に該当しない場合には、サイト運営者としては削除要請に応じることは困難といえる。

近時の裁判例では、病院・医師についての口コミについて、不特定多数の患者が治療を受けるべき病院または医師を選択するのに資する貴重な情報源である一方、患者の生命、身体、健康等を預かる病院または医師は、「口コミによる自由な批判に対してはある程度受忍すべき立場にある」として、名誉毀損の成立には「社会的評価の程度が受忍の範囲を越えるものであることを要すると解する」とした。また、口コミサイトについては、特定の記事のみならず他の記事も閲覧し、肯定的な評価や否定的な評価を総合して情報を得ていることも考慮すべきとしている。[59]

サイト運営者としては、虚偽の事実が書き込まれたことが明白な名誉ないし信用毀損の事例等、不当な権利侵害であると判断できる事案を除いては、削除に応じることなく、情報を書き込んだユーザに対して書き込みされた側から指摘があったことを説明し、自主的な削除や訂正等を検討してもらうのが相当と考えられる。

⑶　著作権関係

著作権関係ガイドラインは、特定電気通信による情報の流通により、複製権、公衆送信権、送信可能化権等の著作権等の侵害に該当するとして削除等の送信防止措置を要請されたプロバイダ等が、速やかに送信防止措置を講じることができる場合を定めている。

著作権侵害事例について送信防止措置の申出を受けたプロバイダ等は、申出者が著作権者等であることを確認のうえ、侵害情報の特定を行ったうえで、著作権関係ガイドラインの適用のある著作権侵害に該当性するか等を審査する。

58）朝日新聞デジタル2015年9月2日00時01分配信ニュース「食べログ訴訟、『隠れ家バー』情報削除で和解大阪高裁」。

59）東京地判令3・3・5判タ1491号191頁。

プロバイダ等が審査すべき事項は以下のとおりである。

ア　申出者が著作権者等であること

(a)　著作権者本人の場合

以下の書類等で著作権者であることを確認する。なお、共同著作物の場合、共同著作権者の１名の申出でよい。

・著作権の登録がある場合の登録書面
・著作権者等の氏名の表示
・広告物・カタログ等
・著作物と著作権者等との関係を照会できるデータベースへの登録の書面
・二次的著作物の原著作者の場合には、翻案および権利関係に関する契約書等それを証する書面等

(b)　著作権等管理事業者の場合

信託管理型の場合のみ、著作権者管理事業者の名前で申し出ることができる。当該団体が管理している著作物等であることの確認とその旨の記載が必要となる。

イ　侵害情報の特定

・URLおよび対象となる情報を合理的に特定できるに足りる情報（ファイル名・データサイズ・特徴等）
・ハードコピーによる図示

その他必要な追加書類があれば申出者に要求する。

ウ　著作権関係ガイドラインの規律する著作権等侵害への該当性

プロバイダ等は、申出者からの侵害された権利および侵害されたとする著作物等の申出をふまえ、当該情報の流通により著作権関係ガイドラインの規律する著作権等侵害があることを確認する。具体的には、以下のとおりである。

(a)　著作権等侵害であることが容易に判断できる態様であること

・情報の発信者が著作権等侵害を自認
・著作物等の全部または一部を丸写しした、いわゆるデッドコピー（著作物との比較が容易なもの）
・当該デッドコピーを標準的な圧縮方式により圧縮

(b)　一定の技術の利用、個別に視聴して著作物と比較する等により、著作権等侵害が判断できる態様であること

・著作物等の全部または一部を丸写ししたデッドコピー（上記(a)以外のもので、視聴して著作物との比較等が可能なもの）

・当該デッドコピーを圧縮したもの

・当該デッドコピーまたはデッドコピーを圧縮したものが分割されているもの

エ　著作権等の保護期間内であること

オ　著作権者等が著作物等の利用について権利許諾していないこと

プロバイダ等は、**ア〜オ**の各事項について全て確認できた場合には、当該情報の送信防止措置を講じることができる。

なお、著作権等侵害については、上記の確認を行うことが困難な場合もあるため、著作権関係ガイドラインは、ガイドライン等検討協議会によって「信頼性確認団体の手続等」に従い認定された信頼性確認団体からの申出を認めている。信頼性確認団体を経由した申出については、著作権等侵害に関する第三者の確認を経ていることになるため、プロバイダ等は、信頼性確認団体の判断を信頼して、迅速な判断を行うことが可能となる。信頼性確認団体としては、以下の団体が想定されており、認定された信頼性確認団体は、同協議会のホームページ上に公表されている。[60)]

①　著作権等管理事業者

②　著作権法に基づく文化庁指定団体

③　著作権等の権利の保護を主たる目的とする団体

④　上記①〜③に掲げる団体に該当する国外の団体

⑤　上記①〜③に掲げる団体が加盟する国際団体

60）プロバイダ責任制限法・関連Webサイト「著作権関係信頼性確認団体一覧（http://www.isplaw.jp/guidel_c_list.html）」

Column 4-8 ｜ 著作権侵害とカラオケ法理

プロバイダ等が発信者である場合、法3条1項による免責は対象外となる（同項但書「ただし、当該役務提供者が当該権利を侵害した情報の発信者である場合は、この限りではない」）。著作権侵害の場合は、判例においていわゆる「カラオケ法理」が採用されており、[61] プロバイダ等としても、自らが侵害者とならないように留意する必要がある。

「TVブレイク事件」（知財高判平22・9・8判時2115号102頁〔**付録資料2裁判例51**（p.460）〕）においては、動画投稿・共有サイトの運営会社が経済的利益を得るために管理支配するサイトでユーザの複製行為を誘引し、複製権を侵害する動画が多数投稿されるのを認識しながら、侵害防止措置を講じることなく容認し、サーバに蔵置した行為は、ユーザの複製行為を利用して自ら複製行為を行ったと評価し得るとして、同運営会社を複製権および公衆送信権を侵害する主体と認定した。そのうえで、法3条1項の「関係役務提供者」として免責されるのか、あるいは同項但書の「発信者」として免責の対象外となるのかという争点については、運営会社がユーザによる著作権侵害動画ファイルの複製または公衆送信を誘引、招来、拡大させ、これにより利益を得る者であり、サーバに記録または入力したものと評価できるため「発信者」に該当すると判示し、運営会社の法3条1項による免責を認めなかった。

当該裁判例については、いわゆる「カラオケ法理」が転用されたものと評価されており、[62] 著作権侵害の蓋然性の高い動画投稿・共有サイトを運営するプロバイダ等は、著作権侵害主体のみならず、プロバイダ責任制限法の「発信者」概念も同法理の転用により拡大され得ることを認識しておくべきである。

61）クラブ・キャッツアイ事件（最三判昭63・3・15民集42巻3号199頁〔**付録資料2裁判例49**（p.459）〕）において採用された侵害主体概念を拡張する法理。カラオケスナックでの伴奏で客に歌唱させていた行為について、①著作物の利用（客の歌唱）についての管理、②著作物の利用による営業上の利益を挙げることを意図していたとして、カラオケスナックの営業主について著作権（演奏権）侵害を認めたもの。以後、裁判実務上は諸般の事情を考慮しつつ、直接行為者と同視できるかについて判断されており、近時では、インターネットサービス提供者の事案に「カラオケ法理」が転用されているといわれている。

62）岡村久道「プロバイダ責任制限法上の発信者概念と著作権の侵害主体」堀部監修・前掲**40**）116頁。

⑷　商標権関係

商標権関係ガイドラインは、特定電気通信による情報の流通により、商標権及び専用使用権の侵害に該当するとして削除等の送信防止措置を要請されたネットオークション事業者等が、発信者に通知して７日間経過しても反論がない場合でなくとも、速やかに送信防止措置を講じることができる場合を定めている。

商標権侵害事例について削除の申出を受けたネットオークション事業者等は、申出者が商標権者等であることを確認のうえ、侵害情報の特定を行ったうえで、商標権等ガイドラインの適用のある商標権侵害に該当性するか等を審査する。

プロバイダ等が審査すべき事項は以下のとおりである。

ア　申出者が商標権者等であること

・商標原簿及び商標公報の写し

・独立行政法人工業所有権情報・研修館が提供する特許電子図書館のウェブページにおいて当該商標に関する情報を検索した結果の写し

・商標権者または専用使用権者と同視し得る者であることを証する書面

イ　侵害情報の特定

・URL及び合理的に特定できるに足りる情報（商品名、ID等の発信者情報、掲・載日時、特徴等）

・可能な場合には対象となる情報のハードコピー等による図示

その他必要な追加書類があれば要求する

ウ　商標権関係ガイドラインの規律する商標権等侵害への該当性

プロバイダ等は、申出者からの商標権侵害の申述及び侵害の理由の説明をふまえ、権利侵害の態様が商標権関係ガイドラインの規律する商標権等侵害があることを確認する。

具体的には以下のとおりである。

・ネットオークション等への偽ブランド品等の出品

・ショッピングモールにおける偽ブランド品等の出品

・その他ウェブサイト上での偽ブランド品等を譲渡する旨の広告

エ　送信防止措置の対象とする商品の情報への該当性

以下のいずれかに該当し、他に真正品の情報であることをうかがわせる特段の事情がないこと

・情報の発信者が真正品でないことを自認

・商標権者等により製造されていない類の商品

・商標権者等が合理的な根拠を示して真正品でないと主張している商品

上記の真正品にかかる情報でないと判断できる情報について、以下のすべてを満たし、商標権侵害の蓋然性が高いこと。

・広告等の情報の発信者が業として商品を譲渡等する者である。

・その商品が登録商標の指定商品と同一又は類似の商品である。

・商品の広告等を内容とする情報に当該商標権者等の登録商標と同一または類似の商標が付されている。

オ　商標権者等が商標権の使用を許諾していないこと

プロバイダ等は、**ア～オ**すべてについて確認できた場合には、当該情報の送信防止措置を講じることができる。

なお、商標権等侵害については、上記の確認を行うことが困難な場合もあるため、商標権関係ガイドラインは、ガイドライン等検討協議会によって「信頼性確認団体の手続等」に従い認定された信頼性確認団体からの申出を認めている。信頼性確認団体を経由した申出については、商標権等侵害に関する第三者の確認を経ていることになるため、プロバイダ等は、信頼性確認団体の判断を信頼して、迅速な判断を行うことが可能となる。信頼性確認団体としては、商標権等の権利の保護を主たる目的とする団体が挙げられているが、認定された信頼性確認団体は、一般社団法人ユニオン・デ・ファブリカンの1団体である[63]。

63）プロバイダ責任制限法・関連Webサイト・商標権関係信頼性確認団体一覧。（http://www.isplaw.jp/guidel_t_list.html）

Column 4-9 ｜インターネット知的財産権侵害流通品防止協議会と自主ガイドライン

インターネット上での知的財産権侵害品（以下「違法品」という）の流通防止を目的として、権利者（団体）[64]およびプラットフォーマー[65]によって「インターネット知的財産権侵害品流通防止協議会」（CIPP）が2005年12月に設立された。

CIPPは、インターネットオークションサイト等を通じて違法品が流通することを防ぐために、権利者およびインターネットオークション事業者（サイト運営者）がとるべき行動として、「インターネット知的財産権侵害品流通防止ガイドライン」（発行：2008年３月14日、改訂：2010年12月13日）[66]を策定している。

同ガイドラインは、サイト運営者が原則としてインターネットオークションへの出品について削除措置を講じることとする場合の具体的基準として、以下のA～Cを挙げているが、詳細な基準については機密情報が含まれているとして一般には公開されていない。

A　サイト運営者自らが、第三者たる一般人の視点で、客観的に当該出品の対象物が違法物であると判断できる場合（商品説明文において権利侵害品であることが自認されている、又は権利侵害品であることが推測される表現がなされている）；

B　正規の権利者の申出および疎明によって当該出品が違法物であると判断できる場合（当該品を生産していない、当該品の製造等ライセンスをしていない、又は真贋識別根拠上明らかなどの疎明が必要）；

C　オークション事業者、権利者双方の認識が一致した場合（特定の種類・態様の違法出品について、取扱いを明記。詳細は非公開。）。

また、CIPPは、権利者・事業者双方がそれぞれの立場を尊重しつつ協力して侵害者に対峙することとし

64）CIPPのホームページ（http://www.cipp.jp/organization.html）によると、令和７年１月時点で参加する権利者（団体）は、一般社団法人コンピューターソフトウェア著作権協会、シャネル合同会社、株式会社日本国際映画著作権協会、一般社団法人日本動画協会、一般社団法人日本レコード協会、一般社団法人ユニオン・デ・ファブリカン、株式会社ケリングジャパン、バーバリージャパン株式会社、ルイ・ヴィトンジャパン株式会社、株式会社資生堂及び一般財団法人日本音楽著作権協会である。

65）同ホームページによると、令和７年１月時点で参加するプラットフォーマーは、株式会社Stardust Communications、株式会社ディー・エヌ・エー、株式会社メルカリ、楽天グループ株式会社、株式会社リクルート、株式会社SynaBiz、auコマース＆ライフ株式会社及びLINEヤフー株式会社である。

66）http://www.cipp.jp/pdf/101213guideline.pdf

ており、同ガイドラインには、サイト運営者において、不正出品対策としてビジネス規模に応じて相応の自主パトロール体制を構築すること、権利者がパトロールする場合に協力することも明記されている。

2021年4月2日には、消費者保護のための環境整備について定める「取引デジタルプラットフォームを利用する消費者の利益の保護に関する法律」が成立し、BtoC 取引が行われる取引デジタルプラットフォームの運営事業者に、販売業者と消費者との間の円滑な連絡を可能とする措置の実施、トラブル発生時の調査や、販売者の身元確認等の努力義務を課し（同法3条）、行政による危険商品等の出品削除要請と当該要請に応じたプラットフォーマーの出品者に対する免責（同法4条）、販売者情報の開示請求権（同法5条）などについての規定が設けられた。

CIPPにおいても、プラットフォーマーと権利者の協働によって自主的な取組みを推進し、知的財産権侵害品の流通を防止する取組みを継続していくとのことである。

Column 4-10　電子ショッピングモール運営者の商標権侵害リスク——チュッパチャプス事件

「Chupa Chups」の商標を付した商標権侵害商品（いわゆる偽ブランド品。バッグ、帽子等の小物）が楽天市場で複数の出店者により販売され、商標権者である原告（X）が楽天市場の運営会社（Y）に対して、商標法36条1項または不正競争防止法3条1項に基づく差止めと民法709条又は不正競争防止法に基づく弁護士費用相当額の損害賠償を求めた事案。

第1審判決（東京地判平22・8・31判タ1396号311頁）は、①出店者と顧客の間で売買契約が成立すること、Yが所有権移転義務・引渡義務を負わないことから、Yは「譲渡」の主体に該当しない、②「譲渡のための展示」の主体も出店者であるとして、Xの請求を棄却した。

これに対し、控訴審判決（知財高判平24・2・14判時2161号86頁〔**付録資料2裁判例7・52**（p.423・461）〕）は、ウェブページの運営者が出店申込みの拒否・出店者へのサービスの一時停止や出店停止等の管理・支配を行い、出店者からの基本出店料やシステム利用料の受領等の利益を受ける者であり、出店者による商標権侵害があることを知ったときまたは知ることができたと認めるに足りる相当の理由があるに至ったときは、その後の合理的期間内に侵害内容が削除されない限り、当該期間経過後は、商標権者は運営者に対し、商標権侵害を理由に出店者に対するのと同様の差し止め請求と損害賠償請求をすることができると判示した。判決においては、ウェブページ運営者の調査義務（商標法違反の指摘を受けたときは、出店者に意見聴取する等して侵害の有無を速やかに調査すべき義務）が指摘され、これを怠った場合は出店者と同様に差し止めや損害賠償の責任を負うと言及されている。その理由としては、商標権侵害を具体的に認識・認容する場合には、商標法違反の幇助犯が成立する可能性があること、ウェブページの運用により経済的利益を得ているほか、商標権侵害行為の存在を認識できたときは、出店者との契約により、コンテンツの削除、出店停止等の結果回避措置を執ることができること等が挙げられている。

本件においては、Yが一部の商品についてX代理人の発した内容証明郵便の到達日に削除していること、その余については展示日から削除日までの日数はあるものの、Yが確実に商標権侵害を知ったと認められる訴状送達日から８日以内に削除されていることから、合理的期間内に是正されたと認定され、結論においては原審と変わらず、Xの請求が棄却された。

インターネットショッピングモールの運営者としては、侵害行為にかかる警告文が届いたときには速やかに事実関係の調査を行い、侵害行為の有無について判断のうえ、合理的な期間内に削除対応を行うことが重要である。

第4節　発信者情報開示請求への対応

1　問題の所在

法5条は、特定電気通信による情報の流通によって権利侵害を受けた被害者が、プロバイダ等に対し、発信者の特定に資する情報の開示を請求できることを規定する。これは、被害者の被害回復を可能とするために、実体法上の請求権が創設されたものであり、被害者は、裁判外において、又は裁判上もしくは非訟手続上、発信者情報開示請求権を行使することができる。

もっとも、権利侵害情報の発信者が誰であるかという点は、表現の自由にかかわる事項であるほか、基本的には個人のプライバシーないし通信の秘密として保護されるべき情報であり、それを保有するプロバイダ等が正当な理由なく第三者に対して開示することは許されない。また、一旦発信者情報が開示されれば、その判断が誤っていた場合でも、開示前の状態に回復することは不可能であり、発信者情報がみだりに開示されないように慎重な枠組みとする必要がある。

こうしたことから、法は、侵害情報の流通による権利侵害の明白性という、一般の不法行為の成立より厳格な要件を定め（法5条1項・2項）、発信者の利益の保護のために発信者の意思が十分に反映されるよう、手続保護としてプロバイダ等に発信者から開示請求に応じるか（応じるべきでない旨の意見である場合にはその理由を含む）の意見聴取を義務づけているが（法6条1項）、直接の当事者ではないプロバイダ等が「権利侵害の明白性」の要件の充足について判断することは、容易ではない。

特に名誉毀損関係の事案については、違法性阻却事由がうかがわれる事情がないか、発信者の主張・提出資料や侵害情報の前後関係等も含めて総合的に判断しなければならず、権利侵害が明らかということが困難な場合が多い。また、著作権関係の事案については、違法性阻却事由についてはほとんど問題とならないことが想定されるものの、まず、著作権侵害に該当するかどうか判断が困難な場合もある。プロバイダ等が「権利侵害の明白性」について確信を持てず、発信者情報の開示について慎重に判断して開示に応じないこととした結果、開示請求者側に損害が発生する可能性もあるが、結果的にプロバイダ等に判断の誤りがあったとしても、不法行為の一般原則に従って過失による責任を負うとなると、プロバイダ等からすると相当酷である。

そこで、プロバイダ責任制限法は、発信者情報開示請求に応じないこととしたプロバイダ等の損害賠償責任を制限し、第５条１項または２項の要件を満たすか判断する際に、プロバイダ等に故意または重大な過失が認められる場合に限って、開示請求者に対して損害賠償責任を負わせるものとした（法６条４項）。

2　プロバイダ等のガイドラインに基づいた対応

(1)　対応の流れ

発信者情報開示請求書を受領したプロバイダ等は、発信者情報開示関係ガイドラインに沿った対応を行うことになるが、基本的な流れは以下のとおりとなる。

ア　発信者情報開示請求書の審査・発信者情報保有の確認

プロバイダ等は、①発信者情報の開示を請求する者、②特定電気通信による情報の流通により権利が侵害されていること、③侵害情報・被侵害権利が特定されていることについてそれぞれ確認する。具体的な確認事項は以下のとおりである（**図表4-7**〔p.260〕参照）。

(a)　請求者の本人確認

・本人による場合：署名または記名押印のある申立書に本人性を証明できる公的証明書（資料運転免許証、パスポートの写し、登記事項証明書の原本等）が添付されていることを確認する。

・代理人による場合：上記に加え代理権を証明する書類（代理人が弁護士の

場合には、委任状の相手方への提示の慣行がないことから不要。)、法定代理人（保護者等）による場合は、法定代理関係を証する住民票等の提出も求める。

なお、代理人が弁護士の場合で、権利を侵害された者の本人性を確認していることの表明があれば、本人性の証明資料の省略が可能。

・著作権等管理事業者による場合：管理事業者登録番号、著作権者との契約内容を示す資料の添付を確認する。

(b)　開示対象となる発信者情報保有の確認

・プロバイダ等が、特定発信者情報も含め、開示の対象となる発信者情報を保有しているか速やかに確認する。

・とりわけ令和3年改正法により創設された「特定発信者情報」については、侵害関連通信の要件（法5条3項・施行規則5条）に照らして該当する通信を特定し、保有の有無を確認する必要がある。

Column 4-11 ｜特定発信者情報とは

発信者情報であって専ら侵害関連通信に係るものとして総務省令で定めるもの（詳細は第2章2節❽〔p.47〕参照)。利用契約の申込み・認証（施行規則5条1号)、ログイン（同条2号)、ログアウト（同条3号)、利用契約の終了（同条4号）の際の通信を特定し、これらの通信に係る記録の保有の有無を確認する。複数保有する場合には、それぞれにおいて「侵害情報の送信と相当の関連性」を有する通信の記録が特定発信者情報となる。

相当の関連性が認められるのは、例えば、侵害情報の送信と最も時間的に近接して行われた通信等と解されていたが最二判令6・12・23裁判所ウェブサイトも同旨の判断をしている[67]（第2章参照)。

・抽出のために多額の費用を要する場合や、体系的に保管されておらず、

67）山根祐輔「『特定電気通信役務提供者の損害賠償責任の制限及び発信者情報の開示に関する法律施行規則』の解説」NBL1220号（2022年）8頁、「『発信者情報開示命令事件』に関する対応手引」6頁／脚注4。

プロバイダ等がその存在を把握できない場合には、「保有する」といえないと解されている[68]。

・発信者情報を物理的に保有していない場合、又は発信者情報の特定が著しく困難で開示が不可能な場合には、そのために開示が不可能であることを請求者に通知する。

（参照）**付録資料１　書式 15-５**
発信者情報不開示決定通知書〔p.409〕

(c)　被侵害権利・侵害情報等の確認

・電子掲示板・ウェブページ上の侵害情報の場合、開示請求書に記載されたURL及び対象となる情報を合理的に特定するに足りる情報（ファイル名、データサイズ、スレッドのタイトル、書込み番号等）に基づき、侵害情報が掲載され、又は掲載されていたことを確認できるかを検討する。

・不明確な場合には、請求者に書式修正や資料の追加を求める。

(d)　経由プロバイダの場合、提示情報の正確性

・SNS、電子掲示板・ウェブページを管理するプロバイダから、発信者の特定に資するとして提示されたIPアドレス、接続元（送信元）ポート番号、接続先IPアドレス移動端末設備等からのインターネット接続サービス利用者識別番号、SIMカード識別番号、タイムスタンプ等を提供された経由プロバイダは、侵害情報とともに、提示された情報の正確性を確認する。

裁判所の判決等に基づく場合……当該資料により確認。

任意に開示された場合……当該提示情報が侵害情報の発信の際に送信されたことおよび正確な記録であることを、管理者等が証した記名・押印のある書面により確認。

・侵害関連通信に係る発信者情報開示請求を受けた場合、確認過程においてコンテンツプロバイダのサービスに当該侵害関連通信に対応する機能（アカウント作成、ログイン等）がないことに気づいた場合等は、請求者か

68）総務省逐条解説34頁。

ら提示された情報が請求者の主張する特定発信者情報であることの確認を行ない、確認できない場合は請求を拒否する。

(e)　P2P型ファイル交換ソフトの場合、特定方法の信頼性

・IPアドレス・接続元（送信元）ポート番号、接続先IPアドレス、タイムスタンプ等の特定方法が信頼できるものであることに関する技術的資料等の提出があるか確認する。

・ただし、ガイドライン等検討協議会が特定方法の信頼性を認定した検知システムが用いられた場合には、技術的根拠資料の提出は不要となる。同協議会により信頼性が認定されている検知システムは、Winny、Share、BitTorrent、Gnutellaを対象とする「P2P FINDER」のみである。[69]

イ　発信者からの意見聴取

・発信者のプライバシー、表現の自由、通信の秘密等の発信者の権利利益が不当に侵害されることがないよう、発信者に対する意見照会書により、発信者情報の開示に対し、発信者が応じるかどうか、応じるべきでないとの意見の場合にはその理由も含めて意見を聴取しなければならない（法6条1項）。

・発信者に連絡することができない場合、請求者の主張する事実関係及び証拠書類によっては権利侵害が認められないと明確に判断できる場合は、意見聴取を行わなくてよいとされる。

・開示に同意する旨の回答を得られた場合には、プロバイダ等は発信者情報を開示し、同意が得られない場合には、権利侵害の明白性と発信者情報開示を受けるべき正当な理由について判断する。

（参照）**付録資料1　書式15**

書式15-1　発信者に対する意見照会書〔p.403〕

書式15-2　発信者からの回答書〔p.406〕

書式15-3　発信者（加入者のご家族・同居人）からの回答書〔p.407〕

69）ttps://www.telesa.or.jp/consortium/provider/p2ptechreq/index.html

ウ　権利侵害の明白性の判断

・請求者から提出された資料等に基づき、各事例の判断基準に則して権利侵害の明白性について判断する。権利侵害が明らかである場合とは、「不法行為等の成立を阻却する事由の存在をうかがわせる事情が存在しないこと」まで意味しているため、違法性阻却をうかがわせる事情があれば、プロバイダ等は任意での発信者情報開示を行わないことになる。

・発信者情報開示請求に任意に応じられるような明白性の認められるケースは多くなく、ここでの判断に誤りがある場合には、請求者から損害賠償請求を受けることになりかねない。法6条4項により、非開示の場合は故意または重過失が認められない限り損害賠償責任を負わないため、プロバイダ等が損害賠償責任を負うリスクは少ないものの、後日、訴訟提起された場合に「権利侵害の明白性」が認められないことについて主張することになるので、プロバイダ等は慎重に検討する必要がある。

エ　発信者情報の開示を受けるべき正当な理由の判断

・損害賠償請求権の行使、謝罪広告等名誉回復措置の要請、または削除要請等の差止請求権行使のためか。

・これらを理由とする場合、通常は正当な理由ありと判断が可能である。

ただし、差止請求の場合は、侵害情報が削除済みで請求の必要性がなくなっている場合もあり得るため、発信者の意見も考慮して判断する。

オ　（特定発信者情報の開示が請求された場合）補充的な要件の判断

・令和3年改正法で開示請求権の対象となった「特定発信者情報」についての補充的な要件（法5条1項3号）について、以下のいずれかを満たすかどうかについて判断する。

(a)　いわゆるコンテンツプロバイダ不保有（同号イ）

当該特定電気通信役務提供者が当該開示請求に係る発信者情報（特定発信者情報を除く）を保有していないと認めるとき

→　例）コンテンツプロバイダが投稿時IPアドレスを保有していない。

(b)　保有する特定発信者情報以外の発信者情報が、以下の発信者情報以外の発信者情報であって、総務省令で定めるもののみであると認めるとき（同号ロ）

(i) 侵害情報の発信者の氏名及び住所

(ii) 当該権利の侵害に係る他の開示関係役務提供者を特定するために用いることができる発信者情報

「総務省令で定めるもののみであるとき」は、以下の4つの場合。

・発信者その他侵害情報の送信又は侵害関連通信に係る者の氏名若しくは名称又は住所のいずれか一方のみ（施行規則4条、2条1号又は2号）

・発信者その他侵害情報の送信又は侵害関連通信に係る者の電話番号のみ（施行規則4条、2条3号）

・発信者その他侵害情報の送信又は侵害関連通信に係る者のSMTPメールアドレスのみ（施行規則4条、2条4号）

・侵害情報の送信に係るIPアドレス等に対応するタイムスタンプのみ（施行規則4条、2条8号）

→ 保有していても役に立たない場合が想定されている。

法5条1項3号イよりは緩和された要件。

(c) いわゆる経由プロバイダ不保有（法5条1項3号ハ）

当該開示の請求をする者が、法第5条1項の規定により開示を受けた発信者情報によっては、侵害情報の発信者を特定することができないと認めるとき

→ 過去に裁判外で開示された情報では特定できなかった場合や、過去の開示請求に対し、「当該発信者情報を用いて特定できる発信者情報を保有していない」旨の回答を受けた場合[70]が考えられる。

カ 請求の要件を満たすと判断できる場合

(a) 速やかに請求者に対し発信者情報を開示するとともに、発信者に対しても、開示した旨を通知する。

（参照）**付録資料1 書式 15-4**
発信者情報開示決定通知書〔p.408〕

70）発信者情報開示関係ガイドライン13頁／脚注17。

(b) 請求の要件を満たさないと判断できる場合／判断が困難な場合

請求者に対し、要件を満たさないと判断した理由とともに開示しない旨を通知する。発信者の意見聴取を行っている場合には、開示を行わなかったことを通知する。

（参照）**付録資料 1　書式 15-5**
発信者情報不開示決定通知書〔p.409〕

図表4-7　発信者情報開示請求にかかる対応の基本的な流れ

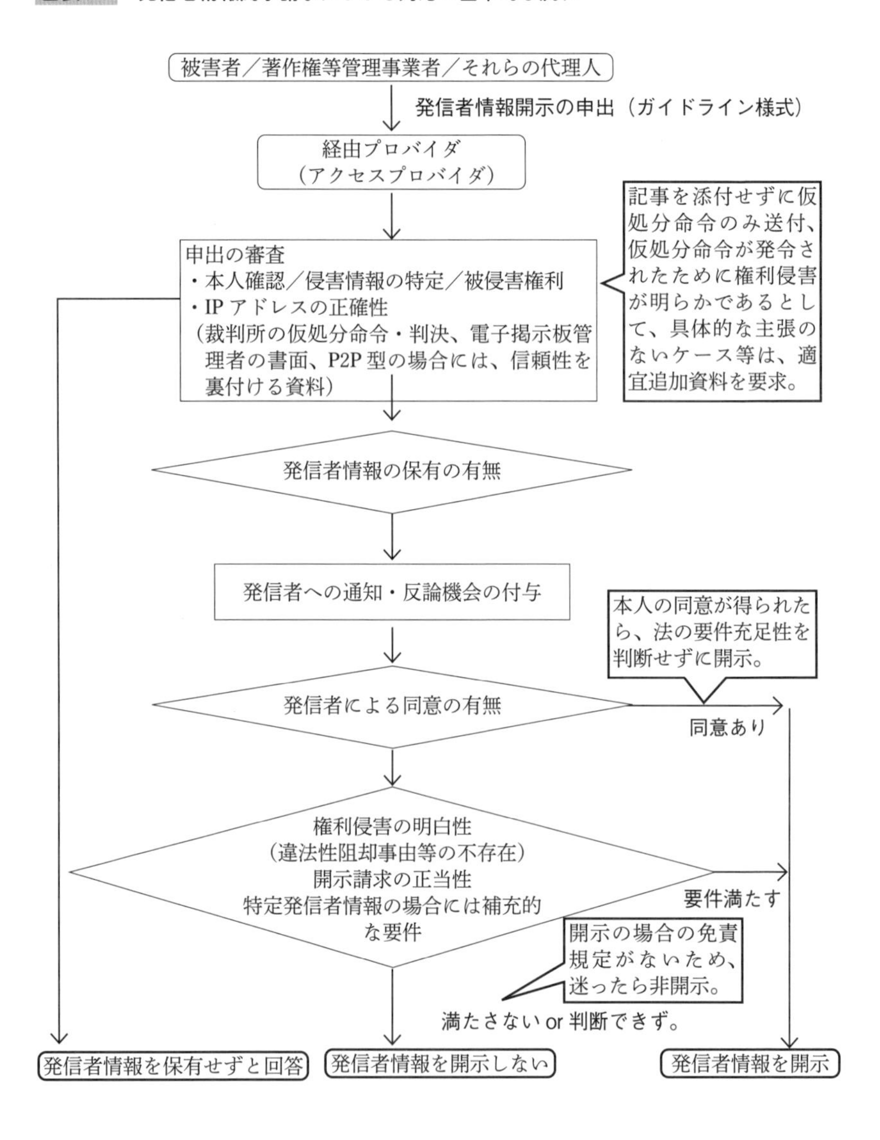

⑵　名誉毀損・プライバシー侵害事例における権利侵害の明白性の判断

ア　名誉毀損

名誉毀損の権利侵害の明白性は、個別の事案の内容に応じて以下の点を判断することになる。

・侵害情報により特定の者の社会的評価が低下したか。

・不法行為の成立を阻却する事由をうかがわせる事情が存在しないか。

①公共の利害に関する事実に係るものではないこと、②もっぱら公益を図る目的に出たものではないこと、③-１（事実摘示の名誉毀損については）摘示された事実が真実でないこと、③-２（意見ないし論評の表明による名誉毀損については）意見ないし論評の基礎となった事実の重要な部分について真実でないことのいずれかについて主張・立証されているか確認する。

なお、発信者の主観等請求者が関知し得ない事情について被害者側が主張・立証責任を負うものではなく、いわゆる真実相当性の要件に関する主張立証までは要しないとされる。

発信者情報開示ガイドラインでは、権利侵害の明白性が認められる場合の一般的な基準を設けることは難しいとしているが、発信者に対する意見聴取の結果、公益を図る目的がないこと、書き込みに関する事実が真実でないことを発信者が自認した場合については名誉毀損が明白、それ以外の場合については、権利侵害の明白性の判断に疑義がある場合は、裁判所の判断に基づき開示するという方向性を示している。なお、判断の参考資料として、ガイドラインの別冊裁判例要旨、一般社団法人セーファーインターネット協会の「権利侵害明白性ガイドライン（第１版）」が挙げられているので、裁判外での任意の開示の可否判断に際して、必要に応じて参照する。

イ　プライバシー侵害

プライバシー侵害の権利侵害の明白性については、一般的な基準を設けることは難しいとしながらも、これまでプライバシー侵害で発信者情報開示が認められた事例をふまえ、一般私人と公人等に分けて対応指針が示されている。

(a)　一般私人

以下の情報が本人を特定できる事項とともに不特定多数の者に公表された

場合は、通常はプライバシーの侵害となると考えられる。

・住所・電話番号等の連絡先

・病歴

・前科前歴

一般私人について、違法性を阻却するような事情（社会の正当な関心事である等）が存在することは一般的には考えにくく、プロバイダ等は、当該情報の公開が正当化されるような特段の事情がうかがわれなければ、発信者情報を開示することが可能である。

(b)　公人等

公人等[71)]は、職務との関係上、一定限度で私生活の平穏を害されることを受忍することが求められる場合があり、一般人とは異なる配慮が必要となる。公人等のプライバシー侵害の成否の判断は容易ではなく、参考となる裁判例の蓄積も少ないため、裁判所の判断に基づいて開示を行うことを原則とする。

(3)　著作権等侵害事例における権利侵害の明白性の判断

著作権等侵害を理由とする発信者情報開示請求の場合は、①請求者が著作権者等であること、②著作権等侵害の事実、③著作権の保護期間内にあること、および④権利許諾がなされていないことを確認する。これらのすべての条件を満たさない場合には、著作権等侵害の判断が必ずしも容易でないことから、ガイドラインの対象外となり、プロバイダ等としては司法判断に委ねることになる。各条件の充足性の判断は以下に従って行う。

ア　著作権者等であること

以下の証拠資料により確認する。

・登録がある場合の登録を証する書面

・著作権者等の氏名の表示

・広告物・カタログ等

・著作物と著作権者との関係を照会できるデータベースへの登録を証する

71)「公人」は、国会議員、都道府県の長、議員その他要職につく公務員等。「公人」に準じる公的性格を持つ存在として、会社代表者、著名人等。

書面
・二次的著作物の原著作者の場合には、それを証する書面等
・著作権等管理事業者が管理する著作物であることを確認した書面

イ　著作権等侵害

裁判外で開示を行うためには、著作権等の侵害を明確に判断できることが必要であり、ガイドラインには、著作権等侵害の判断が可能なケースが列挙されている。

・情報の発信者による著作権等侵害の自認
・著作権等の全部または一部の丸写し

なお、丸写しが発信者の創作物の一部に組み込まれている場合等、引用（著作32条）にあたる可能性がある場合には、判断は必ずしも容易ではないとされている。

・著作権等の全部または一部を丸写ししたファイルを標準的な圧縮方式（可逆的なもの）で圧縮

ウ　著作権等が保護期間内であること

著作権等の種類をふまえ、著作権法により保護期間を確認する。

エ　請求者が権利許諾をしていないこと。

・発信者から許諾を受けている旨の回答がなければ、請求者の申告を信頼。
・許諾の有無について争いがある場合には、発信者から許諾を証する資料を提出させる。

Column 4-12　P2P型ファイルソフトの交換による著作権等侵害にかかる発信者開示請求

P2P型ファイル交換ソフトの場合、請求者から、著作権等の権利を侵害するファイルを送信可能状態においたユーザのIPアドレス、当該IPアドレスと組み合わされた接続元（送信元）ポート番号、接続先ＩＰアドレス、タイムスタンプ等とともに、これらを特定した方法が信頼できるものであることに関する技術的資料等を提出してもらうことになる。ただし、ガイドライン等検討協議会が特定方法について信頼性が認

められると認定したシステムを用いてIPアドレス等を特定している場合には、当該資料の提出は不要となる。また、P２P型ファイル交換ソフトを利用したファイル送信による権利侵害は、ソフトによって技術的な仕組みが様々であり、①当該ファイルの流通が権利を侵害されるものであることのほか、②発信者が当該ファイルを送信可能状態に置いていた等、発信者の故意・過失により権利侵害が生じたことについても、根拠を示す資料を提出してもらうこととなる。[72)]

ファイル検出とIPアドレス特定の方法の正確性について、プロバイダ等が技術的な観点から判断することは困難であり、ガイドライン等検討協議会が信頼性を認定した検知システムであるP2P FINDERや、公表された裁判例で確認できるシステムを利用した場合等を除いては、基本的には裁判所の判断に委ねることとなると思われる。これまでWinMX、Gnutella、BitTorrent等を利用した侵害行為について、裁判例が公表されているところであり、[73)]今後の動向も注目される。

裁判例をみると、調査会社に依頼してIPの調査を行っているものが多いが、BitTorrentはピア（データ提供者）のIPアドレスが秘匿されないことから、調査会社が直接接続してIPアドレスを取得することもある。大阪地判令３・４・22（LEX/DB/L07650296）は、原告代理人が自らBitTorrentのインデックスサイトに接続し、データを提供するIPアドレスのリストを管理するサーバに接続し、開示請求に係るIPアドレスの端末よりデータのダウンロードを受けて著作権侵害を確認したが、特定の正確性を争う被告の主張を排斥し、裁判所は当該発信者情報開示請求を認容した。

⑷　商標権侵害事例における権利侵害の明白性の判断

商標権侵害が理由とされる場合は、①請求者が商標権者であること、②商標権侵害の事実、及び③権利許諾がなされていないことを確認する。これらの全ての条件を満たさない場合には、商標権侵害の判断が必ずしも容易でないことから、ガイドラインの対象外となり、プロバイダ等としては司法判断

72）発信者情報開示関係ガイドライン11頁／脚注15。

73）WinMXについて東京高判平26・５・26判タ1152号131頁、Gnutellaについて東京地判平26・６・25裁判所ウェブサイトおよび東京地判平26・７・31裁判所ウェブサイト等。

に委ねることになる。各条件の充足性の判断は以下に従って行う。

ア　商標権者であること

商標原簿の写しにより、請求者が商標権者または専用使用権者であることを確認する。

イ　商標権侵害

裁判外で開示を行うためには、商標権の侵害を明確に判断できることが必要であり、ガイドラインには、商標権侵害の判断基準が示されている。

(a)　次のいずれかに該当し、ウェブページ上の商品にかかる情報が真正品にかかるものではないと判断できること

・情報の発信者が真正品でないことを自認

・商標権者により製造されていない類の商品

・商標権者が真正品でないことを証する資料を示す商品

(b)　次のすべての事項が確認でき、商標権侵害であることが判断できること

・広告等の情報の発信者が業として商品を譲渡等する者である。

・当該商品が登録商標の指定商品と同一または類似の商品である。

・商品の広告等を内容とする情報に当該商標権者の登録商標と同一または類似の商標が付されている。

なお、類似性の判断は必ずしも容易でないため、登録商標と実質的に同一と判断できるものおよび裁判所または特許庁によって類似性に関する判断が示されているもののみガイドラインの対象とする。

ウ　請求者が権利許諾をしていないこと

発信者から許諾を受けている旨の回答がなければ、請求者の申告を信頼する。

争いがある場合には、発信者から許諾を証する資料を提出させる。

以上の要件を満たす形で発信者情報開示請求がなされ、発信者から具体的な主張もなされない場合には、プロバイダ等は、特段の事情がうかがわれない限り、発信者情報を開示する。

3　任意開示しなかった後の対応

(1)　法的手続への対応

請求者が発信者情報開示請求を訴訟外で行い、プロバイダ等から開示されなかった場合、あきらめて法的手続を講じない請求者も見受けられるが、司法手続に発展する事案も少なくない。

法的手続が講じられた場合は、プロバイダ等は、要件の充足性について裁判所の判断に委ね、仮処分命令、非訟事件手続における開示命令・情報提供命令、または判決に基づき発信者情報を開示ないし提供することになる。

コンテンツプロバイダや掲示板の運営管理者に対しては、これまで断行の仮処分命令申立てがなされ、IPアドレス・タイムスタンプ等の開示が請求されていたが、今後は、非訟事件手続の利用（開示命令申立て・提供命令申立て）がなされることも想定される。コンテンツプロバイダが発信者と直接のつながりをもたない場合には、意見照会を行うこともできず、具体的な反論等は困難であるため、短期間で裁判所の決定が下されることになる。

他方、経由プロバイダについては、法6条1項の定める発信者からの意見聴取手続が不可欠である。この意見聴取の対象は、当該開示請求への対応と、発信者が開示の請求に応じるべきでない旨の意見である場合にはその理由となる。なお、攻撃防御方法の提出等の個別具体的な行為をするに際して逐一発信者の意見を聴かなければならないことまで要求されるものではなく、発信者の意向が十分に反映されれば、ある程度包括的に意見を聴くことも認められるとされている。[74)]

もっとも、経由プロバイダ等は、開示命令申立てや訴訟が提起されたときには、任意開示請求の段階で発信者に意見照会手続を行っていてもあらためて発信者からの意見聴取を行い、証拠として提出するものの範囲、訴訟における抗弁の主張等について同人の意見があるか確認するほうが、対発信者との関係でトラブルになりにくく安全と思われる。開示請求者からの反論があった場合には、発信者に対してその概要を伝え、再反論についての意見や

74）総務省逐条解説47頁。

裏付け資料の提出等を求めることも考えられる。

(2) 発信者情報開示命令請求事件への対応

令和３年改正法により創設された発信者情報開示命令請求事件におけるプロバイダ等の対応については、円滑な実務対応に資する情報として、ガイドライン等検討協議会より新たに別冊として「『発信者情報開示命令事件』に関する対応手引き」（以下本章において「手引き」という）が公表された。[75] 手引きにおいて、手続の基本的な流れとして示された事項は以下のとおりである（**図表4-8**〔p.269〕参照）。

①　申立人がコンテンツプロバイダに対する開示命令・提供命令を申立て
・裁判所から開示命令・提供命令申立書の写しが送付されたとき（法11条１項）、プロバイダ等は、発信者と連絡することができない場合その他特別の事情がある場合を除き、発信者に対して意見照会を行う。[76]
・照会内容は、開示請求に応じるかどうか（プロバイダ等が開示しても良いか）、応じるべきでないとの意見の場合にはその理由（法６条１項）。
②　コンテンツプロバイダに対する提供命令の発令
・裁判所のコンテンツプロバイダに対する陳述聴取の手続が必要的でないため、陳述の聴取を経ずに提供命令が発令される場合がある。
③　コンテンツプロバイダによる経由プロバイダ名・発信者情報の特定
・コンテンツプロバイダは、自ら保有するアクセスログを調査して、侵害にかかる発信者情報（特定発信者情報を含む）の有無を確認する。特に、特定発信者情報については、侵害関連通信（侵害情報を送信したアカウントの作成、認証、削除、又は当該アカウントへのログイン、ログアウトの際の通信）を特定し、当該通信に係る記録の保有の有無を確認する。[77]
・発信者情報を保有している場合、発信者の通信を媒介した経由プロバイダの氏名又は名称及び住所（氏名情報等）の特定を行なう。

75）isplaw.jp/vc-files/isplaw/provider_hguideline_inform_guide_20220831.pdf

76）コンテンツプロバイダが発信者の情報を有していることは少ないと思われるが、通信キャリアがコンテンツプロバイダでもある場合等が考えられる。

77）①から④に該当する記録を複数保有している場合は、①から④の類型それぞれにおいて侵害情報の送信と相当の関連性を有する通信の記録が特定発信者情報となる（もし複数の類型の特定発信者情報を保有している場合は、それらすべてが開示対象となり得る)。「相当の関連性」の判断について困難な場合も予想され、今後の事例の集積を待つ必要があるが、一例については、Column4-11 **特定発信者情報とは**〔p.254〕参照。（手引き６頁／脚注４）。

④　経由プロバイダ名と住所を特定できた場合には、申立人に提供する。
・具体的には、経由プロバイダは、WHOIS、RDAP 等に基づいて検索して経由プロバイダの氏名または名称を特定する。
・住所は国税庁の「法人番号公表サイト」、登記事項証明書、登記情報サービスにより確認する。
・提供方法は、書面または電磁的方法により提供する。
・発信者情報を保有していない場合、保有していても経由プロバイダの氏名等情報を特定できない場合には、その旨申立人に通知する（書面または電磁的方法）。
⑤　経由プロバイダの氏名・住所等の提供を受けた申立人から、当該経由プロバイダに対して開示命令を申立て
⑥　申立人が経由プロバイダに対する開示命令の申立をした旨コンテンツプロバイダに通知
⑦　上記通知を受けたとき[78]、コンテンツプロバイダは、提供命令に従って、保有する発信者情報（IP アドレス、タイムスタンプ等）を経由プロバイダに提供する。
・経由プロバイダに情報を提供する際、対象となる事件が特定できるよう、発信者情報に加え、経由プロバイダに対する開示命令申立事件・当該発信者情報の提供に係る提供命令申立事件の事件番号（申立人から伝達されている場合）、提供命令の写しを提供することが考えられる。
⑧　経由プロバイダがコンテンツプロバイダから上記⑦の情報の提供を受けたとき
・経由プロバイダは、提供された IP アドレス等を元に発信者の氏名及び住所を特定する。
・経由プロバイダは、①と同様に、発信者に対して、開示請求に応じるかどうかと、応じるべきでないとの意見の場合の理由を意見照会する。
⑨　経由プロバイダに対する消去禁止命令の申立て
・陳述聴取は必要的でないため、陳述の聴取を経ずに消去禁止命令が発令される場合がある。
⑩　経由プロバイダに対する消去禁止命令の発令
⑪　経由プロバイダは、開示命令事件が終了するまで、前項で特定した発信者の氏名及び住所を保全する。

78）手引きは、申立人が通知するにあたっては「円滑に経由プロバイダに発信者情報を提供できるよう、①経由プロバイダに対して開示命令の申立てをした旨に加え、②当該経由プロバイダに対する開示命令事件及び当該経由プロバイダの氏名等情報の提供に係る提供命令事件の事件番号を併せて提供することが考えられる」としているので、かかる情報が不足している通知に対しては、誤りを避けるためにも追加で情報を求めるべきである。

⑫　裁判所において、発信者情報開示命令の決定がなされプロバイダ等に告知されたとき（なお、コンテンツプロバイダ及び経由プロバイダに対する各開示命令申立事件は併合されて決定がなされる。）
・経由プロバイダは、決定に従い、発信者の氏名及び住所を申立人に開示する。
・プロバイダ等は、①⑧の意見照会において、発信者が開示請求に応じるべきでないという意見を述べていたときは、当該発信者に対し（通知することが困難な場合を除き）、発信者情報開示命令が出されたことを遅滞なく通知する。
・開示命令の申立に対する決定（申立を不適法とする却下の決定を除く）に不服がある場合には、決定の告知を受けてから1月以内に異議の訴えを提起することができ、これを行わない場合には、当該決定は確定判決と同一の効力を有することになる。

図表4-8　発信者情報開示命令事件の流れ

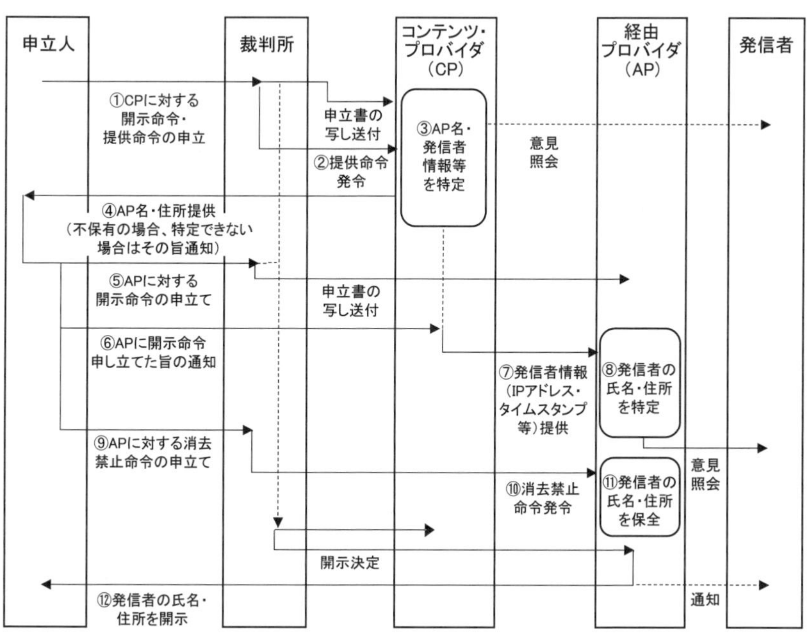

※　APに対する⑤の開示命令の申立てと⑨の消去禁止命令の申立ては、同一の申立書で行うことが想定される。

（参照）発信者情報開示命令に関する書式（**付録資料１　書式 16**）

書式 16-1　コンテンツプロバイダから申立人に対する情報提供書〔p.410〕

書式 16-2　申立人からコンテンツプロバイダに対する開示命令を申し立てた旨の通知書〔p.412〕

書式 16-3　コンテンツプロバイダから経由プロバイダへの発信者情報の提供〔p.413〕

書式 16-4　開示関係役務提供者から発信者に対する開示命令が発令された旨の通知書〔p.415〕

第5章

発信者の責任

インターネット上の言論空間の有する「光と影」

自由で公正な社会を維持し発展させるためには、インターネット上の言論空間におけるものを含め、表現の自由が護られる必要がある。他方、インターネット上の言論空間は、人の名誉やプライバシーを侵害する情報を瞬時かつ広範に流通させる危険性も有している。発信者は、インターネット上における発信の際も、当然に他人の名誉やプライバシーを尊重する必要があり、これに反して他人の権利を侵害する情報を投稿した場合には、民事・刑事上の責任を負う。

第1節　発信者が負い得る法的な責任

1　はじめに

インターネット上の違法・有害な投稿による被害は、近年、深刻な社会問題となっている。総務省が運営を委託する違法・有害情報相談センターでは、インターネット上の違法・有害情報についての相談を受け付けているところ、令和5年度の相談件数は6,463件となり、前年度の5,745件を上回り過去最多となった[1)]（**図表5-1**）。また、令和5年において新規に救済手続を開始したインターネット上の人権侵害情報に関する人権侵犯事件の数は1,824件となり、前年から103件増加している。[2)]その内訳を見ると、プライバシー侵害事案が542件、識別情報の摘示事案が430件、名誉毀損事案が415件となっており、これらの事案で全体の76％を占めている。

令和2年5月には、人気リアリティ番組の出演者が番組内での言動を巡ってSNS上で誹謗中傷を受けて自殺するという痛ましい事件が発生した。この事件発生も契機となり、インターネット上での誹謗中傷による被害は大きな社会問題として認識されることとなった。こうした中、違法な誹謗中傷への社会的非難及びかかる誹謗中傷を抑止するべきとの国民的意識の高まりを受け、誹謗中傷への対処等を目的とした侮辱罪の厳罰化が行われ、令和4年7月7日から施行された。従前、侮辱罪（刑法231条）の法定刑は「拘留又は科料」に限定されていたところ、改正法では、「1年以下の懲役若しくは禁錮

1）令和6年版情報通信白書（総務省）（https://www.soumu.go.jp/johotsusintokei/whitepaper/ja/r06/html/datashu.html#f001683）
2）法務省人権擁護局「令和5年における「人権侵犯事件」の状況について（概要）～法務省の人権擁護機関の取組～」（https://www.moj.go.jp/JINKEN/jinken03_00215.html）

若しくは30万円以下の罰金又は拘留若しくは科料」に引き上げられている。

自由で公正な社会を維持し発展させるためには、インターネット上の言論空間におけるものを含め、表現の自由が護られる必要がある。他方、インターネット上の言論空間は、人の名誉やプライバシーを侵害する情報を瞬時かつ広範に流通させる危険性も有している。発信者は、インターネット上における発信の際も、当然に他人の名誉やプライバシーを尊重する必要があり、これに反して他人の権利を侵害する情報を投稿した場合には、民事・刑事上の責任を負う。以下では、発信者が負い得るこうした責任について述べる。

図表５-１　**違法・有害情報に関する相談などの件数の推移**

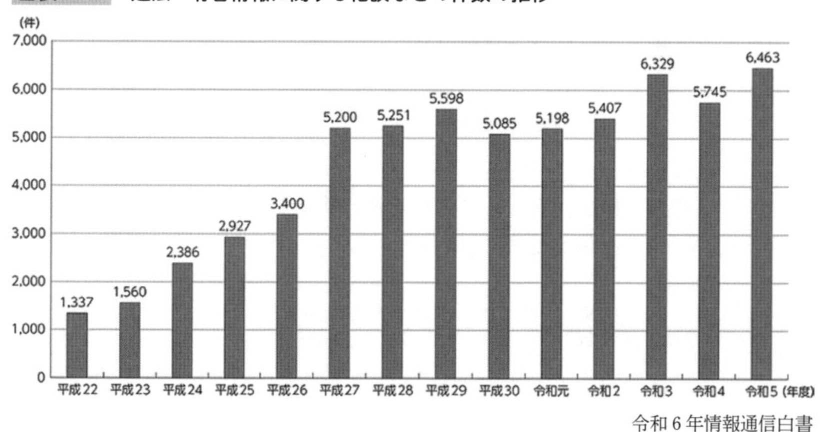

令和６年情報通信白書

2　民事上の責任

故意又は過失により他人の権利を侵害する情報をインターネット上に投稿した発信者は、その被害者に対し、不法行為に基づく損害賠償を行う義務を負う（民709条・710条。損害の額の推定につき著作114条および商標38条）。また、権利を侵害された者から侵害情報の削除を請求された場合、当該情報を削除する義務を負う（人格権、著作112条１項、商標36条１項に基づく差止請求）。

発信者が支払うべき損害賠償額は、慰謝料を含めた被害者の実損害額である。慰謝料は、裁判所が諸般の事情を考慮して裁量により算定する。慰謝料の算定上考慮すべき重要な要素としては、加害者側の事情として、①加害行為の動機・目的、②名誉毀損事実の内容、③名誉毀損の真実性・相当性の程度、④事実の流布の範囲、情報伝播力、被害者側の事情として、⑤年齢・職業・経歴、⑥被害者の社会的評価、⑦被害者が被った営業活動上・社会生活上の不利益などが考えられる。[3)]

我が国では名誉毀損の慰謝料が低額にすぎると批評されることもあるが、昨今の裁判では、従来よりも高額といえる慰謝料の支払いが命じられる場合も出てきた。インターネット上の名誉毀損等による損害は、その影響範囲が世界規模となり、かつ完全に消去し原状回復することが極めて困難であることに鑑みると、事案の悪質性、被害の重大性等を踏まえ、損害賠償額が相当多額に上る場合もあると考えられる。

さらに、被害者が発信者を特定するための調査や訴訟手続等には相当の費用がかかることがあり、その実費や発信者情報開示に至るまでに依頼した事件の弁護士費用についても損害賠償として請求され得ることに留意すべきである。調査費用全額を損害として認めた裁判例として、東京高判令２・１・23判タ1490号109頁（**付録資料２裁判例57**〔p.464〕）がある。

3　刑事上の責任

インターネット上での情報の発信行為が犯罪に該当する場合がある。この場合、発信者は被害者に対する民事上の責任のみならず、刑事責任も負うことになる。

たとえば、当該投稿行為が名誉毀損罪（刑230条１項）に該当する場合には、３年以下の懲役若しくは禁錮、又は50万円以下の罰金に処せられる。侮辱罪（刑231条）に該当する場合には、１年以下の懲役若しくは禁錮若しくは30万円以下の罰金又は拘留若しくは科料に処せられる。また、信用毀損罪や業務妨害罪（刑233条）に該当する場合には、３年以下の懲役又は50万円

3）塩崎勤「名誉毀損による損害額の算定について」判タ1055号（2001年）12頁、東京地方裁判所損害賠償訴訟研究会「マスメディアによる名誉毀損訴訟の研究と提言」ジュリスト1209号（2001年）66頁。

以下の罰金に処せられる。

また、著作権や商標権を侵害した場合にも刑事罰が科せられることがある。音楽等をインターネット上に違法配信した場合には、著作権法違反として10年以下の懲役若しくは1,000万円以下の罰金、又はこれを併科する（著作119条１項）とされている。[4)] 同様に、商標権を侵害した場合にも、10年以下の懲役若しくは1,000万円以下の罰金、又はこれを併科する（商標78条）とされている。

4）なお、平成24年に著作権法が改正され、動画等を違法配信する行為ばかりでなく、販売または有料配信されている音楽や映像について、それが違法配信されたものであることを知りながらダウンロードする行為（違法ダウンロード）についても、２年以下の懲役もしくは200万円以下の罰金、又はこれを併科する（著作119条３項）とされ、刑事罰が科せられることとなった。

第2節　権利侵害の類型

1　はじめに

インターネット上で他人の権利を侵害する発信を行った場合、発信者情報開示手続等を通じて自己の氏名・住所等が被害者に特定、開示され、損害賠償請求を受ける可能性がある。しかし、どのような投稿が他人の権利を侵害するものと評価され、発信者情報開示の対象となるかの判断は、必ずしも容易ではない。本節では、この点について、権利侵害の類型ごとに概観する。

2　権利侵害の類型

(1)　名誉毀損

ア　総　論

不法行為の被侵害利益としての名誉（民710条、723条）は、判例上、「人の品性、徳行、名声、信用等の人格的価値について社会から受ける客観的評価」であるとされる（北方ジャーナル事件・最大判昭61・6・11民集40巻4号872頁〔**付録資料2裁判例1**（p.418）〕、最三判平9・5・27民集51巻5号2024頁）。名誉毀損とは、こうした他人の社会的評価を低下させる行為のことをいう。

インターネット上で投稿した情報が他人の客観的な社会的評価を低下させるものかどうかは、当該記述についての一般の閲覧者の普通の注意と読み方を基準とし、問題とされた記述部分の前後の文脈や、記述の公表当時に一般の閲覧者が有していた知識ないし経験等を考慮して判断される（最二判昭31・7・20民集10巻8号1059頁、最三判平9・9・9民集51巻8号3804頁〔**付録資料2裁判例31**（p.446）〕参照）。

名誉毀損には、事実摘示型と意見論評型の2つの類型があり、最一判平16・7・15民集58巻5号1615頁が、それぞれの場合の名誉毀損の成立要件を以下のように説明している。名誉毀損の成否を検討するうえでは、いずれの類型に分類されるかを検討することが必要となる。

〔事実摘示型〕
事実を摘示しての名誉毀損にあっては、その行為が公共の利害に関する事実に係り、かつ、その目的が専ら公益を図ることにあった場合に、摘示された事実がその重要な部分について真実であることの証明があったときには、上記行為には違法性がない。
仮に上記証明がないときにも、行為者において上記事実の重要な部分を真実と信ずるについて相当の理由があれば、その故意又は過失は否定される。

〔意見論評型〕
一方、ある事実を基礎としての意見ないし論評の表明による名誉毀損にあっては、その行為が公共の利害に関する事実に係り、かつ、その目的が専ら公益を図ることにあった場合に、上記意見ないし論評の前提としている事実が重要な部分について真実であることの証明があったときには、人身攻撃に及ぶなど意見ないし論評としての域を逸脱したものでない限り、上記行為は違法性を欠くものというべきである。
仮に上記証明がないときにも、行為者において上記事実の重要な部分を真実と信ずるについて相当な理由があれば、その故意又は過失は否定される。

イ　同定可能性（特定可能性）について

同定可能性とは、名誉毀損等の誹謗中傷の対象者及び権利を侵害されたと主張する者が同一であると特定可能であることをいう。

そもそも、ある投稿が名誉毀損にあたると評価するには、その投稿が「他人の」客観的な社会的評価を低下させるものといえる必要がある。そのため、名誉毀損の対象となる人物が特定できなければ、権利を侵害されたと主張する者の社会的評価を低下させたと認めることができず、権利侵害が明白とはいえないため、発信者情報の開示も認められない。

たとえば、実名で名指しされた場合は、基本的に同定可能性が認められることになる。他方、名誉毀損にあたる投稿それ自体により個人を厳密に特定できない場合でも、一般の読者の通常の注意と読み方により、前後の文脈や周辺事情（電子掲示板のスレッドタイトル、同一スレッド内の投稿、ハイパーリンク先の記事等）を踏まえて対象が誰か特定することができる場合には、同定可能性が認められることがある。

たとえば、とある医療法人に関する掲示板に「福岡の内科」と記載したうえで氏の一部を伏せ字にして名誉毀損にあたる投稿をした場合において、当該医療法人の福岡病院のホームページによると、同病院の内科医で当該文字が氏に含まれる医師は原告のみであり、一般の閲覧者も容易に対象を原告と認識できるとした事例として、東京地判平27・９・16判例集未登載[5]がある。

ウ　違法性が阻却される場合について

発信者が名誉毀損にあたる投稿をした場合でも、その投稿内容の公益性等を踏まえて違法性が阻却されることがある。違法性が阻却される場合、「権利が侵害されたことが明らかであるとき」という要件を満たさず開示は認められない。したがって、違法性阻却事由の有無は、名誉毀損を理由とした発信者情報開示が認められるかにおいて、大きな争点となり得る。

判例上、名誉毀損が成立する場合でも、投稿内容が公共の利害に関する事実に係り、専ら公益を図る目的に出た場合において、摘示された事実が真実であると証明されたときには違法性はなく、また、仮に摘示された事実が真実でなくても、行為者において、投稿内容が真実であると信ずるについて相当の理由があるときには故意・過失が認められず、不法行為は成立しないとされている（最一判昭41・６・23民集20巻５号1118号）。

違法性阻却事由についていえば、名誉毀損の主張に対し、①投稿内容が公共の利害に関する事実に係ること、②投稿が専ら公益を図る目的にあること、③摘示された事実ないし意見論評が前提としている事実が真実であることの３要件が立証された場合には、違法性が阻却され、不法行為には当たらないことになる。

なお、名誉毀損を理由とした損害賠償請求訴訟では、上記①～③は「真実性の抗弁」として、その主張立証責任は発信者が負担するが、発信者情報開

5）**付録資料２裁判例40**（p.451）。

示の手続では、その立証責任が転換されている。すなわち、発信者情報開示の手続では、開示を求める被害者側が上記①〜③の各事由の存在をうかがわせるような事情が存在しないことを示さなければ、権利侵害の明白性が否定され、発信者情報開示が認められないことになる。

発信者情報開示請求を受けたプロバイダ等は、発信者と連絡がとれない場合等を除き、発信者に対して開示に応じるかどうかの意見（開示に応じるべきでない旨の意見である場合にはその理由を含む。）について、意見を聴取しなければならない（法６条１項・２項）。発信者情報開示関係ガイドライン15頁では、「発信者に対して意見を聴取した結果、公益を図る目的がないことや書き込みが真実でないことを、発信者が自認した場合などには、名誉毀損が明白であると判断してよい場合がある」と記載されていることも踏まえ、発信者としては、自身の投稿について違法性が阻却されると考えている場合、その根拠も含めプロバイダ等に積極的に伝えていく必要がある。

目的の公益性及び真実性についての判断事例を挙げると、以下のようなものがある。

(a)　目的の公益性についての判断事例

目的の公益性については、刑事事件での判断ではあるが、「記事の内容・文脈等外形に現れているところだけによって判断すべきことではなく、その表現方法、根拠となる資料の有無、これを取り扱うについての執筆態度等を総合し、それが公益目的に基づくというにふさわしい真摯なものであったかどうかの点や、更には記事の内容・文脈等はどうあれ、その裏に隠された動機として、例えば私怨を晴らすためとか私利私欲を追求するためとかの、公益性否定につながる目的が存しなかったかどうか等の、外形に現れていない実質的関係をも含めて、全体的に評価し判定すべき事柄である」とされている（東京地判昭58・６・10判時1084号37頁）。

〔目的の公益性を否定した事例〕

・ある病院の勤務医が不貞行為を行っている事実を摘示した投稿について、「本件書き込みは、原告が一勤務医に過ぎないこと及びその記事内容に照らせば、摘示された事実に公共性があり、また、本件発信者の目的が専ら公益を図るために投稿したということはできず、不法行為の成立を妨げる違法性阻却事由の存在をうかがわせる事情は見当たらない。」とされ、公益性が否定された（東京地判平27・9・16判例集未登載）[6]。

・店舗店長が店舗を「私物化」しているなどと記載した投稿にかかる発信者情報開示請求訴訟において、プロバイダ側は、発信者はパワハラや横領の事実を摘示しており違法性阻却事由がないとはいえないと主張したが、店長の勤務態度が本件店舗や本件店舗の運営事業者に対して問題となっていないこと、投稿に公益目的をうかがわせる記載がなく、発信者が提出したプロバイダに対する回答書に投稿した意図に関する記載もないこと、「外道」、「醜男」、「ジジイ」、「バカ」など原告の人格や容姿を非難する文言を用いて投稿をしており、そのような投稿内容に照らしても、本件名誉毀損等投稿の目的には、原告を貶める意図があると推認されるとして、目的の公益性が否定された（東京地判平31・2・21判例集未登載）[7]。

上記各事例からわかるとおり、目的の公益性の有無の判断においては、発信された情報の内容、表現方法等に加え、プロバイダに対する回答書における記載も斟酌され得る。

〔目的の公益性を肯定した事例〕

企業の口コミサイトにおいて、会社についての情報として、「あまりにも酷いサービス残業が問題となり、2007年に労働基準監督署の監査が入り、労働条件の見直しが求められた。その後、改善する方向に向かうと思いきや、経営者は給与明細の名目を小細工し、抜け道を探ろうとするなど、全く反省の姿が見られなかった」などと投稿したことについて、目的の公益性が認められるかが問題となった。

判決は、以下のように述べて投稿の公益性を肯定した。すなわち、「転職ないし就職を検討しようとしている者が就職先を選択するに際しては、企業の良い情報だけではなく、ネガティブな情報も収集することが有益であり、特に労働条件や職場環境に関する情報は、企業側が発信する情報だけではなく、当該企業で働く者によって提供される情報があればそれも重要である」

6）前掲注記5）。
7）**付録資料2裁判例47**（p.457）。

として企業の口コミサイトにおけるネガティブな情報の役割を積極的に評価したうえで、「当該企業に関する労働条件や職場環境に関するネガティブな情報が本件のようなサイトで公表され、提供されることが一般的に公益目的を欠くということはできない。そして、本件投稿記事も、……本件サイトの上記のような趣旨に則って投稿されたものであると認められ、そのような表現に照らし、少なくとも主として私的な怨恨を晴らす目的でされたとも認められない」と判断した（東京地判平25・12・10判例集未登載[8]）。

(b)　真実性についての判断事例

事実の公共性・目的の公益性を充足した名誉毀損表現について真実性が認められるかの判断においては、当該表現のうち重要な部分について真実性が認められるかが問題となる。

〔真実性を肯定（反真実性の疎明がないと判断）した事例〕

医療法人が発信者情報開示仮処分を申し立てた東京地決令２・２・20判例集未登載[9]では、受付職員が患者の話を他の患者に聞こえる音量で話していた事実、受付職員が電話応答後、電話相手に対する悪口と受け取られる会話を患者に聞こえるように話していた事実などがGoogle Mapの口コミとして投稿されたことについて、反真実性の疎明の有無が問題となった。医療法人は、受付職員にプライバシー等に関する講習を行っていること、防犯カメラの存在による抑止力、防犯カメラのデータ、受付職員が受付で電話対応を行うことが稀であること等により、反真実性の疎明があると主張したのに対して、裁判所は、「受付の人達のお喋り」等の口コミも投稿されていたことを指摘のうえ、受付職員が他の患者に聞こえる音量で話していることが窺えるとし、医療法人側の反真実性にかかる主張については疎明がないと判断した。

〔真実性を否定した事例〕

弁護士法人である原告が、ブラック会社すなわち適法な労務管理が行われていない会社であるなどと摘示された投稿について、発信者情報開示請求訴訟を提起した東京地判平26・８・５判例集未登載[10]は、原告では、弁護士及

8）付録資料２裁判例37（p.450）。
9）LEX/DB/25564903。

び4名のパラリーガル（弁護士補助職）を除き、定時勤務時間が午前9時30分から午後6時30分となっており、弁護士、パラリーガル、管理職及び遅番以外の従業員は、原則として午後6時30分を過ぎれば帰ることになっていること、残業は許可制であり、残業をした場合には定時勤務時間に応じた賃金に加えて残業時間に応じた残業代が従業員に支給されること、土日等の休日については、弁護士以外の者は出勤することができないことなどを理由として、上記記事につき摘示された事実が真実であることが証明されるとうかがわれるような事情は存在しないとした。

(2)　名誉感情の侵害・侮辱

ア　総　論

インターネット上では、他人の行為についての論評が行われることも多い。こうした論評の中で通常甘受すべき程度を超える侮辱的表現が使用された場合、当該侮辱的表現を使用された者の名誉感情の侵害が認められ、投稿が違法となることがある。

イ　侮辱による名誉感情侵害が認められた具体例

名誉感情を侵害すると認められた表現はさまざまあるが、たとえば、投稿中で用いられた「基地外」という表現について、一般の読者の通常の注意と読み方を基準とすれば、状態が著しく常軌を逸した人間を意味する「気違い」という単語の言い換えであると理解されるとしたうえで、当該表現は原告の人格を著しく貶めるものであり、社会通念上許容される限度を超えて原告の名誉感情を侵害するものと判断した事例（東京地判平31・2・21判例集未登載[11]）がある。また、同事例では、「手グセの悪い」という投稿についても、「盗癖がある」や「女癖が悪い」ということを意味する「手癖が悪い」という意味と理解される記載であり、原告が犯罪行為や女性に対する対応に問題がある人物であるとの印象を与えるものであり、社会通念上許容される限度を超えて原告の名誉感情を侵害するものと認めている。

10）付録資料2裁判例38（p.451）。
11）付録資料2裁判例47（p.457）。

他方、「加齢臭」や「肌荒れ男」という原告の身体的特徴を揶揄するような記載については、「加齢臭という表現は、ある程度の年齢となった者には生じ得るものであるし、「肌荒れ」という表現も、それ自体では一過性の現象にすぎないと理解されるものである」などとして、その記載をもって社会通念上限度を超えて原告の名誉感情を侵害するものとは認めなかった（もっとも個別事例での判断であり、同様の表現について、異なる判断がされる可能性もある。）。

⑶　投稿行為以外の手段による名誉毀損・名誉感情侵害の類型

ア　サジェスト汚染

検索エンジン等において、あるキーワードを入力するとそれに関連した検索候補が自動的に出てくる機能をサジェスト機能というところ、同機能を利用してあるキーワードに対して否定的なイメージの用語が併記された検索候補を表示させることをサジェスト汚染という。具体的には、特定の個人名と否定的なイメージの言葉を意味もなく羅列して書き込むことでサジェスト汚染をする方法が取られる。東京地判平29・１・30判例集未登載[12]の事案においては、弁護士である原告が、氏名に「懲戒処分」、「共犯」、「依頼者に暴行」、「犯罪者」、「弁護士失格」、「逮捕」、「死刑」、「脱獄」、「懲戒免職」、「もみ消し」、「恐怖」、「危険」、「買収」及び「児童ポルノ」など否定的なイメージの強い言葉又は事実を併記されてサジェスト汚染を受けたことにより、社会的評価が低下して名誉権・名誉感情が侵害されたと主張したところ、裁判所は、このような書き込みについて、書き込まれた者の社会的評価を低下させるものであることは明らかであると判断した。

イ　リツイート行為

Twitter上におけるリツイート行為が名誉毀損ないし名誉感情の侵害となる場合もある。また、他人による名誉毀損や侮辱的投稿について反対する趣旨でリツイートする場合であっても、当該投稿内容に反対する旨の留保をつけているといった事情がない限り、当該記事に賛同しているものとして評価

12）**付録資料２裁判例42**（p.453）。なお、被告特定のために多大な時間と労力を費やされたとして慰謝料150万円が請求されたところ、裁判所は、被告特定前に被告の父への前訴提起を余儀なくされたことも考慮のうえ、慰謝料50万円を認容した。

され、結果として、権利侵害が成立する可能性がある可能性もある。たとえば、東京地判平26・12・24判例集未登載[13]は、事例判断ではあるが、リツイートも、ツイートをそのまま自身のツイッターに掲載する点で自身の発言と同様に扱われるものであり、表現者の発言行為と見るべきとしている。

(4)　プライバシー侵害

ア　総　論

第三者のプライバシーを侵害する投稿も、権利侵害となり得る。

プライバシー侵害による損害賠償請求を認めたリーディングケースである東京地判昭39・9・28判時385号12頁は、プライバシーの侵害に対し法的な救済が与えられるためには、公開された内容が（イ）私生活上の事実又は私生活上の事実らしく受け取られるおそれのあることがらであること、（ロ）一般人の感受性を基準にして当該私人の立場に立った場合公開を欲しないであろうと認められることがらであること、換言すれば一般人の感覚を基準として公開されることによって心理的な負担、不安を覚えるであろうと認められることがらであること、（ハ）一般の人々に未だ知られていないことがらであることを必要とし、このような内容が公開されたことによって当該私人が実際に不快、不安の念を覚えたことを必要とする、としている。

インターネット上の投稿によりプライバシー侵害が認められるかについては、個別事例ごとの検討が必要となる。この点、発信者情報開示関係ガイドライン17頁では、「一般私人の個人情報のうち、住所や電話番号等の連絡先や、病歴、前科前歴等、一般的に本人がみだりに開示されたくないと考えるような情報については、これが氏名等本人が特定できる事項とともに不特定多数の者に対して公表された場合には、通常プライバシー侵害となると考えられる。」とされており参考となる。

また、一般には名誉、喜ばしいこととして受け止められる事実であっても、その摘示によりプライバシー侵害が認められる場合もあるため、注意が必要である。

13）付録資料2裁判例39（p.451）。

イ　プライバシー侵害についての判断事例

〔プライバシー侵害を認めた事例〕

・商業登記簿に記載されていた住所情報を投稿したことについて、「原告の住所に関する情報が会社の登記に記載されていたとしても、それによって、原告の住所が一般の人々に広く知られているとはいえない。また、当該登記の情報が、いつ、どのスレッドにアップロードされていたかは明らかではないが、仮にそういったものが存在したとしても、やはり、原告の住所が一般の人々に広く知られているとはいえない。したがって、住所をみだりに公表されたくないという原告の期待が法的保護の対象になるという結論は左右されないというべきである。」としてプライバシー侵害を認めた（東京地判平30・７・17判例集未登載[14)]）。

⑸　著作権侵害

ア　総　論

インターネット上では多種多様なコンテンツが流通しており、著作権者の許可を得ることなくコンテンツが公開、共有されることによる著作権侵害も多く生じている。以下、どのような場合に著作権侵害が生じるかを検討する。

イ　投稿におけるハイパーリンクの設定表示による著作権侵害

インターネット上における投稿を行う際、自らの発信に関連したウェブページを関連ページとして示すため、ハイパーリンクを設定表示することがある。著作物性が認められる他人のウェブページのハイパーリンクを設定表示する行為について、著作権法上の問題が生じるであろうか。

ハイパーリンクを設定表示する行為は、技術的な点から見ると、ハイパーリンク先のウェブページの所在を示すURLを、ハイパーリンク元のウェブページを構成するhtmlファイルに書き込むという作業をすることを意味する。すなわち、当該行為において、ハイパーリンク先のウェブページや画像等のコンテンツを、自ら送信したり、複製したりしているわけではない。

ウェブページを閲覧するユーザーの視点から見ると、ハイパーリンク元の

14）付録資料２裁判例45（p.456）。

ウェブページ中に記述されたハイパーリンク先のウェブページのURLをクリックする等の操作を行うことにより、ハイパーリンク先のウェブページを閲覧することになる。この際、ハイパーリンク先のウェブページのデータは、ハイパーリンク先のウェブサイトからユーザーのコンピュータへ送信され、ハイパーリンク元のウェブサイトに送信されるわけではない。

以上のような技術的な点を踏まえ、経済産業省が電子商取引等の論点について解釈を示した電子商取引及び情報財取引等に関する準則166頁（経済産業省令和4年4月改訂）[15]では、リンクを貼ること自体により、公衆送信、複製のいずれも行われているわけではないから、原則としては、著作権侵害の問題は生じないと考えるのが合理的とされている。

裁判例上も、リンクを貼る行為について著作権侵害を認めなかった以下の事例がある。

〔著作権侵害を認めなかった裁判例〕

事案は、原告（個人）が、上半身に着衣をせずに大阪市内のファストフード店に入店する模様や、原告自身が店員や警察官と対応する様子等を撮影し、これを動画として、「ニコニコ生放送」にライブストリーミング配信したところ、被告（ニュースサイトの配信等を行う株式会社）がウェブサイト内に掲載した記事において、当該動画に付されていた引用タグ又はURLを当該ウェブサイトの編集画面に入力して、当該記事の上部にある動画再生ボタンをクリックすると、当該ウェブサイト上で当該動画を視聴できる状態にし、当該記事の末尾に、「参照元：ニコニコ動画」と記載したというものである。原告は、被告の行為について、公衆送信権侵害等を主張した。

判決（大阪地判平25・6・20判時2218号112頁〔**付録資料2裁判例59**（p.465）〕）は、「本件動画のデータは、本件ウェブサイトのサーバに保存されたわけではなく、本件ウェブサイトの閲覧者が、本件記事の上部にある動画再生ボタンをクリックした場合も、本件ウェブサイトのサーバを経ずに、「ニコニコ動画」のサーバから、直接閲覧者へ送信されたものといえる。すなわち、（中略）本件動画のデータを端末に送信する主体はあくまで「ニコニコ動画」の

15）https://www.meti.go.jp/policy/it_policy/ec/20220401-1.pdf

管理者であり、被告がこれを送信していたわけではない。」などとして、公衆送信権侵害等を否定した。

もっとも、ハイパーリンクの設定表示が一切著作権侵害にならないわけではないことには留意が必要である。たとえば、ユーザーのコンピュータでの表示態様がリンク先のウェブページ又はその他著作物であるにもかかわらず、リンク元のウェブページ又はその他著作物であるかのような態様で設定表示されたような場合は、別途、著作者人格権侵害等の著作権法上の問題が生じる可能性がある[16]。

ウ　Twitter（現X）におけるリツイートによる著作権侵害

SNSにおいて、自ら積極的に権利侵害に当たる投稿をしなくても、権利侵害にあたる第三者の投稿を拡散したことを理由として、発信者としての責任を問われることがある。

たとえば、Twitterにおいては、第三者のアカウントから投稿された投稿（ツイート）をリツイート（第三者のツイートを自らのフォロワーに対して紹介したり、内容を引用して意見を表明したりすることができる、再投稿機能の利用）することができるところ、かかるリツイートによって、発信者として損害賠償責任を問われる可能性がある。

リツイートによる権利侵害が裁判上問題となった事例として、最三判令２・７・21民集74巻４号1407頁（**付録資料２裁判例63**〔p.468〕）がある。同判決の事案の概要は、次のとおりである。写真家である原告は、自らが撮影した写真画像を自らのウェブサイトに掲載していたところ、氏名不詳者が原告に無断で画像を複製し、複製画像をTwitter上でツイートした。さらに、被告を含む複数の者が複製画像を含む同ツイートをリツイートしたことから、原告は、これらのツイート及びリツイートの各行為が、自らの写真についての複製権、公衆送信権、氏名表示権、同一性保持権の各権利を侵害するものであるとして、ツイートした者及びリツイートをした者の発信者情報を開示するよう請求したものである。

リツイート者との関係では、リツイートという行為により原告の権利侵害

16）前掲 電子商取引及び情報財取引等に関する準則166頁参照。

がなされたことになるのかが争点の１つとなった。技術的に見ると、リツイートによって原ツイートの画像が表示されるのは、原ツイートの画像ファイルへのリンクが自動的に設定されることによる。すなわち、リツイート者のフォロワーが画像を閲覧できるのは、ユーザーがウェブページにアクセスすることによって、自動的に、サーバーからリンク画像表示データがユーザーの端末に表示されるためである。以上のようなリツイートの特性に基づき、リツイートという行為によって、リツイート者を主体とした上記権利侵害がなされたことになるのかが争点となった。

争点のうち氏名表示権については、Twitterのシステム上、リンク先の画像の表示の方法に関するHTML等の指定方法により、元の画像とは大きさが異なる画像やトリミングされた画像が表示されることとなっていたところ、本件では、リツイートに伴う自動的なトリミングに伴い、元の画像から原告の氏名表示部分が消えていたことから、原告の著作物たる写真が改変されたことになるのではないかが問題となったものである。

本件について、控訴審（知財高判平30・４・25判時2382号24頁）では、リツイートの技術的特性を踏まえ、リツイートによる原告の複製権侵害及び公衆送信権の侵害の主張については退けた。他方、氏名表示権侵害及び同一性保持権侵害の主張については、リツイート行為によって、「HTMLプログラムやCSSプログラム等により、位置や大きさなどを指定された」ために、本件写真画像において原告の氏名が表示されなくなるとともに、改変がなされたとして、原告の主張を認めた。

これについてTwitter社が上告受理申立てを行ったところ、最高裁は、氏名表示権侵害の主張等について上告受理を行ったうえ、判決により上告を棄却した。最高裁は、氏名表示権の侵害が認められる理由について、「本件各リツイート者は、その主観的な認識いかんにかかわらず、本件各リツイートを行うことによって、（中略）本件元画像ファイルへのリンク及びその画像表示の仕方の指定に係る本件リンク画像表示データを、特定電気通信設備である本件各ウェブページに係るサーバーの記録媒体に記録してユーザーの端末に送信し、これにより、リンク先である本件画像ファイル保存用URLに係るサーバーから同端末に本件元画像のデータを送信させた上、同端末において上記指定に従って本件各表示画像をトリミングされた形で表示させ、本件氏名表示部分が表示されない状態をもたらし、本件氏名表示権を侵害したものである。そうすると、上記のように行われた本件リンク画像表示データの送信は、本件氏名表示権の侵害を直接的にもたらしているものというべき」と述べている。

上記最高裁判決においては、リツイート行為が複製権侵害や公衆送信権侵害にあたるかについては判断されていないものの、少なくとも、リツイート行為が氏名表示権の侵害となる場合があることを認めた点で重要である（なお、同一性保持権の侵害については上記最高裁判決において判断されていないものの、知財高裁判決においては侵害が認められ、最高裁もこの判断を否定していない。また、氏名表示権侵害を認めた理由については、同一性保持権侵害についても基本的に妥当するように思われる。）。

Twitterの利用者としては、リツイート行為によっても著作権侵害の責任を負う可能性があることを十分に理解し、リツイート内容に名誉毀損や著作者人格権侵害の内容が含まれていないか等を十分に確認する必要がある。また、その他のSNSについても、他人の投稿を再投稿する行為については、同様の責任が認められ得ることに留意すべきである。

Column 5-1 | ハイパーリンクの設定表示による名誉毀損

昨今、インターネット上では、電子掲示板やSNS等における投稿において、第三者の投稿記事に移行するためのハイパーリンクを設定表示したうえで、自らのコメントを付記することが普通に行われている。

仮に、自らのコメントが名誉毀損等に該当するものでなくとも、当該コメントで引用するリンク先の記事の内容が名誉毀損等にあたる場合、自らのコメントにおいてハイパーリンクを設定表示したことを原因とした法的責任が発生するのだろうか。

このようなケースが問題となった裁判例（東京高判平24・4・18判例集未登載[17]）は、自らの投稿記事自体を単独で見れば名誉毀損とまでは言い難い場合であっても、投稿した経緯等も考慮して、投稿者が意図的にリンク先の記事に移行できるよう投稿記事にハイパーリンクを設定表示して、当該投稿記事にリンク先の記事を取り込んでいるといえるような場合には、リンク先の内容も当該投稿記事の内容となっているなどとして、名誉毀損が成立すると判示した。ハイパーリンクを設定表示する行為についても、場合によっては名誉毀損等と判断される可能性がある点に注意が必要である。

Column 5-2 ｜ファイル共有ソフト（P2P ソフト）の利用に伴う危険性

ファイル共有ソフト（Winny、BitTorrent等のP2Pソフト）の利用には、明確な認識なく著作権侵害を行う危険性があるため、注意する必要がある。たとえば、BitTorrentを用いて動画等をダウンロードすると、他のユーザーからの要求があれば当該ファイルを提供しなければならないため、ダウンロードを行うと、同時に当該ファイルをインターネット上へアップロードできる状態となる。その結果、BitTorrentを通じて不特定多数の者からの要求に応じて自動的に当該ファイルを送信してダウンロードさせることとなった場合、著作権（送信可能化権）の侵害となる。

また、P2P ソフトを利用した電気通信は、「特定電気通信」（情報流通プラットフォーム対処法２条１号）に該当すると考えられている。そのため、P2Pソフトを用いて動画等が自己の端末から他人の端末に自動的に送信された場合であっても、著作権者は調査会社に依頼するなどして送信時のタイムスタンプとIPアドレスを特定のうえ、発信者情報開示制度を用いてアップロードをした者を特定することが可能であり、発信者は、著作権者から損害賠償請求等を受ける可能性がある。

17）付録資料２裁判例58（p.464）。

Column 5-3 ｜公開範囲の限定と名誉毀損

Instagram等のSNSにおいては、投稿内容の公開範囲を友人等一定の範囲に限定し、当該投稿自体はそれらの者しか見ることができない設定となっている場合がある。

名誉毀損が成立するためには、公然と事実を摘示する必要があるが、公開範囲が限定されている場合、すなわち当該記事自体は特定少数の者しか閲覧できないような場合には、「公然」と事実を摘示したといえるのだろうか。

このような場合であっても、当該情報を閲覧した特定・少数の者から、不特定または多数の人に当該情報が伝わるおそれがある場合には、名誉毀損は成立するものと考えられる（いわゆる伝播性の理論）。インターネット上の情報は容易に拡散が可能であることから、公開範囲を限定していたとしても、「公然」と事実を摘示したと判断されやすいといえる。

第3節　発信者情報開示手続への対応

1　はじめに

インターネット上での投稿による被害が社会的に問題となる一方、発信者が適法な投稿をしているにもかかわらず、発信者情報開示請求が濫用的に行使される場合もある。濫用的な開示請求によって、適法な投稿に係る発信者の表現の自由やプライバシーなどの権利利益が不当に侵害されることがあってはならない。このような観点から、プロバイダ等は、発信者情報の開示請求を受けたときは、当該開示請求に係る侵害情報の発信者と連絡することができない場合その他特別な事情がある場合を除き、開示するかどうかについて当該発信者の意見を聴かなければならないとされている。

2　意見照会手続

発信者としては、プロバイダ等から意見照会を受けた段階で、自身の投稿についてその発信者を特定しようとしている者の存在を知ることになる。

令和3年改正により、プロバイダ等が発信者に対して行う意見照会において、発信者が開示に応じるべきでない旨の意見である場合は「その理由」も併せて照会することとされた（法6条1項）。

条文上は明記されていないものの、プロバイダ等が開示請求への対応について発信者に意見を聴いた場合は、発信者の意見を尊重して行為しなければならないとされる。すなわち、発信者が自らの発信者情報の開示に同意する旨の意見を述べた場合は、プロバイダ等はこれに基づき開示請求に応じることとなる。反対に発信者が開示に応じないとしたうえ、一応の根拠を示して異議が述べたときは、プロバイダ等は原則としてその意見を尊重し、当該開示には応じられない旨の対応（裁判上の攻撃防御方法の提出等の具体的な行為も含む。）をしなければならないとされている。[18]

発信者情報開示請求訴訟や発信者情報開示命令事件において投稿内容が真実と認められるかどうかが争点となる場合、発信者としては、違法性阻却事由があることをうかがわせる事情を示すことができるかどうかが重要となるため、プロバイダ等に積極的に真実性に関する証拠を提出すべきである。ただし、そのような証拠の提出によりかえって発信者が特定される可能性が高まる場合もあることから、どのような証拠を提出すべきかについては、十分な検討が必要である。

開示拒否の意向を示した発信者の投稿について、裁判所により開示命令が発令された場合、プロバイダ等は発信者に対し、遅滞なく、その旨を通知する義務を負っている（同条2項）。

3　発信者側から見た意見照会手続

(1)　総　論

意見照会は、発信者がプロバイダ等に対して自らの個人情報の開示を拒絶するよう意見を述べる機会を確保するための手続である。自らの個人情報が開示請求者側に開示されるか否かの場面であるから、発信者としては、慎重に対応する必要がある。

プロバイダ等は、発信者情報の開示を行うかどうかの判断にあたり、発信者の投稿により、「権利が侵害されたことが明らか」（法5条1項1号）であるかどうか、すなわち、権利侵害の明白性が認められるかを検討する。この「明らか」であるとは、不法行為等の成立を阻却する事由の存在をうかがわせるような事情が存在しないことまでを意味すると解されている（**第2章第4節2(3)**〔p.67〕参照）。プロバイダ等は、そのような事情の存在について、請求者の主張する事情に加え、発信者の主張も考慮したうえで判断することと

18）プロバイダ責任制限法逐条解説 総務省総合通信基盤局消費者行政第二課47頁 https://www.soumu.go.jp/main_content/000883501.pdf

なる。

発信者としては、自らの投稿は違法な権利侵害にあたらない、あるいは違法性阻却事由があると主張する場合、意見照会の手続において、適切に主張や根拠資料の提出を行う必要がある。

⑵　発信者情報開示に関する意見照会書送付

発信者情報開示関係ガイドライン書式では、意見照会の回答期限は、発信者が照会書を受領した日から２週間以内とされており、プロバイダ等は、発信者から開示に同意しない旨の回答を得た場合又は２週間を経過しても発信者から回答がない場合には、請求者から提出された主張のみに基づいて、権利侵害の明白性が認められるかを判断することとされている（発信者情報開示関係ガイドライン11頁）。

前述のとおり、プロバイダ等は、開示請求の対応について発信者に意見を聴いた場合は、これを尊重して対応しなければならないとされているため、発信者が開示に同意する旨の意見を述べた場合には、これに基づき開示請求に応じることとなる。

⑶　照会書に対する対応――開示に応じるべきかどうか

照会書に対する回答は、「発信者情報開示に同意しません」か「発信者情報開示に同意します」のいずれかである。発信者としては、プロバイダ等が不開示の決定を行うことを期待し、「同意しません」を選択することが多いと思われる。

他方、一般論としては、慎重な検討のうえ、自らの投稿内容が権利侵害に当たり、かつ、違法性阻却事由も認められないことが明らかであると判断した場合は、「同意します」を選択してプロバイダに提出することも考えられる。この場合、開示に同意することによって、発信者側は発信者情報開示に係る裁判手続が不要となり、請求者側の負担が減少することになるため、示談における発信者側の支払額を減らすことにもつながる可能性もある。

ただし、「同意します」との回答を提出すれば、自らの投稿内容は開示請求者側に確実に開示されることになるから、これにより名誉毀損等に基づく損害賠償請求を受けることが想定される点もふまえ、同意するかの判断には、極めて慎重な検討が必要である。

また、違法な権利侵害にあたるかどうかの判断は、一般的には容易ではない。個人の実名を記載したうえ、犯罪を行った旨の事実適示を行うなど、名誉毀損となる可能性が高いと判断できる表現もあるが、基本的には、**第２節**で記載した権利侵害の類型や裁判例の傾向等〔p.276以下〕も踏まえ、慎重に検討することが必要である。

⑷　開示に応じない場合

開示に応じない場合、「発信者情報開示に同意しません」を選択する。

発信者情報開示ガイドライン書式では、「同意しません。」の欄には、【理由】（注）と記載があり、（注）として「理由の内容が相手方に対して開示を拒否する理由となりますので、詳細に書いてください。証拠がある場合は、本回答書に添付してください。理由や証拠中に相手方にとって貴方を特定し得る情報がある場合は、黒塗りで隠す等して下さい。」との記載があるが、具体的にどのような記載を行えばよいかは、発信者が判断しなければならない。

意見照会手続が設けられている趣旨が、プロバイダ等が権利侵害の明白性が認められるかを判断するにあたり、発信者側の意見を確認することにあることに鑑みれば、同意しない理由としては、自らの投稿による権利侵害は存在しないことが考えられる。また、（仮に権利侵害があるとしても、）違法性阻却事由がないとはいえないと考える場合は、その具体的内容を記載するべきであろう。

このうち、権利侵害が存在しない理由として主張すべき内容としては、①投稿内容が開示請求者を対象としたものではないこと・同定可能性が認められないこと、②投稿内容が違法なものにはあたらないことが考えられる。

なお、自身のコンピュータや携帯端末を勝手に利用されて権利侵害を伴う投稿がされた場合、すなわち、違法な投稿をしたのが自身でない場合であっても、これを理由としてプロバイダが発信者情報開示請求を拒むことはできないと解される。発信者情報開示請求の対象となるのは「発信者の情報」ではなく「氏名、住所その他の侵害情報の発信者の特定に資する情報であって総務省令で定めるもの」（法2条10号）をいうとされており、施行規則2条1号及び2号によれば、氏名（又は名称）及び住所については、発信者のみならず「その他侵害情報の送信又は侵害関連通信に係る者」の情報も発信者情報に含まれる。すなわち、開示請求の対象者が違法な投稿の（真の）発信者ではない場合でも、当該対象者が保有するコンピュータや携帯端末を通じ侵害情報の送信又は侵害関連通信が行われた場合は、その対象者の氏名（又は名称）及び住所は、「発信者の特定に資する情報」として開示の対象となり得ると考えられる（発信者情報開示関係ガイドライン10頁でも、「発信者がプロバイダ等の加入者の家族や同居人であって、当該加入者自身が発信者でないときも、加入者の氏名及び住所は発信者情報に該当しうる」とされている。）。

第4節　加害者となってしまったら

1　総　論

侵害情報の投稿を行った場合、上記のとおり、民事及び刑事上の責任が発生し、さらに、勤務先において懲戒処分を受ける等の重大な不利益が発生することもある。

しかしながら、投稿する内容が侵害情報であるとの認識はなく、意図せずインターネット上に侵害情報を発信してしまうこともあり得る。この場合でも、自らの発信や投稿の内容が他人の権利を侵害する情報であることを認識すべきであったのに、これを認識せず、漫然と投稿したときは、民事上の責任（不法行為責任）を負い得る。過失の有無は、通常の人が、発信者と同様の状況下でかかる情報を見れば、他人の権利を侵害するものであると気が付く可能性があったかどうかで判断される。

仮に発信者に過失がなかったとしても、遅くとも、当該情報が侵害情報であることが明らかになった場合以降は、信義則上、かかる侵害情報を速やかに削除し、さらなる拡散等の被害拡大が発生しないように努める義務があるというべきである[19)]。

これを怠った場合、当該不作為自体が別途の不法行為となり損害賠償義務が発生することもあり得るため、自らの発信が侵害情報であるとの指摘が

19）過失のない者等につき、削除義務がいつの時点で発生するのか（投稿した時点か、それとも違法な書き込みであることを認識した時点かなど）については議論があるところであろう。削除請求の根拠である人格権に基づく妨害排除請求権は故意過失を問題としないとの点を重視すれば、過失の有無にかかわらず、違法な投稿をした時点で削除義務を負うとの結論が導かれやすいと考えられる。ただし、いずれの見解に立ったとしても、遅くとも当該情報が侵害情報であることが明らかになった時点以降は、削除義務を負うと考えられる。

あった場合には、速やかに、削除等の対応を検討することが望ましい（もちろん、侵害情報ではなく適法な言論であると反論すべき場合もあると考えられる。）。

2　自分が書いた投稿の削除請求はできるのか

被害者の権利を侵害する投稿について後悔し、これを削除したいと考える場合もあると考えられる。投稿の拡散等を通じた損害拡大を防止することも重要であるから、削除が可能であれば、これを検討することが望ましい。たとえば、投稿したサイトが投稿者自ら投稿を削除できる機能を有している場合、同機能を用いて自主的に投稿を削除することを検討すべきである。

しかし、多くの電子掲示板では、投稿の著作権を投稿者ではなくサイト管理者に帰属させる旨を利用規約において定め、削除機能を設けていない場合が多い。この場合、法的には、発信者が自らが行った投稿を削除することをサイト管理者に請求する権利はないことから、お願いや依頼という形で削除を依頼することについて検討することになる。

なお、投稿が名誉毀損や侮辱など犯罪行為に該当する場合において、弁護士が発信者の代理人として削除請求を行う行為は証拠隠滅罪に該当し得るため、弁護士としては注意する必要がある。他方、投稿した本人が削除請求を行っても証拠隠滅罪には該当しない。

3　被害者との示談、損害賠償について

違法な投稿を行ってしまい、被害者が責任追及を行おうとしている場合、示談の成立を図ることも選択肢の１つとなる。

加害者としては、示談の成立により、被害者の被害回復を図ることができることはもちろん、刑事責任の追及を免れ得ることも指摘できる。すなわち、名誉毀損罪、侮辱罪は親告罪であるため、被害者が告訴しなければ起訴されることはない。そのため、被害者との間で示談を図る場合は、告訴権の放棄を含めた合意を目指すこととなる。

なお、被害者は、投稿による精神的損害についての慰謝料を請求する可能

性があることに加え、発信者情報開示請求のために負担した多額の弁護士費用等についても請求してくる可能性があるから、損害賠償額の交渉にあたっては、この点についても十分に考慮しておく必要がある。

また、著作権を侵害する投稿を行っていた場合、損害の推定等に関する規定（著作114条）により賠償額が非常に高額となる場合もあるため、著作権者が責任追及を行おうとしている場合には、この点にも留意すべきである。

第5節　責任ある発信のために

既に多くの人にとってインターネットは非常に身近な存在となっており、誰でも気軽に、ブログ、Twitter（現X）、Instagram等のSNSを通じて、様々な情報を入手したり、情報発信を行ったりすることが可能となっている。また、匿名での投稿が可能なSNSや電子掲示板等では、匿名であるがゆえに気軽な投稿が可能となっている。

しかしその一方で、その匿名性ゆえに、熟慮したり推敲したりせずに安易な投稿を行ったり、必要以上に攻撃的な表現を用いたりする結果、不用意に他人の権利を侵害する投稿を行う事例も散見される。インターネット上では誰もが被害者となる可能性があるが、反対に、簡単に加害者となってしまう可能性もある。

侵害情報の投稿を行った結果、加害者として民事・刑事上の責任を負うことに加え、加害者自身が誹謗中傷されたり、その他のインターネットユーザーにより発信者自身の氏名等の個人情報が特定され、インターネット上に広く拡散されたりすることにより、加害者が新たな被害者となる場合もある。

インターネット上における表現の自由は非常に重要な権利であり、護られるべきものである。他方、表現行為は他人の権利を侵害する危険性を有する以上、内在的制約を有するものであり、他人の権利を侵害する発信は許されるものではない。インターネット上において投稿する際には、投稿は被害者やその関係者も目にする可能性があることも念頭に置き、自らの発信内容が社会通念上許容される表現なのかどうか、十分注意する必要がある。

なお、内閣府大臣官房政府広報室のウェブサイト[20]では、他人を傷つけない

20）政府広報オンライン「あなたは大丈夫？ SNSでの誹謗中傷 加害者にならないための心がけと被害に遭ったときの対処法とは？」（令和５年５月９日）。

ために注意するべきこととして、次の３つが挙げられている。

⑴　誹謗中傷と批判意見は違う
　相手の人格を否定または攻撃する言い回しは、批判ではなく誹謗中傷です。また、他人の投稿を安易に再投稿したりしないようにしましょう。投稿された内容を正しく見極め、慎重に投稿や再投稿しましょう。
⑵　匿名でも特定されます
　対面や実名では言えないような攻撃的な表現は、SNSでも避けましょう。たとえ匿名の投稿であっても、技術的に投稿の発信者を特定することができるため、民事上・刑事上の責任を問われる可能性があります。匿名だからといって、何を言ってもいいというわけではありません。
⑶　カッとなったとしても時間を置いて
　投稿が炎上したり訴えられたりした後に、「あんな投稿しなければよかった」と悔やんでも時間は戻せません。勢いですぐに送信せず、一度時間を置いて投稿を見直すような習慣をつけましょう。また、ネットから離れ、誰かと話して気分転換をすることもおすすめです。

　自由で公正な社会を維持し発展させるうえで、誰もが言論の主体となり、自由に発信と交流を行うことができるインターネット上の言論空間の果たすべき役割は大きい。他方、名誉毀損、侮辱等の違法な行為による被害が拡大しやすい面も無視することはできない。発信者としては、インターネット上の言論空間の有する「光と影」を十分に認識したうえ、自らの責任の自覚の下で投稿を行うことが求められている。

https://www.gov-online.go.jp/useful/article/202011/2.html

付　録

資　料

1　書式一覧
2　裁判例一覧
3　簡単なインターネット用語辞典

▶ 資料 1
書式一覧

1　侵害情報の削除

(1) ガイドラインに則った送信防止措置の請求（第３章第３節❹）

(2) 投稿記事削除の仮処分の申立て（第３章第３節❺）

2　発信者開示請求（新設された裁判手続）

(1) 提供命令の申立て（第３章第４節）

3　発信者情報開示請求第1段階

4　発信者情報開示請求第2段階

5　発信者特定後の対応

6　プロバイダ等の対応

書式1　名誉毀損・プライバシー侵害の場合

書式1－1　被害者が請求する場合

書式①－1　侵害情報の通知書兼送信防止措置依頼書（名誉毀損・プライバシー）

年　月　日

至　［特定電気通信役務提供者の名称］御中

［権利を侵害されたと主張する者］
住所
氏名　（記名）　　　　　印
連絡先（電話番号）
（e-mail ｱﾄﾞﾚｽ）

侵害情報の通知書　兼　送信防止措置依頼書

あなたが管理する特定電気通信設備に掲載されている下記の情報の流通により私の権利が侵害されたので、あなたに対し当該情報の送信を防止する措置を講じるよう依頼します。

記

掲載されている場所		ＵＲＬ： その他情報の特定に必要な情報：（掲示板の名称、掲示板内の書き込み場所、日付、ファイル名等）
掲載されている情報		例）私の実名、自宅の電話番号、及びメールアドレスを掲載した上で、「私と割りきったおつきあいをしませんか」という、あたかも私が不倫相手を募集しているかのように装った書き込みがされた。
侵害情報等	侵害されたとする権利	例）プライバシーの侵害、名誉毀損
	権利が侵害されたとする理由（被害の状況など）	例）ネット上では、ハンドル名を用い、実名及び連絡先は非公開としているところ、私の意に反して公表され、交際の申込やいやがらせ、からかいの迷惑電話や迷惑メールを約○○件も受け、精神的苦痛を被った。

上記太枠内に記載された内容は、事実に相違なく、あなたから発信者にそのまま通知されることになることに同意いたします。

	発信者へ氏名を開示して差し支えない場合は、左欄に○を記入してください。○印のない場合、氏名開示には同意していないものとします。

出典 :http://www.isplaw.jp/p_form.pdf

書式１－２　法務省人権擁護機関が請求する場合

書式①－２　侵害情報の通知書兼送信防止措置依頼書（名誉毀損・プライバシー）

年　　月　　日

至　［特定電気通信役務提供者の名称］御中

［法務省人権擁護機関］
〇〇（地方）法務局長　　　　印

連絡先（住所）
（電話番号）
(e-mail ｱﾄﾞﾚｽ)
（取扱者）

侵害情報の通知書　兼　送信防止措置依頼書

あなたが管理する特定電気通信設備に掲載されている下記の情報の流通により人権を侵害していると認められ、加えて被害者自らが被害の回復予防を図ることが諸般の事情を総合考慮して困難と認められますので、当該情報の送信を防止する措置を講ずるよう依頼します。

記

掲載されている場所		ＵＲＬ： その他情報の特定に必要な情報：（掲示板の名称、掲示板内の書き込み場所、日付、ファイル名等）
掲載されている情報		例）〇〇氏の氏名・住所
侵害情報等	侵害されたとする権利	例）プライバシーの侵害
	権利が侵害されたとする理由（被害の状況など）	例）一般私人である被害者の意に反して、同人の氏名及び住所が掲載され、当該住所にあてて，被害者を中傷する手紙等が多数送付されている。

上記太枠内に記載された内容は、事実に相違なく、あなたから発信者にそのまま通知されることになることに同意いたします。その際、依頼機関の名称等を含めて通知されることにも併せて同意いたします。

出典 :http://www.isplaw.jp/p_form.pdf

書式1－3　私事性的画像侵害情報による侵害の場合

書式①－３　私事性的画像侵害情報の通知書兼送信防止措置依頼書

年　月　日

至　［特定電気通信役務提供者の名称］御中

［私事性的画像記録に係る情報の流通によって自己の名誉又は私生活の平穏を侵害されたとする者］＊
住所
氏名　（記名）　　　　　印
連絡先（電話番号）
（e-mail ｱﾄﾞﾚｽ）
□撮影対象者以外の場合にチェック

私事性的画像侵害情報の通知書　兼　送信防止措置依頼書

あなたが管理する特定電気通信設備に掲載されている下記の情報の流通により私の名誉又は私生活の平穏（以下「名誉等」といいます。）が侵害されたので、あなたに対し当該情報の送信を防止する措置を講じるよう依頼します。

記

掲載されている場所	ＵＲＬ： その他情報の特定に必要な情報：（掲示板の名称、掲示板内の書き込み場所、日付、ファイル名等）
掲載されている情報 （この情報は、私事性的画像記録です。）	
名誉等が侵害されたとする理由（被害の状況など）	

上記太枠内に記載された内容は、事実に相違なく、あなたから発信者にそのまま通知されることになることに同意いたします。

	発信者へ氏名を開示して差し支えない場合は、左欄に○を記入してください。○印のない場合、氏名開示には同意していないものとします。

＊私事性的画像侵害情報の撮影対象者であることを確認できる文書等を添付して下さい。また、撮影対象者が死亡している場合にあっては、その配偶者、直系の親族又は兄弟姉妹も送信防止措置を講ずるよう申出ることができます。撮影対象者以外の場合には、□内に✔したうえで、死亡者が私事性的画像記録の撮影対象者であることを確認できる文書等のほか、撮影対象者の死亡の事実及び申出者と撮影対象者との続柄を確認できる公的文書（除籍謄本等）を添付してください。

出典 :http://www.isplaw.jp/p_form.pdf

書式2 著作権侵害の場合

書式2－1－① 著作権者が請求する場合

〔様式A〕

令和　　年　　月　　日

【○○株式会社　（カスタマーサービス担当）】　御中

氏　名　○○　○○（記名）　㊞

著作物等の送信を防止する措置の申出について

私は、貴社が管理する URL：【http://www.abc.ne.jp/　（名義△△△△）】に掲載されている下記の情報の流通は、下記のとおり、【○○○○】が有する【著作権法第 23 条に規定する公衆送信権】を侵害しているため、「プロバイダ責任制限法著作権関係ガイドライン」に基づき、下記のとおり、貴社に対して当該著作物等の送信を防止する措置を講じることを求めます。

記

1. 申出者の住所	【〒　　－ ○○県××市△△○丁目×番△号】	
2. 申出者の氏名	【○○　○○】	
3. 申出者の連絡先	電話番号	【○○－○○○○－○○○○】
	e-mail ｱﾄﾞﾚｽ	【abcd@efg.　jp】
4. 侵害情報の特定のための情報	URL	【http://www.abc.ne.jp/aaa/bbb/ccc.txt】
	ﾌｧｲﾙ名	【ccc.txt】
	その他の特徴	【例えば、作成年月日、ﾌｧｲﾙｻｲｽﾞ等その他の属性等】
5. 著作物等の説明	【侵害情報により侵害された著作物は、私が創作した著作物「□□□□」です。参考として当該著作物の写しを添付します。(※)】	
6. 侵害されたとする権利	【著作権法第 23 条の公衆送信権（送信可能化権を含む。）】	
7. 著作権等が侵害されたとする理由	【私は、著作物「□□□□」に係る著作権法第 23 条に規定する公衆送信権（送信可能化権を含む。）を有しています。 私は、△△△△に対して著作物「□□□□」を公衆送信（送信可能化を含む。）することに対し、いかなる許諾も与えておりません。 私は、著作物「□□□□」を公衆送信（送信可能化を含む。）することを許諾する権限をいかなる者にも譲渡又は委託しておりません。】	
8. 著作権等侵害の態様	1　ガイドラインの対象とする権利侵害の態様の場合 侵害情報である「××××」は、以下の■の態様に該当します。 ■a)　情報の発信者が著作権等侵害であることを自認しているもの □b)　著作物等の全部又は一部を丸写ししたﾌｧｲﾙ（a）以外のものであって、著作物等と侵害情報とを比較することが容易にできるもの） □c)　b)を現在の標準的な圧縮方式(可逆的なもの)により圧縮したもの 2　ガイドラインの対象とする権利侵害の態様以外のものの場合 （権利侵害の態様を適切・詳細に記載する。）	
9. 権利侵害を確認可能な方法	【○○の方法により権利侵害があったことを確認することが可能です。】	

上記内容のうち、○・○・○の項目については証拠書類を添付いたします。
また、上記内容が、事実に相違ないことを証します。

以　上

出典 :http://www.isplaw.jp/c_form.pdf

書式2－1－②　原著作者が請求する場合（二次的著作物）

〔様式A'〕 二次的著作物が特定電気通信により権限なく公衆送信されている場合に、原著作者が行う申し出の例

令和　年　月　日

【○○株式会社　（カスタマーサービス担当）】　御中

氏　名　○○　○○（記名）　㊞

著作物等の送信を防止する措置の申出について

私は、貴社が管理する URL：【http://www.abc.ne.jp/　（名義△△△△）】に掲載されている下記の情報の流通は、下記のとおり、【○○○○】が有する【著作権法第 23 条に規定する公衆送信権】を侵害しているため、「プロバイダ責任制限法著作権関係ガイドライン」に基づき、下記のとおり、貴社に対して当該著作物等の送信を防止する措置を講じることを求めます。

記

1. 申出者の住所	【〒　－ ○○県××市△△○丁目×番△号】	
2. 申出者の氏名	【○○　○○】	
3. 申出者の連絡先	電話番号	【○○－○○○○－○○○○】
	e-mail ｱﾄﾞﾚｽ	【abcd@efg. jp】
4. 侵害情報の特定のための情報	URL	【http://www.abc.ne.jp/aaa/bbb/ccc.txt】
	ﾌｧｲﾙ名	【ccc.txt】
	その他の特徴	【例えば、作成年月日、ﾌｧｲﾙｻｲｽﾞ等その他の属性等】
5. 著作物等の説明	【侵害情報である「××××」は、私が創作した著作物「□□□□」を▽▽▽▽が翻案した著作物「☆☆☆☆」です。参考として当該著作物の写しを添付します。(※)】	
6. 侵害されたとする権利	【著作権法第 23 条の公衆送信権（送信可能化権を含む。）】	
7. 著作権等が侵害されたとする理由	【私は、著作物「☆☆☆☆」に係る著作権法第 23 条に規定する公衆送信権（送信可能化権を含む。）を有しています。 私は、△△△△に対して著作物「☆☆☆☆」を公衆送信（送信可能化を含む。）することに対し、いかなる許諾も与えておりません。 私は、著作物「☆☆☆☆」を公衆送信（送信可能化を含む。）することを許諾する権限をいかなる者にも譲渡又は委託しておりません。】	
8. 著作権等侵害の態様	1　ガイドラインの対象とする権利侵害の態様の場合 侵害情報である「××××」は、以下の■の態様に該当します。 ■a)　情報の発信者が著作権等侵害であることを自認しているもの □b)　著作物等の全部又は一部を丸写ししたﾌｧｲﾙ（a）以外のものであって、著作物等と侵害情報とを比較することが容易にできるもの） □c)　b)を現在の標準的な圧縮方式（可逆的なもの）により圧縮したもの 2　ガイドラインの対象とする権利侵害の態様以外のものの場合 （権利侵害の態様を適切・詳細に記載する。）	
9. 権利侵害を確認可能な方法	【○○の方法により権利侵害があったことを確認することが可能です。】	

上記内容のうち、○・○・○の項目については証拠書類（私と▽▽▽▽の著作物「☆☆☆☆」に関する権利関係を示す書類を含む）を添付いたします。

また、上記内容が、事実に相違ないことを証します。

以　上

出典 :http://www.isplaw.jp/c_form.pdf

書式２－２－① 著作物の管理委託団体が請求する場合

〔様式Ｂ〕

令和　　年　　月　　日

【○○株式会社　（カスタマーサービス担当）】　御中

社団法人　◇◇◇◇
代表者　○○　○○（記名）　印

著作物等の送信を防止する措置の申出について

「プロバイダ責任制限法著作権関係ガイドライン」Ｖ１(3)の著作権等管理事業者である弊団体は、貴社が管理する URL:【http://www.abc.ne.jp/　(名義△△△△)】に掲載されている下記の情報の流通は、下記のとおり、弊団体が管理の委託を受けている著作物について【○○○○が有する著作権法第 23 条に規定する公衆送信権】を侵害しているため、同ガイドラインに基づき、下記のとおり、貴社に対して当該著作物等の送信を防止する措置を講じることを求めます。

記

1. 申出者の住所	【〒　　－ 東京都○○区××△丁目○番×号】	
2. 申出者の名称	【社団法人　◇◇◇◇　（担当　○○部　××)】	
3. 申出者の連絡先	電話番号	【○○－○○○○－○○○○　（担当　内線××)】
	e-mailｱﾄﾞﾚｽ	【abcd@efg. jp】
4. 侵害情報の特定のための情報	URL	【http://www.abc.ne.jp/aaa/bbb/ccc.txt】
	ﾌｧｲﾙ名	【ccc.txt】
	その他の特徴	【例えば、作成年月日、ﾌｧｲﾙｻｲｽﾞ等その他の属性等】
5. 著作物等の説明	【侵害情報により侵害された著作物は、弊団体が○○○○からその管理の委託を受けている著作物であり、○○○○が創作した著作物「□□□□」です。】	
6. 侵害されたとする権利	【著作権法第 23 条の公衆送信権（送信可能化権を含む。)】	
7. 著作権等が侵害されたとする理由	【○○○○は、弊団体が管理の委託を受けている著作物「□□□□」に係る著作権法第 23 条に規定する公衆送信権（送信可能化権を含む。）を有しています。 弊団体及び○○○○は、△△△△に対して著作物「□□□□」を公衆送信（送信可能化を含む。）することに対し、いかなる許諾も与えておりません。 弊団体及び○○○○は、著作物「□□□□」を公衆送信（送信可能化を含む。）することを許諾する権限をいかなる者にも譲渡又は委託しておりません。】	
8. 著作権等侵害の態様	1　ガイドラインの対象とする権利侵害の態様の場合 侵害情報である「××××」は、以下の■の態様に該当します。 (1)　ｶﾞｲﾄﾞﾗｲﾝⅡ４(1)の態様に該当するもの ■a)　情報の発信者が著作権等侵害であることを自認しているもの □b)　著作物等の全部又は一部を丸写ししたﾌｧｲﾙ（a）以外のものであって、著作物等と侵害情報とを比較することが容易にできるもの） □c)　b)を現在の標準的な圧縮方式(可逆的なもの)により圧縮したもの (2)　ｶﾞｲﾄﾞﾗｲﾝⅡ４(2)の態様に該当するもの □a)　著作物等の全部又は一部を丸写ししたファイル（(1)a)、b)以外のものであって、著作物等と侵害情報とを視聴して比較することや、専門的方法を用いて比較することで確認が可能なもの） □b)　(1)b)又はa)を圧縮したもので、(1)c)に該当するものを除いたもの □c)　a)又はb)が分割されているもの 2　ガイドラインの対象とする権利侵害の態様以外のものの場合 （権利侵害の態様を適切・詳細に記載する。）	
9. 権利侵害を確認可能な方法	【○○の方法により権利侵害があったことを確認することが可能です。】	

上記内容が事実に相違ないこと、及び上記内容について、標記ガイドラインのＶに従い、弊団体が適切に確認したことを証します。

※　その他必要な資料を添付する。

以　上

出典 :http://www.isplaw.jp/c_form.pdf

書式2－2－②　原著作物の著作権管理事業者が請求する場合（二次的著作物）

〔様式B'〕二次的著作物が特定電気通信により権限なく公衆送信されている場合に、原著作物の著作権等管理事業者が行う申出の例

令和　　年　　月　　日

【○○株式会社　（カスタマーサービス担当）】　御中

社団法人　◇◇◇◇
代表者　○○　○○（記名）　印

著作物等の送信を防止する措置の申出について

「プロバイダ責任制限法著作権関係ガイドライン」Ｖ１(3)の著作権等管理事業者である弊団体は、貴社が管理するURL：【http://www.abc.ne.jp/　（名義△△△△）】に掲載されている下記の情報の流通は、下記のとおり、弊団体が管理の委託を受けている著作物について【○○○○が有する著作権法第23条に規定する公衆送信権】を侵害しているため、同ガイドラインに基づき、下記のとおり、貴社に対して当該著作物等の送信を防止する措置を講じることを求めます。

記

1.申出者の住所	【〒　－ 東京都○○区××△丁目○番×号】	
2.申出者の名称	【社団法人　◇◇◇◇　（担当　○○部　××）】	
3.申出者の連絡先	電話番号	【○○－○○○○－○○○○　（担当　内線××）】
	e-mailｱﾄﾞﾚｽ	【abcd@efg. jp】
4.侵害情報の特定のための情報	URL	【http://www.abc.ne.jp/aaa/bbb/ccc.txt】
	ﾌｧｲﾙ名	【ccc.txt】
	その他の特徴	【例えば、作成年月日、ﾌｧｲﾙｻｲｽﾞ等その他の属性等】
5.著作物等の説明	【侵害情報により侵害された著作物は、弊団体が○○○○からその管理の委託を受けている著作物「□□□□」を▽▽▽▽が翻案した著作物「☆☆☆☆」です。】	
6.侵害されたとする権利	【著作権法第23条の公衆送信権（送信可能化権を含む。）】	
7.著作権等が侵害されたとする理由	【○○○○は、弊団体が管理の委託を受けている著作物「□□□□」を▽▽▽▽が翻案した著作物「☆☆☆☆」に係る著作権法第23条に規定する公衆送信権（送信可能化権を含む。）を有しています。 弊団体及び○○○○は、△△△△に対して著作物「☆☆☆☆」を公衆送信（送信可能化を含む。）することに対し、いかなる許諾も与えておりません。 弊団体及び○○○○は、著作物「☆☆☆☆」を公衆送信（送信可能化を含む。）することを許諾する権限をいかなる者にも譲渡又は委託しておりません。 また、弊団体は、著作物「☆☆☆☆」に関する専門的な知識及び相当期間にわたる充分な実績を有しています。これを証明する資料を添付します。】	
8.著作権等侵害の態様	1　ガイドラインの対象とする権利侵害の態様の場合 侵害情報である「××××」は、以下の■の態様に該当します。 (1)　ｶﾞｲﾄﾞﾗｲﾝⅡ４(1)の態様に該当するもの ■a)　情報の発信者が著作権等侵害であることを自認しているもの □b)　著作物等の全部又は一部を丸写ししたﾌｧｲﾙ（a）以外のものであって、著作物等と侵害情報とを比較することが容易にできるもの） □c)　b)を現在の標準的な圧縮方式（可逆的なもの）により圧縮したもの (2)　ｶﾞｲﾄﾞﾗｲﾝⅡ４(2)の態様に該当するもの □a)　著作物等の全部又は一部を丸写ししたファイル（(1)a)、b)以外のものであって、著作物等と侵害情報とを視聴して比較することや、専門的方法を用いて比較することで確認が可能なもの） □b)　(1)b)又はa)を圧縮したもので、(1)c)に該当するものを除いたもの □c)　a)又はb)が分割されているもの 2　ガイドラインの対象とする権利侵害の態様以外のものの場合 （権利侵害の態様を適切・詳細に記載する。）	
9.権利侵害を確認可能な方法	【○○の方法により権利侵害があったことを確認することが可能です。】	

上記内容が事実に相違ないこと、及び上記内容について、標記ガイドラインのⅤに従い、弊団体が適切に確認したことを証します。

※　その他必要な資料（申出者と▽▽▽▽の著作物「☆☆☆☆」に関する権利関係を示す書類を含む）を添付する。

以　上

出典 :http://www.isplaw.jp/c_form.pdf

書式２－３－①　著作権者（法人）が請求する場合

〔様式C〕

令和　　年　　月　　日

【○○株式会社　（カスタマーサービス担当）】　御中

☆☆株式会社
代表者　○○　○○（記名）　印

著作物等の送信を防止する措置の申出について

弊社は、貴社が管理するURL：【http://www.abc.ne.jp/　（名義△△△△）】に掲載されている下記の情報の流通は、下記のとおり、弊社が有する【著作権法第23条に規定する公衆送信権】を侵害しているため、「プロバイダ責任制限法著作権関係ガイドライン」に基づき、下記のとおり、貴社に対して当該著作物等の送信を防止する措置を講じることを求めます。

記

1.申出者の住所	【〒　－ ○○県××市△△○丁目×番△号】	
2.申出者の名称	【☆☆株式会社　（担当　○○部　××）】	
3.申出者の連絡先	電話番号	【○○－○○○○－○○○○　（担当　内線××）】
	e-mailｱﾄﾞﾚｽ	【abcd@efg.jp】
4.侵害情報の特定のための情報	URL	【http://www.abc.ne.jp/aaa/bbb/ccc.txt】
	ﾌｧｲﾙ名	【ccc.txt】
	その他の特徴	【例えば、作成年月日、ﾌｧｲﾙｻｲｽﾞ等その他の属性等】
5.著作物等の説明	【侵害情報により侵害された著作物は、弊社が創作した著作物「□□□□」です。】	
6.侵害されたとする権利	【著作権法第23条の公衆送信権（送信可能化権を含む。）】	
7.著作権等が侵害されたとする理由	【弊社は、著作物「□□□□」に係る著作権法第23条に規定する公衆送信権（送信可能化権を含む。）を有しています。 弊社は、△△△△に対して著作物「□□□□」を公衆送信（送信可能化を含む。）することに対し、いかなる許諾も与えておりません。 弊社は、著作物「□□□□」を公衆送信（送信可能化を含む。）することを許諾する権限をいかなる者にも譲渡又は委託しておりません。】	
8.著作権等侵害の態様	1　ガイドラインの対象とする権利侵害の態様の場合 侵害情報である「××××」は、以下の■の態様に該当します。 (1)　ｶﾞｲﾄﾞﾗｲﾝⅡ４(1)の態様に該当するもの ■a)　情報の発信者が著作権等侵害であることを自認しているもの □b)　著作物等の全部又は一部を丸写ししたﾌｧｲﾙ（a）以外のものであって、著作物等と侵害情報とを比較することが容易にできるもの） □c)　b)を現在の標準的な圧縮方式(可逆的なもの)により圧縮したもの (2)　ｶﾞｲﾄﾞﾗｲﾝⅡ４(2)の態様に該当するもの □a)　著作物等の全部又は一部を丸写ししたファイル（(1)a)、b)以外のものであって、著作物等と侵害情報とを視聴して比較することや、専門的方法を用いて比較することで確認が可能なもの） □b)　(1)b)又はa)を圧縮したもので、(1)c)に該当するものを除いたもの □c)　a)又はb)が分割されているもの 2　ガイドラインの対象とする権利侵害の態様以外のものの場合 （権利侵害の態様を適切・詳細に記載する。）	

上記内容が事実に相違ないこと、及び弊社が標記ガイドラインⅤ１(1)の信頼性確認団体である社団法人△△△△の会員であることを証します。

以　上

出典 :http://www.isplaw.jp/c_form.pdf

書式2－3－②　原著作物の著作者（法人）が信頼性確認団体を経由して請求する場合（二次的著作物）

〔様式C'〕　二次的著作物が特定電気通信により権限なく公衆送信されている場合に、原著作物の著作者（法人）が信頼性確認団体を経由して申出を行う場合

令和　　年　　月　　日

【○○株式会社　（カスタマーサービス担当）】　御中

☆☆株式会社
代表者　○○　○○（記名）　印

著作物等の送信を防止する措置の申出について

弊社は、貴社が管理するURL：【http://www.abc.ne.jp/　（名義△△△△）】に掲載されている下記の情報の流通は、下記のとおり、弊社が有する【著作権法第23条に規定する公衆送信権】を侵害しているため、「プロバイダ責任制限法著作権関係ガイドライン」に基づき、下記のとおり、貴社に対して当該著作物等の送信を防止する措置を講じることを求めます。

記

1.申出者の住所	【〒　　－ ○○県××市△△○丁目×番△号】	
2.申出者の名称	【☆☆株式会社　（担当　○○部　××）】	
3.申出者の連絡先	電話番号	【○○－○○○○－○○○○　（担当　内線××）】
	e-mailｱﾄﾞﾚｽ	【abcd@efg.　jp】
4.侵害情報の特定のための情報	URL	【http://www.abc.ne.jp/aaa/bbb/ccc.txt】
	ﾌｧｲﾙ名	【ccc.txt】
	その他の特徴	【例えば、作成年月日、ﾌｧｲﾙｻｲｽﾞ等その他の属性等】
5.著作物等の説明	【侵害情報により侵害された著作物は、弊社が創作した著作物「□□□□」を▽▽▽▽が翻案した著作物「☆☆☆☆」です。】	
6.侵害されたとする権利	【著作権法第23条の公衆送信権（送信可能化権を含む。）】	
7.著作権等が侵害されたとする理由	【弊社は、著作物「□□□□」を▽▽▽▽が翻案した著作物「☆☆☆☆」に係る著作権法第23条に規定する公衆送信権（送信可能化権を含む。）を有しています。 弊社は、△△△△に対して著作物「☆☆☆☆」を公衆送信（送信可能化を含む。）することに対し、いかなる許諾も与えておりません。 弊社は、著作物「☆☆☆☆」を公衆送信（送信可能化を含む。）することを許諾する権限をいかなる者にも譲渡又は委託しておりません。】	
8.著作権等侵害の態様	1　ガイドラインの対象とする権利侵害の態様の場合 侵害情報である「××××」は、以下の■の態様に該当します。 (1)　ｶﾞｲﾄﾞﾗｲﾝⅡ４(1)の態様に該当するもの ■a)　情報の発信者が著作権等侵害であることを自認しているもの □b)　著作物等の全部又は一部を丸写ししたﾌｧｲﾙ（a）以外のものであって、著作物等と侵害情報とを比較することが容易にできるもの） □c)　b)を現在の標準的な圧縮方式（可逆的なもの）により圧縮したもの (2)　ｶﾞｲﾄﾞﾗｲﾝⅡ４(2)の態様に該当するもの □a)　著作物等の全部又は一部を丸写ししたファイル（(1)a)、b)以外のものであって、著作物等と侵害情報とを視聴して比較することや、専門的方法を用いて比較することで確認が可能なもの） □b)　(1)b)又はa)を圧縮したもので、(1)c)に該当するものを除いたもの □c)　a)又はb)が分割されているもの 2　ガイドラインの対象とする権利侵害の態様以外のものの場合 （権利侵害の態様を適切・詳細に記載する。）	

上記内容が事実に相違ないこと、及び弊社が標記ガイドラインＶ１(1)の信頼性確認団体である社団法人△△△△の会員であることを証します。

以　上

出典：http://www.isplaw.jp/c_form.pdf

書式２－４－① 信頼性確認団体を経由して請求する場合の証明書

〔様式D〕

令和　　年　　月　　日

【○○株式会社　（カスタマーサービス担当）】　御中

社団法人◇◇◇◇
代表者　○○　○○（記名）　印

著作物等の送信を防止する措置の申出の確認について

「プロバイダ責任制限法著作権関係ガイドライン」Ｖ１(1)の信頼性確認団体である弊団体は、平成○○年○○月○○日付けで弊団体の会員である【☆☆株式会社】が同ガイドラインに基づいて貴社に対して行った著作物等の送信を防止する措置の申出の内容について、同ガイドラインＶに従って以下の事項について適切に確認を行ったので、その旨を証します。

記

1. 申出者☆☆株式会社が弊団体の会員であること
2. 本申出が確かに☆☆株式会社により行われたこと
3. 申出者☆☆株式会社が貴社に対して提出した申出書記載の著作物等「□□□□」（以下「著作物等Ａ」という。）の著作権者等であること
4. 著作物等Ａの著作権等が侵害されていること
5. 4. の著作権等Ａに係る著作権等の侵害の態様が標記ガイドラインの対象とするものであること
6. 著作物等Ａに係る著作権等が保護期間内であること
7. 権利侵害があったことを確認した方法
   【○○の方法により権利侵害があったことを確認しました。】

上記内容が事実に相違ないことを証します。

※　その他必要な資料を添付する

以　上

出典 :http://www.isplaw.jp/c_form.pdf

書式2－4－②　原著作物の著作者（法人）が信頼性確認団体を経由して請求する場合（書式2－3－②の場合）の証明書

〔様式D'〕　様式C'による申出の場合に信頼性確認団体が行う確認の例

令和　　年　　月　　日

【○○株式会社　（カスタマーサービス担当）】　御中

社団法人◇◇◇◇
代表者　○○　○○（記名）　印

著作物等の送信を防止する措置の申出の確認について

「プロバイダ責任制限法著作権関係ガイドライン」Ｖ１⑴の信頼性確認団体である弊団体は、平成○○年○○月○○日付けで弊団体の会員である【☆☆株式会社】が同ガイドラインに基づいて貴社に対して行った著作物等の送信を防止する措置の申出の内容について、同ガイドラインＶに従って以下の事項について適切に確認を行ったので、その旨を証します。

記

1．申出者☆☆株式会社が弊団体の会員であること
2．本申出が確かに☆☆株式会社により行われたこと
3．申出者☆☆株式会社が貴社に対して提出した申出書記載の著作物等「☆☆☆☆」（以下「著作物等Ａ」という。）の著作権者等であること
4．著作物等Ａの著作権等が侵害されていること
5．4.の著作権等Ａに係る著作権等の侵害の態様が標記ガイドラインの対象とするものであること
6．著作物等Ａに係る著作権等が保護期間内であること
7．権利侵害があったことを確認した方法
【○○の方法により権利侵害があったことを確認しました。】

上記内容が事実に相違ないことを証します。

※　その他必要な資料（申出者と▽▽▽▽の著作物「☆☆☆☆」に関する権利関係を示す書類を含む）を添付する

以　上

出典 :http://www.isplaw.jp/c_form.pdf

書式3　商標権侵害の場合

書式3－1　商標権者が請求する場合

〔様式〕

令和○○年○○月○○日

【○○株式会社】御中

氏名又は名称　○○　○○　印

商標権を侵害する商品情報の送信を防止する措置の申出について

貴社が管理するＵＲＬ：【http://】に掲載されている下記の情報の流通は、下記のとおり【○○○○（商標権者等の氏名又は名称）】が有する商標権を侵害しているため、「プロバイダ責任制限法商標権関係ガイドライン」に基づき、下記のとおり、貴社に対して当該情報の送信を防止する措置を講ずることを求めます。

記

1．申出者の住所		
2．申出者の氏名		
3．申出者の連絡先	電話番号	
	e-mail アドレス	
4．侵害情報の特定のための情報	URL	
	商品の種類又は名称	
	その他の特徴	【ネットオークションへの出品の場合は出品者 ID、出品日時等の情報】
5．侵害されたとする権利	商標権 【商標、登録番号、指定商品等、侵害されたとする商標権の特定に資する情報を記載】	
6．商標権が侵害されたとする理由等	［商標権が侵害されたとする理由］ 【□□□□は、私（当社）の登録商標です。私（当社）は、△△△△に対して登録商標□□□□を使用することにつき、いかなる許諾も与えておりません。また、侵害情報に係る商品の情報（広告）は、私（当社）が製造している商品と類似する商品のものですが、侵害情報に係る商品は当社では製造しておりません。】 ［権利侵害の態様がガイドラインの対象とするものであることの申述］ ４で特定した侵害情報は、以下のいずれにも該当します。 （ａ）以下の理由により商品は真正品ではありません。 （ｉ）情報の発信者が真正品でないことを自認している商品	

	である。（その根拠：　　　　　　　　　　　　　　） （ⅱ）私（当社）が製造していない類の商品である。 （ⅲ）【合理的な根拠を記載】 （ｂ）以下の理由により、本件は業としての行為に該当します。 【業要件に該当する理由を記載】 （ｃ）侵害情報に係る商品が登録商標の指定商品と同一又は類似の商品です。 （ｄ）侵害情報に登録商標と同一又は類似の商標が付されています。
7．ガイドラインの対象とする権利侵害の態様以外のものの場合	（権利侵害の態様を適切・詳細に記載する）
8．その他参考となる事項	

上記内容のうち、【５及び６】の項目については、証拠書類を添付します。

また、上記内容が、事実に相違ないことを証します。

出典 :http://www.isplaw.jp/t_form.pdf

書式３－２　信頼性確認団体を経由して請求する場合の証明書

〔信頼性確認団体を経由して申し出る場合の様式〕

令和　　年　　月　　日

【○○株式会社　（カスタマーサービス担当）】　御中

法人の名称◇◇◇◇
代表者　○○　○○（記名）　　印

商標権を侵害する商品情報の送信を防止する措置の申出について

「プロバイダ責任制限法商標権関係ガイドライン」Ｖ１⑴の信頼性確認団体である弊団体は、平成○○年○○月○○日付けで弊団体の会員である【☆☆株式会社】が同ガイドラインに基づいて貴社に対して行った商標権等を侵害する商品情報の送信を防止する措置の申出の内容について、同ガイドラインＶに従って以下の事項について適切に確認を行ったので、その旨を証します。

記

1．申出者☆☆株式会社が弊団体の会員であること
2．本申出が確かに☆☆株式会社により行われたこと
3．申出者☆☆株式会社が貴社に対して提出した申出書記載の商品情報「☆☆☆☆」（以下の商標権者等であること
4．当該商品情報に係る商標権等が侵害されていること
5．4.にいう商標権等の侵害の態様が同ガイドラインの対象とするものであること

上記内容が事実に相違ないことを証します。

※　その他必要な資料を添付する

以　上

出典 :http://www.isplaw.jp/t_form.pdf

書式4　投稿記事削除仮処分命令申立書

投稿記事削除仮処分命令申立書　（注1）（注2）

令和　　年　　月　　日

東京地方裁判所民事第9部　御中

債権者代理人弁護士　　○○○○

当事者の表示　　別紙当事者目録記載のとおり（注3）
仮処分により保全すべき権利　　人格権としての名誉権

申立ての趣旨

債務者は、別紙投稿記事目録記載の各投稿記事を仮に削除せよ
との裁判を求める。

申立ての理由

第1　被保全権利
1　当事者
(1)　債権者
債権者は○○である。
(2)　債務者は電気通信事業等を業とする株式会社である（疎甲1）。
債務者は□□（以下「本件電子掲示板」という。）を運営・管理している（疎甲2）。
2　債権者の名誉が毀損されていること（注4）
【本件電子掲示板に投稿された別紙投稿記事目録記載の各投稿（以下「本件記事」という。）により債権者の権利が侵害されていることばかりではなく、違法性阻却事由の存在をうかがわせる事情がな

いこと、また当該権利侵害行為によって債権者が被る損害が金銭による損害賠償のみでは補填が困難であること等について可能な限り詳細に記載する。疎明資料も提出（注5)】

3　債務者が削除義務を負うこと

⑴　債権者は、令和○○年○月○日、債務者に対して、本件電子掲示板に投稿された本件記事により、債権者の権利が侵害されていることを通知するとともに、当該投稿の送信防止措置を求めた（疎甲○)。

しかしながら、2で上述したとおり、本件記事により、債権者の権利が侵害されていることは明らかであって、これを削除せずに放置した場合、債権者が被る損害が極めて甚大であるにもかかわらず、債務者は現在におけるまで本件記事を削除せず、本件記事はインターネット上に公開され続けている。

⑵　他方で、上記1⑵のとおり、本件電子掲示板は債務者が運営・管理しており、債務者は、当該掲示板に投稿された本件記事を技術的に削除することが可能である。

⑶　したがって、債務者は、本件電子掲示板から本件記事を直ちに削除する条理上の義務を負う。

4　被保全権利のまとめ

よって、債権者は債務者に対し、人格権としての名誉権に基づき、本件電子掲示板から本件記事を削除するよう請求する権利を有する。

第2　保全の必要性

1　本件記事は、現在、インターネット上へ公開されており、誰でも閲覧が可能である。このまま削除されることなく公開され続けた場合、債権者には、金銭賠償では回復しがたい損害が生じてしまう。

したがって、本案手続によるのではなく、保全手続によって、直ちに本件記事の削除を行う必要がある。

2　他方で、本件記事は匿名で投稿されていることから、債権者が当該発信者に対して本件記事の削除請求を行うことは困難であって、仮に可能であるとしても、その発信者の特定等に時間がかかり（注6)、その間、債権者には回復しがたい損害が生じてしまう。

そのため、保全手続により、迅速な削除措置を講じる必要がある。

3　そこで、債権者は、債務者に対して、本申立てに及んだ次第である。

疎　明　方　法

疎甲第1号証　　　　　　　　現在事項全部証明書
疎甲第2号証　　　　　　　　whois 検索結果（注7）
（以下略）

添　付　書　類

1　甲号証の写し　　　　　　　　各1通
2　資格証明書（注8）　　　　　　1通
3　委任状　　　　　　　　　　　1通

以上

別紙

当事者目録

〒○○　東京都○○区○○
債　権　者　　　○○

〒○○　東京都○○区○○
○○法律事務所（送達場所）
電　話　○○
FAX　○○
債権者代理人弁護士　　　○○○○

〒○○　東京都○○区○○
債　務　者　　　　　○○
代表者代表取締役　　　○○

別紙

投稿記事目録（注9）

URL:http://
スレッドタイトル：○○

1
投稿者：○
投稿番号：○
投稿日時：○○年○月○日　　○時○分○秒
投稿内容：○○

2
投稿者：○
投稿番号：○
投稿日時：○○年○月○日　　○時○分○秒
投稿内容：○○

3
投稿者：○
投稿番号：○
投稿日時：○○年○月○日　　○時○分○秒
投稿内容：○○

（注1）名誉毀損の場合を想定した申立書である。
（注2）収入印紙額は2,000円である（民事訴訟費用等に関する法律第3条第1項別表第1の11の2のロ）。なお、当事者が複数の場合には、多い方の一方当事者の人数に2,000円を乗じた金額となる（債権者が2人で債務者が1人の場合には2,000円×2人=4,000円）が、注3で述べるとおり、東京地方裁判所では債権者1名対債務者1名の申立てしか認められていない。
（注3）投稿記事が、会社と会社の代表者を誹謗中傷しているような場合、会社と会社の代表者が被害者（債権者）となりうる。この場合、1つの事件

（債権者が複数の事件）として仮処分命令申立を行うことも考えられるものの、東京地方裁判所では審理の迅速性という観点から、仮処分手続は、債権者1名対債務者1名でなければ受付けないとの運用がとられている。

（注4）投稿記事毎に権利侵害があることを個別に主張する必要があることから、別表等をも用いて投稿記事毎に権利侵害があることを主張する方法も有用である。

（注5）権利侵害を疎明する資料（侵害情報が投稿されたウェブページの写し等）や当該投稿が債権者に関する投稿であることを疎明する資料（陳述書等）を提出する。

（注6）発信者が判明している場合には、保全の必要性が否定される可能性がありうる。

（注7）当該ウェブページ上に運営会社が明記されている場合には、当該ページをプリントアウトしたものでもよい。

（注8）債務者が法人である場合を想定している。債権者が法人である場合には債権者の資格証明も必要となる。

（注9）投稿記事目録は、問題となった電子掲示版等に記載されている項目に応じて作成する必要がある。

書式5 CPに対する申立て

書式5－1　提供命令も併せて申し立てる場合

【印紙貼付】

☑発信者情報開示命令申立書
☑提　供　命　令　申　立　書
☐消　去　禁　止　命　令　申　立　書　(ver.2)

【作成日】　令和○年○月○日

【作成名義人の記名押印】○　○　○　○　㊞

発信者情報開示命令事件手続規則２条１項の事件等：（同一投稿が対象の直近及び最先頭の各事件）
☐令和　年（発チ）第　号（規則２条１項）
☐令和　年（発チ）第　号（最先頭）

規則４条２項の事件：☐令和　年（発チ）第　号

目録確認欄　☑当事者目録　☑発信者情報目録　☑投稿記事目録
☑権利侵害の説明　☑主文目録（提供命令申立てがある場合）

当事者の表示　別紙当事者目録のとおり

申立ての趣旨

【開示命令】

☑　相手方は、申立人に対し、別紙発信者情報目録記載の各情報を開示せよ。

【提供命令】

☑　別紙主文目録記載のとおり

【消去禁止命令】

☐　相手方は、別紙投稿記事目録記載の各情報に係る発信者情報開示命令事件（当該事件についての発信者情報開示命令の申立てについての決定に対して異議の訴えが提起されたときは、その訴訟）が終了するまでの間、別紙発信者情報目録記載の各情報を消去してはならない。

1

申立ての理由（開示命令）

1　インターネット上の本件投稿

インターネット上に別紙投稿記事目録記載の記事の投稿（以下「本件投稿」）がされた。【甲○】

□受信する者が限られている場合

特定電気通信に当たる理由は以下のとおり。【甲○】

（理由：　　　　　　　　　　　　　　　　　　　　）

2　相手方が開示関係役務提供者であること【甲○】（いずれかを一つを選択）

☑ａ　本件投稿に係るサイトを運営している（匿名掲示板、ＳＮＳ等運営業者）。

□ｂ　本件投稿が蔵置されたサーバーを管理している（レンタルサーバー業者等）。

□ｃ　本件投稿に係る侵害投稿通信（侵害情報の投稿時の通信）を媒介した。

□ｄ　本件投稿に係る侵害関連通信（侵害投稿に最も時間的に近接したログインやアカウント作成等の際の通信）を媒介した。

3　発信者情報の保有

相手方は、別紙発信者情報目録記載の各情報を保有している。

4　補充性（相手方が２ａに当たり、特定発信者情報の開示を求める場合）【甲○】（いずれかを一つを選択）

□イ　相手方は、特定発信者情報以外の発信者情報を保有していない。

☑ロ　相手方は、発信者又は契約者の氏名又は住所の一方又は両方を保有しておらず、かつ、侵害投稿通信に係るＩＰアドレス等のアクセスログ（タイムスタンプを除く。）を保有していない。

□ハ　相手方から本件投稿の侵害投稿通信に係る発信者情報の開示を受けたが、発信者を特定できなかった。

5　権利侵害の明白性

別紙権利侵害の説明のとおり

6　開示を受けるべき正当な理由

☑発信者に対する損害賠償請求等を予定している。

□その他：

7　よって書き（前記２ｄに当たる場合は２項を選択）

よって、以下の条文に基づき発信者情報開示命令を求める。

☑プロバイダ責任制限法５条１項　□プロバイダ責任制限法５条２項

2

☑申立ての理由（提供命令）

1　インターネット上の本件投稿

開示命令申立ての理由記載１のとおり

2　相手方が開示関係役務提供者であること【甲〇】

開示命令申立ての理由記載２のとおり

3　提供命令の必要性（該当する場合に記載）

アクセスプロバイダのアクセスログの保存期間は一般に３か月等と短く、早期に申立ての趣旨記載のとおりの提供を行わせなければ、発信者を特定できなくなるおそれがある。

□本件投稿につき提供命令が失効したことがある場合

以下の事情により、再度の提供命令を求める特別の必要がある。【甲〇】

（事情：　　　　　　　　　　　　　　　　　　　　）

□２号限定型で足りる場合

相手方から、本件投稿に係る他の開示関係役務提供者として主文目録記載のプロバイダの氏名等情報の提供を受けた。【甲〇】

4　補充性（相手方が開示命令申立ての理由２ａに当たり、特定発信者情報の提供命令を求める場合）

開示命令申立ての理由記載４のとおり

5　よって書き（いずれかを一つを選択）

よって、以下の条文に基づき提供命令を求める。

□プロバイダ責任制限法１５条１項（特定発信者情報なし）

☑プロバイダ責任制限法１５条２項、１項（特定発信者情報あり）

3

□申立ての理由（消去禁止命令）

1　インターネット上の本件投稿

開示命令申立ての理由記載１のとおり

2　相手方が開示関係役務提供者であること【甲○】

開示命令申立ての理由記載２のとおり

3　発信者情報の保有

相手方は、別紙発信者情報目録記載の各情報を保有している。

4　消去禁止命令の必要性

相手方は、前記各情報の任意保存をしない。

□以下の事情により、相手方が前記各情報のデータを消去する期限が切迫している。【甲○】

（事情：　　　　　　　　　　　　　　　　　　　）

5　よって書き

よって、プロバイダ責任制限法１６条１項に基づき消去禁止命令を求める。

4

関　連　事　情

□　本件投稿中にサイト上から削除済みのものがある。
　　該当する投稿：
　　削除時期：

□　投稿(閲覧用)ＵＲＬ／投稿者ＵＲＬの裏付け書証が入手できないものがある。
　　該当する投稿：

□　投稿日時が特定できないものがある。
　　該当する投稿：

□　投稿したアカウントの活動が数か月止まっており、又は停止されている。
　　該当する投稿：

□　上記いずれにも該当しない。

附属書類等の確認欄（申立書類の提出前にチェックする。）

□　申立書の写し　１通（相手方送付用）
□　レターパックライト　１通（相手方送付用）　※相手方の宛名ラベル付き
□　証拠説明書　１通（裁判所用のみ）
□　甲号証の写し　各１通（裁判所用のみ）
□　手続代理委任状　１通　　※取下げの特別委任を含む。
□　申立人（法人）の資格証明書　１通
□　相手方（法人）の資格証明書　１通
□　相手方の日本における代表者（法人）の資格証明書　１通
□　申立てチェックリスト　１通

5

（別紙）

当事者目録

〒○○○－○○○○　東京都○○区○○町○丁目○番○号
申立人　　○　○　○　○

〒○○○－○○○○　東京都○○区○○町○丁目○番○号
○○ビル○号室（送達場所）
電話　０３－○○○○－○○○○
ＦＡＸ　０３－○○○○－○○○○
申立人手続代理人弁護士　　甲　野　太　郎

○○○○国○○○○、○○○州○○○、○○○
相手方　　○　○　○　○
上記代表者（日本における代表者）　○　○　○　○
上記代表者代表取締役　○　○　○　○
（送付先）
〒○○○－○○○○　東京都○○区○○　○丁目○番○号○○○○

6

（別紙）

発信者情報目録

1　別紙投稿記事目録記載の各記事の投稿に用いられたアカウントに登録された以下の情報

（1）電話番号

（2）電子メールアドレス

2　別紙投稿記事目録記載の各記事の投稿に用いられたアカウントに係る以下の情報

（1）当該アカウントを作成した際の通信に係る接続元ＩＰアドレス及び接続日時（タイムスタンプ）

（2）上記各記事の投稿に最も時間的に近接した当該アカウントへのログイン時の通信に係る接続元ＩＰアドレス及び接続日時（タイムスタンプ）

7

（別紙）

投稿記事目録

（投稿されたサイトの名称　　●●●●）

投稿１

アカウント名	●●●
閲覧用 URL	https://*************.***/*****-****/*****
投稿日時	2024/1/1 11:11:11(JST) 2024/1/1 02:11:11(UTC)

投稿２

アカウント名	●●●
閲覧用 URL	https://*************.***/*****-****/*****
投稿日時	2024/1/2 22:22:22(JST) 2024/1/2 13:22:22(UTC)

8

（別紙）

☑主文目録

1　相手方は、申立人に対し、次のイ又はロに掲げる区分に応じ、当該イ又はロに定める事項を書面又は電磁的方法により提供せよ。

イ　相手方が、別紙発信者情報目録記載２の情報のうち相手方が保有するものにより、別紙投稿記事目録記載の情報に係る他の開示関係役務提供者（当該情報の発信者であると認められるものを除く。以下同じ。）の氏名又は名称及び住所（以下「他の開示関係役務提供者の氏名等情報」という。）の特定をすることができる場合　当該他の開示関係役務提供者の氏名等情報

ロ　相手方が、別紙発信者情報目録記載２の情報（接続日時（タイムスタンプ）を除く。）を保有していない場合又は保有する当該情報により上記イに規定する特定をすることができない場合　その旨

2　相手方が、前項の命令により他の開示関係役務提供者の氏名等情報の提供を受けた申立人から、申立人が当該他の開示関係役務提供者に対して別紙投稿記事目録記載の情報について発信者情報開示命令の申立てをした旨の書面又は電磁的方法による通知を受けたときは、相手方は、当該他の開示関係役務提供者に対し、別紙発信者情報目録記載２の情報のうち相手方が保有するものを書面又は電磁的方法により提供せよ。

9

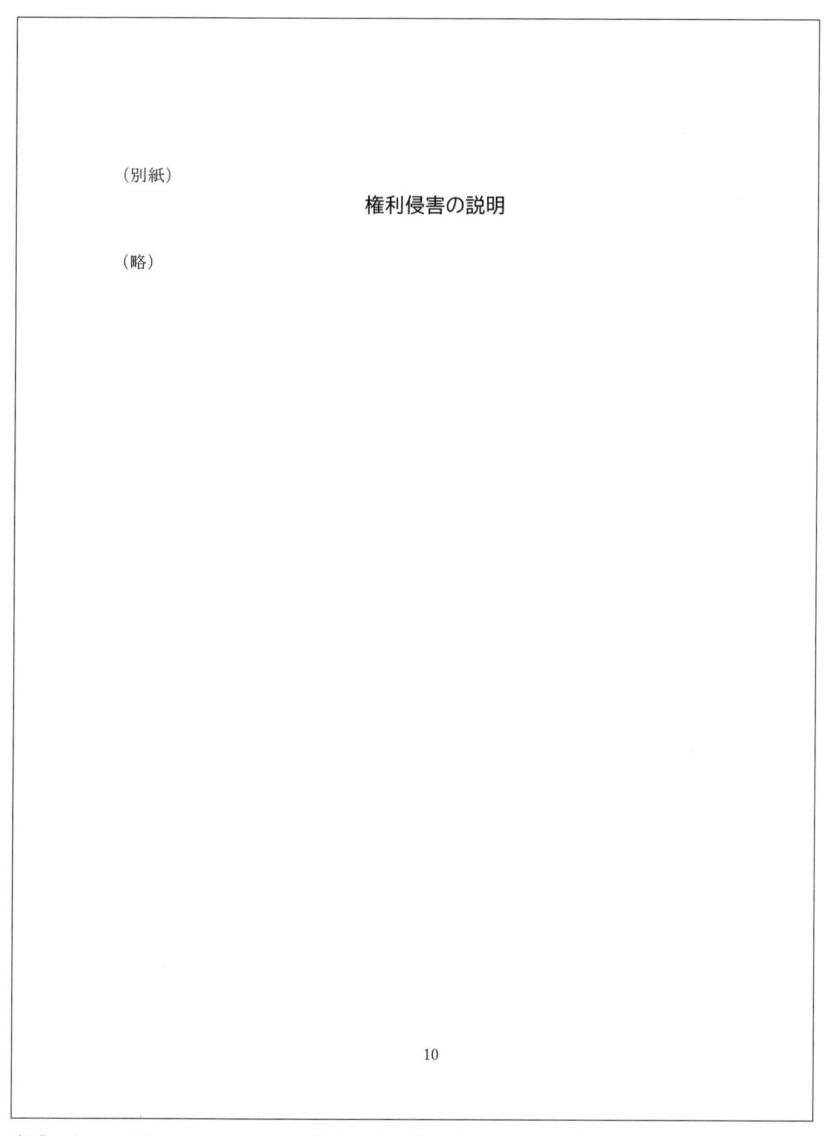

（別紙）

権利侵害の説明

（略）

10

出典：https://www.courts.go.jp/tokyo/vc-files/tokyo/2024/9-hasshinshajouhoukaiji/shoshiki-yo-goshuu/03-kisairei-1.pdf

書式５－２　発信者情報開示命令のみを申し立てる場合

【印紙貼付】

☑発信者情報開示命令申立書
☐提 供 命 令 申 立 書
☐消 去 禁 止 命 令 申 立 書 (ver.2)

【作成日】　令和○年○月○日

【作成名義人の記名押印】○　○　○　○　㊞

発信者情報開示命令事件手続規則２条１項の事件等：(同一投稿が対象の直近及び最先頭の各事件)
☐令和　年（発チ）第　号（規則２条１項）
☐令和　年（発チ）第　号（最先頭）

規則４条２項の事件：☐令和　年（発チ）第　号

目録確認欄　☑当事者目録　☑発信者情報目録　☑投稿記事目録
☑権利侵害の説明　☐主文目録（提供命令申立てがある場合）

当事者の表示　別紙当事者目録のとおり

申立ての趣旨

【開示命令】

☑　相手方は、申立人に対し、別紙発信者情報目録記載の各情報を開示せよ。

【提供命令】

☐　別紙主文目録記載のとおり

【消去禁止命令】

☐　相手方は、別紙投稿記事目録記載の各情報に係る発信者情報開示命令事件（当該事件についての発信者情報開示命令の申立てについての決定に対して異議の訴えが提起されたときは、その訴訟）が終了するまでの間、別紙発信者情報目録記載の各情報を消去してはならない。

1

申立ての理由（開示命令）

1　インターネット上の本件投稿

インターネット上に別紙投稿記事目録記載の記事の投稿（以下「本件投稿」）がされた。【甲○】

□受信する者が限られている場合

特定電気通信に当たる理由は以下のとおり。【甲○】

（理由：　　　　　　　　　　　　　　　　　　　　　　）

2　相手方が開示関係役務提供者であること【甲○】（いずれかを一つを選択）

☑a　本件投稿に係るサイトを運営している（匿名掲示板、ＳＮＳ等運営業者）。

□b　本件投稿が蔵置されたサーバーを管理している（レンタルサーバー業者等）。

□c　本件投稿に係る侵害投稿通信（侵害情報の投稿時の通信）を媒介した。

□d　本件投稿に係る侵害関連通信（侵害投稿に最も時間的に近接したログインやアカウント作成等の際の通信）を媒介した。

3　発信者情報の保有

相手方は、別紙発信者情報目録記載の各情報を保有している。

4　補充性（相手方が２ａに当たり、特定発信者情報の開示を求める場合）【甲○】（いずれかを一つを選択）

□イ　相手方は、特定発信者情報以外の発信者情報を保有していない。

☑ロ　相手方は、発信者又は契約者の氏名又は住所の一方又は両方を保有しておらず、かつ、侵害投稿通信に係るＩＰアドレス等のアクセスログ（タイムスタンプを除く。）を保有していない。

□ハ　相手方から本件投稿の侵害投稿通信に係る発信者情報の開示を受けたが、発信者を特定できなかった。

5　権利侵害の明白性

別紙権利侵害の説明のとおり

6　開示を受けるべき正当な理由

☑発信者に対する損害賠償請求等を予定している。

□その他：

7　よって書き（前記２ｄに当たる場合は２項を選択）

よって、以下の条文に基づき発信者情報開示命令を求める。

☑プロバイダ責任制限法５条１項　□プロバイダ責任制限法５条２項

2

□申立ての理由（提供命令）

1　インターネット上の本件投稿
　開示命令申立ての理由記載１のとおり

2　相手方が開示関係役務提供者であること【甲○】
　開示命令申立ての理由記載２のとおり

3　提供命令の必要性（該当する場合に記載）
　アクセスプロバイダのアクセスログの保存期間は一般に３か月等と短く、早期に申立ての趣旨記載のとおりの提供を行わせなければ、発信者を特定できなくなるおそれがある。
　□本件投稿につき提供命令が失効したことがある場合
　　以下の事情により、再度の提供命令を求める特別の必要がある。【甲○】
　（事情：　　　　　　　　　　　　　　　　　　　　　　　　）
　□２号限定型で足りる場合
　　相手方から、本件投稿に係る他の開示関係役務提供者として主文目録記載のプロバイダの氏名等情報の提供を受けた。【甲○】

4　補充性（相手方が開示命令申立ての理由２ａに当たり、特定発信者情報の提供命令を求める場合）
　開示命令申立ての理由記載４のとおり

5　よって書き（いずれかを一つを選択）
　よって、以下の条文に基づき提供命令を求める。
　□プロバイダ責任制限法１５条１項（特定発信者情報なし）
　□プロバイダ責任制限法１５条２項、１項（特定発信者情報あり）

3

□申立ての理由（消去禁止命令）

１　インターネット上の本件投稿
開示命令申立ての理由記載１のとおり

２　相手方が開示関係役務提供者であること【甲○】
開示命令申立ての理由記載２のとおり

３　発信者情報の保有
相手方は、別紙発信者情報目録記載の各情報を保有している。

４　消去禁止命令の必要性
相手方は、前記各情報の任意保存をしない。
□以下の事情により、相手方が前記各情報のデータを消去する期限が切迫している。【甲○】
（事情：　　　　　　　　　　　　　　　　　　　　）

５　よって書き
よって、プロバイダ責任制限法１６条１項に基づき消去禁止命令を求める。

4

関　連　事　情

□　本件投稿中にサイト上から削除済みのものがある。
　　該当する投稿：
　　削除時期：

□　投稿(閲覧用)ＵＲＬ／投稿者ＵＲＬの裏付け書証が入手できないものがある。
　　該当する投稿：

□　投稿日時が特定できないものがある。
　　該当する投稿：

□　投稿したアカウントの活動が数か月止まっており、又は停止されている。
　　該当する投稿：

□　上記いずれにも該当しない。

附属書類等の確認欄（申立書類の提出前にチェックする。）

□　申立書の写し　１通（相手方送付用）
□　レターパックライト　１通（相手方送付用）　※相手方の宛名ラベル付き
□　証拠説明書　１通（裁判所用のみ）
□　甲号証の写し　各１通（裁判所用のみ）
□　手続代理委任状　１通　　※取下げの特別委任を含む。
□　申立人（法人）の資格証明書　１通
□　相手方（法人）の資格証明書　１通
□　相手方の日本における代表者（法人）の資格証明書　１通
□　申立てチェックリスト　１通

5

（別紙）

当事者目録

〒○○○―○○○○　東京都○○区○○町○丁目○番○号
　　　申立人　　　　○　○　○　○

〒○○○―○○○○　東京都○○区○○町○丁目○番○号
　　　　　　　　　○○ビル○号室（送達場所）
　　　　電話　　０３－○○○○－○○○○
　　　　ＦＡＸ　０３－○○○○－○○○○
　　　申立人手続代理人弁護士　　　　甲　野　太　郎

○○○○国○○○○、○○○州、○○○、○○○・ストリート、○○
　　　相手方　　　　○　○　○　○
　　　上記代表者（日本における代表者）　　○　○　○　○
（送付先）
〒○○○―○○○○　東京都○○区○○町○丁目○番○号

6

（別紙）

発信者情報目録

1　別紙投稿記事目録記載の各記事の投稿に用いられたアカウントに登録された以下の情報

（1）電話番号

（2）電子メールアドレス

2　下記アカウントに係る以下の情報

（1）当該アカウントを作成した際の通信に係る接続元ＩＰアドレス及び接続日時（タイムスタンプ）

（2）下記投稿日時に最も時間的に近接した当該アカウントへのログイン時の通信に係る接続元ＩＰアドレス及び接続日時（タイムスタンプ）

記

スクリーンネーム　　@○○○

投稿日時　　2024/01/01 12:12:12(JST),2024/01/01 03:12:12(UTC)

7

（別紙）

投稿記事目録

（投稿されたサイトの名称　　●●●●）

投稿1

スクリーンネーム	●●●
閲覧用 URL	https://*************.***/*****-****/*****
投稿日時	2024/1/1 11:11:11(JST) 2024/1/1 02:11:11(UTC)

投稿2

スクリーンネーム	●●●
閲覧用 URL	https://*************.***/*****-****/*****
投稿日時	2024/1/2 22:22:22(JST) 2024/1/2 13:22:22(UTC)

8

（別紙）

☑主文目録

1　相手方は、申立人に対し、次のイ又はロに掲げる区分に応じ、当該イ又はロに定める事項を書面又は電磁的方法により提供せよ。

イ　相手方が、別紙発信者情報目録記載２の情報のうち相手方が保有するものにより、別紙投稿記事目録記載の情報に係る他の開示関係役務提供者（当該情報の発信者であると認められるものを除く。以下同じ。）の氏名又は名称及び住所（以下「他の開示関係役務提供者の氏名等情報」という。）の特定をすることができる場合　当該他の開示関係役務提供者の氏名等情報

ロ　相手方が、別紙発信者情報目録記載２の情報（接続日時（タイムスタンプ）を除く。）を保有していない場合又は保有する当該情報により上記イに規定する特定をすることができない場合　その旨

2　相手方が、前項の命令により他の開示関係役務提供者の氏名等情報の提供を受けた申立人から、申立人が当該他の開示関係役務提供者に対して別紙投稿記事目録記載の情報について発信者情報開示命令の申立てをした旨の書面又は電磁的方法による通知を受けたときは、相手方は、当該他の開示関係役務提供者に対し、別紙発信者情報目録記載２の情報のうち相手方が保有するものを書面又は電磁的方法により提供せよ。

9

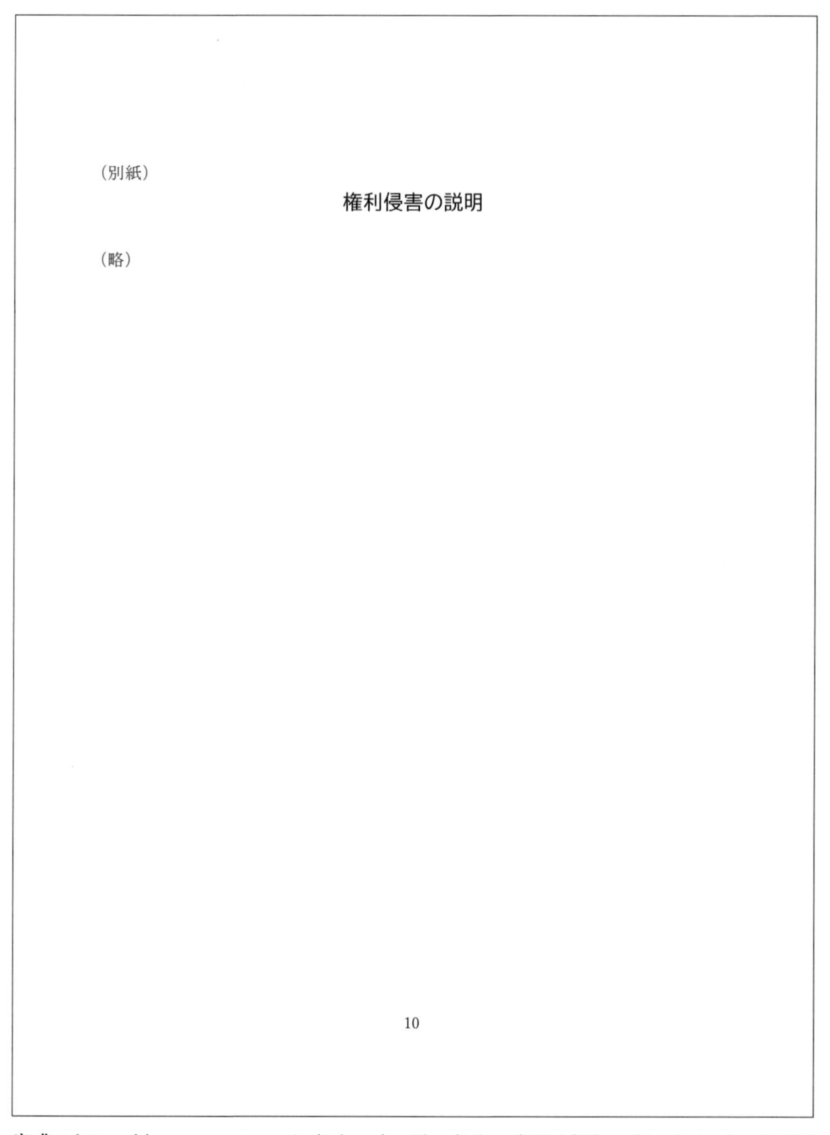

（別紙）

権利侵害の説明

（略）

10

出典：https://www.courts.go.jp/tokyo/vc-files/tokyo/2024/9-hasshinshajouhoukaiji/shoshiki-yo-goshuu/04-kisairei-2.pdf

書式6 APに対する申立て

書式6－1　消去禁止命令も併せて申し立てる場合

【印紙貼付】

☑発信者情報開示命令申立書
□提　供　命　令　申　立　書
☑消　去　禁　止　命　令　申　立　書　(ver.2)

【作成日】　令和○年○月○日
【作成名義人の記名押印】○　○　○　○　㊞

発信者情報開示命令事件手続規則２条１項の事件等：(同一投稿が対象の直近及び最先頭の各事件)
☑令和　○年（発チ）第○○○○号（規則２条１項）
□令和　年（発チ）第　号（最先頭）

規則４条２項の事件：□令和　年（発チ）第　号

目録確認欄　☑当事者目録　☑発信者情報目録　☑投稿記事目録
☑権利侵害の説明　□主文目録（提供命令申立てがある場合）

当事者の表示　別紙当事者目録のとおり

申立ての趣旨

【開示命令】

☑　相手方は、申立人に対し、別紙発信者情報目録記載の各情報を開示せよ。

【提供命令】

□　別紙主文目録記載のとおり

【消去禁止命令】

☑　相手方は、別紙投稿記事目録記載の各情報に係る発信者情報開示命令事件（当該事件についての発信者情報開示命令の申立てについての決定に対して異議の訴えが提起されたときは、その訴訟）が終了するまでの間、別紙発信者情報目録記載の各情報を消去してはならない。

1

申立ての理由（開示命令）

1　インターネット上の本件投稿

インターネット上に別紙投稿記事目録記載の記事の投稿（以下「本件投稿」）がされた。【甲○】

□受信する者が限られている場合

特定電気通信に当たる理由は以下のとおり。【甲○】

（理由：　　　　　　　　　　　　　　　　　　　）

2　相手方が開示関係役務提供者であること【甲○】（いずれかを一つを選択）

□ａ　本件投稿に係るサイトを運営している（匿名掲示板、ＳＮＳ等運営業者）。

□ｂ　本件投稿が蔵置されたサーバーを管理している（レンタルサーバー業者等）。

☑ｃ　本件投稿に係る侵害投稿通信（侵害情報の投稿時の通信）を媒介した。

□ｄ　本件投稿に係る侵害関連通信（侵害投稿に最も時間的に近接したログインやアカウント作成等の際の通信）を媒介した。

3　発信者情報の保有

相手方は、別紙発信者情報目録記載の各情報を保有している。

4　補充性（相手方が２ａに当たり、特定発信者情報の開示を求める場合）【甲○】（いずれかを一つを選択）

□イ　相手方は、特定発信者情報以外の発信者情報を保有していない。

□ロ　相手方は、発信者又は契約者の氏名又は住所の一方又は両方を保有しておらず、かつ、侵害投稿通信に係るＩＰアドレス等のアクセスログ（タイムスタンプを除く。）を保有していない。

□ハ　相手方から本件投稿の侵害投稿通信に係る発信者情報の開示を受けたが、発信者を特定できなかった。

5　権利侵害の明白性

別紙権利侵害の説明のとおり

6　開示を受けるべき正当な理由

☑発信者に対する損害賠償請求等を予定している。

□その他：

7　よって書き（前記２ｄに当たる場合は２項を選択）

よって、以下の条文に基づき発信者情報開示命令を求める。

□プロバイダ責任制限法５条１項　☑プロバイダ責任制限法５条２項

2

□申立ての理由（提供命令）

1　インターネット上の本件投稿

開示命令申立ての理由記載１のとおり

2　相手方が開示関係役務提供者であること【甲○】

開示命令申立ての理由記載２のとおり

3　提供命令の必要性（該当する場合に記載）

アクセスプロバイダのアクセスログの保存期間は一般に３か月等と短く、早期に申立ての趣旨記載のとおりの提供を行わせなければ、発信者を特定できなくなるおそれがある。

□本件投稿につき提供命令が失効したことがある場合

以下の事情により、再度の提供命令を求める特別の必要がある。【甲○】

（事情：　　　　　　　　　　　　　　　　　　　　　　　　　　　）

□２号限定型で足りる場合

相手方から、本件投稿に係る他の開示関係役務提供者として主文目録記載のプロバイダの氏名等情報の提供を受けた。【甲○】

4　補充性（相手方が開示命令申立ての理由２ａに当たり、特定発信者情報の提供命令を求める場合）

開示命令申立ての理由記載４のとおり

5　よって書き（いずれかを一つを選択）

よって、以下の条文に基づき提供命令を求める。

□プロバイダ責任制限法１５条１項（特定発信者情報なし）

□プロバイダ責任制限法１５条２項、１項（特定発信者情報あり）

3

☑申立ての理由（消去禁止命令）

1　インターネット上の本件投稿

開示命令申立ての理由記載１のとおり

2　相手方が開示関係役務提供者であること【甲○】

開示命令申立ての理由記載２のとおり

3　発信者情報の保有

相手方は、別紙発信者情報目録記載の各情報を保有している。

4　消去禁止命令の必要性

相手方は、前記各情報の任意保存をしない。

□以下の事情により、相手方が前記各情報のデータを消去する期限が切迫している。【甲○】

（事情：　　　　　　　　　　　　　　　　　　　　）

5　よって書き

よって、プロバイダ責任制限法１６条１項に基づき消去禁止命令を求める。

4

関　連　事　情

☐　本件投稿中にサイト上から削除済みのものがある。
　　該当する投稿：
　　削除時期：

☐　投稿(閲覧用)ＵＲＬ／投稿者ＵＲＬの裏付け書証が入手できないものがある。
　　該当する投稿：

☐　投稿日時が特定できないものがある。
　　該当する投稿：

☐　投稿したアカウントの活動が数か月止まっており、又は停止されている。
　　該当する投稿：

☐　上記いずれにも該当しない。

附属書類等の確認欄（申立書類の提出前にチェックする。）

☐　申立書の写し　１通（相手方送付用）
☐　レターパックライト　１通（相手方送付用）　※相手方の宛名ラベル付き
☐　証拠説明書　１通（裁判所用のみ）
☐　甲号証の写し　各１通（裁判所用のみ）
☐　手続代理委任状　１通　　※取下げの特別委任を含む。
☐　申立人（法人）の資格証明書　１通
☐　相手方（法人）の資格証明書　１通
☐　相手方の日本における代表者（法人）の資格証明書　１通
☐　申立てチェックリスト　１通

5

（別紙）

当事者目録

〒○○○―○○○○　東京都○○区○○町○丁目○番○号
申立人　○　○　○　○

〒○○○―○○○○　東京都○○区○○町○丁目○番○号
○○ビル○号室（送達場所）
電話　０３－○○○○－○○○○
ＦＡＸ　０３－○○○○－○○○○
申立人手続代理人弁護士　甲　野　太　郎

〒○○○―○○○○　東京都○○区○○町○丁目○番○号
相手方　株式会社○○○○
上記代表者代表取締役　○○○○

6

（別紙）

発信者情報目録

別紙投稿記事目録記載の各記事に係る東京地方裁判所令和○年（モ）第○○○号提供命令申立事件の令和○年○月○日付け提供命令に基づき○○（ＣＰ）から相手方に提供された発信者情報により特定される通信回線の契約者又は管理者に係る以下の情報

1　氏名又は名称
2　住所
3　電話番号
4　電子メールアドレス

7

（別紙）

投稿記事目録

（投稿されたサイトの名称　　●●●●）

投稿１

アカウント名	●●●
閲覧用 URL	https://*************.***/*****-****/*****
投稿日時	2024/1/1 11:11:11(JST) 2024/1/1 02:11:11(UTC)
投稿内容	●●●～～

投稿２

アカウント名	●●●
閲覧用 URL	https://*************.***/*****-****/*****
投稿日時	2024/1/2 22:22:22(JST) 2024/1/2 13:22:22(UTC)
投稿内容	●●●●～～～

8

（別紙）

□主文目録

1　相手方は、申立人に対し、次のイ又はロに掲げる区分に応じ、当該イ又はロに定める事項を書面又は電磁的方法により提供せよ。

イ　相手方が、別紙発信者情報目録記載2の情報のうち相手方が保有するものにより、別紙投稿記事目録記載の情報に係る他の開示関係役務提供者（当該情報の発信者であると認められるものを除く。以下同じ。）の氏名又は名称及び住所（以下「他の開示関係役務提供者の氏名等情報」という。）の特定をすることができる場合　当該他の開示関係役務提供者の氏名等情報

ロ　相手方が、別紙発信者情報目録記載2の情報（接続日時（タイムスタンプ）を除く。）を保有していない場合又は保有する当該情報により上記イに規定する特定をすることができない場合　その旨

2　相手方が、前項の命令により他の開示関係役務提供者の氏名等情報の提供を受けた申立人から、申立人が当該他の開示関係役務提供者に対して別紙投稿記事目録記載の情報について発信者情報開示命令の申立てをした旨の書面又は電磁的方法による通知を受けたときは、相手方は、当該他の開示関係役務提供者に対し、別紙発信者情報目録記載2の情報のうち相手方が保有するものを書面又は電磁的方法により提供せよ。

9

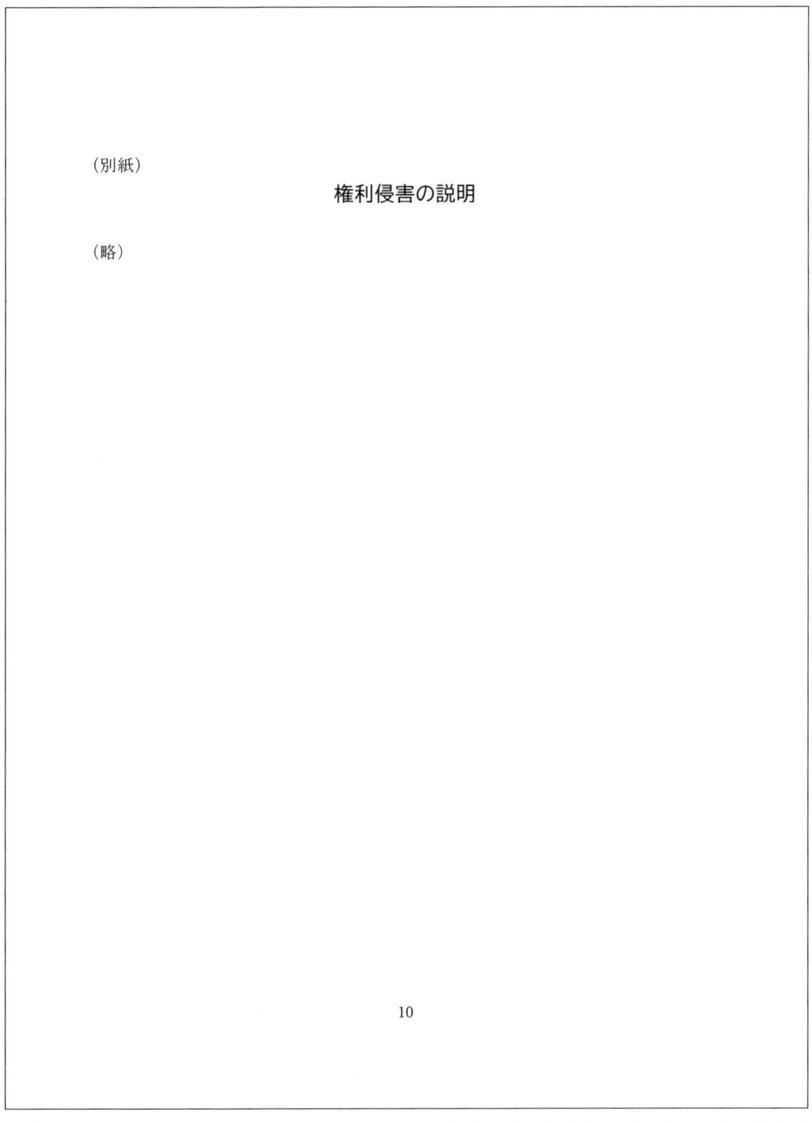
（別紙）

権利侵害の説明

（略）

10

出典：https://www.courts.go.jp/tokyo/vc-files/tokyo/2024/9-hasshinshajouhoukaiji/shoshiki-yo-goshuu/05-kisairei-3.pdf

書式６－２　発信者情報開示命令のみを申し立てる場合

【印紙貼付】

☑発信者情報開示命令申立書
□提 供 命 令 申 立 書
□消 去 禁 止 命 令 申 立 書　(ver.2)

【作成日】　令和○年○月○日
【作成名義人の記名押印】○　○　○　○　㊞

発信者情報開示命令事件手続規則２条１項の事件等：(同一投稿が対象の直近及び最先頭の各事件)
☑令和　○年（発チ）第○○○○号（規則２条１項）
□令和　　年（発チ）第　　　　号（最先頭）

規則４条２項の事件：□令和　　年（発チ）第　　　　号

目録確認欄　☑当事者目録　☑発信者情報目録　☑投稿記事目録
☑権利侵害の説明　□主文目録（提供命令申立てがある場合）

当事者の表示　　別紙当事者目録のとおり

申立ての趣旨

【開示命令】

☑　相手方は、申立人に対し、別紙発信者情報目録記載の各情報を開示せよ。

【提供命令】

□　別紙主文目録記載のとおり

【消去禁止命令】

□　相手方は、別紙投稿記事目録記載の各情報に係る発信者情報開示命令事件（当該事件についての発信者情報開示命令の申立てについての決定に対して異議の訴えが提起されたときは、その訴訟）が終了するまでの間、別紙発信者情報目録記載の各情報を消去してはならない。

1

申立ての理由（開示命令）

1　インターネット上の本件投稿

インターネット上に別紙投稿記事目録記載の記事の投稿（以下「本件投稿」）がされた。【甲○】

□受信する者が限られている場合

特定電気通信に当たる理由は以下のとおり。【甲○】

（理由：　　　　　　　　　　　　　　　　　　　　　）

2　相手方が開示関係役務提供者であること【甲○】（いずれかを一つを選択）

□ａ　本件投稿に係るサイトを運営している（匿名掲示板、ＳＮＳ等運営業者）。

□ｂ　本件投稿が蔵置されたサーバーを管理している（レンタルサーバー業者等）。

☑ｃ　本件投稿に係る侵害投稿通信（侵害情報の投稿時の通信）を媒介した。

□ｄ　本件投稿に係る侵害関連通信（侵害投稿に最も時間的に近接したログインやアカウント作成等の際の通信）を媒介した。

3　発信者情報の保有

相手方は、別紙発信者情報目録記載の各情報を保有している。

4　補充性（相手方が２ａに当たり、特定発信者情報の開示を求める場合）【甲○】（いずれかを一つを選択）

□イ　相手方は、特定発信者情報以外の発信者情報を保有していない。

□ロ　相手方は、発信者又は契約者の氏名又は住所の一方又は両方を保有しておらず、かつ、侵害投稿通信に係るＩＰアドレス等のアクセスログ（タイムスタンプを除く。）を保有していない。

□ハ　相手方から本件投稿の侵害投稿通信に係る発信者情報の開示を受けたが、発信者を特定できなかった。

5　権利侵害の明白性

別紙権利侵害の説明のとおり

6　開示を受けるべき正当な理由

☑発信者に対する損害賠償請求等を予定している。

□その他：

7　よって書き（前記２ｄに当たる場合は２項を選択）

よって、以下の条文に基づき発信者情報開示命令を求める。

□プロバイダ責任制限法５条１項　☑プロバイダ責任制限法５条２項

2

□申立ての理由（提供命令）

1　インターネット上の本件投稿
　開示命令申立ての理由記載１のとおり

2　相手方が開示関係役務提供者であること【甲○】
　開示命令申立ての理由記載２のとおり

3　提供命令の必要性（該当する場合に記載）
　アクセスプロバイダのアクセスログの保存期間は一般に３か月等と短く、早期に申立ての趣旨記載のとおりの提供を行わせなければ、発信者を特定できなくなるおそれがある。
　□本件投稿につき提供命令が失効したことがある場合
　　以下の事情により、再度の提供命令を求める特別の必要がある。【甲○】
　（事情：　　　　　　　　　　　　　　　　　　　　　　　　）
　□２号限定型で足りる場合
　　相手方から、本件投稿に係る他の開示関係役務提供者として主文目録記載のプロバイダの氏名等情報の提供を受けた。【甲○】

4　補充性（相手方が開示命令申立ての理由２ａに当たり、特定発信者情報の提供命令を求める場合）
　開示命令申立ての理由記載４のとおり

5　よって書き（いずれかを一つを選択）
　よって、以下の条文に基づき提供命令を求める。
　□プロバイダ責任制限法１５条１項（特定発信者情報なし）
　□プロバイダ責任制限法１５条２項、１項（特定発信者情報あり）

3

□申立ての理由（消去禁止命令）

1　インターネット上の本件投稿

開示命令申立ての理由記載１のとおり

2　相手方が開示関係役務提供者であること【甲○】

開示命令申立ての理由記載２のとおり

3　発信者情報の保有

相手方は、別紙発信者情報目録記載の各情報を保有している。

4　消去禁止命令の必要性

相手方は、前記各情報の任意保存をしない。

□以下の事情により、相手方が前記各情報のデータを消去する期限が切迫している。【甲○】

（事情：　　　　　　　　　　　　　　　　　　　　　）

5　よって書き

よって、プロバイダ責任制限法１６条１項に基づき消去禁止命令を求める。

4

関　連　事　情

□　本件投稿中にサイト上から削除済みのものがある。
　　該当する投稿：
　　削除時期：

□　投稿(閲覧用)ＵＲＬ／投稿者ＵＲＬの裏付け書証が入手できないものがある。
　　該当する投稿：

□　投稿日時が特定できないものがある。
　　該当する投稿：

□　投稿したアカウントの活動が数か月止まっており、又は停止されている。
　　該当する投稿：

□　上記いずれにも該当しない。

附属書類等の確認欄（申立書類の提出前にチェックする。）

□　申立書の写し　１通（相手方送付用）
□　レターパックライト　１通（相手方送付用）　※相手方の宛名ラベル付き
□　証拠説明書　１通（裁判所用のみ）
□　甲号証の写し　各１通（裁判所用のみ）
□　手続代理委任状　１通　　※取下げの特別委任を含む。
□　申立人（法人）の資格証明書　１通
□　相手方（法人）の資格証明書　１通
□　相手方の日本における代表者（法人）の資格証明書　１通
□　申立てチェックリスト　１通

5

（別紙）

当事者目録

〒○○○－○○○○　東京都○○区○○町○丁目○番○号
　　　申立人　　　　○　○　○　○

〒○○○－○○○○　東京都○○区○○町○丁目○番○号
　　　　　　　　○○ビル○号室（送達場所）
　　　　電話　　０３－○○○○－○○○○
　　　　ＦＡＸ　０３－○○○○－○○○○
　　　申立人手続代理人弁護士　　　甲　野　太　郎

〒○○○－○○○○　東京都○○区○○町○丁目○番○号
　　　相手方　　　　株式会社○○○○
　　　上記代表者代表取締役　○○○○

6

（別紙）

発信者情報目録

別紙投稿記事目録記載の各記事に係る東京地方裁判所令和○年（モ）第○○○号提供命令申立事件の令和○年○月○日付け提供命令に基づき○○（ＣＰ）から相手方に提供された発信者情報により特定される通信回線の契約者又は管理者に係る以下の情報

1　氏名又は名称
2　住所
3　電話番号
4　電子メールアドレス

7

（別紙）

投稿記事目録

（投稿されたサイトの名称　　●●●●）

投稿1

アカウント名	●●●
閲覧用 URL	https://*************.***/*****-****/*****
投稿日時	2024/1/1 11:11:11(JST) 2024/1/1 02:11:11(UTC)
投稿内容	●●●～～

投稿2

アカウント名	●●●
閲覧用 URL	https://*************.***/*****-****/*****
投稿日時	2024/1/2 22:22:22(JST) 2024/1/2 13:22:22(UTC)
投稿内容	●●●●～～～

8

（別紙）

□主文目録

1　相手方は、申立人に対し、次のイ又はロに掲げる区分に応じ、当該イ又はロに定める事項を書面又は電磁的方法により提供せよ。

イ　相手方が、別紙発信者情報目録記載2の情報のうち相手方が保有するものにより、別紙投稿記事目録記載の情報に係る他の開示関係役務提供者（当該情報の発信者であると認められるものを除く。以下同じ。）の氏名又は名称及び住所（以下「他の開示関係役務提供者の氏名等情報」という。）の特定をすることができる場合　当該他の開示関係役務提供者の氏名等情報

ロ　相手方が、別紙発信者情報目録記載2の情報（接続日時（タイムスタンプ）を除く。）を保有していない場合又は保有する当該情報により上記イに規定する特定をすることができない場合　その旨

2　相手方が、前項の命令により他の開示関係役務提供者の氏名等情報の提供を受けた申立人から、申立人が当該他の開示関係役務提供者に対して別紙投稿記事目録記載の情報について発信者情報開示命令の申立てをした旨の書面又は電磁的方法による通知を受けたときは、相手方は、当該他の開示関係役務提供者に対し、別紙発信者情報目録記載2の情報のうち相手方が保有するものを書面又は電磁的方法により提供せよ。

9

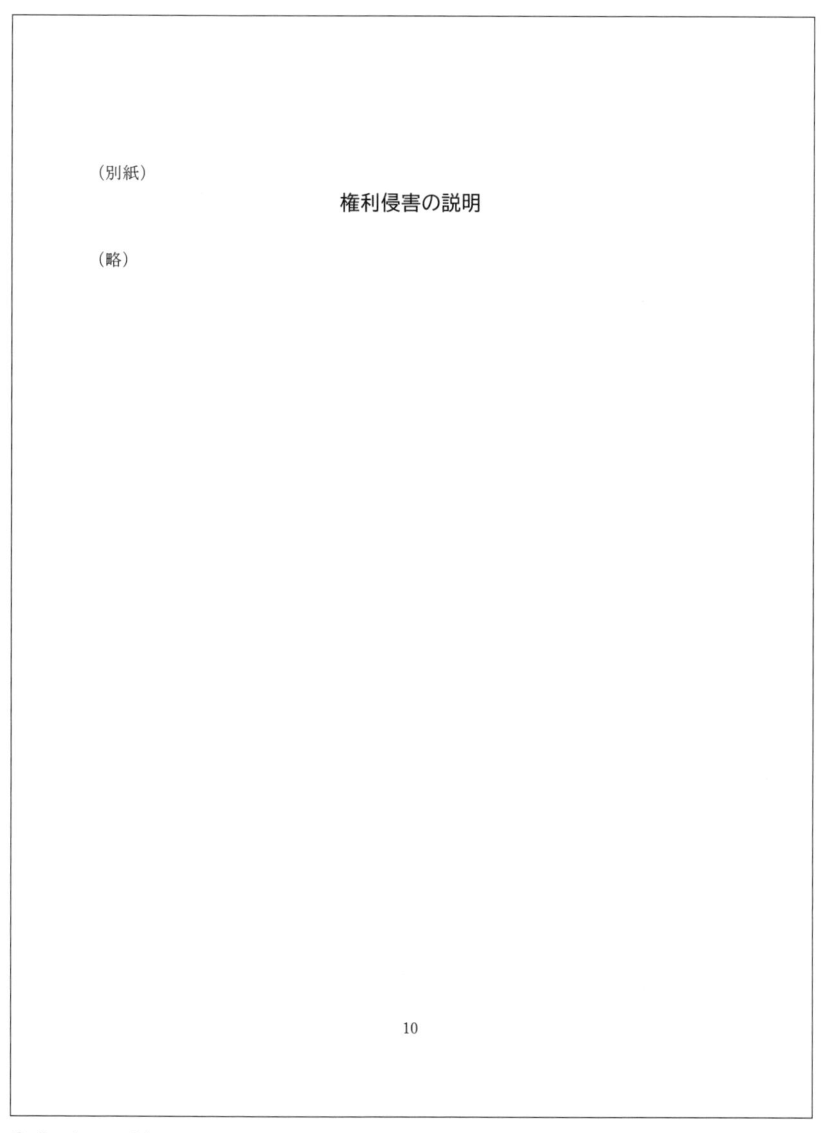

（別紙）

権利侵害の説明

（略）

10

出典：https://www.courts.go.jp/tokyo/vc-files/tokyo/2024/9-hasshinshajouhoukaiji/shoshiki-yo-goshuu/06-kisairei-4.pdf

書式７　発信者情報開示請求書

書式７－１　発信者情報開示請求書

書式①　発信者情報開示請求標準書式

年　月　日

至　［特定電気通信役務提供者の名称］御中

［権利を侵害されたと主張する者］（注１）
住所
氏名　　　　　　　　　　　　　印
連絡先

発信者情報開示請求書

［貴社・貴殿］が管理する特定電気通信設備に掲載された下記の情報の流通により、私の権利が侵害されたので、特定電気通信役務提供者の損害賠償責任の制限及び発信者情報の開示に関する法律（プロバイダ責任制限法。以下「法」といいます。）第４条第１項に基づき、［貴社・貴殿］が保有する、下記記載の、侵害情報の発信者の特定に資する情報（以下、「発信者情報」といいます）を開示下さるよう、請求します。

なお、万一、本請求書の記載事項（添付・追加資料を含む。）に虚偽の事実が含まれており、その結果［貴社・貴殿］が発信者情報を開示された契約者等から苦情又は損害賠償請求等を受けた場合には、私が責任をもって対処いたします。

記

<table>
<tr><td colspan="2">［貴社・貴殿］が管理する特定電気通信設備等</td><td>（注２）</td></tr>
<tr><td colspan="2">掲載された情報</td><td></td></tr>
<tr><td rowspan="3">侵害情報等</td><td>侵害された権利</td><td></td></tr>
<tr><td>権利が明らかに侵害されたとする理由（注３）</td><td></td></tr>
<tr><td>発信者情報の開示を受けるべき正当理由　（複数選択可）
（注４）</td><td>１．損害賠償請求権の行使のために必要であるため
２．謝罪広告等の名誉回復措置の要請のために必要であるため
３．差止請求権の行使のために必要であるため
４．発信者に対する削除要求のために必要であるため
５．その他（具体的にご記入ください）</td></tr>
</table>

	開示を請求する発信者情報 （複数選択可）	１．発信者の氏名又は名称 ２．発信者の住所 ３．発信者の電子メールアドレス ４．発信者が侵害情報を流通させた際の、当該発信者の IP アドレス及び当該 IP アドレスと組み合わされたポート番号（注５） ５．侵害情報に係る携帯電話端末等からのインターネット接続サービス利用者識別符号（注５） ６．侵害情報に係るＳＩＭカード識別番号のうち、携帯電話端末等からのインターネット接続サービスにより送信されたもの（注５） ７．４ないし６から侵害情報が送信された年月日及び時刻
	証拠（注６）	添付別紙参照
	発信者に示したくない私の情報（複数選択可）（注７）	１．氏名（個人の場合に限る） ２．「権利が明らかに侵害されたとする理由」欄記載事項 ３．添付した証拠

（注１）原則として、個人の場合は運転免許証、パスポート等本人を確認できる公的書類の写しを、法人の場合は資格証明書を添付してください。

（注２）　URL を明示してください。ただし、経由プロバイダ等に対する請求においては、IP アドレス及び当該 IP アドレスと組み合わされたポート番号等、発信者の特定に資する情報を明示してください。

（注３）著作権、商標権等の知的財産権が侵害されたと主張される方は、当該権利の正当な権利者であることを証明する資料を添付してください。

（注４）法第４条第３項により、発信者情報の開示を受けた者が、当該発信者情報をみだりに用いて、不当に当該発信者の名誉又は生活の平穏を害する行為は禁じられています。

（注５）携帯電話端末等からのインターネット接続サービスにより送信されたものについては、特定できない場合がありますので、あらかじめご承知おきください。

（注６）証拠については、プロバイダ等において使用するもの及び発信者への意見照会用の２部を添付してください。証拠の中で発信者に示したくない証拠がある場合（注７参照）には、発信者に対して示してもよい証拠一式を意見照会用として添付してください。

（注７）請求者の氏名（法人の場合はその名称）、「管理する特定電気通信設備」、「掲載された情報」、「侵害された権利」、「権利が明らかに侵害されたとする理由」、「開示を受けるべき正当理由」、「開示を請求する発信者情報」の各欄記載事項及び添付した証拠については、発信者に示した上で意見照会を行うことを原則としますが、請求者が個人の場合の氏名、「権利侵害が明らかに侵害されたとする理由」及び証拠について、発信者に示してほしくないものがある場合にはこれを示さずに意見照会を行いますので、その旨明示してください。なお、連絡先については原則として発信者に示すことはありません。

ただし、請求者の氏名に関しては、発信者に示さなくとも発信者により推知されることがあります。

以上

－－－－－－－－－－－－－－－－－－－－－－－－－－－－－－－－－－－－－

［特定電気通信役務提供者の使用欄］

開示請求受付日	発信者への意見照会日	発信者の意見	回答日
（日付）	（日付） 照会できなかった場合はその理由：	有（日付） 無	開示（日付） 非開示（日付）

(注) 上記の「貴社が管理する特定電気通信設備等」欄の特定方法
・発信者情報開示請求第1段階では、サイトのURLで特定する。
・発信者情報開示請求第2段階では、第1段階で開示されたIPアドレスを記載する。

書式7－2　発信者情報開示請求チェックリスト

書式7－2－①　名誉毀損、プライバシー侵害の場合

発信者情報開示請求チェックリスト【名誉毀損、プライバシー侵害】

20110930版

【目　的】

任意の発信者情報開示請求において、発信者情報開示請求者（以下「請求者」）の誤解や資料の不備等により、いたずらに発信者情報開示プロセスが煩雑となり、問い合わせの往復が増え、開示が遅れたり、不要な訴訟が増えたりすることを防止するとともに、不備のない内容で請求を受けたプロバイダ等の迅速かつ円滑な対応を促す。

【対　象】

プロバイダ責任制限法発信者情報開示関係ガイドライン（以下「GL」）の「Ⅳ　権利侵害の明白性の判断基準等」に記載する名誉棄損、プライバシー侵害のうち、典型的に任意での開示が可能な類型

【利用方法】

大項目にチェックが入るよう、中小項目にて確認し、チェック結果を発信者情報開示請求書に同封する。

項番	大	中	小	チェックポイント	解説	逐条、GL該当箇所
Ⅰ	□			特定電気通信による権利侵害である。	Webページ、電子掲示板、ビデオストリーム、P2P型ファイル交換等による1対多の電気通信により流通する情報による権利侵害である。	逐条p3～4,注1
		□		電子メール等1対1通信による権利侵害ではない	経由プロバイダとの通信は特定電気通信の一部	逐条p4
	and	□		詐欺の被害ではなく、詐欺の出品者の連絡先情報の開示請求ではない。	詐欺の被害と情報流通との間には相当因果関係が通常認められない。出品者の連絡先情報は発信者情報ではない。（弁護士会照会等によるのが適当）	逐条p1、GL注15
		□		リンク先の情報による権利侵害ではない。	いわゆる間接侵害類型については権利侵害の明白性の判断が困難なため、本チェックシートによる任意開示対象とはしない。	
Ⅱ	□			請求の相手方は以下のいずれかである:		
Ⅱ－1		□		Webページのホスティング事業者、電子掲示板の管理者、映像や音声のホスティング／ストリーム事業者		
	or					
Ⅱ－2		□		Ⅱ－1の通信のアップロードまたはP2P型ファイル交換に利用されたいわゆる「経由プロバイダ」	NTTドコモ最高裁判決（最判平22・4・8）により確定している。	GL Ⅱ-1、注1、注3
Ⅲ	□			請求者は、以下のいずれかである。		
Ⅲ－1		□		権利侵害の被害者本人または保護者である。	本人確認資料を添付する。法定代理人である保護者の場合は、住民票等法定代理関係を証する書面も添付する。	GL Ⅱ-1、Ⅲ-2(2) 書式①注1
	or		□	権利侵害の被害者が企業である場合、顧問弁護士、法務担当部署または権利管理担当部署から請求する（またはチェックを受けた。）	現場からの要請は、情報不足になりがちなので、組織的に対応するのが望ましい。	
Ⅲ－2		□		権利侵害の被害者の代理人である。		GL Ⅱ-1、
			□	代理権を確認する書類（情報）を添付した。	弁護士の場合、委任状の添付は不要	GL Ⅱ-1、Ⅲ-2(4)
		and	□	弁護士法違反となる代理行為ではない。	弁護士法72条により何らかの報酬を得る目的での法律事務を業とする（反復継続して行う意思がある）ことは非弁行為として禁止されている。	
			□	児童・生徒の通学する学校またはその教員ではない。	代理行為は禁じられていないが、保護者との利益相反が有りうる。	
Ⅳ	□			各権利侵害情報の所在を最小単位で特定した。		書式①特定電気通信設備 書式①掲載された情報
		□		個々の記事やファイル等の個別のURLにて指定する等して侵害情報（箇所）を特定した。	電子掲示板の発言等では、掲示板のURLだけではなく、スレッド、発言番号等を特定する。ブログのコメント欄等も同様。ビデオストリームでは、映像自体またはカタログページのURLを指定する。	書式①掲載された情報
			□	Webページ、電子掲示板全体のURLのみでは特定していない。		
Ⅴ	□			権利侵害情報に関するWebページのホスティング事業者、電子掲示板の管理者等からアップロード時のIPアドレスとタイムスタンプの開示を受けた	経由プロバイダに対する発信者情報開示請求の場合	GL Ⅲ-4(1)(b)
		□		IPアドレス、タイムスタンプの入手経路、一次開示にいたった判断経緯（仮処分決定等）を添付した。	IPアドレス、タイムスタンプの正確性を確認する資料が必要。	GL Ⅲ-4(1)(b)
Ⅵ	□			P2P型ファイル交換ソフトによる権利侵害の発信者を特定した。		GL Ⅲ-4(2)
		□		個々の発信者のIPアドレス、タイムスタンプを特定した証拠を添付した。	個々のIPアドレス、タイムスタンプを特定するにいたった画面のスクリーンショット等を添付発信者の特定に使用した信頼できるツールの出力結果またはその説明が必要	GL Ⅲ-4(3)
	an	□		IPアドレス、タイムスタンプを特定した方法の信頼性（単なる中継者で無いことを含む）に関する技術資料を添付した。	IPアドレス、タイムスタンプの特定方法の信頼性（単なる中継者で無いことを含む）を確認する資料（信頼すべき技術情報がウェブ上に公開されている場合はそのURL）が必要。	GL Ⅲ-4(2)、注6、
Ⅶ	□			権利侵害が明白である。		GL Ⅳ-1、書式①権利が明らかに侵害されたとする理由
	or	□		名誉毀損とされる情報発信について事実の公共性,目的の公益性、真実性のいずれかが無いことを発信者が自認している。		GL Ⅳ-2(1)
		□		プライバシー侵害の被害者とされる請求者は一般私人（または公人の家族）である。		GL Ⅳ-2(2)、注12
		□		権利侵害の態様は以下のうちいずれにも該当しない。	任意で発信者情報開示できる権利侵害類型の典型例のみに絞る	
		or	□	名誉毀損とされる情報発信について事実の公共性、目的の公益性があり、真実である。		GL Ⅳ-2(1)
			□	請求者は一般私人や公人の家族でなく、公人に関するプライバシー侵害である。		GL Ⅳ-2(2)、注12
		□		権利侵害態様の証拠書類を添付した		書式①証拠、同注6
			□	プライバシー侵害されたとする請求者の本人確認情報を添付した。	プライバシー侵害による発信者情報開示請求であっても、権利侵害の被害者でなければ請求権が無いので、その本人確認資料は必要。発信者の意見照会時に請求者の氏名を示したくない場合は、その旨請求書式に明示すればよい。	書式①注1、注7

出典 :http://www2.telesa.or.jp/consortium/provider/pdf/provider_hcklist_20111007_2.pdf

書式７－２－②　著作権等侵害の場合

発信者情報開示請求チェックリスト【著作権等侵害】

20110930版

【目的】

任意の発信者情報開示請求において、発信者情報開示請求者（以下「請求者」）の誤解や資料の不備等により、いたずらに発信者情報開示プロセスが煩雑となり、問い合わせの往復が増え、開示が遅れたり、不要な訴訟が増えたりすることを防止するとともに、不備のない内容で請求を受けたプロバイダ等の迅速かつ円滑な対応を促す。

【対象】

プロバイダ責任制限法発信者情報開示関係ガイドライン（以下「GL」）の「IV　権利侵害の明白性の判断基準等」に記載する著作権等侵害のうち、典型的に任意での開示が可能な類型

【利用方法】

大項目にチェックが入るよう、中小項目にて確認し、チェック結果を発信者情報開示請求書に同封する。

項番	大	中	小	チェックポイント	解説	逐条、GL該当箇所
I	□			特定電気通信による権利侵害である。	Webページ、電子掲示板、ビデオストリーム、P2P型ファイル交換等による1対多の電気通信により流通する情報による権利侵害である。	逐条p3～4,注1
		□		電子メール等1対1通信による権利侵害ではない	経由プロバイダとの通信は特定電気通信の一部	逐条p4
	and	□		詐欺の被害ではなく、詐欺の出品者の連絡先情報の開示請求ではない。	詐欺の被害と情報流通との間には相当因果関係が通常認められない。出品者の連絡先情報は発信者情報ではない。（弁護士会照会等によるのが適当）	逐条p1、GL注15
		□		リンク先の情報による権利侵害ではない。	いわゆる間接侵害類型については権利侵害の明白性の判断が困難なため、本チェックシートによる任意開示対象とはしない。	
II	□			請求の相手方は以下のいずれかである:		
II－1	or	□		Webページのホスティング事業者、電子掲示板の管理者、映像や音声のホスティング／ストリーム事業者		
II－2		□		II－1の通信のアップロードまたはP2P型ファイル交換に利用されたいわゆる「経由プロバイダ」	NTTドコモ最高裁判決（最判平22・4・8）により確定している。	GL II-1、注1、注3
III	□			請求者は、以下のいずれかである。		
III－1		□		権利侵害の被害者本人または保護者である。	本人確認資料を添付する。法定代理人である保護者の場合は、住民票等法定代理関係を証する書面も添付する。	GL II-1、III-2(2) 書式①注
	or	an	□	権利侵害の被害者が企業である場合、顧問弁護士、法務担当部署または権利管理担当部署から請求する（またはチェックを受けた。）	現場からの要請は、情報不足になりがちなので、組織的に対応するのが望ましい。	
			□	権利信託を受けた著作権等管理事業者である。	権利行使できる本人である。	GL II-1、注2
III－2		□		権利侵害の被害者の代理人である。		GL II-1、
			□	代理権を確認する書類（情報）を添付した。	弁護士の場合、委任状の添付は不要	GL II-1、III-2(4)
		an	□	弁護士法違反となる代理行為ではない。	弁護士法72条により何らかの報酬を得る目的での法律事務を業とする（反復継続して行う意思がある）ことは非弁行為として禁止されている。出版社やライセンシーなどは、権利侵害の被害者で無く、代理権がない場合権利行使ができないが、権利者との取引の一環としての代理行為は非弁行為とされるおそれがある。	
			□	権利信託を受けていないが、著作権等管理事業者であり、委任契約範囲内の行為である。		GL注2
			□	児童・生徒の通学する学校またはその教員ではない。	代理行為は禁じられていないが、保護者との利益相反が有りうる。	
IV	□			各権利侵害情報の所在を最小単位で特定した。		書式①特定電気通信設備 書式①掲載された情報
		□		個々の記事やファイル等の個別のURLにて指定する等して侵害情報（箇所）を特定した。	電子掲示板の発言等では、掲示板のURLだけではなく、スレッド、発言番号等を特定する。ブログのコメント欄等も同様。ビデオストリームでは、映像自体またはカタログページのURLを指定する。	書式①掲載された情報
			□	Webページ、電子掲示板全体のURLのみでは特定していない。		
V	□			権利侵害情報に関するWebページのホスティング事業者、電子掲示板の管理者等からアップロード時のIPアドレスとタイムスタンプの開示を受けた	経由プロバイダに対する発信者情報開示請求の場合	GL III-4(1)(b)
		□		IPアドレス、タイムスタンプの入手経路、一次開示にいたった判断経緯（仮処分決定等）を添付した。	IPアドレス、タイムスタンプの正確性を確認する資料が必要。	GL III-4(1)(b)
VI	□			P2P型ファイル交換ソフトによる権利侵害の発信者を特定した。		GL III-4(2)
		□		個々の発信者のIPアドレス、タイムスタンプを特定した証拠を添付した。	個々のIPアドレス、タイムスタンプを特定するにいたった画面のスクリーンショット等を添付発信者の特定に使用した信頼できるツールの出力結果またはその説明が必要	GL III-4(3)
	and	□		IPアドレス、タイムスタンプを特定した方法の信頼性（単なる中継者で無いことを含む）に関する技術資料を添付した。	IPアドレス、タイムスタンプの特定方法の信頼性（単なる中継者で無いことを含む）を確認する資料（信頼すべき技術情報がウェブ上に公開されている場合はそのURL）たが必要。	GL III-4(2)、注6
VII	□			権利侵害が明白である。		GL IV-1、書式①権利が明らかに侵害されたとする理由
		□		請求者が著作権等の権利者である証拠を添付した	本人と著作権との関係を証する証拠（書籍の奥付のコピー等）を提出する。事案によるが、信頼性確認団体による確認書の提出で足りる場合がある。	GL IV-3(1) 注13
			□	請求者は、従業員の職務著作の著作権者である企業である。	従業員の名称のみが著作者として表示されている場合には、それが職務著作である証拠が必要。	
	and	□		著作権等が保護期間内であり、発信者に権利許諾していない。		GL IV-3(3)
		□		著作物の全部または一部の丸写し（またはそれを自認している。）であり、引用（その他権利制限される利用）では無いことを確認した。		GL IV-3(2)、(4) 注14
		□		権利侵害態様の証拠書類を添付した		書式①証拠、同注6
			□	著作権等を侵害したとされるオリジナルの著作物の全部または判断するのに十分なコピーを添付した。	ネット上で容易に確認できる場合には割愛できる。事案によるが、信頼性確認団体による確認書の提出で足りる場合がある。	GL IV-3(4) 注13

出典 :http://www2.telesa.or.jp/consortium/provider/pdf/provider_hcklist_20111007_1.pdf

書式７－２－③　商標権侵害の場合

発信者情報開示請求チェックリスト【商標権侵害】

20110930版

【目的】

任意の発信者情報開示請求において、発信者情報開示請求者（以下「請求者」）の誤解や資料の不備等により、いたずらに発信者情報開示プロセスが煩雑となり、問い合わせの往復が増え、開示が遅れたり、不要な訴訟が増えたりすることを防止するとともに、不備のない内容で請求を受けたプロバイダ等の迅速かつ円滑な対応を促す。

【対象】

プロバイダ責任制限法発信者情報開示関係ガイドライン（以下「GL」）の「IV　権利侵害の明白性の判断基準等」に記載する商標権侵害のうち、典型的に任意での開示が可能な類型。当面偽ブランド品の広告（出品を含む）による商標権侵害に限定する。

【利用方法】

大項目にチェックが入るよう、中小項目にて確認し、チェック結果を発信者情報開示請求書に同封する。

項番	大	中	小	チェックポイント	解説	逐条、GL該当箇所
I	□			特定電気通信による権利侵害である。	Webページ、電子掲示板、ビデオストリーム、P2P型ファイル交換等による1対多の電気通信により流通する情報による権利侵害である。	逐条p3～4,注1
		□		電子メール等1対1通信による権利侵害ではない	経由プロバイダとの通信は特定電気通信の一部	逐条p4
	and	□		詐欺の被害ではなく、詐欺の出品者の連絡先情報の開示請求ではない。	詐欺の被害と情報流通との間には相当因果関係が通常認められない。出品者の連絡先情報は発信者情報ではない。（弁護士会照会等によるのが	逐条p1、GL15
		□		リンク先の情報による権利侵害ではない。	いわゆる間接侵害類型については権利侵害の明白性の判断が困難なため、本チェックシートによる任意開示対象とはしない。	
II	□			請求の相手方は以下のいずれかである:		
II－1		□		Webページのホスティング事業者、電子掲示板の管理者、映像や音声のホスティング／ストリーム事業者		
II－2	or	□		II－1の通信のアップロードに利用されたいわゆる「経由プロバイダ」	NTTドコモ最高裁判決（最判平22・4・8）により確定している。	GL II-1、注1、注3
III	□			請求者は、以下のいずれかである。		
III－1		□		権利侵害の被害者本人または保護者である。	本人確認資料を添付する。法定代理人である保護者の場合は、住民票等法定代理関係を証する書面も添付する。	GL II-1、III-2(2) 書式①注1
	o		□	権利侵害の被害者が企業である場合、顧問弁護士、法務担当部署または権利管理担当部署から請求する（またはチェックを受けた。）	現場からの要請は、情報不足になりがちなので、組織的に対応するのが望ましい。	
III－2		□		権利侵害の被害者の代理人である。		GL II-1、
			□	代理権を確認する書類（情報）を添付した。	弁護士の場合、委任状の添付は不要	GL II-1、III-2(4)
		and	□	弁護士法違反となる代理行為ではない。	弁護士法72条により何らかの報酬を得る目的での法律事務を業とする（反復継続して行う意思がある）ことは非弁行為として禁止されている。	
IV	□			各権利侵害情報の所在を最小単位で特定した。		書式①特定電気通信設備 書式①掲載された情報
		□		偽ブランド品の個々の出品情報や広告における商標権侵害箇所を特定した		書式①掲載された情報
			□	ネットオークションやショッピングモール、ネット通販サイト全体のURLのみで特定していない。		
V	□			権利侵害情報に関するWebページのホスティング事業者、電子掲示板の管理者等からアップロード時のIPアドレスとタイムスタンプの開示を受けた	経由プロバイダに対する発信者情報開示請求の場合	GL III-4(1)(b)
		□		IPアドレス、タイムスタンプの入手経路、一次開示にいたった判断経緯（仮処分決定等）を添付した。	IPアドレス、タイムスタンプの正確性を確認する資料が必要。	GL III-4(1)(b)
VI	□			権利侵害が明白である。		GL IV-1、書式①権利が明らかに侵害されたとする理由
		□		商標権の登録、発生.正当な権利者であることの証拠を添付した。	商標登録番号、商標登録原簿及び公報の写しを提供する。	GLIV-4(1)、注21 書式①侵害された権利、注2
		□		発信者に権利許諾していない。		GL IV-4(3)
		□		以下のいずれかにより商品に関する情報が真正品に係るもので無いことを確認した。		GL IV-4(2)b)a 注16、17
			□	情報の発信者が真正品でないことを自認している商品		GL IV-4(2)b)a①
			□	商標権者により製造されていない類の商品		GL IV-4(2)b)a②
		or	□	商標権者が真正品でないことを証する資料を示している商品	具体的には、商標権者において当該商品についてこれが真正品でないことを証した書面について、信頼性確認団体等の専門的知見を有する者がその内容を確認したもの(確認書)などが考えられる。	GL IV-4(2)b)a③注18
	an	□		次のすべての事項が確認でき、商標権侵害であることが判断できた		GL IV-4(2)b)b 注19、注20
			□	広告等の情報の発信者が業として商品を譲渡等する者であること		GL IV-4(2)b)b①
		and	□	その商品が登録商標の指定商品と同一又は類似の商品であること		GL IV-4(2)b)b②
			□	商品の広告等を内容とする情報に当該商標権者の登録商標と同一又は類似の商標が付されていること	偽造品の広告として発信されているサイト/または商品ページに、請求者の商標または類似の商標が付されているか、当該商標が映りこんだ真正品の画像がある。	GL IV-4(2)b)b③
		□		権利侵害態様の証拠書類を添付した	物販サイトである場合は、サイト及び／または商品ページを印刷したものを添付する	書式①証拠、同注6
		□		商標を利用している商品が真正品で無いか、商標権者により製造されていない商品であることを証明する書面を添付した。	事案によるが、信頼性確認団体による確認書の提出で足りる場合がある。	GL IV-4(2)b)a、(4)、注21

出典 :http://www2.telesa.or.jp/consortium/provider/pdf/provider_hcklist_20111007_3.pdf

書式8　発信者情報開示仮処分命令申立書

発信者情報開示仮処分命令申立書（注1）（注2）

令和　　年　　月　　日

東京地方裁判所民事第9部　御中

債権者代理人弁護士　　　○○○○

当事者の表示
　別紙当事者目録記載のとおり
仮処分により保全すべき権利
　特定電気通信役務提供者の損害賠償責任の制限及び発信者情報の開示に関する法律第5条に基づく発信者情報開示請求権

申立ての趣旨

債務者は、債権者に対し、別紙発信者情報目録記載の各情報を仮に開示せよ
との裁判を求める。

申立ての理由

第1　被保全権利
　1　当事者
　　(1)　債権者
　　　債権者は○○である。
　　(2)　債務者
　　　債務者は電気通信事業等を業とする株式会社である（疎甲○）。
　　　債務者は○○（以下「本件電子掲示板」という。）を運営・管理している（疎甲○）。

2　侵害情報が発信されたこと

氏名不詳者（以下「本件発信者」という。）は、令和○○年○月○日頃、債務者が運営・管理する本件電子掲示板に、それぞれ別紙侵害情報目録記載の各情報を発信した（疎甲○（注3)。以下、当該情報を「本件記事」という。)。

3　債権者が債務者に対して発信者情報開示請求権を有すること（注4)

(1)　要件

発信者情報開示請求は、「特定電気通信による情報の流通によって自己の権利を侵害されたとする者」が、次の要件を満たす場合に、「当該特定電気通信の用に供される特定電気通信設備を用いる特定電気通信役務提供者（以下「開示関係役務提供者」という。)」に対し、行うことができる（特定電気通信役務提供者の損害賠償責任の制限及び発信者情報の開示に関する法律（以下、単に「法」という。）第5条第1項)。

① 侵害情報の流通によって開示の請求をする者の権利が侵害されたことが明らかであるとき（同項第1号。以下、当該要件を「権利侵害の明白性」という。)

② 当該発信者情報が当該開示の請求をする者の損害賠償請求権の行使のために必要である場合その他発信者情報の開示を受けるべき正当な理由があるとき（同項第2号）

(2)　本件電子掲示板が特定電気通信にあたること

本件電子掲示板は、インターネットに接続する環境を有する者であれば、誰もが閲覧をすることが可能である。そのため、本件電子掲示板は、不特定の者によって受信されることを目的とする電気通信の送信、すなわち、特定電気通信に該当する（法第2条第1号)。

(3)　債務者が特定電気通信役務提供者にあたること

債務者は、電気通信事業を営んでいるところ、本件電子掲示板を通じた特定電気通信のために債務者が管理する端末機器等は、特定電気通信の用に供される電気通信設備であることから、当該設備は、特定電気通信設備に該当する（法第2条第2号)。

また、債務者は、特定電気通信設備を用いて、他人が本件電子掲示板に通信した情報を当該端末機器等に置いて他人に閲覧させるのであるから、債務者は、特定電気通信役務提供者に該当する（同条第3号)。

⑷ 別紙侵害情報目録記載の各投稿が債権者の権利を侵害することが明白であること(①)

【投稿により債権者の権利が侵害されている事情、また違法性阻却事由がないことを可能な限り詳細に記載する。】(注5)(注6)(注7)

⑸ 債権者に発信者情報の開示を受ける正当な理由があること(②)

債権者は、本件発信者に対して、本件記事によって、債権者の○○が侵害されたことを理由に、民法709条に基づき損害賠償請求等を提起する予定である。

そのため、別紙侵害情報目録記載の各投稿が、誰によって投稿されたかを特定するために、本件発信者の氏名または名称等の開示を求める必要がある。

したがって、債権者は債務者に対して、発信者情報の開示を受ける正当な理由を有している。

⑹ 小括

以上より、債権者は、債務者に対して、法第5条第1項に基づき、発信者情報開示請求権を有している。

第2 保全の必要性

1 別紙侵害情報目録記載の各投稿は、プロバイダを経由してなされた可能性が高いものの、経由プロバイダが保存している本件記事にかかるアクセスログは、比較的短期間のうちに削除されてしまう可能性が極めて高い。そこで、債権者は、債務者に対し、直ちに、別紙発信者情報目録記載の各情報の開示を受け、その上で、経由プロバイダに対して、本件発信者の氏名等の情報の開示を求める必要がある。

2 そのため、法第5条第1項の発信者情報開示請求権を保全するために、債権者は、債務者に対して、別紙発信者情報目録の開示を求める次第である。

疎　明　方　法

疎甲第1号証	現在事項全部証明書
疎甲第2号証	whois 検索結果

（以下略）

添　付　書　類

1　甲号証の写し	各1通
2　資格証明書	1通
3　委任状	1通

以上

別紙　当事者目録
　書式4の別紙当事者目録参照

別紙　投稿記事目録（注8）
　書式4の別紙投稿記事目録参照

別紙

発信者情報目録（注9）

（通常の場合）

1　別紙投稿記事目録記載の各投稿記事を投稿した際のIPアドレス及び当該IPアドレスと組み合わされたポート番号

2　前項のIPアドレスを割り当てられた電気通信設備から債務者の用いる特定電気通信設備に前項の各投稿記事が送信された年月日及び時刻

（注1）名誉毀損を前提とした申立書である。
収入印紙額は2,000円である（民事訴訟費用等に関する法律第3条第1項別表第1の11の2のロ）。
（注2）投稿記事削除仮処分命令の申立（書式4参照）と併合して申し立てることも多い。
（注3）侵害情報が投稿されたウェブページの写し等を提出する。
（注4）各要件については、第2章参照。なお、本申立書は特定発信者情報ではなく、発信者情報の開示を前提としている（書式11まで同じ）。
（注5）①一般読者の普通の注意と読み方を基準とすると、当該投稿記事がどのような内容を摘示しているといえるのか（事実を摘示しているのか、意見ないし論評であるのか。）、②その内容がどのような理由で債権者の社会的評価を低下させているといえるのか、③当該投稿記事の内容が、どのような理由で公共性または目的の公益性の要件を満たさないのか、④上記③の要件を満たすとしても、ア）事実の摘示である場合、どのような理由で真実ではないといえるのか、イ）意見ないし論評である場合、重要な前提事実がどこで、どのような理由で真実でないといえるのか、またはどの表現がどのような理由で人身攻撃に及んでいるといえるのかなどについて、投稿記事毎に、具体的に主張・疎名する必要がある（野村昌也「東京地方裁判所民事第9部におけるインターネット関係仮処分の処理の実情」判タ1395号31頁）。
（注6）債権者の名誉が当該投稿によって毀損されていること、すなわち、当該投稿記事が債権者に関するものであることについても主張・疎名する必要がある。
（注7）前科等の内容について正確に疎名するためには、陳述書等ではなく、刑事処分の結果が明らかとなる書面（判決書、不起訴処分通知書等）を提出することが望ましい。
（注8）IPアドレスが1秒に複数回切り替わるプロバイダの場合、IPアドレスとタイムスタンプだけでは投稿者が特定できないときがある。この場合には、閲覧用URLとは別に投稿用URLを記載の情報を用いて投稿記事を投稿した者を特定する必要があると言われている（野村昌也「東京地方裁判所民事第9部におけるインターネット関係仮処分の処理の実情」判タ1395号29頁注11参照）。

（注9）これらに加えて、発信者が携帯電話やスマートフォンから投稿を行った場合には、①侵害情報に係る携帯電話端末等からのインターネット接続サービス利用者識別番号、②侵害情報に係るSIMカード識別番号、③電話番号、④メールアドレスの開示を求める場合もある。

書式9　裁判外におけるアクセスログの保存請求書

令和○○年○月○日

○○株式会社　御中

住所　○○
○○法律事務所
電　話
FAX

○○代理人弁護士　○○

アクセスログ等の保存のお願い

前略

当職は、○○○（以下「通知人」といいます。）から依頼を受けた代理人弁護士として、貴社に対して、以下のとおりご連絡いたします。

通知人は、○○が運営・管理する○○の電子掲示板（以下「本件電子掲示板」といいます。）に、氏名不詳者により別紙投稿記事目録記載の各記事が投稿されたことにより、○○権の侵害を受けました（資料○）。そのため、令和○○年○月○日、通知人は、本件電子掲示板を運営・管理する○○に対して、特定電気通信役務提供者の損害賠償責任の制限及び発信者情報の開示に関する法律（プロバイダ制限責任法）第5条に基づいて、○○地方裁判所に発信者情報開示の仮処分を申立て、当該投稿の際に使用されていたIPアドレス及びポート番号が開示されました（資料○）。

その結果、発信者は、貴社のネットワーク設備を経由して侵害情報を投稿していたことが判明いたしました（資料○）。

以上の次第により、通知人は、現在、貴社を被告とする、別紙投稿記事目録記載の各記事に関する発信者情報の開示を求める裁判（以下「本裁判」といいます。）の提起を準備中です。

そこで、貴社におかれましては、別紙発信者情報目録記載の各情報につき、本裁判での解決なされるまでの間、保存されたくお願い申しあげます。

貴社におかれましては、本申出に応じていただけるか否かにつき、本書面到達後、1週間以内に、書面にて、当職宛にご連絡下さい。

貴社から何ら返信がない場合や保存にご協力頂けない場合には、当該アクセスログの保存を求める裁判を申し立てるとともに、万一当該アクセスログが消去されていたといった場合には、不本意ながら貴社に対して損害賠償訴訟の提起を検討せざるを得ませんので、あらかじめご承知おき下さい。

なお、上記IPアドレスにつき、貴社が第三者に貸与するなどして、エンドユーザの情報を把握していない場合には、エンドユーザの情報を有している可能性のある第三者の名称、連絡先等について、本書面到達後1週間以内に当職宛に書面にてご連絡下さい。（注1）

最後になりましたが、本件につきましては、通知人から当職が一切の依頼を受けておりますので、今後の本件に関するご連絡は当職宛にお願いいたします。また、アクセスログの保存にあたって当職からの情報が不足している場合やご不明点等がある場合には、当職宛てご連絡下さい。

草々

添付書類

1　委任状
2　運転免許証（注2）
3　資料○~○（注3）

別紙

発信者情報目録

別紙投稿記事目録記載のIPアドレス及びポート番号を同目録記載の投稿日時頃に使用して同目録記載のURLに接続した者に関する下記情報

記

1　氏名または名称
2　住所
3　電子メールアドレス

4　電話番号

以上

別紙

投稿記事目録

URL:http://
スレッドタイトル:○○

1　投稿者:○
　投稿番号:○
　投稿日時:○○年○月○日　　○時○分○秒
　投稿内容:○○
　IPアドレス:○○○.○○○.○○○.○○○
　ポート番号:○○

2　投稿者:○
　投稿番号:○
　投稿日時:○○年○月○日　　○時○分○秒
　投稿内容:○○
　IPアドレス:○○○.○○○.○○○.○○○
　ポート番号:○○

3　投稿者:○
　投稿番号:○
　投稿日時:○○年○月○日　　○時○分○秒
　投稿内容:○○
　IPアドレス:○○○.○○○.○○○.○○○
　ポート番号:○○

（注1）Column 3 − 33 ドメイン登録代行業者を通じてIPアドレスを取得している場合〔p.178〕参照。

（注2）請求者本人について本人性確認書類の提出が求められる。個人の場合には運転免許証やパスポート等、法人の場合には資格証明書等を提出する。

（注3）当該侵害情報が投稿された電子掲示版を印字したものや、サイト運営者等から開示されたIPアドレス等の資料、Whois検索の結果等を資料として添付する。

書式 10　発信者情報消去禁止仮処分命令申立書

発信者情報消去禁止仮処分命令申立書（注1）

令和　　年　　月　　日

東京地方裁判所民事第9部　御中

債権者代理人弁護士　　　〇〇〇〇

当事者の表示　　　　　　　　別紙当事者目録記載のとおり

仮処分により保全すべき権利
　特定電気通信役務提供者の損害賠償責任の制限及び発信者情報の開示に関する法律第5条に基づく発信者情報開示請求権

申立ての趣旨

　債務者は、別紙発信者情報目録記載の各情報を消去してはならない
との裁判を求める。

申立ての理由

第1　被保全権利
　1　当事者
　　(1)　債権者
　　　債権者は〇〇である。
　　(2)　債務者
　　　債務者は電気通信事業等を業とする株式会社である（疎甲1）。
　　　債務者は、2で後述するとおり、当該IPアドレスの管理等を行っている経由プロバイダである（疎甲2）。

2　債務者が別紙発信者情報目録記載の各情報を保有していること

⑴　氏名不詳者（以下「本件発信者」という。）は、令和○○年○月○日頃、申立外○○が運営・管理する□□（以下「本件電子掲示板」という。）に、それぞれ別紙侵害情報目録記載の各情報を発信した（疎甲3。以下、当該情報のことを「本件記事」という。）。

⑵　そのため、債権者は、令和○年○月○日、申立外○○に対して、本件記事にかかる発信者情報の開示を求めて発信者情報開示の仮処分の申立を行い、開示をする旨の決定を得た（疎甲4）。同決定に基づき、申立外○○から本件記事の投稿に用いられたIPアドレス及びポート番号の開示を受けた（疎甲5）。

そして、債権者が当該IPアドレスを調査したところ、本件発信者は、債務者を経由プロバイダとして、本件記事を投稿していることが判明した（疎甲2）。

3　債権者が債務者に対して発信者情報開示請求権を有すること（注2）

⑴　要件

発信者情報開示請求は、「特定電気通信による情報の流通によって自己の権利を侵害されたとする者」が、次の要件を満たす場合に、「当該特定電気通信の用に供される特定電気通信設備を用いる特定電気通信役務提供者（以下「開示関係役務提供者」という。）」に対し、行うことができる（特定電気通信役務提供者の損害賠償責任の制限及び発信者情報の開示に関する法律（以下、単に「法」という。）第5条第1項）。

①　侵害情報の流通によって開示の請求をする者の権利が侵害されたことが明らかであるとき（同項第1号。以下、当該要件を「権利侵害の明白性」という。）

②　当該発信者情報が当該開示の請求をする者の損害賠償請求権の行使のために必要である場合その他発信者情報の開示を受けるべき正当な理由があるとき（同項第2号）

⑵　本件記事が特定電気通信にあたること

本件記事は、インターネットに接続する環境を有する者であれば、誰もが閲覧をすることが可能である。そのため、本件記事は、不特定の者によって受信されることを目的とする電気通信の送信、すなわち、特定電気通信に該当する（法第2条第1号）。

⑶　債務者が特定電気通信役務提供者にあたること

債務者は、電気通信事業を営んでいるところ、債務者が管理する端末機器等は、特定電気通信の用に供される電気通信設備であり、本件記事は、当該電気通信設備を経由して行われたのであるから、当該設備は、特定電気通信設備に該当する（法第２条第２号）。

また、債務者は、当該特定電気通信設備を用いて、本件記事の投稿と閲覧を媒介するものであるから、債務者は、特定電気通信役務提供者に該当する（同条第３号）。

⑷　別紙侵害情報目録記載の各投稿が債権者の権利を侵害することが明白であること（①）

【投稿により債権者の権利が侵害されている事情を可能な限り詳細に記載する。また違法性阻却事由や責任阻却事由がないことを可能な限り詳細に記載する。】

⑸　債権者に発信者情報の開示を受ける正当な理由があること（②）

債権者は、本件発信者に対して、本件記事によって、債権者の○○が侵害されたことを理由に、民法709条に基づき損害賠償請求等を提起する予定である。

そのため、別紙侵害情報目録記載の各投稿が、誰によって投稿されたかを特定するために、本件発信者の氏名または名称等の開示を求める必要がある。

したがって、債権者は債務者に対して、発信者情報の開示を受ける正当な理由を有している。

⑹　小括

以上より、債権者は、債務者に対して、法第５条第１項に基づき、発信者情報開示請求権を有する。

第２　保全の必要性

１　上記○のとおり、債権者は、本件発信者に対して損害賠償訴訟を提起する予定であるが、そのためには、債務者から発信者情報の開示を受け、本件発信者を特定することが不可欠である。

そのため、債権者は、現在、債務者に対して、発信者情報開示訴訟を提起すべく準備中である。

２　しかしながら、債務者を含むプロバイダにおけるアクセスログの保存期間は3ヶ月から半年程度であると言われており、当該保存期間が経過すると、アクセスログが削除されてしまう。本件記事が投稿されてから既に〇ヶ月が経過しており、また本案の判決がなされるまでには相当な期間を要することから、その間に保存期間が経過してしまう可能性が極めて高く、債務者においてアクセスログが保存されていなければ、本案において勝訴判決を得たとしても、本件発信者の特定が不可能となりかねない。

3　そこで、債権者は、債務者に対して、別紙発信者情報目録記載の各情報について消去を禁止するために、本申立を求める次第である。

疎　明　方　法

疎甲第1号証　　現在事項全部証明書
疎甲第2号証　　whois 検索結果
疎甲第3号証　　ウェブページをプリントアウトしたもの
疎甲第4号証　　仮処分決定書
疎甲第5号証　　〇〇（注3）
（以下略）

添　付　書　類

1　甲号証の写し　　各1通
2　資格証明書　　1通
3　委任状　　1通

以上

別紙　当事者目録
　書式4の当事者目録参照

別紙　投稿記事目録
　書式７の当事者目録参照

別紙　発信者情報目録
　書式７の当事者目録参照

(注１) 名誉毀損を前提とした申立書である。収入印紙額は2,000円である。
(注２) 各要件については、第２章参照
(注３) 発信者情報開示第１段階においてサイト運営者等から開示を受けた発信者情報に関する資料を提出することとなる。

書式11　発信者情報開示訴訟の訴状

訴　状（注1）

令和　　年　　月　　日

東京地方裁判所民事部　御中

原告訴訟代理人弁護士　○○

〒○○　東京都○○区○○
　　　　原告　　　○○

〒○○　東京都○○区○○
　　　　○○法律事務所（送達場所）
　　　　電　話　○○
　　　　FAX　○○
　　　　原告訴訟代理人弁護士　　　○○○○

〒○○　東京都○○区○○
　　　　被告（注2）　　　○○
　　　　代表者代表取締役　　○○

発信者情報開示請求事件（注3）
　訴訟物の価額　　　160万円
　貼用印紙額　　　1万3000円

第1　請求の趣旨
　1　被告は、原告に対し、別紙発信者情報目録記載の各情報を開示せよ
　2　訴訟費用は、被告の負担とする

との判決ならびに仮執行の宣言を求める。

第2　請求の原因

1　当事者

(1)　原告

原告は○○である。

(2)　被告

被告は電気通信事業等を業とする株式会社である（甲1）。

被告は、2で後述するとおり、別紙投稿記事目録記載のIPアドレスの管理等を行っている経由プロバイダである（甲2）。

2　本件訴訟に至る経緯

(1)　氏名不詳者（以下「本件発信者」という。）は、令和○○年○月○日頃、訴外○○が運営・管理する□□（以下「本件電子掲示板」という。）に、それぞれ別紙侵害情報目録記載の各情報を発信した（甲3。以下、当該情報のことを「本件記事」という。）。

(2)　そのため、原告は、令和○年○月○日、訴外○○に対して、本件記事にかかる発信者情報の開示を求めて発信者情報開示の仮処分の申立を行い、開示の決定を得た（甲4）。そして、同決定に基づき、訴外○○から本件記事の投稿に用いられたIPアドレス及びポート番号の開示を受けた（甲5）。

そして、原告が当該IPアドレスを調査したところ、本件発信者は、被告を経由プロバイダとして、本件記事を投稿していることが判明した（甲6）。

3　原告が被告に対して発信者情報開示請求権を有すること（注4）

(1)　要件

発信者情報開示請求は、「特定電気通信による情報の流通によって自己の権利を侵害されたとする者」が、次の要件を満たす場合に、「当該特定電気通信の用に供される特定電気通信設備を用いる特定電気通信役務提供者（以下「開示関係役務提供者」という。）」に対し、行うことができる（特定電気通信役務提供者の損害賠償責任の制限及び発信者情報の開示に関する法律（以下、単に「法」という。）第5条第1項）。

① 侵害情報の流通によって開示の請求をする者の権利が侵害されたことが明らかであるとき（同項第1号。以下、当該要件を「権利侵害の明白性」という。）

② 当該発信者情報が当該開示の請求をする者の損害賠償請求権の行使のために必要である場合その他発信者情報の開示を受けるべき正当な理由があるとき（同項第2号）

⑵ 本件記事が特定電気通信にあたること

本件記事は、インターネットに接続する環境を有する者であれば、誰もが閲覧をすることが可能である。そのため、本件記事は、不特定の者によって受信されることを目的とする電気通信の送信、すなわち、特定電気通信に該当する（法第2条第1号）。

⑶ 被告が特定電気通信役務提供者にあたること

被告は、電気通信事業を営んでいるところ、被告が管理する端末機器等は、特定電気通信の用に供される電気通信設備であり、本件記事は、当該電気通信設備を経由して行われたのであるから、当該設備は、特定電気通信設備に該当する（法第2条第2号）。

また、被告は、当該特定電気通信設備を用いて、本件記事の投稿と閲覧を媒介するものであるから、被告は、特定電気通信役務提供者に該当する（同条第3号）。

⑷ 別紙侵害情報目録記載の各投稿が原告の権利を侵害することが明白であること（①）

【投稿により原告の権利が侵害されている事情を可能な限り詳細に記載する。また違法性阻却事由や責任阻却事由がないことを可能な限り詳細に記載する。】

⑸ 原告に発信者情報の開示を受ける正当な理由があること（②）

原告は、本件発信者に対して、本件記事によって、原告の○○が侵害されたことを理由に、民法709条に基づき損害賠償請求等を提起予定である。

そのため、別紙侵害情報目録記載の各投稿が、誰によってなされたかを特定するために、本件発信者の氏名または名称等の開示を求める必要がある。他方で、本件発信者の侵害情報にかかる個人情報は保護する必要はない。

したがって、原告は被告に対して、発信者情報の開示を受ける正当な理由を有している。

4　結語

よって、原告は、被告に対して、プロバイダ責任制限法第4条に基づき、別紙発信者情報目録記載の各情報の開示を求める。

証拠方法

甲第1号証	現在事項全部証明書
甲第2号証	whois 検索結果
甲第3号証	ウェブページをプリントアウトしたもの
甲第4号証	仮処分決定書
甲第5号証	○○（注5）

（以下略）

添付書類

1　訴状副本	1通
2　甲号証写し	各1通
3　資格証明書	1通
4　訴訟委任状	1通

別紙　発信者情報目録

書式7の発信者情報目録参照

別紙投稿記事目録

書式7の投稿記事目録参照

（注1）名誉毀損を前提とした訴状である。

（注2）当該手続は、通常の民事訴訟手続であることから、当事者を複数とする

ことが可能である。そのため、発信者情報開示請求第1段階において、複数の投稿につき、発信者情報の開示を求め、その結果開示されたIPアドレスを管理している経由プロバイダが複数あった場合等は、それらの経由プロバイダ全員を被告として発信者情報開示の訴訟を提起するといったことが考えられる。

(注3) 発信者情報開示請求は非財産的請求であることから、その訴額は160万円となる。そのため、収入印紙額は1万3,000円である（民事訴訟費用等に関する法律4条2項、裁判所法33条1項1号、同法24条1号)。

なお、被告が複数となる場合には、擬制訴額を合算した額が訴額となる。

(注4) 各要件については、第2章参照

(注5) 発信者情報開示請求第1段階においてサイト運営者等から開示を受けた発信者情報に関する資料を提出することとなる。

書式 12　損害賠償請求訴訟の訴状

訴　状（注 1）

令和　　年　　月　　日

東京地方裁判所民事部　御中

原告訴訟代理人弁護士　○○

〒○○　東京都○○区○○
原告　　　○○

〒○○　東京都○○区○○
○○法律事務所（送達場所）
電　話　○○
FAX　○○
原告訴訟代理人弁護士　　　　○○○○

〒○○　東京都○○区○○
被告　　　　　　　　○○

損害賠償請求事件
訴訟物の価額　　　○○円
貼用印紙額　　　　○円

第 1　請求の趣旨

1　被告は、原告に対し、金○○円およびこれに対する令和○○年○月○日から支払い済みまで年 3 分の割合による金員を支払え。（注 2）

2　訴訟費用は、被告の負担とする。
との判決ならびに仮執行の宣言を求める。

第2　請求の原因
1　当事者
(1)　原告
原告は○○である。
(2)　被告
被告は2で後述するとおり、別紙投稿記事目録記載の各記事（以下「本件記事」という。）を書き込んだ者である。

2　被告が本件記事を投稿した者であること（注3）
(1)　氏名不詳者（以下「本件発信者」という。）は、令和○○年○月○日頃、訴外○○が運営・管理する□□（以下「本件電子掲示板」という。）に、原告の名誉を毀損する本件記事を投稿した（甲1）。
(2)　そのため、原告は、令和○年○月○日、訴外○○に対して、本件記事にかかる発信者情報の開示を求めて発信者情報開示の仮処分の申立を行い、決定を得た（東京地方裁判所平成○年（ヨ）第○○号、甲2）。そして、同決定に基づき、訴外○○から本件記事の投稿に用いられたIPアドレス及びポート番号の開示を受けた（甲3）。
(3)　その後、原告は、当該IPアドレスを調査したところ、本件発信者は、訴外○○を経由プロバイダとして、本件記事を投稿していることが判明した（甲4）。
そのため、原告は、訴外○○に対して、発信者情報開示を求める裁判を○○地方裁判所に提起し、令和○年○月○日、原告の請求を全部認容する判決が言い渡された（令和○○年（ワ）第○○○号。甲5）。
そして、同判決に基づき、訴外○○から本件記事にかかる発信者の住所、氏名等が開示され、本件記事が、被告が契約するインターネット通信サービスからなされたことが判明した（甲6）。
(4)　したがって、本件記事の発信者が被告であることは明らかである。

3　本件記事が原告の名誉を毀損していること

【本件記事により原告の名誉が毀損されている事情を具体的に記載する。】

4　損害の発生及びその額

(1)　慰謝料

本件記事により原告の名誉が毀損されたことによる原告が被った精神的苦痛を金銭に評価すれば○○円は下らない。

(2)　調査費用

上記2で述べたとおり、被告による本件記事の投稿が匿名でなされていたことから、原告は被告が発信者であることを特定するために、2度の裁判を申し立て、その結果、ようやく被告が発信者であることを突き止めた。

原告は、○○弁護士に対し、上記2度の裁判を申し立てることを依頼し、別紙費用一覧記載のとおり、弁護士費用として同弁護士に計○○円を支払うとともに、上記2度の裁判を行うために、別紙費用一覧記載の印紙代や謄本所得費用等として計○○円の費用を支払った。

上記の2度の裁判は、発信者を特定するために必要不可欠な手続であって、当該手続を弁護士に依頼することなく行うことは困難であり、これらに伴って発生した別紙費用一覧記載の各費用はやむを得ない支出といえる。

したがって、別紙費用一覧記載の各調査費用計○○円は、本件不法行為と相当因果関係のある損害である。(注3)

(3)　弁護士費用

原告は、被告に対して、令和○年○月○日以降、損害賠償金の支払いを求めたものの、その支払いを拒絶した。そのため、やむなく、原告は弁護士に依頼して本件訴訟を提起せざるを得なくなった。

したがって、上記(1)ないし(2)の合計額○○円の1割である○○円が、本件不法行為と相当因果関係のある損害である。(注4)

(4)　まとめ

以上より、原告が本件不法行為によって被った損害額は金○○円を下らない。

5　結語

　よって、原告は、被告に対して、民法709条に基づき金○○円およびこれに対する本件記事が投稿された日である令和○年○月○日から支払い済みまで民法所定の年3分の割合による遅延損害金の支払いを求める。

証拠方法

甲第1号証　　ウェブページをプリントアウトしたもの
甲第2号証　　仮処分決定書
甲第3号証　　○○（注5）
甲第4号証　　who is 検索結果
甲第5号証　　判決書
甲第6号証　　○○（注6）
（以下略）

附属書類

1　訴状副本　　1通
2　甲号証写し　　各1通
3　資格証明書　　1通
4　訴訟委任状　　1通

別紙　投稿記事目録
　書式7の別紙投稿記事目録参照

別紙

費用一覧

1　発信者情報開示仮処分命令申立事件（東京地裁令和○年（ヨ）第○号）

申立の収入印紙代	○円
資格証明書取得費用	○円
郵券	○円
弁護士費用	○円

2　発信者情報開示請求事件（東京地裁令和○年（ワ）第○号）

訴状の収入印紙代	○円
資格証明書取得費用	○円
郵券	○円
弁護士費用	○円

3　合計　　　　　　　　　　○○円

(注1) 名誉毀損を前提とした訴状案である。
(注2) 不法行為に基づく請求であることから、不法行為と同時に遅滞に陥る。そのため、投稿がなされた日を遅延損害金の起算日として損害賠償請求をすることが可能である。
(注3) 新設された非訟事件による開示を経た場合には、それに応じて内容を修正する必要がある。注5・6も同様。
(注4) 調査費用までもが相当因果関係のある損害に含まれるかには争いがある。
(注5) 本裁判に関する弁護士費用については、交通事故の場合等と同様に、損害額の1割程度までは相当因果関係のある損害として認められている。もっとも、調査費用について損害に含むと認めた裁判例においても、調査費用を弁護士費用算定の基礎となる損害額に含むかは判断が分かれている。
(注6) 発信者情報開示請求第1段階においてサイト運営者等から開示を受けた発信者情報に関する資料を提出することとなる。
(注7) 発信者情報開示請求第2段階において経由プロバイダから開示を受けた発信者情報に関する資料を提出することとなる。

書式13　刑事告訴状

告訴状

令和　　年　　月　　日

○○警察署長　殿

住所　　○○
告訴人　　○○

〒○○　　○○
○○法律事務所
電　話　○○
FAX　○○
上記告訴人代理人弁護士　　○○○○

〒○○　　○○
被告訴人　○○

第1　告訴の趣旨

被告訴人の第2記載の所為は、刑法第230条第1項に該当するので、告訴人は、本書をもって、被告訴人を捜査し、その厳重な処罰をされたく告訴するものである。

第2　告訴事実

被告訴人は、別紙投稿記事目録記載のとおり、令和○○年○月○○日から同年○月○○日にかけて、インターネット上で閲覧可能な○○に○○を投稿し、かつ○○などと告訴人について記載されたものと特定し得る発言を書き込み、もって公然と事実を適示し、告訴人の名誉を毀損したものである。

第３　告訴に至った理由

１　当事者

⑴　告訴人

告訴人は、〇〇

⑵　被告訴人

被告訴人は、別紙投稿記事目録記載の各記事を投稿した者である。

２　被告訴人の行為が名誉毀損罪に該当すること

【被告訴人の行為が名誉毀損罪の構成要件に該当することを詳細に記載する。】

３　被告訴人が発信者と特定された経緯

【既に発信者情報開示手続を経て発信者を特定できている場合には、特定に至った経緯を記載するとともに、決定書等の資料を提出する。】

４　結語

以上の次第であるから、被告訴人の犯行の悪質さに鑑み、告訴人は、本件を名誉毀損罪として告訴し、被告訴人に対する厳重な刑事処分を求めるものである。

証拠資料

甲第１号証	〇〇
甲第２号証	〇〇
甲第３号証	〇〇

別紙　投稿記事目録

書式４の別紙投稿記事目録参照。

（IP アドレスまで判明している場合には書式７の別紙投稿記事目録参照）

書式14

書式14－1　侵害情報の通知書兼送信防止措置に関する照会書（名誉毀損・プライバシー）

書式②―1　侵害情報の通知書兼送信防止措置に関する照会書（名誉毀損・プライバシー）

年　月　日

至 [　　　発信者　　　] 御中

[特定電気通信役務提供者]
住所
社名
氏名
連絡先

侵害情報の通知書　兼　送信防止措置に関する照会書

あなたが発信した下記の情報の流通により権利が侵害されたとの侵害情報ならびに送信防止措置を講じるよう申出を受けましたので、特定電気通信役務提供者の損害賠償責任の制限及び発信者情報の開示に関する法律（平成13年法律第137号）第3条第2項第2号に基づき、送信防止措置を講じることに同意されるかを照会します。

本書が到達した日より7日を経過してもあなたから送信防止措置を講じることに同意しない旨の申出がない場合、当社はただちに送信防止措置として下記情報を削除する場合があることを申し添えます。また、別途当社契約約款に基づく措置をとらせていただく場合もございますのでご了承ください。*

なお、あなたが自主的に下記の情報を削除するなど送信防止措置を講じていただくことは差し支えありません。

記

掲載されている場所		URL:
掲載されている情報		
侵害情報等	侵害されたとする権利	
	権利が侵害されたとする理由	

* 発信者とプロバイダ等（特定電気通信役務提供者）との間に契約約款などがある場合に付加できる。

50

出典 :http://www.isplaw.jp/vc-files/isplaw/p_form.pdf

書式 14 － 2　私事性的画像侵害情報の通知書兼送信防止措置に関する照会書

書式②―2　私事性的画像侵害情報の通知書兼送信防止措置に関する照会書

年　　月　　日

至　［　　　発信者　　　］御中

［特定電気通信役務提供者］
住所
社名
氏名
連絡先

私事性的画像侵害情報の通知書　兼　送信防止措置に関する照会書

あなたが発信した下記の記録の流通により自己の名誉又は私生活の平穏が侵害されたとの情報ならびに送信防止措置を講じるよう申出を受けましたので、私事性的画像記録の提供等による被害の防止に関する法律（平成 26 年法律第 126 号）第 4 条に基づき、送信防止措置を講じることに同意されるかを照会します。

本書が到達した日より 2 日を経過してもあなたから送信防止措置を講じることに同意しない旨の申出がない場合、当社はただちに送信防止措置として、下記記録を削除する場合があることを申し添えます。また、別途当社契約約款に基づく措置をとらせていただく場合もございますのでご了承ください*。

なお、あなたが自主的に下記の記録を削除するなど送信防止措置を講じていただくことは差し支えありません。

記

掲載されている場所	URL:
掲載されている記録	
権利が侵害されたとする理由	

＊　発信者とプロバイダ等（特定電気通信役務提供者）との間に契約約款などがある場合に付加できる。

51

出典 :http://www.isplaw.jp/vc-files/isplaw/p_form.pdf

書式 14 － 3　性行為映像制作物侵害情報の通知書兼送信防止措置に関する照会書

書式②―3　性行為映像制作物侵害情報の通知書兼送信防止措置に関する照会書

年　月　日

至　[　　　発信者　　　] 御中

[特定電気通信役務提供者]
住所
社名
氏名
連絡先

性行為映像制作物侵害情報の通知書　兼　送信防止措置に関する照会書

あなたが発信した下記の記録の流通により自己の権利が侵害されたとの情報ならびに送信防止措置を講じるよう申出を受けましたので、性をめぐる個人の尊厳が重んぜられる社会の形成に資するために性行為映像制作物への出演に係る被害の防止を図り及び出演者の救済に資するための出演契約等に関する特則等に関する法律第 16 条に基づき、送信防止措置を講じることに同意されるかを照会します。

本書が到達した日より 2 日を経過してもあなたから送信防止措置を講じることに同意しない旨の申出がない場合、当社はただちに送信防止措置として、下記記録を削除する場合があることを申し添えます。また、別途当社契約約款に基づく措置をとらせていただく場合もございますのでご了承ください*。

なお、あなたが自主的に下記の記録を削除するなど送信防止措置を講じていただくことは差し支えありません。

記

掲載されている場所	URL：
掲載されている記録	
権利が侵害されたとする理由	

＊　発信者とプロバイダ等（特定電気通信役務提供者）との間に契約約款などがある場合に付加できる。

52

出典 :http://www.isplaw.jp/vc-files/isplaw/p_form.pdf

書式 14 − 4　回答書（名誉毀損・プライバシー）

参考書式　回答書（名誉毀損・プライバシー）

年　　月　　日

至　［特定電気通信役務提供者の名称］御中

［発信者］
住所
氏名
連絡先

回　答　書

あなたから照会のあった次の侵害情報の取扱いについて、下記のとおり回答します。

［侵害情報の表示］

掲載されている場所		URL:
掲載されている情報		
侵害情報等	侵害されたとする権利	
	権利が侵害されたとする理由	

記

［回答内容］（いずれかに○※）
（　　）送信防止措置を講じることに同意しません。
（　　）送信防止措置を講じることに同意します。
（　　）送信防止措置を講じることに同意し、問題の情報については、削除しました。

［回答の理由］

※　○印のない場合、同意がなかったものとして取り扱います。

以上

53

出典 :http://www.isplaw.jp/vc-files/isplaw/p_form.pdf

書式 15

書式 15 － 1　発信者に対する意見照会書

書式②　発信者に対する意見照会書

年　月　日

至　[　　　発信者　　　　]御中

［開示関係役務提供者］
住所
社名
氏名
連絡先

発信者情報開示に係る意見照会書

この度、次葉記載の情報の流通により権利が侵害されたと主張される方から、次葉記載の発信者情報の開示請求を受けました。つきましては、特定電気通信役務提供者の損害賠償責任の制限及び発信者情報の開示に関する法律（プロバイダ責任制限法）第６条第１項に基づき、〔弊社・私〕が開示に応じることについて、貴方（注）のご意見を照会いたします。

ご意見がございましたら、本照会書受領日から二週間以内に、添付回答書（書式③－１）にてご回答いただきますよう、お願いいたします。二週間以内にご回答いただけない事情がございましたら、その理由を〔弊社・私〕までお知らせください。開示に同意されない場合には、その理由を、回答書に具体的にお書き添えください。なお、ご回答いただけない場合又は開示に同意されない場合でも、同法の要件を満たしている場合には、〔弊社・私〕は、次葉記載の発信者情報を、権利が侵害されたと主張される方に開示することがございますので、その旨ご承知おきください。

(注)権利を侵害したとされる情報を貴方が発信されていなくても、実際には、インターネット接続を共用されているご家族・同居人等が発信されている場合があります。その場合、貴方ではなく、発信者であるご家族・同居人等のご意見を照会したく、ご確認の上、添付回答書（書式③－２）により発信者からご回答いただけるようお手配ください。

請求者の氏名 （法人の場合は名称）		
〔弊社・私〕が管理する特定電気通信設備又は侵害関連通信の用に供される電気通信設備		
掲載された情報		
侵害情報等	侵害された権利	
	権利が明らかに侵害されたとする理由	
	発信者情報の開示を受けるべき正当理由	1．損害賠償請求権の行使のために必要であるため 2．謝罪広告等の名誉回復措置の要請のために必要であるため 3．差止請求権の行使のために必要であるため 4．削除要求のために必要であるため 5．その他

	開示を請求されている発信者情報	1．発信者その他侵害情報の送信又は侵害関連通信に係る者の氏名又は名称 2．発信者その他侵害情報の送信又は侵害関連通信に係る者の住所 3．発信者その他侵害情報の送信又は侵害関連通信に係る者の電話番号 4．発信者その他侵害情報の送信又は侵害関連通信に係る者の電子メールアドレス 5．侵害情報の送信に係るIPアドレス（接続元IPアドレス及び接続先IPアドレス）及び当該IPアドレスと組み合わされたポート番号 6．侵害情報の送信に係る移動端末設備からのインターネット接続サービス利用者識別符号 7．侵害情報の送信に係るＳＩＭカード識別番号 8．５ないし７から侵害情報が送信された年月日及び時刻 9．専ら侵害関連通信に係るIPアドレス及び当該IPアドレスと組み合わされたポート番号 10. 専ら侵害関連通信に係る移動端末設備からのインターネット接続サービス利用者識別符号 11. 専ら侵害関連通信に係るＳＩＭカード識別番号 12. 専ら侵害関連通信に係るＳＭＳ電話番号 13. ９ないし12から侵害関連通信が行われた年月日及び時刻 14. 発信者その他侵害情報の送信又は侵害関連通信に係る者についての利用管理符号
	証拠	添付別紙参照
	その他 （※）	

※　特定発信者情報の開示請求の場合には、補充的な要件を満たす理由を記載

以上

出典 :https://www.isplaw.jp/vc-files/isplaw/d_form.pdf

書式 15 － 2　発信者からの回答書

書式③－１　発信者からの回答書

年　月　日

至　［開示関係役務提供者の名称］御中

［発信者］
住所
氏名　　　　　　　　印
連絡先

回 答 書

〔貴社・貴方〕より照会のあった私の発信者情報の取扱いについて、下記のとおり回答します。

記

［回答内容］（いずれかに○）

（　）発信者情報開示に同意しません。
［理由］（注）

（　）発信者情報開示に同意します。
［備考］

以上

(注)理由の内容が相手方に対して開示を拒否する理由となりますので、詳細に書いてください。証拠がある場合は、本回答書に添付してください。理由や証拠中に相手方にとって貴方を特定し得る情報がある場合は、黒塗りで隠す等して下さい。

出典 :http://www.isplaw.jp/vc-files/isplaw/d_form.pdf

書式15－3　発信者（加入者のご家族・同居人）からの回答書

書式③－2　発信者（加入者のご家族・同居人）からの回答書

〔弊社・私〕のサービスを実際に利用して発信されたのが、ご加入者ではなく、ご家族・同居人等（発信者）の場合、この書式により発信者からご回答をお願いします。

年　月　日

至　［開示関係役務提供者の名称］御中

［発信者（加入者のご家族・同居人）］

住所

氏名　　　　　　　　　　　印

連絡先

回答書

発信者情報の開示請求者がその流通により権利を侵害されたと主張する情報は、〔貴社・貴方〕から照会をした加入者ではなく、私が発信した情報ですので、私の発信者情報の取扱いについて、下記のとおり回答します。

記

［回答内容］（いずれかに○）

（　）発信者情報開示に同意しません。

［理由］　（注）

（　）本件については、発信者情報開示請求者と直接連絡を取りたいので、加入者の情報に代え、上記の私の住所、氏名及び連絡先を請求者に通知願います。

以上

(注)理由の内容が相手方に対して開示を拒否する理由となりますので、詳細に書いてください。証拠がある場合は、本回答書に添付してください。理由や証拠は、原則としてそのまま相手方に通知されます。理由や証拠中に相手方にとって貴方を特定し得る情報がある場合は、黒塗りで隠す等して下さい。

出典 :http://www.isplaw.jp/vc-files/isplaw/d_form.pdf

書式 15 － 4　発信者情報開示決定通知書

書式④　発信者情報開示決定通知書

年　月　日

至　［権利を侵害されたと主張する者］様

［開示関係役務提供者の名称］
住所
氏名
連絡先

通　知　書

貴殿から下記情報に関し請求のありました、〔弊社・私〕が保有する発信者情報の開示について、添付別紙のとおり開示いたしますので、その旨ご通知申し上げます。なお、開示を受けるにあたっては、下記の注意事項をご理解いただきますよう、お願い申し上げます。

記

[注意事項]
特定電気通信役務提供者の損害賠償責任の制限及び発信者情報の開示に関する法律（プロバイダ責任制限法）第７条により、当該発信者情報をみだりに用いて、不当に発信者の名誉又は生活の平穏を害する行為は禁じられています。

以上

出典 :http://www.isplaw.jp/vc-files/isplaw/d_form.pdf

書式15－5　発信者情報不開示決定通知書

書式⑤　発信者情報不開示決定通知書

年　月　日

至　［権利を侵害されたと主張する者］様

［開示関係役務提供者の名称］
住所
氏名
連絡先

通　知　書

貴殿から下記情報の発信者情報の開示について請求がありましたが、下記の理由で、開示に応じることは致しかねますので、その旨ご通知申し上げます。

記

［理由］（いずれかに○）

1．貴殿よりご連絡のあった情報を特定することができませんでした。
2．貴殿よりご連絡のあった発信者情報を保有しておりません。
3．貴殿よりご連絡のあった情報の流通により、「権利が侵害されたことが明らか」（特定電気通信役務提供者の損害賠償責任の制限及び発信者情報の開示に関する法律（プロバイダ責任制限法）第5条第1項第1号）であると判断できません。
4．貴殿が挙げられた、発信者情報の開示を受けるべき理由が、「開示を受けるべき正当な理由」（同項第2号）に当たると判断できません。
5．貴殿が挙げられた、補充的な要件を満たす理由が、プロバイダ責任制限法第5条第1項第3号の要件に当たると判断できません。
6．貴殿から頂いた発信者情報開示請求書には、以下のような形式的な不備があります。
不備内容：

7．その他（追加情報の要求等　　　　　　　　　　　　　　　　）

以上

出典 :http://www.isplaw.jp/vc-files/isplaw/d_form.pdf

書式16－1　コンテンツプロバイダから申立人に対する情報提供書

書式【A】　コンテンツプロバイダから申立人に対する情報提供書

年　月　日

至　[　申立人　] 様

[開示関係役務提供者]
住所
社名
氏名
連絡先

情報提供書

別添記載の権利侵害について、貴殿の申立てにより裁判所から発令された提供命令に従い、当社は、特定電気通信役務提供者の損害賠償責任の制限及び発信者情報の開示に関する法律（プロバイダ責任制限法）第15条第1項第1号に基づき、次のとおり情報を提供いたします。

記

[発信者情報開示命令事件及び提供命令事件の事件番号]
●地方裁判所令和●年（●）第●号

[提供する情報の内容]（いずれかに○）

(　)貴殿の申し立てた上記事件に関して、侵害情報に係る他の開示関係役務提供者の氏名又は名称及び住所は以下のとおりです(※)。

[氏名又は名称]

[住所]

[当該他の関係役務提供者が媒介等した通信の種類]（注1）

16

（　　）貴殿の申し立てた上記事件に関して、当社は、侵害情報に係る他の開示関係役務提供者を特定するために用いることができる発信者情報として総務省令で定めるもの（プロバイダ責任制限法施行規則第7条に定める情報）を保有していません。

（　　）貴殿の申し立てた上記事件に関して、当社は、侵害情報に係る他の開示関係役務提供者を特定するために用いることができる発信者情報として総務省令で定めるもの（プロバイダ責任制限法施行規則第 7 条に定める情報）を保有していますが、それにより他の開示関係役務提供者の氏名又は名称及び住所を特定することができませんでした。

※　当該他の開示関係役務提供者に対して、当該侵害情報に関する開示命令の申立てを行った場合には、その旨を、当社に対して、別添の「開示命令を申し立てた旨の通知書」により通知するようお願いいたします。

［備考］

以上

（注1）　他の開示関係役務提供者が媒介等した通信が、侵害情報の送信と侵害関連通信のいずれか、侵害関連通信である場合には特定電気通信役務提供者の損害賠償責任の制限及び発信者情報の開示に関する法律施行規則 5 条各号のいずれの通信か、について記載してください。

17

出典：https://www.isplaw.jp/vc-files/isplaw/provider_hguideline_inform_guide_20220831.pdf

書式 16 − 2　申立人からコンテンツプロバイダに対する開示命令を申し立てた旨の通知書

書式【B】　申立人からコンテンツプロバイダに対する通知書

年　　月　　日

至　［　　　開示関係役務提供者　　　　］御中

［申立人］
住所
氏名
連絡先

開示命令を申し立てた旨の通知書

私は、別添記載の権利侵害について、貴社から提供された他の開示関係役務提供者の氏名等情報に基づき、裁判所に対して当該他の開示関係役務提供者を相手方とする発信者情報開示命令の申立てを行いましたので、本書をもってその旨通知いたします。

［他の開示関係役務提供者の氏名又は名称］

［他の開示関係役務提供者の氏名等情報の提供に係る発信者情報開示命令事件及び提供命令事件の事件番号］
●地方裁判所令和●年（●）第●号

［当該他の関係役務提供者が媒介等した通信の種類］（注）

［発信者情報開示命令事件の事件番号］
●地方裁判所令和●年（●）第●号

以上

（注）　他の開示関係役務提供者が媒介等した通信が、侵害情報の送信と侵害関連通信のいずれか、侵害関連通信である場合には特定電気通信役務提供者の損害賠償責任の制限及び発信者情報の開示に関する法律施行規則 5 条各号のいずれの通信か、について記載してください。

18

出典：https://www.isplaw.jp/vc-files/isplaw/provider_hguideline_inform_guide_20220831.pdf

書式16－3　コンテンツプロバイダから経由プロバイダへの発信者情報の提供

【書式C】　コンテンツプロバイダから経由プロバイダへの発信者情報の提供

年　　月　　日

至　［　　提供先の開示関係役務提供者　　］御中

［提供元の開示関係役務提供者］
住所
社名
氏名
連絡先

発信者情報提供のご連絡

当社は、別添資料のとおり裁判所から特定電気通信役務提供者の損害賠償責任の制限及び発信者情報の開示に関する法律（プロバイダ責任制限法）第15条第1項第2号に基づき提供命令の発令を受けましたので、当該提供命令に従い、貴社に対して、以下のとおり発信者情報を提供します。

記

［発信者情報開示命令事件及び提供命令事件の事件番号］
●地方裁判所令和●年（●）第●号

［提供する情報の内容］

1，発信者情報目録1について（注）
（1）IPアドレス
●●●.●●●.●●●.●●●
（2）ポート番号
●●●●●
（3）送信年月及び時刻
●●●●/●●/●●　●●:●●:●●
（4）●●●●
●●●●

2，発信者情報目録2について（注）
（1）IPアドレス
●●●.●●●.●●●.●●●

19

（2）ポート番号

●●●●●

（3）送信年月及び時刻

●●●●/●●/●●　●●:●●:●●

（4）●●●●

●●●●

以上

注　複数の侵害情報に係る発信者情報について提供命令が発令された場合、権利侵害ごとに発信者情報を記載してください。また、一つの侵害情報について、複数の侵害関連通信に係る特定発信者情報が提供命令の対象となる場合、侵害関連通信ごとに発信者情報を記載してください。

20

出典：https://www.isplaw.jp/vc-files/isplaw/provider_hguideline_inform_guide_20220831.pdf

書式16－4　開示関係役務提供者から発信者に対する開示命令が発令された旨の通知書

書式【D】　開示関係役務提供者から発信者に対する通知書

年　　月　　日

至　［　発信者　］様

［開示関係役務提供者］
住所
社名
氏名
連絡先

開示命令が発令された旨の通知書

当社から貴殿に送付した●年●月●日付「発信者情報開示に係る意見照会書」に対し、貴殿からは、●年●月●日付「回答書」にて、「発信者情報開示に同意しません」とのご意見をいただいておりましたが、この度、下記事件に関し、裁判所から【発信者情報開示命令が発令されましたので・発信者情報開示命令が発令され、当該命令に係る発信者情報を申立人に対して開示いたしましたので（注）】、特定電気通信役務提供者の損害賠償責任の制限及び発信者情報の開示に関する法律（プロバイダ責任制限法）第6条第2項に基づき、本書をもってその旨通知いたします。

●地方裁判所令和●年（●）第●号

以上

（注）開示命令を受けて、実際に申立人に対して発信者情報開示命令に係る発信者情報の開示をした場合には、発信者情報開示命令を受けた旨に加えて、実際に開示した旨を通知することが考えられます。

21

出典：https://www.isplaw.jp/vc-files/isplaw/provider_hguideline_inform_guide_20220831.pdf

▶ 資料2

裁判例一覧

1　投稿等の削除に関する裁判例

(1)　プロバイダ責任制限法制定以前の裁判例

裁判例 1　最大判昭 61 年 6 月 11 日（北方ジャーナル事件）
掲載誌：民集 40 巻 4 号 872 頁、判時 1194 号 3 頁、判タ 605 号 42 頁

当 事 者：上告人（原告）　（株）北方ジヤーナル
　　　　　被上告人（被告）　国、知事選挙立候補予定者ら
結　　論：上告棄却（損害賠償請求を認めず）

〔概　要〕
知事選挙への立候補予定者が、その名誉を傷つける内容の記事が掲載された雑誌「北方ジャーナル」の販売等を差し止める仮処分を申請し、これを認める仮処分命令がなされたことにつき、北方ジャーナルが同命令は違憲違法であるとして、立候補予定者や国に対し損害賠償を請求した事案
〔判　旨〕
・人の品性、徳行、名声、信用等の人格的価値について社会から受ける客観的評価である名誉を違法に侵害された者は、損害賠償（民法 710 条）又は名誉回復のための処分（同法 723 条）を求めることができるほか、人格権としての名誉権に基づき、加害者に対し、現に行われている侵害行為を排除し、又は将来生ずべき侵害を予防するため、侵害行為の差止めを求めることができるものと解するのが相当。
・その表現内容が真実でなく、又はそれが専ら公益を図る目的のものではないことが明白であって、かつ、被害者が重大にして著しく回復困難な損害を被る虞があるときは、当該表現行為はその価値が被害者の名誉に劣後することが明らかであるうえ、有効適切な救済方法としての差止めの必要性も肯定されるから、かかる実体的要件を具備するときに限って、例外的に事前差止めが許されるものというべき。

裁判例2　東京地判平成11年9月24日（都立大学事件）
掲載誌：判時1707号139頁、判タ1054号228頁

当 事 者：原告　学生（名誉毀損の被害者）
　　　　　被告　文書掲載者・大学の設置者（東京都）
結　　論：掲載者に対する請求一部認容、東京都に対する請求棄却

〔概　要〕

大学のシステム内に開設したホームページに名誉毀損にあたる文書が掲載され、原告らが掲載者に対して名誉毀損による損害賠償を求め、大学設置者に対して削除義務違反に基づく削除等を求めた事案

〔判　旨〕

・本件文書（原告らの実名を挙げ、対立グループの学生に暴力を振るい傷害を負わせたため原告らが交番に収容された旨の文書）の大学ホームページへの掲載行為は、名誉を毀損する違法な行為であり、文書を掲載した被告は名誉毀損により損害賠償義務を負う。
・加害者でも被害者でもないネットワーク管理者に対して、名誉毀損行為の被害者に被害が発生すべきことを防止すべき私法上の義務を負わせることは、原則として適当ではないものというべき。
・ネットワーク管理者が名誉毀損文書の発信を現実に発生した事実として認識した場合でも、発信を妨げるべき義務を被害者に対する関係で負うのは、名誉毀損文書に該当すること、加害者行為の態様が甚だしく悪質であること及び被害程度が甚大であることなどが一見して明らかであるような極めて例外的な場合に限られるものというべき。
・本件加害行為は、本件文書が名誉毀損にあたるかも、加害行為の悪質性、被害の甚大性も一見して明白であるとはいえず、大学職員が本件文書の掲載を知った時点において、被害者に対して削除するための措置をとるべき私法上の義務を負うものとはいえない。

裁判例3　東京高判平成13年9月5日（ニフティサーブ（現代思想フォーラム）事件）掲載誌：判時1786号80頁、判タ1088号94頁

当 事 者：控訴人（原審被告）　発言者、シスオペ、ニフティ（株）
　　　　　被控訴人（原審原告）　フォーラム参加者（名誉毀損の被害者）
結　　論：発言者の控訴棄却（損害賠償請求一部認容・50万円）
　　　　　シスオペ・ニフティ（株）の原審敗訴部分取消、被控訴人の請求棄却

〔概　要〕

パソコン通信ネットワーク上のフォーラムに名誉毀損・侮辱等に当たる発言を書き込まれたとして、フォーラムを運営・管理するシステム・オペレーター（シスオペ）とパソコン通信の主催者に、不法行為等に基づき損害賠償の支払いと謝罪広告を求めた事案

〔判　旨〕

- 電話回線及び主宰会社のホストコンピューターを通じてする通信の手段による意見や情報交換の仕組みにおける会員による誹謗中傷等の問題発言については、標的とされた者がフォーラムにおいて自己を守るための救済手段を有しておらず、会員等からの指摘等に基づき対策を講じてもなお奏功しない等一定の場合、シスオペは、フォーラムの運営及び管理上、運営契約に基づいて　当該発言を削除する権限を有するにとどまらず、これを削除すべき条理上の義務を負うと解するのが相当。
- 本件においては、①シスオペは、削除相当と判断される発言についても、直ちに削除せず、議論の積み重ねにより発言の質を高めるとの考えで本件フォーラムを運営しており、運営方法として不当なものとすることはできない、②シスオペは、削除を相当とする本件発言について、遅滞なく控訴人（※発言者）に注意を喚起し、削除の措置を講じる手順を告げて被控訴人に了解を求めるも、受け入れられずに削除に至らなかったが、被控訴人訴訟代理人から削除要求された発言は削除し、訴訟提起を受け新たに特定された発言についても削除の措置を講じており、権限行使が許容限度を超えて遅滞したと認めることはできない。
- シスオペの削除義務違反が認められない以上、ニフティはこれを前提とする使用者責任を負わず、債務不履行責任も認められない。

裁判例4　東京高判平成14年12月25日（2ちゃんねる動物病院事件）
掲載誌：判時1816号52頁

当 事 者：	控訴人（原審被告）　電子掲示板「2ちゃんねる」の管理人 被控訴人（原審原告）　動物病院経営法人とその代表者（名誉毀損の被害者）
結　　論：	控訴棄却（損害賠償請求一部認容・原審原告それぞれにつき200万円、削除請求認容）

〔概　要〕

インターネット上の掲示板に誹謗、中傷、侮辱、揶揄する発言が書き込まれ、管理人が発言を削除する等の義務を怠り名誉毀損を放置したため、これにより精

神的苦痛を被ったとして、被控訴人らが控訴人に対して不法行に基づく損害賠償請求と、民法723条又は人格権に基づき名誉毀損発言の削除を求めた事案

〔判　旨〕

・本件掲示板（2ちゃんねる）は、匿名で利用することが可能であり、その匿名性のゆえに規範意識の鈍磨した者によって無責任に他人の権利を侵害する発言が書き込まれる危険性が少なからずある。
・本件掲示板では、発言によって被害を受けた者が発言者を特定してその責任を追及することは事実上不可能になっており、発言を削除し得るのは、本件掲示板を開設し、管理運営する控訴人のみ。
・匿名性という本件掲示板の特性を標榜して匿名による発言を誘引している控訴人には、利用者に注意を喚起するなどして本件掲示板に他人の権利を侵害する発言を書き込まれないようにするとともに、書き込まれたときには、被害が拡大しないようにするために直ちにこれを削除する義務があるものというべき。
・本件では、名誉毀損発言の削除を求められてから現在に至るまで各名誉毀損発言を削除するなどの措置を講じなかったことによって被控訴人らが被った精神的損害及び経営上の損害はそれぞれ200万円を下らない。
・被控訴人らは、人格権としての名誉権に基づき名誉毀損発言の削除を求めることができる。

(2)　プロバイダ責任制限法制定後の裁判例

裁判例5　東京地判平成15年7月17日（2ちゃんねるDHC事件）
掲載誌：判時1869号46頁

当事者：原告　化粧品製造販売会社とその代表者（名誉毀損の被害者）
　　　　被告　電子掲示板「2ちゃんねる」の管理人
結　論：損害賠償請求一部認容（法人につき300万円、代表者につき100万円）、削除請求棄却

〔概　要〕

原告らが、社会的評価を低下させる内容の発言を電子掲示板（2ちゃんねる）上に書き込まれたとして、当該電子掲示板の管理人である被告に対し、削除義務を怠ったことによる損害について賠償を求めるとともに、名誉回復措置（民法723条）又は人格権としての名誉権に基づき、上記発言と同一の発言の削除を求めた事案。

〔判　旨〕

・本件ホームページを管理運営することにより名誉や信用を毀損するなどの違法な発言が行われやすい情報環境を提供している被告は、本件ホームページにお

いて他人の名誉や信用を毀損する発言が書き込まれたことを知り、又は、知り得た場合には、本件ホームページに書き込まれた発言により社会的評価が低下するという被害を受けた者に対し、条理に基づき被害の拡大を阻止するための有効適切な救済手段として、直ちに当該発言を削除すべき義務を負う場合がある。
・本件ホームページに書き込まれた発言によって名誉や信用を毀損されたと主張する者は本件ホームページ上で反論することも不可能ではないけれども、原告らによる反論がその社会的評価の低下を防止するような作用を働かせる状況にあったとは認め難く、原告らに法的救済を拒絶してまで本件ホームページ上における反論を求めることに妥当性はない。
・名誉又は信用を違法に侵害された者は、人格権としての名誉権（経済的な評価に係る信用も含む。）に基づき、加害者に対し、現に行われている侵害行為を排除し、又は将来生ずべき侵害を予防するため、侵害行為の差止めを求めることができ、本件ホームページ上の発言により名誉や信用を毀損された者は、被告に対し、現に存在する名誉又は信用を毀損する発言の削除を請求できる。
・本件ホームページは、インターネット上の電子掲示板それ自体が有する情報伝達の容易性、即時性及び大量性を反映し、名誉を毀損する発言が一瞬にして極めて広範囲の人々が知り得る状況に置かれたものであるところ、被告個人の名誉毀損による損害額は100万円、被告会社の名誉及び毀損による損害額は300万円をもって相当と認められる。
・本件では、名誉毀損的発言と同一の発言が現に存在することを認めるに足りる証拠はないため、削除請求をすることはできない。

裁判例6　東京高判平成17年3月3日（2ちゃんねる小学館事件）
掲載誌：判時1893号126頁、判タ1181号158頁

当 事 者：控訴人（原審原告）　対談記事の著作権を共有する個人・出版社
被控訴人（原審被告）　電子掲示板「2ちゃんねる」の管理人
結　　論：原判決変更（自動公衆送信・送信可能化の禁止、損害賠償請求一部認容。個人につき45万円、出版社につき75万円）

〔概　要〕
著作物を電子掲示板に無断で転載された著作権者が、電子掲示板の管理運営者に対し、著作権法112条に基づく自動公衆送信等の差止と削除を怠ったことによる損害の賠償を求めた事案。
〔判　旨〕
・自己が提供し、発言削除についての最終権限を有する掲示板の運営者は、これ

に書き込まれた発言が著作権侵害（公衆送信権の侵害）に当たるときは、その侵害態様、著作権者からの申し入れの態様、さらには発信者の対応いかんによっては、その放置自体が著作権侵害行為と評価すべき場合がある。
・本件発言は、一読するだけで本件書籍の対談記事を、著作権者の許諾なくほぼそのまま転載したものであることが極めて容易に理解されるのであり、デッドコピーとして著作権侵害になるものであることを容易に理解し得た。
・インターネット上においてだれもが匿名で書き込み可能な掲示板を開設し運営する者は、著作権侵害となる書き込みに対し、適切な是正措置を速やかに取る態勢で臨むべき義務がある。
・掲示板運営者は、少なくとも、著作権者等から著作権侵害の事実の指摘を受けた場合には、可能ならば発言者に対してその点に関する照会をなし、更には著作権侵害であることが明白なときには、当該発言を直ちに削除するなど、速やかに対処すべき。
・本件においては、著作権侵害が極めて容易に認識し得た態様であり、被控訴人は、編集長からの通知に対し、発言者に対する照会すらせず、何らの是正措置を取らなかったのであるから、故意又は過失により著作権侵害に加担していたものと言わざるを得ない。

裁判例 7　知財高判平成 24 年 2 月 14 日（チュッパチャプス事件）
掲載誌：判時 2161 号 86 頁、判タ 1404 号 217 頁

当 事 者：控訴人（原審原告）　商標権者
被控訴人（原審被告）　楽天（株）
結　　論：控訴棄却（差止請求・損害賠償請求をいずれも棄却）

〔概　要〕
電子ショッピングモールの出店者による商標権侵害に関して、同ショッピングモールの運営者に対して商標権侵害による不法行為の成否が問題となった事案
〔判　旨〕
・ウェブページの運営者が、単に出店者によるウェブページ開設のための環境等を整備するにとどまらず、運営システムの提供・出店者からの出店申込みの許否・出店者へのサービスの一時停止や出店停止等の管理・支配を行い、出店者からの基本出店料やシステム利用料の受領等の利益を受けている者で、その者が出店者による商標権侵害があることを知ったとき又は知ることができたと認めるに足りる相当な理由があるに至ったときは、その後の合理的な期間内に侵害内容のウェブページからの削除がなされない限り、上記期間経過後から商標権者はウェブページ運営者に対し、商標権侵害を理由に、出店者に対するのと

同様の差止請求と損害賠償請求をすることができると解するのが相当。
・本件では、商標権侵害の事実を知ったときから8日以内という合理的期間内に是正したと認めるのが相当であり、一審被告による楽天市場の運営が一審原告の商標権を違法に侵害したとまでいうことはできない。

裁判例8　札幌地判平成26年9月4日
掲載誌：判例集未登載　LEX/DB/25446608

当 事 者：原告　飲食店経営者
被告　口コミサイトの管理・運営会社
結　　論：請求棄却（削除請求・損害賠償請求をいずれも棄却）

〔概　要〕
飲食店経営者が、口コミサイトに掲載された店舗情報について、不正競争防止法、人格権に由来する名誉権等に基づく妨害排除請求として削除を求め、不正競争防止法4条または不法行為に基づく損害賠償を求めた事案
〔判　旨〕
・店舗名称は、著名商品等表示に該当すると認めることはできない。
・本件ホームページへの店舗名称の掲載は、被告の商品等を識別したりする機能を有する態様での使用ではなく、原告の商品等表示と同一又は類似のものを使用していると認めることはできない。
・法人も人格的利益を有し、その名称を他の法人等に冒用されない利益を有し、これを違法に侵害されたときには、加害者に対し侵害行為の差止めや損害賠償を求めることができると解すべきであるが、本件では、ガイドや口コミが本件店舗に関するものであることを示すに過ぎず、被告による名称の冒用には当たらない。
・原告は法人であり、広く一般を対象に飲食店営業を行っているのであるから、自己に関する情報をコントロールする権利を有するものではない。
・原告の要求を認めれば、原告に本件店舗に関する情報が掲載される媒体を選択し、原告が望まない場合にはこれを拒絶する自由を与えることになり、その反面、他人の表現や得られる情報が恣意的に制限されることになってしまい、到底容認できるものではない。

裁判例9　神戸地尼崎支判平成27年2月5日
掲載誌：判例集未登載　LEX/DB/25506062

当 事 者：原告　個人（名誉毀損の被害者）
被告　ヤフー（株）
結　　論：一部認容（発信者情報開示・削除請求・損害賠償請求30万円）

〔概　要〕

インターネット上に投稿されたブログ記事により名誉を毀損された原告が、ブログ運営者に対して発信者情報開示請求と削除請求を行うとともに、削除を求めたにもかかわらず送信防止措置等を講じないことが違法であるとして不法行為に基づく損害賠償として慰謝料を請求した事案

〔判　旨〕

・本件投稿記事は原告の社会的評価を低下させるものであり、違法性阻却事由は存在せず、権利侵害は明白であり、発信者情報開示請求の対象となる。
・各投稿記事によって原告の人格権としての名誉権が違法に侵害されていることは明白であり、人格権に基づく差止請求として、原告は投稿記事の削除を求めることができる。
・被告は、遅くとも原告から本件各投稿記事の削除を求められた時点で、本件各投稿記事の存在及びその投稿内容を認識することができたものと解されるところ、本件各投稿記事が原告がネズミ講の主宰者、詐欺師やペテン師など犯罪者であると指摘するものであって、原告の名誉を侵害することが明らかなもので、これを真実であると認める事情は見当たらないことからすれば、被告において本件各投稿記事の削除を行わないことは、原告に対する不法行為を構成するといえ、権利侵害について損害賠償責任を負う。
・本件各投稿記事には原告があたかも犯罪行為によって消費者を欺罔し、不当な利益を得ているかのような印象を与える部分が複数箇所あるほか、検索エンジンに原告の名前を入力すると本件ブログが上位に表示され、不特定多数の者が常に自由に閲覧しうる状態にあることも認められるが、他方、被告自身が本件各投稿記事を投稿したわけではなく、掲示板の書き込みを転載した体裁をとっており、必ずしも一般読者においてその信用性を高く評価するとは考え難いものであることも認められ、一切の事情を総合考慮すると、慰謝料としては30万円が相当である（※原告の請求額は50万円）。

裁判例10 東京地判平成27年7月28日
掲載誌：判例集未登載　LEX/DB/25530970

当 事 者：原告　法人（被害者）
被告　経由プロバイダ
結　　論：一部認容（損害賠償請求の一部22万円を認容）

〔概　要〕

発信者情報消去禁止仮処分申立事件において、被告の被承継人が誤った情報を開示したために原告における発信者に対する権利行使が不可能になってしまったとして、損害賠償請求をした事案

〔判　旨〕

・本件投稿記事の投稿は、原告の名誉を毀損する不法行為を構成し、発信者が特定できれば、発信者に対する損害賠償請求権等の権利行使が実現できる蓋然性があったと認めることができる。
・被告は、正しく発信元IPアドレスを調査しても、発信者を特定することができたか否かは不明であると主張するが、「Yahoo！知恵袋」の接続先IPアドレスは7個のみであることが認められ、これらと本件投稿記事に係る発信元IPアドレスとを組み合わせれば発信者を特定することは可能であったといえる。
・被告による誤った情報の開示は被告の過失によるものであることは明らかであるから、被告は原告に対する不法行為による損害賠償責任を免れない。
・原告の本件利益が被告の不法行為によって損なわれた損害（本件訴訟の弁護士費用を除く部分）は、単一の無形損害であると解すべきであり、その額は、発信者に対する損害賠償請求が実現された場合に想定される賠償額を主要な考慮要素として総合的に勘案して定めるのが相当である。
・本件投稿記事は、「Yahoo！知恵袋」に掲載された質問に対する回答として示されたものにすぎず、原告の社会的評価が低下する程度はごく軽微であると解されること、本件投稿記事の記述〔1〕は発信者なりの本件掲示板に対する見解を表明しているという要素も強く、悪質な誹謗中傷の類とは異なること等の事情を勘案すると、その損害額は20万円と認めるのが相当である。

裁判例11　さいたま地決平成27年12月22日
掲載誌：判時2282号78頁

当 事 者：申立人（債権者）　個人（更正を妨げられる利益の侵害を受けた被害者）
相手方（債務者）　グーグル インク
結　　論：認可（仮の削除を認めた原審を認容）

〔概　要〕
検索エンジンを運営するグーグルに対し、債権者の住所と氏名を検索語として検索を行うと3年余り前の逮捕歴が検索結果として表示され、更正を妨げられない利益が侵害されるとして、検索結果の削除を求めて仮処分決定を申し立てた事案

〔判　旨〕
・グーグル検索の検索結果として、どのようなウェブページを上位に表示するか、どのような手順でスニペットを作成して表示するかなどの仕組みそのものは、債務者が自らの事業方針に基づいて構成していることは明らかであり、検索結果により表示される内容は、検索エンジンを主体とする表現であることは否定できない。
・検索エンジンに対する検索結果の削除請求を認めるべきか否かは、検索エンジンの公益的性質にも配慮する一方で、検索結果の表示により人格権を侵害されるとする者の実効的な権利救済の観点も勘案しながら、諸般の事情を総合考慮して、更生を妨げられない利益について受忍限度を超える権利侵害があるといえるかどうかによって判断すべき。
・検索エンジンによる検索結果の表示により人格権が侵害されるか否かは、検索エンジンの一般的な利用方法や、検索結果の表示内容に即した利用者の読み方など、インターネット検索の特性に照らした利用者の普通の利用方法や読み方を基準として、どのように検索結果が読まれ解釈されるかという意味内容に従って判断すべき。
・検索エンジンを利用する者は、無数のインターネット情報の中から検索結果として表示されるウェブページの表題やスニペットからの断片的な情報を頼りに検索結果を前後参照するなどして、利用者が探している目的の検索結果を見つけようと努力するのが普通の利用方法である。そうすると、個々の検索結果の表示に具体的な行動態様の記載がなかったり、児童買春の罪で逮捕された事実を表示しているものと解釈でき、債権者において更正を妨げられない利益を侵害されることになる。
・罪を犯した者が、一市民として社会に復帰し、平穏な生活を送ること自体が、

その者が犯罪を繰り返さずに更正することそのものであり、犯罪を繰り返すことなく一定期間を経た者については、その逮捕歴の表示は、事件当初の犯罪報道とは異なり、更正を妨げられない利益を侵害するおそれが大きい。

・一度は逮捕歴を報道され社会に知られてしまった犯罪者といえども、人格権として私生活を尊重されるべき権利を有し、更生を妨げられない利益を有するのであるから、犯罪の性質等にもよるが、ある程度の期間が経過した後は過去の犯罪を社会から「忘れられる権利」を有するというべき。どのような場合に検索結果からの抹消を求められるかについては、公的機関であっても前回に関する情報を一般的に提供するような仕組みをとっていないわが国の刑事政策を踏まえつつ、インターネットが広く普及した現代社会においては、ひとたびインターネット上に情報が表示されてしまうと、その情報を抹消し、社会から忘れられることによって平穏な生活を送ることが著しく困難になっていないかを考慮して判断する必要あり。

・本件では、その不利益は回復困難かつ重大であると認められ、検索エンジンの公共性を考慮しても、更正を妨げられない利益が社会生活において受忍すべき限度を超えて侵害されていると認められる。

裁判例 12　最三決平成 29 年 1 月 31 日
掲載誌：民集 71 巻 1 号 63 頁

当 事 者：抗告人（債権者）　個人
　　　　　相手方(債務者)　グーグル インク
結　　論：抗告棄却（原決定：申立却下）

〔概　要〕

検索事業者（債務者）が運営する検索エンジン（グーグル）において、児童買春の被疑事実で逮捕された個人（債権者）につき検索すると、債権者が上記容疑で逮捕された事実が書き込まれたウェブサイトの URL 等情報（本件検索結果）が表示される場合において、債権者が、債務者に対し、人格権ないし人格的利益に基づき、本件検索結果の削除を求める仮処分命令の申立てをした事案（裁判例(2) No.7 と同事案）

〔判　旨〕

・検索事業者が、ある者のプライバシーに属する事実を含む記事等が掲載されたウェブサイトの URL 等情報を検索結果の一部として提供する行為が違法となるか否かは、当該事実の性質及び内容、当該 URL 等情報が提供されることによってその者のプライバシーに属する事実が伝達される範囲とその者が被る具体的被害の程度、その者の社会的地位や影響力、上記記事等の目的や意義、上記記事等が掲載された時の社会的状況とその後の変化、上記記事等において当該事実を記載する必要性など、当該事実を公表されない法的利益と当該ＵＲＬ等情報を検索結果として提供する理由に関する諸事情を比較衡量して判断すべき。
・上記比較衡量の結果、当該事実を公表されない法的利益が優越することが明らかな場合には、検索事業者に対し、当該URL等情報を検索結果から削除することを求めることができる。
・本件では、児童買春をしたとの被疑事実に基づき逮捕されたという事実（本件事実）は、他人にみだりに知られたくない抗告人のプライバシーに属する事実であるものではあるが、児童買春が社会的に強い非難の対象とされ、罰則をもって禁止されていることに照らし、今なお公共の利害に関する事項である。
・また、本件検索結果は抗告人の居住する県の名称及び抗告人の氏名を条件とした場合の検索結果の一部であることなどからすると、本件事実が伝達される範囲はある程度限られる。
・以上の諸事情に照らすと、抗告人が妻子と共に生活し、罰金刑に処せられた後は一定期間犯罪を犯すことなく民間企業で稼働していることが窺われることなどの事情を考慮しても、本件事実を公表されない法的利益が優越することが明らかとはいえない。

裁判例 13　東京地判平成 29 年 3 月 6 日
掲載誌：判例集未登載　LEX/DB/2555613

当 事 者：原告　個人
　　　　　被告　情報提供サービス運営会社の代表者（個人）
結　　論：一部認容、一部棄却

〔概　要〕
　原告が、各種情報提供サービス等を行う株式会社の代表者である被告により、同社の運営する二つのウェブサイト上に、原告が代表者を務める会社と被告との間の仮処分事件の審理において原告が暴力団の組長と共謀して内容虚偽の陳述書を提出した旨や、原告が暴力団の組長との密接交際者である旨を記載した記事を掲載され、名誉を毀損されたと主張して、被告に対し、人格権に基づき上記記事の削除及び慰謝料等を請求した事案。なお、被告は、先行する仮処分決定（仮の削除を命じるもの）の後に問題となる記事を削除していた。
〔判　旨〕
・原告は人格権（名誉権）に基づき、本件名誉毀損記事（原告が請求の対象とする記事のうち名誉毀損が成立すると認められる記事）については削除を求めることができる。

・本件訴訟において、被告は、削除請求記事目録記載の各記事を既に削除済みであるとの答弁をしているので、本件における原告の記事削除請求の当否の判断に当たり、この点を考慮すべきかが問題となる。
・本件では各記事について仮の削除請求が認められているところ、仮処分における被保全権利は、債務者において仮処分に関係なく任意にその義務を履行し、又はその存在が本案訴訟において終局的に確定され、これに基づく履行が完了して初めて法律上実現されたものというべきであり、いわゆる満足的仮処分の執行自体によって被保全権利が実現されたと同様の状態が事実上達成されているとしても、それは飽くまで仮のものにすぎないのであるから、この仮の履行状態の実現は、本案訴訟において斟酌されるべきではない。
・被告は上記の各記事の仮の削除を命じる仮処分決定が出た後に上記の各記事を削除していることからすれば、仮処分に関係なく任意にその義務を履行したとは認められない。したがって、被告が上記の各記事を削除済みであることは、本件の審理に当たって斟酌すべきではない。

裁判例 14　東京高判平成 29 年 6 月 29 日
掲載誌：判例集未登載　LEX/DB/25448905

当 事 者：控訴人　個人
被控訴人（被告）　グーグル エルエルシー
結　　論：控訴棄却（原判決：請求棄却）

〔概　要〕
控訴人が、検索サービスを運営する被控訴人（グーグル）に対し、控訴人の氏名等の一定の文字列による検索を行うと、控訴人が振り込め詐欺により逮捕された旨の記述を含むスニペット等（本件検索結果）が表示されることから、これにより控訴人の人格権の一内容である更生を妨げられない権利が侵害されているとして、人格権に基づき、検索結果の削除を求めた事案
〔判　旨〕
【裁判例 12（最三決平 29・1・31）の基準を用いた当てはめ】
・控訴人が振り込め詐欺の容疑で逮捕されたとの事実（本件逮捕事実）は、控訴人の前科等にかかわる事実であり、他人にみだりに知られたくない控訴人のプライバシーに属する事実ではあるが、詐欺は、法定刑が 10 年以下の懲役である重い犯罪であり、振り込め詐欺は我が国の大きな社会問題となり、強い社会的非難の対象となっている犯罪であって、その取締りの強化及び防犯等に関する社会的関心は高い。
・本件のリンク先ウェブページに掲載された記事には、控訴人が、詐取金の引き

出しを専門に行うグループのリーダーとして数億円の引き出しを請け負ったとみられるとの記載があり、逮捕から約12年が経過しているものの、控訴人の逮捕の事実は、現在でもなお公共の安全・平穏に関わる社会的に正当な関心の対象であり、記事の公表の必要性は否定できない。

・本件検索結果は、控訴人の氏名及び控訴人の住所地の属する市区町村名を検索語とした場合に検索結果として表示されるものの一部であることなどからすれば、本件検索結果の表示によって本件逮捕事実が伝達される範囲は、ある程度限られる。

・本件のリンク先ウェブページに掲載されている逮捕事実を記載した記事は、逮捕の当時に新聞に掲載された通信社又は新聞社作成の記事のコピーであって、これらの記事は、公益を図る目的で公共の利害に関する事実を掲載したもの。

・本件のリンク先のサイトは、消費者問題等に関するニュースを収集しているウェブサイトであって、一般市民を標的とした振り込め詐欺事件に関する公共性のある報道記事として保存し、閲覧に供しているもの。

・以上の諸事情に照らすと、執行猶予期間満了から約6年が経過し、控訴人が有罪判決を受けた後約11年半にわたって再犯に及ぶことなく一市民として日常生活を営み、現在は妻子とともに暮らし、会社の代表取締役として事業を行っていることを考慮しても、控訴人の逮捕の事実を公表されない法的利益が本件検索結果を提供する理由に関する諸事情に優越することが明らかとはいえない。

裁判例15　最二判令和4年6月24日
掲載誌：民集76巻5号1170頁

当 事 者：被上告人（控訴人・一審被告）　ツイッターインク
上告人（被控訴人・一審原告）　個人
結　　論：原判決破棄、被上告人の控訴を棄却（削除請求を認容）

〔概　要〕

ツイッター上に、上告人（一審原告）の実名入りで、同人が旅館の女性用浴場に侵入し逮捕された事実（本件事実）に関するツイート（本件ツイート）がされていることから、上告人が、ツイッター（現「X」）を運営する被上告人（一審被告）に対し、人格権及び人格的利益に基づく妨害排除請求として、本件ツイートの削除を求めた事案

〔判　旨〕

・上告人が、本件ツイートにより上告人のプライバシーが侵害されたとして、ツイッターを運営する被上告人に対し、人格権に基づき、本件ツイートの削除を求めることができるか否かは、本件事実の性質及び内容、本件ツイートによっ

て本件事実が伝達される範囲と上告人が被る具体的被害の程度、上告人の社会的地位や影響力、本件ツイートの目的や意義、本件ツイートがされた時の社会的状況とその後の変化など、上告人の本件事実を公表されない法的利益と本件ツイートを一般の閲覧に供し続ける理由に関する諸事情を比較衡量して判断すべき。

・上記比較衡量の結果、上告人の本件事実を公表されない法的利益が本件各ツイートを一般の閲覧に供し続ける理由に優越する場合には、本件各ツイートの削除を求めることができる。

・本件事実は、他人にみだりに知られたくないプライバシーに属する事実である。

・他方で、本件事実は、不特定多数の者が利用する場所において行われた軽微とはいえない犯罪事実に関するものとして、本件ツイートがされた時点においては、公共の利害に関する事実であったが、上告人の逮捕から約8年が経過し、上告人が受けた刑の言渡しはその効力を失っており、本件ツイートに転載された報道記事も既に削除されていることなどからすれば、本件事実の公共の利害との関わりの程度は小さくなってきている。

・本件ツイートは、上告人の逮捕当日にされたものであり、140文字という字数制限の下で、上記報道記事の一部を転載して本件事実を摘示したものであって、ツイッターの利用者に対して本件事実を速報することを目的としてされたものとうかがわれ、長期間にわたって閲覧され続けることを想定してされたものであるとは認め難い。

・上告人の氏名を条件としてツイートを検索すると検索結果として本件ツイートが表示されるのであるから、本件事実を知らない上告人と面識のある者に本件事実が伝達される可能性が小さいとはいえない。

・上告人は、その父が営む事業の手伝いをするなどして生活しており、公的立場にある者ではない。

・以上の諸事情に照らすと、上告人の本件事実を公表されない法的利益が本件各ツイートを一般の閲覧に供し続ける理由に優越するものと認めるのが相当である。

・したがって、上告人は、被上告人に対し、本件ツイートの削除を求めることができる。

2　発信者情報開示に関する裁判例

(1)　発信者情報開示全般に関する裁判例

裁判例16
東京高判平成16年5月26日
掲載誌：判タ1152号131頁

当 事 者：控訴人（原審被告）　経由プロバイダ
被控訴人（原審原告）　個人（プライバシー権侵害の被害者）
結　　論：控訴棄却（発信者情報開示請求の認容）

〔概　要〕

WinMXプログラム（P2P方式による電子ファイル交換ソフト）における個人情報を含むファイル送信について、送信側プロバイダが「開示関係役務提供者」にあたるか争われた事案

〔判　旨〕

・原判決に記載のとおり（「特定電気通信」は、同時に1対「多数間」において行われる電子ファイル送受信の形態に限定していない。電気通信が1対1でも、1対「任意不特定の一人」との間であれば「不特定の者」によって受信される電気通信。送信側ユーザーがWinMXプログラム共有フォルダに公開した情報が入力された電子ファイルを置くことは、「不特定の者によって受信されることを目的」としてこれを送信可能な状態に置いたとみることができ、受信側ユーザーの送信要求に応じて電子ファイルを送信することは、不特定の者に対し、無差別に電子ファイルの「送信」を行ったということができ、法第2条1号にいう「不特定の者によって受信されることを目的とする電気通信」の「送信」に該当する。)。

・法2条3号の「特定電気通信役務提供者」は、特定電気通信について主体的に関与したり一定の管理権限を有したりする者に限るとの限定は付されておらず、4条1項においても同じ。

・WinMXプログラムによるファイル送信は、「特定電気通信」に該当し、控訴人の電気通信設備は「特定電気通信の用に供される特定電気通信設備」に該当するので、これを用いた控訴人は「開示関係役務提供者」に該当し、発信者情報開示請求の相手方となる。

裁判例 17 東京高判平成 20 年 5 月 28 日
掲載誌：判タ 1297 号 283 頁

当 事 者：控訴人（原審被告）　インターネットカフェ運営会社
被控訴人（原審原告）　法人（名誉毀損の被害者）
結　　論：原判決取消・請求棄却

〔概　要〕

インターネットカフェの運営者の保有する顧客に関する情報が、旧法 4 条 1 項にいう「発信者情報」にあたるか争われた事案

〔判　旨〕

・被控訴人が開示を求める情報は、発信者その他侵害情報の送信に係る者（2 つの書き込み日時において、特定の IP アドレスが割り振られた端末機器を管理する控訴人店舗を重複して利用していた者）の氏名又は名称及び住所。
・法 4 条が想定している発信者情報は、特定電気通信の過程において把握される発信者に関わる情報でなければならない。
・本件で開示を求める情報は、顧客管理のための情報として特定電気通信とは別個の過程で得られた情報であり、かつ特定の日時に誰が店舗を利用していたかという情報に過ぎない。
・（当該情報は）発信者を突き止めるのに役立つものであるが、その開示は法 4 条の枠外であり、法 4 条にいう発信者情報に当たらない。

裁判例 18 最一判平成 22 年 4 月 8 日
掲載誌：民集 64 巻 3 号 676 頁、判時 2079 号 42 頁、判タ 1323 号 118 頁

当 事 者：上告人（第一審被告）　経由プロバイダ
被上告人（第一審原告）　建設会社及びその代表取締役ら（名誉毀損の被害者）
結　　論：上告棄却（発信者情報開示請求を一部認容）

〔概　要〕

経由プロバイダが、法 2 条 3 項にいう「特定電気通信役務提供者」に該当し、ひいては旧法 4 条 1 項にいう「開示関係役務提供者」に該当するかが争われた事案

〔判　旨〕

・法 2 条が定める「特定電気通信役務提供者」、「特定電気通信設備」、「特定電気通信」の定義に係る文理に照らすならば、最終的に不特定の者によって受信さ

れることを目的とする情報の流通過程の一部を構成する電気通信を電気通信設備を用いて媒介する者は、法2条3号にいう「特定電気通信役務提供者」に含まれると解するのが自然である。

・法4条の趣旨は、発信者のプライバシー、表現の自由、通信の秘密に配慮した厳格な要件の下で発信者情報の開示を請求することができるものとすることにより、加害者の特定を可能にして被害者の救済を図ることにあると解される。そうすると、発信者とコンテンツプロバイダとの間の通信を媒介する経由プロバイダが法2条3号にいう「特定電気通信役務提供者」に該当せず、したがって法4条1項にいう「開示関係役務提供者」に該当しないとすると、法4条の趣旨が没却される。

・以上によれば、最終的に不特定の者に受信されることを目的として特定電気通信設備の記録媒体に情報を記録するためにする発信者とコンテンツプロバイダとの間の通信を媒介する経由プロバイダは、法2条3号にいう「特定電気通信役務提供者」に該当すると解するのが相当である。

裁判例19　最三判平成22年4月13日
掲載誌：民集64巻3号758頁、判時2082号59頁、判タ1326号121頁

当 事 者：上告人（第一審被告）　経由プロバイダ
被上告人（第一審原告）　個人（名誉感情侵害の被害者）
結　　論：原審一部取消（原審で認容された損害賠償請求15万円の判決を取消)、その余の上告棄却（発信者情報開示請求認容）

〔概　要〕

インターネット上の電子掲示板になされた書き込みの発信者情報開示請求を受けた特定電気通信役務提供者が権利侵害が明らかであるとは認められないとして開示を拒否したことについて、損害賠償の可否（重過失の有無）が争われた事案

〔判　旨〕

・開示関係役務提供者は、侵害情報の流通による開示請求者の権利侵害が明白であることなど、当該開示請求が法4条1項各号所定の要件のいずれにも該当することを認識し、又は上記要件のいずれにも該当することが一見明白であり、その旨認識することができなかったことにつき重大な過失がある場合にのみ、損害賠償責任を負うものと解するのが相当。

・本件書き込みは、「気違い」といった侮辱的な表現を含むとはいえ、被上告人の人格的価値に関し、具体的な事実を摘示してその社会的評価を低下させるものではなく、被上告人の名誉感情を侵害するにとどまるものであって、これが社会通念上許される限度を超える侮辱行為であると認められる場合に初めて被上

告人の人格的利益の侵害が認められ得るにすぎない。
・本件書き込みの文言それ自体から、社会通念上許される限度を超える侮辱行為であることが一見明白であるということはできず、本件スレッドの他の書き込みの内容、本件書き込みがされた経緯等を考慮しなければ、被上告人の権利侵害の明白性を判断することはできないというべきであるが、そのような判断は裁判外で発信者情報の開示請求を受けた上告人にとって必ずしも容易なものではない。
・上告人に重大な過失があったということはできないというべき。

裁判例20 東京高判平成26年9月10日
掲載誌：判例集未登載

当 事 者：控訴人（原告）　個人（名誉毀損・プライバシー侵害の成立を主張）
被控訴人（被告）　経由プロバイダ
結　　論：控訴棄却（発信者情報開示請求を棄却）

〔概　要〕
権利侵害の明白性の要件に関し、開示請求者が、責任阻却事由の不存在についてまで主張・立証する必要はないと主張したのに対し、経由プロバイダが、請求者において責任阻却事由の不存在まで主張・立証する必要があるなどとして争った事案
〔判　旨〕
・法4条1項に基づき発信者情報の開示を求める者は、その権利が違法に損なわれて、権利が侵害されたことが明らかであるときに当たることまで主張、立証することを要するものというべきである。
・開示請求の相手方が責任阻却事由の存在を主張立証して、不法行為の成立を阻却する事由の存在が認められ、当該情報の流通が不法行為に該当せず、その意味で当該情報の流通が社会的に是認し得ないものとはされない場合については、「開示の請求をする者の権利が侵害されたことが明らかである」とは認められないものというべきである。
・のみならず、開示請求の相手方が責任阻却事由の存在を主張立証して、不法行為の成立を阻却する事由の存在が認められる場合については、当該発信者情報が、その「開示の請求をする者の損害賠償請求権の行使のために必要である場合（同項2号）に当たるとも認められないのであるから、なお、発信者情報の開示を受けるべき正当な理由があると認められない限り、法4条1項2号所定の「正当な理由がある」とも認められないものというべきである。

裁判例21　横浜地裁川崎支判平成26年9月11日
掲載誌：判時2245号69頁

当 事 者：原告　個人（名誉毀損の被害者）
被告　個人
結　　論：請求棄却（発信者の特定ができていないとして損害倍書請求を棄却）

〔概　要〕

発信者情報開示の手続を経た上で、被告がインターネット上の電子掲示板に原告の人格権を侵害する各書込をしたとして、被告に対し、不法行為に基づく損害賠償を請求したところ、当該書込みは被告がしたものではないなどとして争った事案

〔判　旨〕

・ドコモのスマートフォンを利用したインターネット通信をする場合、個々の契約者が使用する端末は特定のIPアドレスを持たず、インターネット通信毎に一時的にBに割り当てられたIPアドレスを使用しているにすぎないから、IPアドレスのみでは、ある通信を行った者を特定することができず、あるIPアドレスを用いて通信を行った者を特定するためには、当該IPアドレスが用いられた正確な通信時刻が特定される必要がある。
・本件では、2ちゃんねる側が記録していた通信時刻とドコモ側が記録していた通信時刻に齟齬があった可能性が相当程度ある。
・ドコモのシステム上、特定をする過程に問題が生じる可能性があり、現に投稿がなされた当時、通信障害も発生していた。
・以上の点からすると、ドコモが、他の者を被告と認識してしまった可能性がある。

裁判例22　東京地判平成31年2月21日
掲載誌：判例集未登載　LEX/DB/25559452

当 事 者：原告　法人（名誉毀損の被害者）
被告　法人（会員制の転職サイトを開設している者）
結　　論：一部認容（投稿の一部について、発信者情報開示請求を認容）

〔概　要〕

会員制サイトへの投稿にかかる発信者情報開示請求について、登録されたニッ

クネームと勤務先住所の発信者情報該当性を認めた事案
〔判　旨〕
・発信者その他の侵害情報の送信に係る者の氏名及び住所は、開示の対象である（本件省令1号、2号）。
・発信者の氏名が不明である場合、発信者のニックネームは、本件省令1号に該当するものと認めるのが相当、住所が不明である場合、発信者の就業先は、本件省令2号に該当するものと認めるのが相当であり、いずれも開示の対象となる。

⑵ ログイン情報に関する裁判例

裁判例23　東京高判平成26年5月28日
掲載誌：判時2233号113頁

当 事 者：控訴人（被告）　経由プロバイダ
　　　　　被控訴人（原告）　個人（名誉感情を毀損された被害者）
結　　論：控訴棄却（発信者情報の開示請求を認容）

〔概　要〕
Twitterにログインした際のIPアドレスに関する発信者の情報が、旧法4条1項で開示の対象となる情報に該当するかが争われた事案
〔判　旨〕
・法4条1項が開示請求の対象としているのは「当該権利の侵害に係る発信者情報」であり、この文言及び法の趣旨に照らすと、開示請求の対象が当該権利の侵害情報の発信そのものの発信者情報に限定されているとまでいうことはできない。
・開示の対象となる情報は、総務省令に委任されているが、委任の趣旨に照らすと、上記総務省令によって、法4条1項に規定する「当該権利の侵害に係る発信者情報」が「氏名、住所その他の侵害情報の発信者の特定に資する情報」であることが左右されるものとはいえない。
・ツイッターは、利用者がアカウントおよびパスワードを入力することによりログインしなければ利用できないサービスであることに照らすと、ログインするのは当該アカウント使用者である蓋然性が認められる。
・以上によれば、本件発信者情報は、当該侵害情報の発信者の特定に資する情報であり、法4条1項の開示請求の対象である「当該権利の侵害に係る発信者情報」に当たると認められる。

裁判例 24　東京地判平成27年8月25日
掲載誌：判例集未登載　LEX/DB/25532678

当 事 者：原告：法人（名誉毀損の被害者）
被告：経由プロバイダ
結　　論：請求一部認容（公開設定者の情報について開示請求を認容、最終ログイン者の情報について開示請求を棄却）

〔概　要〕

投稿時の通信に割り当てられたIPアドレスのアクセスログが消去され、これを用いた発信者情報の確定ができない状況において、ブログに名誉毀損に該当する投稿をされたとする法人が、ブログの設定を非公開から公開に設定した者及びブログが閉鎖される前に最後にログインした者の発信者情報開示を経由プロバイダに求め、これらの者の発信者該当性等が争われた事案

〔判　旨〕

・法2条4号は、「発信者」として特定電気通信において情報を流通過程に置いた者の範囲を明確にするために、ウェブページ等の蓄積型の特定電気通信と、リアルタイムのストリーミング送信等の非蓄積型の特定電気通信に分けて「発信者」を定義し、蓄積型においては「記録媒体（当該記録媒体に記録された情報が不特定の者に送信されるものに限る。）に情報を記録し」た者を発信者と定めている。
・蓄積型において、記録媒体に情報が記録されていることを認識している者が、情報を特定電気通信における流通過程に置く意図をもって、記録媒体の性質を情報が不特定の者に送信される状態に変更した場合は、記録媒体（当該記録媒体に記録された情報が不特定の者に送信されるもの）への情報の記録を完成したものとして、「発信者」に該当するというべき。
・記録媒体に単に情報が記録されている状態は、法2条4号の前提とする記録媒体（情報が不特定多数に送信されるもの）への情報の記録の前段階ないし準備段階に当たり、この状態にあることを認識して記録媒体の性質を情報が不特定の者に送信される状態に変更することによって、初めて同号の前提とする記録媒体への情報の記録が完成することにあるから、このような記録を完成した者も同号の「発信者」に当たると解するのが相当。
・最終ログイン者は、本件ブログに係るID及びパスワードに関する情報を送信したものであり、本件ブログがID及びパスワードを入力してログインしなければ利用できないサービスであることからすると、公開設定者の間に関連性があることが推認される。しかし、ID及びパスワードについては、他人に開示したり、その情報を共有することが可能であるから、最終ログイン者と公開設定者

とが同一人物でない可能性も否定することができず、最終ログイン者の情報は、侵害情報の発信者である本件公開設定者についての情報に当たらない。

裁判例 25　東京高判平成 29 年 2 月 8 日
掲載誌：判例集未登載　LEX/DB/25560079

当 事 者：控訴人（原審原告）　個人（名誉が侵害されたと主張する者）
被控訴人（原審被告）　経由プロバイダ
結　　論：控訴棄却（原審判決：請求棄却）

〔概　要〕

フェイスブックへの投稿により名誉が侵害されたと主張する者が、経由プロバイダに対して、フェイスブックのアカウントへのログイン日時をもとに発信者情報開示を求め、法 4 条 1 項に規定する権利侵害に係る発信者情報に該当するかが争われた事案

〔判　旨〕

・フェイスブック社は、特定のアカウントへのアクセス又はアクセスの終了があると、アクセス又はアクセスの終了時刻及びその IP アドレスを記録し、しばらくの間保管しているが、投稿の時刻及び投稿に使用された IP アドレスは記録を実行していない。
・フェイスブックにおいて、特定のアカウントにアクセスした者は、当該アクセスの終了までの間、長期間にわたってアクセスを継続したままにすることもできる。
・特定のパソコン等から特定のアカウントにアクセスした後に、当該アクセスを終了しないまま、同一のパソコン等から同一のインターネットプロバイダを経由して、同一のアカウントに別途アクセスすることもでき、同一の IP アドレスからのアクセスが繰り返されている場合に、後のアクセスをする前に過去のアクセスを終了しているとは限らない。
・ログインされている状態において、別人が別のパソコン等から同一のアカウントにアクセスすることも可能。
・第 1 審原告が開示を求める情報が、アカウントへのアクセスの際のものであったとしても、当該アクセスから当該アクセス終了までの機会に当該アクセスを利用して各投稿が行われたことの証明があった場合には、法 4 条 1 項柱書に規定する「当該権利の侵害に係る発信者情報」に当たると解される。
・本件投稿が投稿されたアカウントには、投稿日及びその直前に多数の同一の IP アドレスがあり、各投稿はこれらのアクセスによる可能性が高いが、他方で、投稿日又はそれよりも前の日に、それ以外の IP アドレスによるアクセスがあ

り、本件各投稿がこれらのアクセスによる可能性も完全には否定できない。あるIPアドレスから本件各投稿がなされた蓋然性がかなり高い場合でも、これと異なる可能性が通信の秘密等の基本的人権の保障の見地からみて無視できない程度に残っている場合には、日本国憲法13条及び21条2項並びに法4条の解釈として権利侵害に係る発信者情報とはいえない。

・投稿ごとの発信者に係る情報の記録がウェブサイトの管理者に義務付けられえいない現行法制度の下においては、投稿ごとの記録をしていないウェブサイト上の権利侵害について、発信者についての情報の開示を認めないことがあることも、やむを得ない。

裁判例26　東京高判平成30年6月13日
掲載誌：判時2418号3頁

当 事 者：控訴人（原審原告）　（氏名権・肖像権の侵害を主張）
　　　　　被控訴人（原審被告）　経由プロバイダ
結　　論：原判決取消（発信者情報の開示請求を認容）

〔概　要〕

氏名不詳者が控訴人になりすましてツイッターアカウントを開設し、使用したことにより、氏名権・肖像権が侵害されたと主張する控訴人が、ツイッターの運営会社から開示されたログイン時のIPアドレスの保有者である被控訴人に対し、氏名不詳者の氏名・住所等の開示を求めたが、原審が被告は発信者情報を保有しているとは認められないとして請求を棄却したため、控訴した事案

〔判　旨〕

・法4条1項は「侵害情報の発信者情報」と規定するのではなく「権利の侵害に係る発信者情報」とやや幅をもって規定しており、侵害情報そのものから把握される発信者情報だけでなく、侵害情報について把握される発信者情報であれば、これを開示することも許容されると解されることに照らせば、ログイン情報を送信した際に把握される発信者情報であっても、法4条1項所定の「権利の侵害に係る発信者情報」に当たり得るというべきである。

・一般に、同一人が、複数のプロバイダからのIPアドレスを割り当てられながら、一年以上同じアカウントにログインを続けることは珍しいことではない。ツイッターの仕組みは、設定されたアカウントにログインし（ログイン情報の送信）、ログインされた状態で投稿する（侵害情報の送信）、というものであるから、時的な先後関係にかかわらず、ログイン者と投稿者は同一である蓋然性が高いことが認められる一方、本件アカウントは、控訴人本人になりすましたプロフィール等をトップページに表示し続けながら、ツイートを非公開として使

用されてきたもので、法人が営業用に用いるなど複数名でアカウントを共有しているとか、アカウント使用者が変更されたとか、上記の同一性を妨げるような事情は何ら認められない。
・このような事実からすると、本件IPアドレスを割り当てられてログインした者は、本件プロフィール等を投稿した者と推認するのが相当であるから、本件IPアドレス等から把握される発信者情報は、侵害情報である本件プロフィール等の投稿者のものと認めるのが相当である。
・氏名は、その個人の人格の象徴であり、人格権の一内容を構成するものというべきであるから、人は、その氏名を他人に冒用されない権利を有し、これを違法に侵害された者は、加害者に対し、損害賠償を求めることができると解される。
・氏名でなく通称であっても、その個人の人格の象徴と認められる場合には、人は、これを他人に冒用されない権利を有し、これを違法に侵害された者は、加害者に対し、損害賠償を求めることができる。

裁判例 27　東京高判平成31年1月23日
掲載誌：判例集未登載　LEX/DB/25564515

当 事 者：控訴人　個人（芸能活動を行う個人）
被控訴人　経由プロバイダ
結　　論：控訴棄却（原審判決：請求棄却）

〔概　要〕
ツイッターへの投稿記事が名誉毀損・プライバシー侵害であるとし、ツイッターへのログイン時の通信にかかる発信者情報開示を求め、ログインに係る情報が「権利侵害に係る発信者情報」に該当するか争われた事案
〔判　旨〕
・ツイッターは、ユーザーがメッセージ等を投稿するためには、設定したパスワード等を入力して、開設したアカウントにログインすることが必要であるが、メッセージ等投稿以外に、ログインすることによりフォローしているアカウントによるツイート一覧を閲覧する機能や、他のツイートを検索・閲覧する機能があるため、ログインをした際に投稿をせず、他のユーザーのツイートを閲覧していることも想定される。
・ツイッターはその仕様上、同一アカウントにより複数の媒体からログインが可能であり、複数ログインの重複も可能である。したがって、パスワード等を知っていれば、複数の者によるログインの重複もあり得るし、後のログイン時に前のログアウトがなされているとは限らない。

・ツイッターは、ログイン時刻とその際のIPアドレスは記録しているが、投稿の時刻とその際のIPアドレス記録していない。
・法4条1項の文言上、開示の対象となるのは「権利の侵害に係る発信者情報」であるが、例えば、権利侵害に係る投稿の前にログインが一つしかないなど、当該ログインを行ったユーザーがログアウトするまでの間に当該投稿をしたと認定できるような場合には、当該ログインに係る情報を発信者情報と解することは妨げられるものではなく、法4条1項の「権利の侵害に係る発信者情報」に当たり得ると解される。
・本件アカウントの名称は「△△応援隊」という複数のユーザーにより共用されていることと矛盾せず、H29.8.17以降、本件各記事の投稿がなされるまでに11回のログインがあり、そのうち4回は被控訴人を経由するも7回は被控訴人以外のプロバイダを経由し、本件アカウントが複数ユーザーの共有である可能性もあり得る。またログインに対応するログアウトの日時が明らかではなく、長期間投稿をせずにログイン状態が継続していることも想定されることからすれば、本件ログイン以前のログインにより投稿が行われた可能性も十分にあるということができる。
・被控訴人は直近にログインした端末から投稿するのが自然であると主張するが、本件ログインと投稿との間に13時間ないし16時間あり、ログインと投稿の連続性を認められるほど時間的な近接性がなく、そもそも長時間のログイン状態の継続も想定され、本件各記事の投稿が本件ログインによりされたことを裏付ける事情とはならない。本件記事投稿後も196件のツイートがされ、控訴人とは無関係のものも含まれ、本件各記事の投稿時点でも、本件各記事を投稿したユーザーとは別のユーザーが存在してた可能性を排斥できない。よって、本件ログインを行ったユーザーが、ログアウトまでの間に投稿を行った者であるとまで認められない。

裁判例28　東京高判令和2年9月15日
掲載誌：判例集未登載　LEX/DB/25567236

当 事 者：控訴人（原告）　個人（被害者）
被控訴人（被告）　経由プロバイダ
結　　論：請求認容（原判決一部取消、発信者情報の開示請求を認容）

〔概　要〕
ツイッターのログイン情報が発信者情報開示の開示の対象となるか等が争われた事案
〔判　旨〕

・侵害情報が発信された過程で直接把握された発信者情報ではないログイン情報であっても、侵害情報の発信者と、侵害情報の発信に使用されたアカウントに侵害情報の発信時期と近接した時期にログインをした者との同一性が認められる場合には、当該ログイン情報は、上記「当該権利の侵害に係る発信者情報」に当たると解するのが相当。
・これを本件発信者情報2についてみると、同情報は本件アカウントへのログイン情報であり、かつ、そのログイン時刻は、本件投稿2の投稿時間の18秒前であるので、上記ログイン情報に係るログインは、上記投稿時間と極めて近接した時刻において、上記投稿の直前にされたものと認められ、また、上記投稿の前には被控訴人NTTコムを通じた投稿は、1日以上はなかったことが認められる（直前に3件の投稿があるが、いずれも被控訴人KDDIを通じたものである。）。
・そうすると、前記のとおり、ログイン情報がどのように管理されていたかが本件では不明であることを考慮しても、上記ログインをした者以外の者が、本件投稿2を、本件アカウントを使用して投稿したものとは考え難く、上記ログインをした者が本件投稿2を、本件アカウントを使用して投稿したものと認められ、特段の反証もないから、以上の検討によれば、上記の者と本件投稿2の投稿者との間には、優に同一性が認められる。

裁判例29　最二判令和6年12月23日
掲載誌：判例集未登載　裁判所ウェブサイト掲載

当 事 者：上告人（被告）　経由プロバイダ
被上告人（原告）　個人（被害者）
結　　論：請求一部認容（原判決一部取消、発信者情報の開示請求を一部棄却）

〔概　要〕
インスタグラム上のアカウントでの侵害情報の投稿や同アカウントへのログインが令和3年改正法施行前に行われていた場合に、同改正法による改正前の法4条1項と同改正後の法5条2項のいずれが適用されるか、及び改正後の法5条2項が適用される場合に開示請求が認められる具体的範囲について判断がなされた事案
〔判　旨〕
・令和3年改正法による改正後の法5条2項の規定は、権利の侵害を生じさせた特定電気通信及び当該特定電気通信に係る侵害関連通信が令和3年改正法の施行前にされたものである場合にも適用されると解するのが相当。

・施行規則5条柱書きが侵害関連通信を「侵害情報の送信と相当の関連性を有するもの」としたのは、同条各号に掲げる符号の電気通信による送信それぞれについて、開示される情報が侵害情報の発信者を特定するために必要な限度のものとなるように、個々のログイン通信等と侵害情報の送信との関連性の程度と当該ログイン通信等に係る情報の開示を求める必要性とを勘案して侵害関連通信に当たるものを限定すべきことを規定したものである。
・施行規則5条2号に掲げる符号の電気通信による送信（※ログイン通信）についてみれば、時間的近接性以外に個々のログイン通信と侵害情報の送信との関連性の程度を示す事情が明らかでない場合が多いものと考えられるところ、そのような場合には、少なくとも侵害情報の送信と最も時間的に近接するログイン通信が「侵害情報の送信と相当の関連性を有するもの」に当たり、それ以外のログイン通信は、あえて当該ログイン通信に係る情報の開示を求める必要性を基礎付ける事情があるときにこれに当たり得るものというべきである。
・本件各ログインの中では、本件投稿①～④の21日後にされた本件ログイン②が、これらの投稿と最も時間的に近接し、本件投稿①～④と本件ログイン②との間には本件介在ログインが存在するが、上告人は自らが保有する通信記録の中から本件介在ログインに対応するものを特定できておらず、本件介在ログインに係る情報からこれらの投稿をした者を特定することは困難であって、あえて本件ログイン②に係る情報の開示を求める必要性を基礎付ける事情がある。
・一方、本件ログイン①、③～⑧は、本件ログイン②と比べ、本件投稿①～④と時間的に近接しておらず、上告人は本件ログイン②に係る発信者情報を保有しており、これに加えて、あえて本件ログイン①、③～⑧に係る情報の開示を求める必要性を基礎付ける事情はうかがわれない。
・したがって、本件ログイン②のみが本件投稿①～④との関係で「侵害情報の送信と相当の関連性を有するもの」に当たる。

3　名誉毀損等の成否が問題となった裁判例

裁判例30　最一判昭和43年1月18日
掲載誌：刑集22巻1号7頁、判時510号74頁、判タ218号205頁

当 事 者：上告人　被告人
結　　論：上告棄却（有罪）

〔概　要〕
人の噂であるという表現を用いて名誉を毀損した場合に刑法230条の2の事実の証明の対象が何かか問題となった事案（名誉毀損、私文書偽造等被告事件）

〔判　旨〕
・「人の噂であるから真偽は別として」という表現を用いて、公務員の名誉を毀損する事実を摘示した場合、刑法230条の2所定の事実の証明の対象となるのは、風評そのものが存在することではなく、その風評の内容たる事実の真否であるとした原判断は相当。

裁判例31　最三判平成9年9月9日
掲載誌：民集51巻8号3804頁、判時1618号52頁、判タ955号115頁

当 事 者：上告人（原告、被控訴人）　個人（被害者）
被上告人（被告、控訴人）　（株）産業経済新聞社
結　　論：破棄差戻し（名誉毀損の成立を否定した原審を破棄）

〔概　要〕
犯罪に関する嫌疑の存在が報道等により知れ渡っていたとしても名誉毀損の成立は否定されないとされた事案
〔判　旨〕
・ある事実を基礎としての意見ないし論評の表明による名誉毀損にあっては、その行為が公共の利害に関する事実に係り、かつ、その目的が専ら公益を図ることにあった場合に、右意見ないし論評の前提としている事実が重要な部分について真実であることの証明があったときには、人身攻撃に及ぶなど意見ないし論評としての域を逸脱したものでない限り、右行為は違法性を欠くものというべき。
・仮に右意見ないし論評の前提としている事実が真実であることの証明がないときにも、事実を摘示しての名誉毀損における場合と対比すると、行為者において右事実を真実と信ずるについて相当の理由があれば、その故意又は過失は否定されると解するのが相当。
・ある者が犯罪を犯したとの嫌疑につき、これが新聞等により繰り返し報道されていたため社会的に広く知れ渡っていたとしても、このことから、直ちに、右嫌疑に係る犯罪の事実が実際に存在したと公表した者において、右事実を真実であると信ずるにつき相当の理由があったということはできない。けだし、ある者が実際に犯罪を行ったということと、この者に対して他者から犯罪の嫌疑がかけられているということとは、事実としては全く異なるものであり、嫌疑につき多数の報道がされてその存在が周知のものとなったという一事をもって、直ちに、その嫌疑に係る犯罪の事実までが証明されるわけでないことは、いうまでもないからである。

裁判例32　東京地判平成16年1月26日
掲載誌：判例集未登載　LLI/DB/L05930244

当 事 者：原告　個人（被害者）
被告　個人（ライター）等
結　　論：請求棄却（損害賠償請求を認めず）

〔概　要〕
電子掲示板で議論の応酬となった場合において、名誉毀損の成立が問題となった事案

〔判　旨〕
・電子掲示板に投稿された内容（「ワケわからん」「メチャメチャ」「妄想」「つきまとい」「ストーカー」「低脳」「頭がおかしい」など）は、原告の社会的評価を低下させ、もって、原告の名誉を毀損したといえる。
・本件のような電子掲示板において、ある者の書き込みに対して、他の者がこれに対抗的な書き込みをするという中で議論の応酬となり、発言内容について、相手方の名誉を毀損するものであるとか侮辱的な発言であるとして問題が生じることがある。相手方の批判ないし非難が先行し、その中に名誉等を害する発言があったため、これに対し、名誉等を害されたとする者が相当な範囲で反論をした場合、その発言の一部に相手方の名誉を毀損する部分が含まれていたとしても、そのことをもって、直ちに名誉毀損又は侮辱による不法行為を構成すると解するのは相当でなく、不法行為を構成するのは、当該反論等が相当な範囲を逸脱している場合に限るというべき。
・この相当な範囲を逸脱するものであるか否かの判断は、発言の内容の真否のみならず、反論者が擁護しようとした名誉ないし利益の内容や、当該反論がいかなる経緯・文脈・背景のもとで行われたかといった事情を総合考慮してすべき。
・本件各発言は、社会的に容認される限度を逸脱したものとまでは認め難く、これを対抗言論と呼ぶかどうかは別として、不法行為責任の対象となる程の違法な行為と評することはできないというべき。

裁判例33　最一判平成22年3月15日
掲載誌：刑集64巻2号1頁、判時2075号160頁、判タ1321号93頁

当 事 者：上告人　被告人
結　　論：上告棄却（有罪）

〔概　要〕

個人が行ったインターネット上の名誉毀損発言に関し、どの程度の事実を調査していれば、摘示した事実について真実であると誤信したことが相当であるといえるのかが争われた事案

〔判　旨〕

・個人利用者がインターネット上に掲載したものであるからといって、閲覧者において信頼性の低い情報として受け取るとは限らない。
・インターネット上に載せた情報は、不特定多数のインターネット利用者が瞬時に閲覧可能であり、これによる名誉毀損の被害は時として深刻なものとなり得ること、一度損なわれた名誉の回復は容易ではなく、インターネット上での反論によって十分にその回復が図られる保証があるわけでもない。
・インターネットの個人利用者による表現行為の場合においても、他の場合と同様に、行為者が摘示した事実を真実であると誤信したことについて、確実な資料、根拠に照らして相当の理由があると認められるときに限り、名誉毀損罪は成立しないものと解するのが相当であり、より緩やかな要件で同罪の成立を否定すべきものとは解されない。

裁判例 34　東京地判平成 24 年 2 月 23 日
掲載誌：判例集未登載　LEX/DB/25492379

当 事 者：原告　株式会社（名誉毀損の成立を主張）
　　　　　被告　経由プロバイダ
結　　論：請求棄却（発信者情報開示請求棄却）

〔概　要〕

「日本一の超ブラック会社」と指摘する電子掲示板への投稿記事について、名誉毀損の成立を否定し、発信者情報開示請求を棄却した事案

〔判　旨〕

・本件投稿に用いられた「ブラック会社」という表現そのものは、具体的事実の摘示を伴わない評価ないし論評で、それが前提とする事実は必ずしも明確ではない。
・原告の提出する 2 つの証拠によっても、ブラック会社が否定的な内容ということはできるが（広義には入社を勧められない企業。労働法やその他の法令に抵触し、またそのグレーゾーンな条件での労働を強いたり、サービス残業を強いたりする。／優良企業の反対の意味。仕事が過酷、サービス残業が当たり前等の特徴をあわせもつ。）、それぞれの外延は不明確。
・一般の閲覧者の普通の注意と読み方を基準とすれば、その投稿者が否定的な評価ないし論評をしているという印象を持たせるものということを超えて、原告

の社会的評価を低下させるものということはできず、原告の名誉を毀損するものということはできない。

裁判例 35　大阪地判平成 24 年 7 月 17 日
掲載誌：判例集未登載　LLI/DB/25445080

当 事 者：原告　医師（名誉毀損・プライバシー権侵害の被害者）
被告　医療法人とその代表者である医師
結　　論：損害賠償請求一部認容・110 万円

〔概　要〕
被告 A の電子掲示板（2ちゃんねる）への投稿により、原告の信用・名誉及びプライバシーが侵害されたとして、原告が、被告 A 及び同被告が代表を務める医療法人である被告 B に対し、損害賠償の請求をした事案。

〔判　旨〕
・本件投稿は一般の読者の普通の注意と読み方からすれば、原告が独自の見解を持ち、技能が低く、患者に多大な精神的ショックを与えるほどの失敗例がある医師であるという意味内容であるから、整形外科医としての原告の社会的評価を低下させるものである。
・本件投稿は原告の子どもらの名前を具体的に示し、これと原告のクリニックの名称との関連性について説明するもので、プライバシーにかかわる事項を公にするものである。
・本件各投稿の場所が「2ちゃんねる」であるからといって、社会的評価を低下させないとまでいうことはできない。
・名誉毀損・プライバシー侵害について、本件各投稿の内容に照らし、原告の精神的苦痛を慰謝するに足りる金額は 100 万円、弁護士費用は 10 万円と解するのが相当。

裁判例 36　東京地判平成 24 年 12 月 18 日
掲載誌：判例集未登載　LEX/DB/25499040

当 事 者：原告　株式会社（名誉毀損の被害者）
被告　経由プロバイダ
結　　論：請求一部認容（一部の記事について発信者情報開示請求を認容）

〔概　要〕
ウェブページに掲載された原告がブラック企業であることを摘示する記事につ

いて、名誉毀損の成立を認め、発信者情報開示請求を認容した事案。

〔判　旨〕

・ブラック企業という単語の意味は一義的ではないことは当事者には争いがなく、証拠によると、労働環境の劣悪な企業一般をブラック企業と称し、当該企業が労働法やその他の法令に抵触し、またはそのグレーゾーンの条件での労働を意図的・恣意的に従業員に強いている、あるいはパワーハラスメントなどの暴力的強制を常套手段として従業員に強いる体質をもつことを示す。
・ブラック企業という場合には、その程度の差はあるものの、労働諸法規等の各種法令に反し、あるいは、反する可能性がある程度まで労働環境等が劣悪であることを示すものといえるから、原告の社会的評価を低下させるものというべきである。

裁判例 37　東京地判平成 25 年 12 月 10 日
掲載誌：判例集未登載　LEX/DB/25516756

当 事 者：原告　株式会社
　　　　　被告　職場環境等に関する口コミサイトを管理・運営する会社
結　　論：一部認容、一部棄却

〔概　要〕

職場環境等に関する口コミサイトにおいて、「あまりにも酷いサービス残業が問題となり、2007 年に労働基準監督署の監査が入り、労働条件の見直しが求められた。その後、改善する方向に向かうと思いきや、経営者は給与明細の名目を小細工し、抜け道を探ろうとするなど、全く反省の姿が見られなかった」などと投稿したことについて、目的の公益性が認められるかが問題となった事案

〔判　旨〕

・転職ないし就職を検討している者が就職先を選択するに際しては、企業の良い情報だけではなく、ネガティブな情報も収集することが有益であり、特に労働条件や職場環境に関する情報は、企業側が発信する情報だけではなく、当該企業で働く者によって提供される情報があればそれも重要であることからすれば、当該企業に関する労働条件や職場環境に関するネガティブな情報が本件のようなサイトで公表され、提供されることが一般的に公益目的を欠くということはできない。

東京地判平成26年８月５日

裁判例38　掲載誌：判例集未登載　LEX/DB/25521216

当 事 者：原告　弁護士法人
　　　　　被告　経由プロバイダ
結　　論：請求認容

〔概　要〕

弁護士法人である原告が、原告が「ブラック会社」であるなどと摘示された投稿について、発信者情報開示請求訴訟を提起した事案

〔判　旨〕

・投稿された記事は、原告がブラック会社すなわち適法な労務管理が行われていない会社であるとの事実を摘示したものといえる。
・このような事実は、原告の労務環境が劣悪であるという印象を与えるものであるから、原告の社会的評価を低下させる。

東京地判平成26年12月24日

裁判例39　掲載誌：判例集未掲載　LEX/DB/25523163

当 事 者：原告　個人
　　　　　被告　個人
結　　論：反訴請求一部認容、一部棄却

〔概　要〕

被告が多数の罪を犯したなどとするツイートを原告がリツイートしたことについての損害賠償請求（反訴請求）が認められた事案

〔判　旨〕

・リツイートも、ツイートをそのまま自身のツイッターに掲載する点で、自身の発言と同様に扱われるものであり、原告の発言行為とみるべきである。

東京地判平成27年９月16日

裁判例40　掲載誌：判例集未登載　LEX/DB25531794

当 事 者：原告　個人（医師）
　　　　　被告　経由プロバイダ
結　　論：請求認容

〔概　要〕

「福岡の内科」と記載したうえで氏の一部を伏せ字にして名誉毀損にあたる投稿をした場合において、同定可能性が認められた事例

〔判　旨〕

原告は、福岡A病院の内科に勤務する医師であるところ、証拠及び弁論の全趣旨によれば、本件書き込みは「α」という名称の掲示板内のスレッドに書き込まれたもので、同書き込みには「福岡の内科」との記載があること、同病院のホームページによれば、同病院の内科の医師で、「△」から始まる氏を有している者は原告の他にはいないことが認められる。そうすると、一般の閲覧者も、勤務先病院の特定から、「C」が原告であると容易に認識することができ、本件書き込みは原告に関する記載内容であると認識されることが認められる。

裁判例41　大阪地判平成28年2月8日
掲載誌：判時2313号73頁

当 事 者：原告　個人
　　　　　被告　経由プロバイダ
結　　論：請求棄却

〔概　要〕

第三者が原告になりすましてインターネット上の掲示板に投稿したことにより、原告のアイデンティティ権等が侵害されたとして、発信者情報の開示請求をした事案

〔判　旨〕

・他者との関係において人格的同一性を保持することは人格的生存に不可欠である。名誉毀損、プライバシー権侵害及び肖像権侵害に当たらない類型のなりすまし行為が行われた場合であっても、例えば、なりすまし行為によって本人以外の別人格が構築され、そのような別人格の言動が本人の言動であると他者に受け止められるほどに通用性を持つことにより、なりすまされた者が平穏な日常生活や社会生活を送ることが困難となるほどに精神的苦痛を受けたような場合には、名誉やプライバシー権とは別に、「他者との関係において人格的同一性を保持する利益」という意味でのアイデンティティ権の侵害が問題となりうる。
・しかし、「他者との関係において人格的同一性を保持する利益」が認められるとしても、どのような場合であれば許容限度を超えた人格的同一性侵害となるかについて、現時点で明確な共通認識が形成されているとは言い難いことに加え、なりすまし行為の効果及び影響は、なりすまし行為の相手方となりすまされた者との関係、氏名、ハンドルネーム及びＩＤ等なりすまし行為で使用された個

人を特定する名称、記号等の性質、顔写真の使用の有無及びなりすまし行為が行われた媒体等の性質等なりすまし行為の手段及び方法、なりすまし行為の具体的な内容などの諸要素によって異なることからすれば、どのような場合に損害賠償の対象となるような人格的同一性を害するなりすまし行為が行われたかを判断することは容易なことではなく、その判断は慎重であるべき。
・本件掲示板では、本件投稿が原告本人ではない者によるものである可能性がなりすまし行為の直後に指摘され、遅くとも1か月余りうちに原告本人を想起させる写真及びハンドルネームが本件掲示板から抹消されている。そうすると、仮に、前記のとおり人格権としてのアイデンティティ権の侵害として不法行為が成立する場合があり得るとしても、本件投稿について検討する限り、損害賠償の対象となり得るような個人の人格的同一性を侵害するなりすまし行為が行われたと認めることはできない。
・本件では、本件発信者が原告になりすまして本件書き込みをしたことが、原告のアイデンティティ権の侵害として、法4条1項1号にいう「権利が侵害されたことが明らかであるとき」に該当すると認めることができない。

裁判例42　東京地判平成29年1月30日
掲載誌：判例集未登載　LEX/DB/25538792

当 事 者：原告　個人（弁護士）
　　　　　被告　個人
結　　論：一部認容

〔概　要〕
弁護士である原告が、被告がインターネット上の電子掲示板において原告の名誉を毀損する投稿を行ったとして、被告に対し、不法行為による損害賠償請求権に基づき慰謝料及び遅延損害金の支払を求めた事案
〔判　旨〕
・検索エンジン等において、あるキーワードを入力すると、それに関連した検索候補が自動的に出てくる機能をサジェスト機能というところ、あるキーワードに対して否定的なイメージの用語が併記した検索候補を表示させることをサジェスト汚染という。具体的には、特定の個人名と否定的なイメージの言葉を意味もなく羅列して書き込むことでサジェスト汚染をすることができる。
・本件各書き込みの内容に照らせば、本件各書き込みはこのサジェスト汚染を目的としたものであることは明らかであり、現に原告についての検索結果は、否定的なイメージの用語が併記されたものが多数表示された結果となっている。
・したがって、本件各書き込みは、原告の弁護士としての社会的評価を低下させ

るものであることは明らかである。

裁判例43 大阪地判平成29年8月30日
掲載誌：判時2364号58頁

当 事 者：原告　個人
被告　個人
結　　論：損害の一部認容

〔概　要〕
インターネット上の掲示板において、他人の顔写真やアカウント名を利用して他人になりすまし、第三者に対する中傷等を行ったことについて、名誉権及び肖像権の侵害が認められた事案
〔判　旨〕
・各投稿は、いずれも他者を侮辱や罵倒する内容であると認められ、原告による投稿であると誤認されるものであることと併せ考えれば、第三者に対し、原告が他者を根拠なく侮辱や罵倒して本件掲示板の場を乱す人間であるかのような誤解を与えるものであるといえるから、原告の社会的評価を低下させ、その名誉権を侵害しているというべき。
・個人が、自己同一性を保持することは人格的生存の前提となる行為であり、社会生活の中で自己実現を図ることも人格的生存の重要な要素であるから、他者との関係における人格的同一性を保持することも、人格的生存に不可欠というべきである。したがって、他者から見た人格の同一性に関する利益も不法行為法上保護される人格的な利益になり得る。
・もっとも、他者から見た人格の同一性に関する利益の内容、外縁は必ずしも明確ではなく、氏名や肖像を冒用されない権利・利益とは異なり、その性質上不法行為法上の利益として十分に強固なものとはいえないから、他者から見た人格の同一性が偽られたからといって直ちに不法行為が成立すると解すべきではなく、なりすましの意図・動機、なりすましの方法・態様、なりすまされた者がなりすましによって受ける不利益の有無・程度等を総合考慮して、その人格の同一性に関する利益の侵害が社会生活上受忍の限度を超えるものかどうかを判断して、当該行為が違法性を有するか否かを決すべき。
・本件サイトの利用者は、アカウント名・プロフィール画像を自由に変更することができることからすると、社会一般に通用し、通常は身分変動のない限り変更されることなく生涯個人を特定・識別し、個人の人格を象徴する氏名の場合とは異なり、利用者とアカウント名・プロフィール画像との結び付きないしアカウント名・プロフィール画像が具体的な利用者を象徴する度合いは、必ずし

も強いとはいえない。

裁判例44　東京地判平成30年6月29日
掲載誌：判例集未登載　LEX/DB/25556238

当 事 者：原告　法人、個人（法人の取締役）
　　　　　被告　経由プロバイダ
結　　論：請求一部認容（個人の名誉権、名誉感情侵害に基づく請求は棄却）

〔概　要〕

インターネット上の口コミサイト上にされた書き込みにより名誉権、名誉感情、プライバシー権が侵害されたとして、同書き込みに係る発信を経由したプロバイダに対し、発信者情報の開示を求めた事案

〔判　旨〕

・「旦那さんとも別れたと聞きましたが本当なんですか？」との投稿（本件投稿）については、当該投稿は、表現方法としては、伝聞内容の紹介及び質問の形式を採るものの、「旦那さんとも別れたと聞」いたとの事実を適時することで、閲覧した不特定又は多数の一般人において、それを信憑性の高い情報と受けとめ、原告個人が配偶者と離婚したものと理解することは不自然でなく、その次の投稿において、本件投稿を読み、原告個人が離婚したものと受けとめた投稿がされていることに照らすと、本件投稿は、不特定又は多数の者に原告Aが配偶者と離婚したものと認識させるものと認められる。
・一般人である原告個人において配偶者と離婚したという事実は私生活上の事柄であり、個人差はあるものの特に離婚の事実を周囲に知られていない者にとっては、離婚の事実が不特定多数の者に知られることになれば、自らの私生活上の平穏が害されるのではないかとの心理的不安を抱くものといえるため、本件投稿は、原告個人が他人に知られたくない指摘事項をみだりに公表するものとして、プライバシー侵害に該当する。
・原告会社を対象とする投稿のうち、「給料悪い残業つかんブラック企業なのにそこで働くとか奴隷じゃん」、「タイヨーのサービス残業」、「タイヨーは貧乏会社、残業代支払えない」等の記載や「取引会社からNo.2にだいぶ金流れてる」等の記載は、これを閲覧した一般人において、原告会社が従業員に時間外労働をさせながら労働基準法で定める割増賃金を支払わない企業であるとか、幹部が法令を遵守せず、資金を不法に領得するなどの問題を起こしている企業であると受け止めるものといえ、取引先や就職先として適当ではないのではないかとの印象を与えるもので、原告会社の社会的評価を低下させるものといえる。

裁判例 45　東京地判平成 30 年 7 月 17 日
掲載誌：判例集未掲載　LEX/DB/25556680

当 事 者：原告　個人（プライバシー侵害の被害者）
　　　　　被告　経由プロバイダ
結　　論：請求認容（発信者情報開示請求を認容）

〔概　要〕

商業登記簿に記載されていた住所情報を投稿したことについて、プライバシー侵害を認めた事案

〔判　旨〕

・「２ちゃんねる」上の本件コメントが記載されたスレッドは、原告を話題としたもので、「▲▲」という名称が原告を意味するものとして使われ、住所として「ａ」が話題になってることが認定できる。
・本件コメントは、登記を根拠として、原告の住所を部屋番号まで特定して公表したと認めることができる。そして、原告が、住所に関する情報を、インターネット掲示板上でみだりに公表されたくないと考えることは自然なことであり，そのことへの期待は保護されるべきものであるから、プライバシーに係る情報として法的保護の対象になるというべき（最高裁平成 14 年（受）第 1656 号同 15 年 9 月 12 日第二小法廷判決・民集 57 巻 8 号 973 頁参照）。

裁判例 46　大阪高決平成 30 年 11 月 28 日（即時抗告）
掲載誌：判例集未掲載　LEX/DB/25561705

当 事 者：債権者：医療法人
　　　　　相手方：接続サービスプロバイダ（グーグルエルエルシー）
結　　論：抗告棄却（原決定：発信者情報開示請求の申立を却下）

〔概　要〕

インターネット上の口コミサイトにされた書き込みにより信用を毀損されたとして、地図検索サービスを管理・運営する相手方に対し、発信者情報開示請求権を被保全権利として、発信者情報の開示を求める仮処分を申し立て、被保全権利の存在（信用毀損の成立の有無）が争われた事案

〔判　旨〕

・信用毀損とは、人の社会的評価を客観的に低下させる行為をいい、ある表現が他人の社会的評価を低下させるものであるかどうかは、当該表現についての一般の読者の普通の注意と読み方を基準として判断するのが相当。

・口コミサイトにアクセスして書き込みを閲覧する読者は、当該サイトに掲載された多数の投稿を読み、それを比較することによって、対象施設についての一般的な評価の傾向を知り、自分が利用するかどうかの判断をするのが一般的であり、個々の書き込みの記載をそれだけで直ちに信用できると判断するわけではない。
・書き込みに記載された事実が詳細かつ具体的で、実際の体験に基づいて記載されたと考えられる場合や、同様の事実を記載した書込が多数ある場合には、当該記載事実及び投稿者の感想、評価を信用できると判断するが、具体的な事実が記載されず、投稿者の感想や評価のみが記載されている場合は、それだけでは直ちに記載内容を信用しないというのが一般読者の読み方である。
・本件書き込みの以下の内容は、被保全権利の疎明があると認めることはできない。
・「スタッフの離職率が異常に高い」：職種や数値が具体的に示されず、原因も何ら言及されず。抽象的な事実の摘示でだけでは一般読者が真実であると信ずべき根拠に欠け、社会的評価を低下させることが明らかとはいえない。
・「小児科も有名病院の医師ですが老後のバイト的な勤務で、近辺の病気の流行にも疎く見逃しが多い」：どのような病気を見逃したのか具体的に記載されず、根拠が不明。抽象的な事実の摘示だけで、一般読者が真実と信じるとは思われない。
・「医師から意欲を感じられず、常に効率化、原価計算をしている感じ」、「少しでも健康に不安があると、突然放り出す病院って、医療施設というより娯楽施設」等は、事実の摘示を伴うとはいえず、主観的な感想や評価のみを記載。一般の読者が信用できると評価し得る根拠を欠く。
・「医師から意欲は感じられず、常に効率化、原価計算をしている感じがありありとしている。」：事実の摘示を伴うとはいえず。

裁判例47　東京地判平成31年2月21日
掲載誌：判例集未登載　LEX/DB/25559450

当 事 者：原告　個人
　　　　　被告　経由プロバイダ
結　　論：一部認容、一部棄却

〔概　要〕
店舗店長が「基地外」などの文言を含む投稿によって名誉権及び名誉感情を侵害されたとして、発信者情報の開示を求めた事案
〔判　旨〕

・「基地外」という表現は、一般の読者の通常の注意と読み方を基準とすれば、状態が著しく常軌を逸した人間を意味する「気違い」という単語の言い換えであると理解されるものと認められる。そして、上記の表現は、原告の人格を著しく貶めるものであり、社会通念上許容される限度を超えて原告の名誉感情を侵害するものと認められる。

裁判例 48 大阪地判令和 4 年 8 月 31 日
掲載誌：判タ 1501 号 202 頁

当 事 者：原告　個人（被害者）
被告　経由プロバイダ
結　　論：請求認容

〔概　要〕
ハンドルネームという名称を用い、アバターを使用して YouTube に動画投稿等して活動していた者が、経由プロバイダに対して発信者情報の開示を求めた事案
〔判　旨〕
・原告は、A に所属し、動画配信サイトにおける配信活動等を行っている者である。原告は、配信活動等を行うに当たっては、原告の氏名（本名）を明らかにせず、「宝鐘マリン」の名称を用い、かつ、原告自身の容姿を明らかにせずに架空のキャラクターのアバターを使用して、YouTube に動画を投稿したり、ツイッターにツイートしたりしている。そして、「宝鐘マリン」であるとする架空のキャラクターを使用し、宝鐘マリンにつき、宝鐘海賊団の船長であるなどのキャラクターを設定しているものの、「宝鐘マリン」の言動は、原告自身の個性を活かし、原告の体験や経験をも反映したものになっており、原告が「宝鐘マリン」という名称で表現行為を行っているといえる実態にある。
・「宝鐘マリン」としての言動に対する侮辱の矛先が、表面的には「宝鐘マリン」に向けられたものであったとしても、原告は、「宝鐘マリン」の名称を用いて、アバターの表象をいわば衣装のようにまとって、動画配信などの活動を行っているといえること、本件投稿は「宝鐘マリン」の名称で活動する者に向けられたものであると認められることからすれば、本件投稿による侮辱により名誉感情を侵害されたのは原告であり、当該侮辱は社会通念上許される限度を超えるものであると認められるから、これにより、原告の人格的利益が侵害されたというべきである。

4　著作権／商標権の侵害の成否が問題となった裁判例

裁判例 49

最三判昭和63年3月15日（クラブ・キャッツアイ事件／カラオケ著作権訴訟上告審判決）
掲載誌：民集42巻3号199頁、判時1270号34頁、判タ663号95頁

当 事 者：上告人（第一審被告）　カラオケスナック経営者
被上告人（第一審原告）　社団法人日本音楽著作権協会
結　　論：演奏権侵害を理由とする損害賠償請求にかかる上告棄却、その余の上告却下（差止請求と440万円余の損害賠償請求を認容した原審判決確定）

〔概　要〕

カラオケスナックでのカラオケ装置によるカラオケテープの再生による伴奏で客に歌唱させていた行為について、著作権侵害による不法行為の成否が問題となった事案

〔判　旨〕

・演奏（歌唱）という形態による音楽著作物の利用主体は上告人らで、その演奏は営利を目的として公にされたものである。
・上告人の客やホステスの歌唱は、公衆たる他の客に直接聞かせることを目的とするもので、客は上告人らの従業員による歌唱の勧誘、カラオケテープの範囲内での選曲、上告人らの設置したカラオケ装置の従業員による操作を通じて、上告人らの管理のもとに歌唱しているものと解される。他方、上告人らは客の歌唱を営業政策の一環として取り入れ、利用してカラオケスナックとしての雰囲気を醸成し、客の来集を図って営業上の利益を増大させることを企図ており、客による歌唱も、著作権法の規律の観点からは上告人らによる歌唱と同視しうるものである。
・（カラオケスナックの経営者である）上告人らが被上告人の許諾を得ないでホステス等従業員や客にカラオケ伴奏により被上告人の管理する音楽著作物たる楽曲を歌唱させることは、音楽著作物の著作権の演奏権を侵害するもので、当該演奏の主体として演奏権侵害の不法行為責任を免れない。

東京高判平成17年3月3日（2ちゃんねる小学館事件）
裁判例50 掲載誌：判時1893号126頁、判タ1181号158頁

当 事 者：控訴人（原審原告）　対談記事の著作権を共有する個人・出版社
被控訴人（原審被告）　電子掲示板管理「2ちゃんねる」の管理人
結　　論：原判決変更（自動公衆送信・送信可能化の禁止、損害賠償請求一部認容。個人について金45万円、出版社につき金75万円）

〔概　要〕
著作物を電子掲示板に無断で転載された著作権者が、電子掲示板の管理運営者に対し、著作権法112条に基づく差止と削除を怠ったことによる損害の賠償を求めた事案。
〔判　旨〕
裁判例6（**1**(2)〔p.422〕）参照。

知財高裁平成22年9月8日（TVブレイク事件）
裁判例51 掲載誌：判時2115号102頁、判タ1389号324頁

当 事 者：控訴人（原審被告）　動画投稿サイト運営会社とその代表者
被控訴人（原審原告）　著作権等管理事業者
結　　論：控訴棄却（差止請求認容、損害賠償請求一部認容・8993万円）

〔概　要〕
著作権等管理事業者が、動画投稿サイトの運営会社に対して原告の管理する著作物の複製・公衆送信の差止めを求めるとともに、動画投稿サイト運営会社及びその代表者に対して不法行為に基づく過去の侵害に対する損害賠償を請求した事案。
〔判　旨〕
・控訴人会社は、ユーザによる著作権を侵害する動画ファイルの複製又は公衆送信を誘引、招来、拡大させ、かつ、これにより利得を得る者であり、ユーザの投稿により提供されたコンテンツである「動画」を不特定多数の視聴に供していることからすると、著作権侵害を生じさせた主体、すなわち当の本人というべき者であるのみならず、発信者性の判断においては、ユーザの投稿により提供された情報（動画）を、「電気通信役務提供者の用いる特定電気通信設備の記憶媒体又は当該特定電気通信設備の送信装置」に該当する本件サーバに「記録又は入力した」ものと評価することができるものである。したがって、控訴人会社は、「発信者」に該当するというべきである。

・結論として、控訴人に対する差止請求を認容し、不法行為に基づく損害賠償請求として8993万円余の支払いを命じた原判決の判断を是認した。

裁判例52　知財高判平成24年2月14日（チュッパチャプス事件）
掲載誌：判時2161号86頁、判タ1404号217頁

当 事 者：控訴人（原審原告）　商標権者
被控訴人（原審被告）　楽天（株）
結　　論：控訴棄却（差止請求・損害賠償請求をいずれも棄却）

〔概　要〕
電子ショッピングモールの出店者による商標権侵害に関して、同ショッピングモールの運営者に対して商標権侵害による不法行為の成否が問題となった事案
〔判　旨〕
裁判例7（**1**(2)〔p.423〕）参照。

5　損害（調査費用等）の範囲に関する裁判例

裁判例53　東京地判平成24年12月20日
掲載誌：判例集未登載　LEX/DB/25499155

当 事 者：原告　個人（名誉毀損の被害者）
被告　個人（加害者）
結　　論：一部認容、一部棄却（慰謝料・調査費用・弁護士費用の一部を認容）

〔概　要〕
被告が電子掲示板に投稿した本件記事は、原告の社会的評価を低下させるものであるなどとして、原告が、被告に対し、不法行為に基づいて慰謝料等として300万円（本件記事の発信者を特定するために必要であった調査費用74万8,054円を含む）及び弁護士費用として30万円（上記慰謝料の1割相当額）の合計330万円の損害賠償を求めた事案
〔判　旨〕
・慰謝料額は50万円が相当。
・インターネット掲示版での投稿による名誉棄損では、発信者情報の開示を求めることで投稿した人物を特定しなければ、損害賠償を請求することはできず、弁護士に依頼して仮処分や訴訟を起こすなどして調査をすることも、社会通念

上合理性を有するものと考えられる。したがって、弁護士による調査費用等についても、相当な活動及び相当な金額の範囲で、相当因果関係ある損害として賠償されるべきである。
・相当な活動及び相当な金額の範囲を検討するに際して、不法行為訴訟における弁護士費用相当の賠償額は、他の損害額合計の1割相当額を認めることが通常の取扱となっていることも念頭に置く必要がある。
・以上を前提に、上記活動の内容及び成果（相手方を別にする2度の仮処分に加え、コピーサイトに拡散した記事の削除も実施していること等）、本件訴訟における損害の認定内容等、一切の事情を総合考慮すれば、本件における調査費用等相当の賠償額としては、20万円を認めるのが相当。
・弁護士費用は上記70万円の1割の7万円が相当。

裁判例54　東京地判平成25年12月2日
掲載誌：判例集未登載　LEX/DB/25517069

当 事 者：原告　個人（名誉毀損の被害者）
被告　個人（加害者）
結　　論：一部認容、一部棄却（慰謝料・調査費用・弁護士費用の一部を認容）

〔概　要〕
発信者情報開示手続を経て特定された発信者に対し、215万5,500円（慰謝料150万円、調査費用50万5,500円、弁護士費用15万円）の損害賠償を求めた事案
〔判　旨〕
・慰謝料額は20万円が相当。
・インターネット上の名誉毀損行為において加害者の特定のためには掲示板管理者やインターネットプロバイダに対し、その特定のための手続を行う必要があるといった本件における証拠収集状況や本件の被告の不法行為の内容等本件に現れた一切の事情を考慮すると、調査費用のうち、5万円を損害と認めるのが相当。
・弁護士費用は5万円が相当。

裁判例55　神戸地尼崎支判平成27年2月5日
掲載誌：判例集未登載　LEX/DB/25506062

当 事 者：原告　個人（名誉毀損の被害者）
　　　　　被告　ヤフー（株）
結　　論：一部認容（発信者情報開示・削除請求・損害賠償請求30万円）

〔概　要〕

インターネット上に投稿されたブログ記事により名誉を毀損された原告が、ブログ運営者に対して発信者情報開示請求と削除請求を行うとともに、削除を求めたにもかかわらず送信防止措置等を講じないことが違法であるとして不法行為に基づく損害賠償として慰謝料を請求した事案

〔判　旨〕

・裁判例9（**1**(2)〔p.425〕）参照。

裁判例56　名古屋高判平成29年1月27日
掲載誌：判例集未登載　LEX/DB/25545245

当 事 者：控訴人（一審被告）　個人
　　　　　被控訴人（一審原告）　市議会議員
結　　論：控訴棄却（原判決：一部認容、一部棄却）

〔概　要〕

市議会議員である被控訴人（一審原告）が、控訴人（一審被告）に対し、控訴人がフェイスブックに投稿した記事（本件記事）により名誉を毀損されたとして、不法行為に基づき損害賠償を請求した事案

〔判　旨〕

・本件記事は、インターネット上の電子掲示板に掲載され、即時に不特定多数の人がその内容を知り得る状態に置かれており、複製や転送により、広範に拡散する可能性のあるものであること、本件記事が選挙民の投票行動に影響を及ぼした可能性があることがうかがわれること、他方、被控訴人において本件記事を削除することも可能であったことなどを総合すると、慰謝料の額は80万円が相当。

・被控訴人は、①IPアドレス等の開示の仮処分の申立てを行い、その弁護士報酬として32万4,000円を支払ったこと、②開示されたIPアドレスについて照会を行い、上記IPアドレスを割り当てた事業主について回答を受けるにあたり弁

護士報酬として21万6,000円を支払ったこと、③上記仮処分決定に基づき、発信者情報として契約者である会社についての情報の開示を受け、当該会社に本件記事の投稿者を確認したところ、同社から控訴人である旨の回答を受けたが、その弁護士報酬として16万2,000円を支払ったことが認められる。これら調査費用の合計70万2,000円は、本件記事の投稿と相当因果関係のある損害である。

・本件訴訟の弁護士費用のうち8万円は、本件投稿と相当因果関係のある損害と認められる。

裁判例57 東京高判令和2年1月23日
掲載誌：判タ1490号109頁

当 事 者：控訴人（一審被告）　個人
　　　　　被控訴人（一審原告）　個人
結　　論：一部認容、一部棄却

〔概　要〕
被控訴人（原告）が、2ちゃんねるに投稿された合計32回の書き込みにより名誉を毀損されたとして、不法行為に基づく損害賠償を請求した事案
〔判　旨〕
・発信者情報開示請求訴訟の弁護士報酬は、その加害者に対して民事上の損害賠償請求をするために必要不可欠の費用であり、通常の損害賠償請求訴訟の弁護士費用と異なり、特段の事情のない限り、その全額を名誉毀損等の不法行為と相当因果関係のある損害と認めるのが相当。

6　ハイパーリンク、リツイート行為、その他に関する裁判例

(1)　ハイパーリンク

裁判例58 東京高判平成24年4月18日
掲載誌：判例集未登載　LEX/DB/25481864

当 事 者：控訴人　個人
　　　　　被控訴人　経由プロバイダ
結　　論：原判決取消
（発信者情報の開示請求を認容）

〔概　要〕

電子掲示版にハイパーリンクが設定表示されている場合に、当該電子掲示板の同記事についても発信者情報開示の対象となるか（ハイパーリンク先の内容をも踏まえて名誉毀損が成立するか）が争われた事案

〔判　旨〕

・本件各記事が社会通念上許される限度を超える名誉毀損又は侮辱行為であるか否かを判断するためには、本件各記事のみならず本件各記事を書き込んだ経緯等も考慮する必要がある。本件各記事にはハイパーリンク（本件記事3）が設定表示されていてリンク先の具体的で詳細な記事の内容を見ることができる仕組みになっているのであるから、本件各記事を見る者がハイパーリンクをクリックして本件記事3を読むに至るであろうことは容易に想像できる。そして、本件各記事を書き込んだ者は、意図的に本件記事3に移行できるようにハイパーリンクを設定表示しているのであるから、本件記事3を本件各記事に取り込んでいる。
・ハイパーリンク先を訪れるか否かの選択が個々人によって異なるという理由だけで、ハイパーリンク先の記事を併せ読むことが一般的ではないということにはならない。
・本件各記事のような投稿をする者やこのような投稿記事に興味を持つ者がコンピュータウイルス等に感染することを危惧して安易にクリックすることはないなどとはいえず、むしろ、ハイパーリンク先に移行するのが通常であろうと推測される。そうすると、本件各記事は本件記事3を内容とするものと認められる。

裁判例59　大阪地判平成25年6月20日
掲載誌：判時2218号112頁

当 事 者：原告　個人
　　　　　被告　ニュースサイトの配信等を行う株式会社
結　　論：請求棄却

〔概　要〕

原告が、「ニコニコ生放送」において、自身の行動を撮影した動画（本件動画）をライブストリーミング配信したところ、被告が、自社の運営するロケットニュース24（本件ウェブサイト）に掲載した原告を誹謗中傷する記事（本件記事）の上部にある動画再生ボタンをクリックすると本件動画を視聴できる状態にし、当該記事の末尾に、「参照元：ニコニコ動画」と記載したことについて、原告が公衆送信権侵害等を主張した事案

〔判　旨〕

・被告は、「ニコニコ動画」にアップロードされていた本件動画の引用タグ又はＵＲＬを本件ウェブサイトの編集画面に入力することで、本件動画へのリンクを貼ったにとどまる。この場合、本件動画のデータは、本件ウェブサイトのサーバに保存されたわけではなく、本件ウェブサイトの閲覧者が、本件記事の上部にある動画再生ボタンをクリックした場合も、本件ウェブサイトのサーバを経ずに、「ニコニコ動画」のサーバから、直接閲覧者へ送信されたものといえる。すなわち、閲覧者の端末上では、リンク元である本件ウェブサイト上で本件動画を視聴できる状態に置かれていたとはいえ、本件動画のデータを端末に送信する主体はあくまで「ニコニコ動画」の管理者であり、被告がこれを送信していたわけではない。

・したがって、本件ウェブサイトを運営 管理する被告が、本件動画を「自動公衆送信」をした（著作権法２条１項９号の4)、あるいはその準備段階の行為である「送信可能化」(著作権法２条１項９号の５）をしたとは認められない。

裁判例 60　大阪高判平成 27 年 2 月 18 日（原審：京都地判平成 26 年 8 月 7 日）
掲載誌：判例集未登載　LEX/DB/25506059

当 事 者：原告　個人
　　　　　被告　ヤフー（株）
結　　論：請求棄却

〔概　要〕

検索サービスを運営するヤフーに対し、原告の氏名を検索語として検索を行うと、原告の逮捕に関する事実が表示されることから、名誉毀損等を理由として損害賠償請求を求めるとともに、人格権に基づき、本件サイトにおける、原告が逮捕された旨の事実の表示及び同事実が記載されているウェブサイトへのリンクの表示の削除を求めた事案

〔判　旨〕

・検索結果に表示されるのは、検索ワードである原告の氏名が含まれている複数のウェブサイトの存在及び所在（URL）並びに当該サイトの記載内容の一部という事実であって、逮捕事実自体を摘示しているとはいえない。

・スニペット部分（リンク先サイトの記載内容の一部が自動的かつ機械的に抜粋されたもの）についても、自動的かつ機械的に抜粋しているにすぎないことから、逮捕事実自体を摘示しているものとはいえない。

裁判例61　東京高決平成27年4月28日
掲載誌：判例集未登載　LEX/DB/25541642

当 事 者：抗告人（債権者）：(株) アセットリード
相手方（債務者）：ツイッター インク
結　　論：抗告棄却（原決定：申立却下）

〔概　要〕

ツイッターに投稿された別のウェブサイトへのリンクを張った投稿が債権者の名誉を毀損するとして、債権者が、これら投稿をするに際して使用されたアカウントにつき、ログインした際のIPアドレス並びにログイン情報が送信された年月日及び時刻の開示を求めた事案

〔判　旨〕

・法は、その1条において、発信者情報開示請求権が発生する場合を「特定電気通信による情報の流通によって権利の侵害があった場合」としており、法4条1項も、発信者情報開示請求権者を「特定電気通信による情報の流通によって自己の権利を侵害されたとする者」に限定し、同項1号も、発信者情報の開示を請求するためには、被害者の権利を侵害したとされる情報である「侵害情報」（その意義は法3条2項2号参照）の流通によって被害者の権利が侵害されたことが明らかであることを要すると規定している。このように、法の文言は、発信者情報の開示が正当とされて発信者情報開示請求権が発生するためには、単に権利が侵害されただけでは足りず、権利の侵害が特定の侵害情報の流通によって生じたことが必要であることを明らかにしているのである。
・これらの法の趣旨や文言からすれば、法4条1項の規定によって発信者情報の開示請求が認められる要件である「侵害情報の流通によって」被害者の権利が侵害された場合に該当するためには、当該特定電気通信による情報（文字データ）の流通それ自体によって権利を侵害するものであることが必要であるというべきである。
・本件について検討すると、抗告人は本件リンク情報に係る投稿を問題にするところ、これは本件ウェブページのURLを記載してリンクを張ったものであり、上記URLの情報（文字データ）が債権者の権利を侵害するものではないから、本件各投稿の外形的、客観的な記載内容それ自体が債権者の権利を侵害するものではない。
（なお、本決定に対する許可抗告及び特別抗告も棄却されている。）

東京地判令和元年8月22日
裁判例62 掲載誌：判例集未登載　LEX/DB/25582996

当 事 者：原告　精神科医
被告　経由プロバイダ
結　　論：請求認容

〔概　要〕

投稿中にリンクがある場合、リンク先も読むのが一般の閲覧者の注意と閲覧の仕方であると判断した事例

〔判　旨〕

・本件投稿は、これを閲読した一般の注意と読み方からすると、精神科医である原告が、自ら経営するメンタルクリニックの患者である10代女性との間で、医者と患者という関係にあることを利用して、同女性を自らの性欲を満たすために利用したという事実を摘示するものと認められ、原告の社会的評価を低下させるものと認められる。
・この点につき、被告は、本件投稿は著名な総合週刊誌で掲載されていた内容を知らせるものにすぎず、不法行為が成立する名誉毀損行為とは必ずしも評価できないし、既にその内容を知る読者にとっては原告の社会的評価に影響を及ぼさない、などと主張する。
・しかし、リンクがある場合はリンク先も読んでみるという、一般の閲覧者の普通の注意と閲覧の仕方からすると、本件投稿は、上記認定の事実を適示したものと認められる。

(2) リツイート行為

最三判令和2年7月21日
裁判例63 掲載誌：民集74巻4号1407頁

当 事 者：被上告人（原告、控訴人）　個人（写真家）
上告人（被告、被控訴人）　ツイッター インク
結　　論：上告棄却（発信者情報の開示請求を認容）

〔概　要〕

写真の著作者である写真家が、自身のWebサイトに写真及びそれに自己の氏名等を付加して掲載していたところ、第三者が無断でツイッターに投稿し、その複製画像が更にリツイートされ、当該写真がリツイート記事の一部として表示され

るようになったが、自動的にリトミングされたことにより、氏名部分が切除された。それにより氏名表示権等が侵害されたとして、発信者情報の開示を求めた事案

〔判　旨〕

・著作権法19条1項は、文言上その適用を、同法21条から27条までに規定する権利に係る著作物の利用により著作物の公衆への提供又は提示をする場合に限定していない。また、同法19条1項は、著作者と著作物との結び付きに係る人格的利益を保護するものであると解されるが、その趣旨は、上記権利の侵害となる著作物の利用を伴うか否かにかかわらず妥当する。そうすると、同項の「著作物の公衆への提供若しくは提示」は、上記権利に係る著作物の利用によることを要しないと解するのが相当。

・したがって、本件各リツイート者が、本件各リツイートによって、上記権利の侵害となる著作物の利用をしていなくても、本件各ウェブページを閲覧するユーザーの端末の画面上に著作物である本件各表示画像を表示したことは、著作権法19条1項の「著作物の公衆への……提示」に当たる。

・本件各リツイートによって本件リンク画像表示データを送信したことにより、本件各表示画像はトリミングされた形で表示されることになり、本件氏名表示部分が表示されなくなったものである。

・本件各リツイート記事中の本件各表示画像をクリックすれば、本件氏名表示部分がある本件元画像を見ることができるとしても、本件各表示画像が表示されているウェブページとは別個のウェブページに本件氏名表示部分があるというにとどまり、本件各ウェブページを閲覧するユーザーは、本件各表示画像をクリックしない限り、著作者名の表示を目にすることはない。また、同ユーザーが本件各表示画像を通常クリックするといえるような事情もうかがわれない。そうすると、本件各リツイート記事中の本件各表示画像をクリックすれば、本件氏名表示部分がある本件元画像を見ることができるということをもって、本件各リツイート者が著作者名を表示したことになるものではない。

・本件各リツイート者は、本件各リツイートにより、本件氏名表示権を侵害したものというべきである。

(3) その他

裁判例 64 東京高決平成 20 年 7 月 1 日
掲載誌：判タ 1280 号 329 頁

当事者：抗告人（債権者）　保険会社
　　　　被抗告人（債務者）　個人
結　論：原決定取消し

〔概　要〕
保険契約者が保険会社の従業員の対応が悪いなどとして多数回長時間にわたり保険会社に電話をするなどしたことから、保険会社が、当該保険契約者に対して、法人の業務遂行権に基づき、保険会社の従業員への電話の対応や面談を強要する行為の禁止の仮処分を求めた事案。

〔判　旨〕
・法人が現に遂行し又は遂行すべき「業務」は、財産権及び業務に従事する者の人格権をも内容に含む総体としての保護法益（被侵害利益）ということができる。
・このような法人の業務を遂行する権利（業務遂行権）は、法人の業務に従事する者の人格権を内包する権利ということができるから、法人に対する行為につき、〔1〕当該行為が権利行使としての相当性を超え、〔2〕法人の資産の本来予定された利用を著しく害し、かつ、これら従業員に受忍限度を超える困惑・不快を与え、〔3〕「業務」に及ぼす支障の程度が著しく、事後的な損害賠償では当該法人に回復の困難な重大な損害が発生すると認められる場合には、この行為は「業務遂行権」に対する違法な妨害行為と評することができ、当該法人は、当該妨害の行為者に対し、「業務遂行権」に基づき、当該妨害行為の差止めを請求することができると解するのが相当。

裁判例 65 札幌地判令和元年 12 月 27 日
掲載誌：判例集未登載　LEX/DB/25571284

当事者：原告：ウェブサーバの提供等を行う会社
　　　　被告：個人（写真家）
結　論：一部認容（間接強制のうち 60 万円を超える部分について棄却）

〔概　要〕
写真家である被告が、原告が管理するウェブサイト上の投稿により著作権が侵害されたとして原告に投稿者の発信者情報の開示を求める訴訟を提起し、開示を命じる確定判決を得て間接強制を申し立て、開示するまでの間1日あたり1万円の支払いを命じる旨の決定がなされたところ、原告が、強制執行の不許を求めて請求異議を申し立てた事案

〔判　旨〕

・確定判決に基づく強制執行であっても、当該判決で確定された権利の行使が権利の濫用となるときは、請求異議の訴えによりその執行力の排除を求めることができる（最判昭和37年5月24日民集16巻5号1157頁）。
・強制執行は債権者の権利の実現方法であることからすると、強制執行による処分が、実現されるべき権利の趣旨・内容、債権者の権利保護の必要性、当事者双方の現在の状況その他の事情に照らし、当該権利の内容を著しく超過し、債務者に過大な負担をもたらす場合には、当該強制執行による権利の行使は権利の濫用になる。
・被告による発信者情報開示請求の目的は、被告の被った著作権及び著作者人格権侵害について損害の賠償を受け、金銭的な満足を得るという終局的な目的を達成するための手段というべきであって、本来的には損害賠償相当額の金銭的な満足を得ることでその目的を一応達することになると解するのが相当。
・被告が前訴確定判決に基づき行う強制執行は間接強制によらざるを得ないところ、被告が著作権及び著作者人格権侵害に基づく得られる損害賠償金は被告の主張によっても約20万円に過ぎないのであって、これを大きく超える額の間接強制金を支払うよう命じることは、被告において実現されるべき権利の内容を著しく超過し、原告に過大な負担をもらすものと言わざるを得ない。
・本件で開示しない理由は、その真偽はともかく、総務省のガイドラインに従って発信者情報を削除したというものであって、開示は期待できず、その結果、本件では、間接強制金の額が半永久的に累積し続けてしまう。さらに、既に前訴の口頭弁論終結時より1年以上が経過しており、経由プロバイダにおいてアクセスログが保存されている可能性は極めて低い。
・以上によれば、本件においては、強制執行によって課される間接強制金の額が一定額を超える場合には、その強制執行による処分は、実現されるべき権利の内容を著しく超過し、原告に過大な負担をもたらすものであって、当該強制執行による権利の行使は権利の濫用になるものというべきところ、当該権利の趣旨・内容、被告が本来得られる損害賠償金の額、当事者双方の現在の状況その他本件に現れた一切の事情を総合考慮すると、ここにいう一定額というのは、60万円をもって相当とするものというべきである。

▶資料3
簡単なインターネット用語辞典

＜あ＞

アーカイブ

すぐには使わないが消してはいけないデータを長期保存するために専用の保存領域に移動させること、又はその保存領域。データ保全のためやデータ量の圧縮のために行われる。圧縮して容量を減らしたり、複数のファイルやディレクトリをまとめて一つのファイルにしたものをアーカイブ・ファイルといい、アーカイブ・ファイルを作成するためのソフトウェアをアーカイバという。

アカウント

コンピュータやネットワークなどを利用するのに必要な権利。ユーザー・アカウントともいう。個々の利用者や利用者の集団ごとに登録・発行され、識別番号や識別名（ユーザー名、アカウント名）などの識別情報（ID）と、本人確認のための暗証番号やパスワードなどの認証情報、アクセス権限などの設定情報で構成される。

アーキテクチャ

構造、構成。ソフトウェアやシステムの基本構造や共通仕様などを指すことが多い。

アクセス

ネットワークを通じて他のコンピュータと接続すること。一定の手順（プロトコル）を使用して、コンピュータ間で通信によりデータの転送ができる状態にすることを指す。

アクセス解析

ウェブ・サイトへアクセスした者の属性や行動履歴を分析、統計化すること。アクセス・ログから、ページ・ビュー数、流入経路、検索ワードなどを分析して、マーケティングなどに利用する。

アクセス・プロバイダ

利用者にインターネット接続サービスを提供する事業者。「経由プロバイダ」「接続プロバイダ」あるいは単に「プロバイダ」と呼ばれることも多い。（→ AP、ISP、経由プロバイダ）

アクセス・ログ

通信履歴。通信が行われた際のウェブ・サーバの動作を記録したもの。ウェブ・サーバの種類によって内容は異なるが、アクセス元のIPアドレス、アクセス元のドメイン名、アクセスされた日付と時刻（タイム・スタンプ）、アクセスされたファイル名、リンク元のページのURL、アクセスした者のブラウザ名やOS名、処理にかかった時間、受信バイト数、送信バイト数、サービス状態コードなどが記録されている。

アップロード

自分のコンピュータ内にあるファイル、画像等の情報（データ）をインターネット上のウェブ・サーバに転送・コピーすること。（←→ダウンロード）

アド・ホック

その場限りの。臨時的な。アド・ホック・ネットワークとは、固定的な装置やアクセス・ポイントを使用しない携帯端末同士などによる臨時的なネットワークを指す。

アドレス

人やデータや機器を示す文字列や番号、記号等の識別符号のこと。電子メールの宛先を示すメール・アドレス、インターネットにおけるコンピュータ同士の通信に用いられるIPアドレス、LAN機器に割り当てられるMACアドレスなどがある。

アプリ

アプリケーション・ソフトウェアの略。コンピュータのユーザが作業を行うために任意で使用するソフトウェアのこと。コンピュータそのものを稼働させるために必要なオペレーティング・システム（OS）と対比される。ワードプロセッサ、表計算、グラフィック、ゲームなどさまざまなものがある。

アルゴリズム

問題解決のための処理手順。コンピュータのプログラムにおいては、特定の問題解決のために、四則演算、値の比較、条件分岐などの指示、操作等を組み合わせた一連のセットを指すことが多い。同じ問題解決のために複数の異なるアルゴリズム（処理手順）が考えられる場合がしばしばある（例えば、検索エンジンのアルゴリズム）。アルゴリズムをわかりやすく可視化したものがフローチャートである。

インスタグラム／インスタ

（→Instagram）

インターネット

全世界のネットワークを相互に接続した巨大なコンピュータネットワーク。単に「ネット」ともいう。全体を統括するコンピュータの存在しない分散型のネットワークであり、全世界に無数に散らばったサーバ・コンピュータが相互に接続され、TCP/IPという、機種に依存しない標準化されたプロトコルを利用することにより、機種の違いを超えてお互いに様々な通信やファイルのやりとり等を行うことができる。

インターネット・サービス・プロバイダ

（→ISP）

インフルエンサー

世間に与える影響力の大きい人。特に近年では、インターネット上で、その人の意見や行動が多数の人に影響を与える者、主としてYouTubeやTwitter、Instagram等のSNSで多数のフォロワーを持つ発信者を指すことが多い。

ウイルス（コンピュータ・ウイルス）

他人のコンピュータに勝手に入り込んで悪事（使用者の意図に反する動作）を働くプログラム（→マルウェア）で、プログラムファイルから他のプログラムファイルに感染するもの。サーバからのソフトウェアのダウンロードや電子メールを通じて感染することが多く、感染するとハードディスク内のファイルを消去したり、コンピュータが起動できないようにしたり、パスワード等のデータを外部に自動送信したりする。

ウェブ

インターネット上で標準的に用いられている文書の公開・閲覧システム。ワールド・ワイド・ウェブ、wwwなどとも称される。「インターネット」、「ネット」とほぼ同義に使用されることも多い。(→WWW)

ウェブ会議システム

PCやモバイルデバイス（スマートフォン、タブレット等）などを用いて、インターネットを介して、遠隔地にいる相手と画面および音声でコミュニケーションができるシステム。会議のみならず、イベント、研修、セミナーなどにも利用されている。「Zoom」、「Teams」、「Webex」、「Google Meet」などが有名。

ウェブ・サーバ

インターネット上で情報送信を行うコンピュータ。また、情報送信機能を持ったソフトウェアを指すこともある。単に「サーバ」ということも多い。ウェブ・サーバは、HTMLなどの言語で記述された文書や画像などの情報（コンテンツ）を蓄積しておき、ユーザのコンピュータ端末のブラウザなどのクライアントソフトウェアの要求に応じて、インターネットなどのネットワークを通じて、これらの情報を送信する役割を果たす。

ウェブ・サイト

単に「サイト」ともいう。インターネット上で公開・閲覧される複数の相互に関連する一連のウェブ・ページの集合体。また、そのウェブ・ページ群が置いてあるインターネット上での場所を指すこともある。多くの場合、ウェブ・サイトの入り口であるトップページ（ホームページ）と、ウェブ・サイトを構成する一連のウェブ・ページ、画像ファイルなどから構成されている。

ウェブ・ページ

単に「ページ」ともいう。インターネット上で公開されている文書。HTML等の特別なコンピュータ言語で、端末のコンピュータのブラウザ上でどのように見えるかを指定したテキストデータやレイアウト情報等によって記述されている。

ウェブ・ホスティング

(→ホスティング・サービス)

エックス

(→X（旧Twitter）)

オプト・アウト／オプト・イン

オプト・アウトとは、企業等が個人に対して（事前に許諾を得ずに）一律に行う、情報の取得、登録、サービス提供などの措置や行為に対して、対象者が個別に明示的に拒否、解除、脱退、抹消の申し入れなどをすることをいい、逆に個人が企業等に対して、（一律に行われるのではない）特定の活動やサービスを提供することを個別に明示的に許諾することをオプト・インという。

＜か＞

画面キャプチャ／キャプチャ

ソフトウェアやハードウェアを利用してコンピュータのディスプレイ上に表示されている動画（テレビ放送やゲームのビデオ信号や映像を含む。）や静止画をそのままデータとして獲得・保存すること。コンピュータ上での録画。（→スクリーン・ショット）

管理人

（→サイト管理人）

逆 SEO

特定のウェブ・ページの検索順位を下げること。元々は、風評被害等の対策として、商品名等で検索した場合に、当該商品に対する誹謗中傷などが書かれたページが上位に出てこないようにすることを指していたが、わざと低評価のリンクを他人のサイトにはるなどして当該サイトの評価を下げ、検索順位を落とす行為を指す場合にも使われる。（→ SEO 対策）

キャッシュ

よく利用するデータを高速な記憶装置に蓄積しておくことにより、コンピュータのデータ処理を速くすること。たとえば、インターネット閲覧時には、ブラウザやウェブ・サーバが、ウェブ・ページを構成する画像などのファイルを自動的にキャッシュに保存して、その画像を再び呼び出すときにはあらためてダウンロードするのではなく、保存されたキャッシュを再表示することで見かけ上の処理速度を上げている。

キャリア

（→通信キャリア）

口コミサイト

個人のインターネット・ユーザの対象（商品、人物、集団、企業、サービス等）に対する主観的な意見を集積して公開しているウェブ・サイト。

クッキー

（→ Cookie）

クライアント・サーバ・システム

通信ネットワークを利用したコンピュータ・システムの一種で、サーバから機能や情報の提供を受けて利用者の手元で入出力操作や情報の表示をするクライアント・コンピュータとクライアント・コンピュータからのリクエストを受けて、情報処理などの機能を提供するサーバ・コンピュータがネットワークでつながれた形のシステム。これに対して、サ

ーバとクライアントのように機能が分担されていないコンピュータ・システムとしてはP2Pシステムがある。(→P2P)

クラウド

クラウド・コンピューティングの略。データやソフトウェアなどをインターネット上に保存して、さまざまな場所・端末からそれを利用すること、またはそのサービス。個人で、アドレス帳やメールデータなどをクラウドに保存し、職場、自宅、ネットカフェ、外出先など、さまざまな環境のパソコンやスマートフォンからデータを閲覧、編集、アップロードしたり、仕事で使用するアプリケーション・ソフトをクラウドに置いて、複数の人がそれを共有して作業し最新データを共有したりするなどの使い方がされている。

クローズド・ネットワーク(閉域網)

インターネットなどに直接はつながっていない、限られた利用者のみを接続する閉鎖的な通信ネットワーク。インターネットのように、誰でも利用でき、どのような機器や組織を経由するか分からないオープンなネットワークに対比して、セキュリティに優れる。(→VPN)

経由プロバイダ

情報の送受信者であるインターネット・ユーザと接続先のウェブ・サイトなどが置かれているサーバを管理運営するコンテンツ・プロバイダ(CP)との間の1対1の通信を媒介するプロバイダ(接続事業者等)。「CP」に対して「AP」と略称される。通常のインターネット・ユーザは経由プロバイダと契約してインターネットと接続している。(→アクセス・プロバイダ、AP、ISP)

検索エンジン

インターネットに存在する情報(ウェブ・ページ、ウェブ・サイト、画像ファイル、記事等)を検索する機能およびそのプログラム。また、その検索のサービスを提供するウェブ・サイトを指すこともある。「Google」、「Yahoo!」など。

広域通信網

(→WAN)

コピーサイト

(→ミラーサイト)

コミュニケーション・アプリ

スマートフォンなどのモバイルデバイス上で、友人や知人と手軽にコミュニケーションをとる機能を提供するアプリ。メッセンジャー・アプリ、モバイル・メッセンジャーなどともいう。「LINE(ライン)」、「カカオトーク」、「Facebookメッセンジャー」など。

コンテンツ

中身・内容のこと。インターネット上のデジタル化された文字、図形、音声、画像、動画やそれらの組み合わせからなる情報を指すことが多い。

コンテンツ・プロバイダ(CP)

デジタル化された情報をサーバに

格納して、インターネット上で提供する事業者。

＜さ＞

サーバ

（→ウェブ・サーバ）

サイト

（→ウェブ・サイト）

サイト管理人

ウェブ・サイトの運営管理を行う担当者。電子掲示板などでは、書き込みの内容を管理、修正、削除権限を持つ者を指す。ウェブ・マスター、シスオペ（システム・オペレーター）などと呼ばれることもある。

サジェスト汚染

インターネット上で特定のキーワードを検索したときに表示されるサジェスト（関連キーワード）が、当該検索対象の評価を下げる印象を与えるワードになってしまうこと。たとえば、特定の会社名を検索したときに、関連キーワードとして、倒産、不祥事、パワハラ、ブラック企業などの単語が表示されるような場合。

シスオペ

（→サイト管理人）

スクリーン・ショット／スクショ

コンピュータやスマート・フォンのディスプレイ等に表示されたものの全体または一部分を画像として保存すること、またはその　画像。時間がたつと消えてしまったり削除される可能性のあるウェブ上の記載・表現などを記録、保存するために有用。

ステルス・マーケティング（ステマ）

実際は、企業等の広告宣伝であるにもかかわらず、それを明示せず、発信者の自発的、非営利的な行為であるかのように装う広告手法。著名人やインフルエンサーが、有償で依頼を受けて、SNSなどで、特定の製品を自己の愛用品であると発信するなどが典型的。

ストライサンド効果

ある情報を隠蔽しようとしたことが、その意図に反して、かえって当該情報を広く拡散してしまう効果を持ってしまうこと。例えばインターネット上に醜聞、スキャンダル、不祥事などが投稿されていた場合において、当初は最初の投稿者の関係者などの少数の者にしか知られていなかったのに、削除請求などをすることにより、ニュースになったり、インフルエンサーによって引用されたり、多くの人に検索されて検索上位に表示されるようになったりすることなどにより、当該情報が急速に広まって、かえって多くの人に知られてしまうような現象を指す。

スニペット

検索エンジンによる検索結果の一覧中に表示される、ウェブ・ページの一部抜粋や要約文のこと。

スパイウェア

コンピュータを使うユーザの行動や個人情報などを密かに収集して他

に送信したり、コンピュータ（プロセッサ）の空き時間を借用して勝手に計算を行ったりするソフトウェア。その活動はバックグラウンドで行われ、多くのユーザは気がつかないので、「スパイ」の名が冠されている。無料のソフトウェアなどをインストールする際に同時にインストールされてしまうことが多いが、利用条件の中に書かれているため、形式上はソフトウェアの利用者が承諾していることも多い。

スレッド

電子掲示板などにおける、あるひとつの話題に関連した投稿の集まりのこと。「スレ」と略されることもある。

生成AI（Genrative AI）

既存のデータやパターン、特にインターネット上で収集できるデータなどを学習して様々な新しいコンテンツ（文章、画像、音楽等）を生成できるAI（人工知能）。ChatGPTなどが有名。

センシティブ情報

（→要配慮個人情報）

<た>

タイム・スタンプ

電子データのやりとりに際して、属性として付与される時刻情報。そのデータの作成や最終更新、最終アクセスなどの日時が記録される。ウェブ上でのアクセスに関するタイム・スタンプはミリ秒（1/1000秒）などの極めて短い単位で記録されている。

ダウンロード

インターネット上のウェブ・サーバ内に存在するファイル、画像等の情報（データ）を手元のコンピュータに転送すること。（←→アップロード）

ツイッター

（→X（旧Twitter））

ツイート（tweet）

X（旧Twitter）／ツイッター上での発言・投稿。Xへの移行後は「ポスト」と呼称が変更されている。「つぶやき」と呼ばれたりする。

通信キャリア

固定電話や携帯電話、プロバイダなど電気通信サービスを提供する企業。電気通信事業者。単に「キャリア」ともいう。

データセンター

（→レンタル・サーバ）

電気通信事業者

（→通信キャリア）

電子掲示板

参加者が自由に文章などを投稿し、書き込みを連ねていくことでコミュニケーションできるウェブ・ページ。「BBS」とも呼ばれる。掲示板の開設者がタイトルやテーマなどを決め、参加者が内容に沿った書き込み（投稿）をしていくスタイルが多い。参加者が匿名で投稿できる掲示板も多い。書き込まれた投稿は時系列あるいは記事の参照関係を元に並べられ、参加者が一覧できるように表示される。様々なテーマの掲示板を集めた掲示板の集合体のような巨大ウェブ・サイトなどもある。「2ちゃんねる」などが有名。

電子メール

インターネットを経由して送受信する電子的な手紙。「Eメール」あるいは単に「メール」ともいう。電子メールは、コンピュータ間だけではなく、　スマートフォン、タブレット等のモバイルデバイスとの間でもやりとりでき、文書のみならず、画像や、音声データなども添付できる。

動画投稿サイト

参加者が動画を投稿し、また他人の投稿した動画を閲覧することができるようなウェブ・サイト。「YouTube」、「Instagram」、「TikTok」などが有名。

動的ＩＰアドレス・静的（固定）ＩＰアドレス

インターネットを利用する際にISPから割り当てられるグローバルIPアドレスのうち、ネットワークに接続するたびに、その都度異なる番号を割り当てられる場合の識別番号を「動的IPアドレス」、常に決まったIPアドレスを割り当てられる場合の識別番号を「静的（固定）IPアドレス」という。固定IPアドレスが割り当てられるのは恒常的に大量に通信を利用する企業向けサービスが主で、個人向けのインターネットサービスでプロバイダから割り当てられるのは通常「動的IPアドレス」である。（→IPアドレス）

ドメイン

インターネット上でコンピュータやネットワークを識別し管理するために登録された名前。アルファベット、数字、一部の記号の組み合わせで構成され、重複しないように発行・管理されている。

トリップ

電子掲示板で、個人の識別のために使われる暗号化された文字列を生成・表示する機能、またはその機能によって表示された文字列のこと。署名者が任意に選んだ文字列をキーとして暗号化されるため、当該キー（「トリップキー」、「パスワード」等と呼ばれる）を知られなければ、同一のトリップを表示できないことから、簡易的に個人を証明・識別するものとして使用される。

＜な＞

なりすまし

他人のアカウント名やID・パスワードのような識別・認証情報を不正に利用して、当該他人のふりをして、さまざまな行為をすること。電子メールの差出人を偽装して、他人の個人情報などを送信させたり、SNSなどで他人の名を騙って名誉毀損行為を行ったり、金融機関のオンラインサービスを利用して，他人の預金を盗み出したりするなどの被害が起きている。

＜は＞

バックボーン回線

インターネットなどの大規模通信ネットワークの中で、事業者間、拠点間、国家間などを結んでいる、高速・大容量の通信回線。

ハッシュ・タグ

SNSなどの投稿に付した、話題や分類などを示す標識。「#」記号に続けて短い単語やフレーズなどを記述する形式が多い。ハッシュ・タグは投稿者が任意に付するものであるが、第三者が同じ話題や主題の投稿を検索しようとする場合に便利である。

フォレンジック（デジタル・フォレンジック）

コンピュータや通信端末などの電子機器に残る記録を収集・分析すること。消去されたメールを復元したり、データがねつ造されていないかどうか検証したりする。

フォロー

SNSなどで、他の特定の投稿者の投稿を自分の表示画面に表示するようにすること。自分の投稿をフォローしている者をフォロワーといい、フォロワーの数が多い者は、自らの意見、行動などを多数の者が閲覧することになり、影響力が大きいと考えられている（→インフルエンサー）。

フォロワー

（→フォロー）

ブラウザ

閲覧ソフト。ウェブ・サーバからデータを取得して閲覧するためのソフトウェア。データを閲覧する端末コンピュータのOS上で動く。代表的なブラウザとして、「インターネット・エクスプローラー（IE）」、「グーグル・クローム」、「サファリ」、「Firefox」などがある。

プロキシ・サーバ

企業などの内部ネットワークとインターネットの境界にあり、内部のコンピュータに代わって、「代理」としてインターネットとの接続を行うコンピュータ、またはそのための機能を実現するソフトウェアのこと。内部ネットワークを出入りするアクセスを一元管理し、内部から特定の種類の接続のみを許可したり、外部からの不正なアクセスを遮断するために用いられることが多い。また、プロキシ・サーバで通信（トラフィック）をキャッシュすることで、アクセスを高速化するためにも用いられる。通常、内部ネットワークの代理接続要求のみを受け付けるものであるが、故意ないし設定の不備等により外部ネットワークの第三者からの代理接続要求を受け付けるもの（「オープン・プロキシ」と呼ばれる）があり、これを利用すると外部ネットワークの第三者が発信元を秘匿できるため、迷惑メール送信等、サイバー攻撃の踏み台として利用されることがある。単に「プロキシ」あるいは「プロクシ」「串」などと呼ばれることもある。

ブログ

Web（ウェブ）とLog（ログ＝記録データ）をあわせた造語Weblog（ウェブログ）を略した語。誰でも簡単に記事を投稿・更新でき、時系列的にページを自動生成したり、他のウェブ・サイトの記事との連携機能、コメント機能など、書き手と読者を結ぶコミュニケーション機能が充実したウェブ・サイト、またはそのウェブ・サイトに投稿された記事の集まりを指す。個人の記録をつづる日記風の記事をインターネット上で公開するツールとして広く普及した。ある程度の頻度で継続的に記事を公開する者をブロガーという。

ブロック・チェーン

一定の形式や内容のデータの塊（ブロック）を改竄困難な形で時系列に連結していく技術。ネットワーク上にある端末同士を直接接続して（P2P）、暗号技術を用いて取引記録を分散的に処理・記録するデータベースなどに用いられ、「ビットコイン」等の暗号資産に用いられている基盤技術である。

プロトコル

ネットワーク上でデータの送受信をする際に、複数の主体が滞りなく信号やデータ、情報を相互に伝送できるようにするために、あらかじめ決められている約束事や手順の集合。インターネットにおいてはTCP/IPというプロトコルが採用されており、これに従ってコンピュータ同士がデータのやりとりをすることによって、ウェブ・ページを表示したり、電子メールをやり取りしたりすることができる。

プロバイダ

インターネット上のサービス提供者のこと。通信回線を通じてインターネット接続サービスを提供する「インターネット・サービス・プロバイダ」（ISP）（経由プロバイダ、アクセス・プロバイダ（AP）などとも呼ばれる。）やサーバを保有または賃借してインターネットを通じてアクセスできるコンテンツを提供する「コンテンツ・プロバイダ」（CP）などがある。

ページ

（→ウェブ・ページ）

ポート番号

インターネット上の通信において、複数の相手と同時に接続を行うためにIPアドレスの下に設けられたサブ（補助）アドレス。インターネットの通信プロトコルであるTCP/IPで通信を行うコンピュータは、1台毎にネットワーク内での住所にあたるIPアドレスを持っているが、複数のコンピュータと同時に通信するために、補助アドレスとして0から65535のポート番号を用いている。従って、実際のデータの送受信に使用されるネットワークアドレスは、IPアドレスとポート番号を組み合わせた「ソケット」と呼ばれる単位で指定されている。しばしば、IPアドレスはマンションの住所、ポート番号は部屋番号に例えられ、正確に相手にたどり着くためにはIPアドレスのみならず、ポート番号の特定が必要であるといわれている。

ホスティング・サービス

自社施設に設置しインターネットに接続された情報発信用のコンピュータ（サーバ）の機能を、インターネットを通じて遠隔から顧客に利用させるサービス。顧客が自前の設備などを持たずにインターネット上で情報やサービスを配信することを可能にする。

ホスティング・プロバイダ

ホスティング・サービスを提供する通信事業者やインターネット・サービス・プロバイダ（ISP）等。高速な回線などを備えた施設にサーバ・コンピュータを大量に設置し、遠隔からコンピュータを操作する権利を月額制などで顧客に貸し出すサービスを提供している。

＜ま＞

マルウェア

不正かつ有害な動作を行う意図で作成された悪意のあるソフトウェアの総称。コンピュータ・ウイルス、スパイウェア等を含む。

ミラーサイト（コピーサイト）

あるウェブ・サイトの内容の全部又は一部をそのまま複製（コピー）したサイト。元のサイトとは異なるウェブ・サーバやドメイン名（ホスト名）で公開されることが多い。閲覧者からのアクセスを分散してサーバ一台あたりの負荷を軽減したり、システム障害等に備えて、メインサイトの停止時にも利用できるようにしている。ミラーサイトはオリジナルサイトの運営者によって設置・運用されることが多いが、古い情報の保全などの場合は許諾を得て第三者が設置する場合もある。最近では、元のサイトの設置者の意図しないところで第三者による勝手な複製が行われ、悪質なアフィリエイト目的や著作権侵害サイトとしてGoogleなどの検索エンジンからスパム扱いされて、検索で表示されなくなったり、順位が下落したりするということが起こっている。

メタバース

三次元CGによる仮想空間に、複数の利用者が通信ネットワークを介して同時にアクセスし、コミュニケーションや商取引などの社会的な活動を行うことができるようにしたネットサービス。米Facebook社が「Meta」に社名を変更し、メタバース事業を今後の柱とする方針を示したことでメタバースブームへの期待が高まったが、その内容は必ずしも明確ではない。

メッセンジャー・アプリ
（→コミュニケーション・アプリ）

モバイル・メッセンジャー
（→コミュニケーション・アプリ）

＜や＞

要配慮個人情報

人種、信条、社会的身分、ゲノム情報、病歴（健康診断や医療上の検査結果、保健指導、診療、調剤に関する情報を含む。）、障害を持つ事実、犯罪の経歴（有罪とならなくても刑事手続や少年保護手続上の取り扱いを受けた事実を含む。）、犯罪により害を被った事実等、本人に対する不当な差別、偏見その他の不利益が生じないようにその取り扱いに特に配慮を要する個人情報。このような個人情報を取得する場合は、利用目的を明示して事前に本人の同意を得ることが必要であり、取得後も本人の明示の同意ではなくオプト・アウト方式によって第三者提供や公開をすることも許されない。

＜ら＞

リツイート（RT／retweet）

X（旧Twitter）／ツイッターで、自己のフォロワーに紹介するために、他人のツイートを転載すること、またはその転載したツイート。そのまま転載するだけでなく、自己のコメントをつけてリツイートすることもできる（引用リツイート）。X移行後は、それぞれ「リポスト」「引用リポスト」と呼称が変更されている。

リモート・アクセス

遠隔地にあるネットワークやコンピュータに外部から接続すること。例えば、リモート・アクセスが可能な場合、自宅に居ても、社内にいるのと変わらずに社内システムや情報資源を活用できるので、広範な在宅勤務が可能になるといわれている。他方で、不正な外部からのアクセスによる情報の漏洩などの危険がある。

リンク（ハイパー・リンク）

ウェブ・ページ中の単語や画像などに他の文書や画像の位置情報を埋め込むことで、その文書や画像などに移動し、参照できる仕組みのこと。これにより、ウェブ・ページ同士やウェブ・サイト同士を関連付けて、次から次へと移動しながら閲覧することができる。このようにページやサイトを関連づけることを「リンクを張る（貼る）」などと表現する。

ルータ

WANとLANのように異なるネットワークを相互に接続・中継するためのネットワーク機器。

レス

レスポンス（応答）の略。電子掲示板などで、特定の話題の投稿に対する返信やコメント等の投稿を指す。最初の投稿とこれに対するレスが繰り返されることでスレッドが形成される。

レンタル・サーバ

ホスティング・プロバイダが顧客に有償で使用させる（レンタルする）、インターネットに接続された情報発信用コンピュータ（サーバ）のこと。このようなサーバが多数設置される施設をデータセンターと呼ぶ。

ローミング

携帯電話やインターネット接続サービス等において、事業者間の提携により、利用者が契約している事業者のサービスエリア外であっても、他の事業者の設備を利用してサービスを受けられるようにすること。特に、国内で使用している端末で、海外でも、国際通話料金ではなく、割安な国内通話料金で、通話やデータ通信を行える「国際ローミング」の意味で使用されることが多い。

ログアウト

コンピュータシステムや通信サービスにおいて、コンピュータを利用不可能な状態にしたり、通信を終了したり、または個々のコンピュータとネットワークの間の接続を切ること。「ログオフ」ともいう。

ログイン

コンピュータシステムや通信サービスにおいて、コンピュータを利用可能な状態にしたり、通信やコンピュータネットワークへの接続（アクセス）を開始したり、複数で利用可能なコンピュータシステムに対し、個々のコンピュータから使用を開始すること。「ログオン」、「サインオン」、「サインイン」ともいう。ログインには、ユーザ名（ID）とパスワードによるユーザ認証を伴うことが一般的。

<アルファベット>

AP

（→経由プロバイダ、アクセス・プロバイダ）

Cookie（クッキー）

ウェブ・サイトの提供者が、ブラウザを通じて、訪問者のコンピュータに一時的にデータを書き込んで保存させる仕組み。ユーザの意思とは無関係に、自動的にユーザに関連する情報、アクセス履歴などを閲覧者のコンピュータブラウザ内に蓄積する。住所や名前などの情報を毎回入力する手間が省けたり、関心のある情報へ素早くアクセスできたりする等のメリットがある一方で、保存される情報は一切暗号化されないため、セキュリティ上の危険もある。

CP

（→コンテンツ・プロバイダ）

DoS 攻撃

ネットワークを通じて、大量のデータや不正なデータを送りつけて、標的のコンピュータやシステムを機能不全に陥らせる攻撃。攻撃者が不正に乗っ取った多数の端末を通じて行われることが多く、これをDDoS攻撃（分散型DoS攻撃）という。

Facebook（フェイスブック）

世界最大のSNS（ソーシャル・ネットワーキング・サービス）。誰でも自由に登録でき、他の登録者に「友達」登録の申請を行うことにより、互いの投稿内容が閲覧できたり、コメントがつけられたりするようになる。全世界の利用者数22億人以上、日本国内利用者2200万人以上といわれている。米Meta社が運営している。

GAFA

Google、Amazon、Facebook、Appleの頭文字を取った造語。経済的にも世論形成においても、世界で最も影響力のあるとされる多国籍IT企業4社を指す。Googleは、web検索と傘下のYouTube（動画配信サービス）、Amazonは電子商取引とクラウド・サービス、Facebookは同名のSNSサービスやInstagram、Appleはパソコンやスマートフォン iPhoneで有名。

HTML

ウェブ上の文書を記述するための言語。文章の中に記述することで、文字の大きさ、色、フォントや画像、リスト、表など、さまざまな機能を記述設定することができたり、他の文書へのリンクを設定したりできる。

IPアドレス

ネットワークに接続されたコンピュータや通信機器1台1台に割り振られた識別番号。しばしばネットワーク上のコンピュータの住所のようなものと表現される。インターネット上ではこの識別番号に重複があっては通信ができないため、IPアドレスの割り当てなどの管理は各国のNIC（ネットワークインフォメーションセンター）が行っている。現在広く普及している「IPv4」（Internet Protocol version 4）では、0から255までの数字を「.」（ドット）で区切って4つ並べた数字で表される。IPアドレスには、LANのように閉じた世界で割り当てられる「ローカルIPアドレス（プライベートIPアドレス）」と、インターネットに直接接続されているコンピュータそれぞれに割り当てられる、「グローバルIPアドレス」とがある。

Instagram

写真や動画の共有に特化したソーシャル・ネットワーク・サービス（SNS）。インスタと略称されたりする。

ISP（インターネット・サービス・プロバイダ）

インターネット接続業者。電話回線やデータ通信専用回線などを通じて、顧客のコンピュータをインターネットに接続するサービスを提供している事業者。「アクセス・プロバイダ」「経由プロバイダ」あるいは単に「プロバイダ」ともいう。通信キャリアが兼ねている場合もある。

LAN

Local Area Networkの頭文字で、建物内、家庭内、店舗内などの狭い範囲のコンピュータ、プリンタ、通信機器、情報端末、デジタル家電などを接続して、相互にデータ通信をできるようにした小規模なネットワークのこと。各機器をケーブルなどで接続する「有線LAN」と無線電波で接続する「無線LAN」がある。有線LANの規格として「Ethernet（イーサネット）」、無線LANの規格として「Wi-Fi（ワイファイ）」が標準となっている。オフィス内のコンピュータ同士や周辺機器との接続やインターネットなど外部のネットワークへ接続する中継手段として広く用いられている。

LINE

スマートフォンなどで短い文字メッセージや絵文字・スタンプでのやりとりやインターネット経由の音声通話やビデオ通話ができるSNSサービス。スマートフォンやタブレット端末などへの導入が容易で、グループ内での連絡などに広く利用されている。韓国NAVERグループ　であったが、2023年にヤフー株式会社と経営統合してLINEヤフー株式会社となり、現在はソフトバンクグループ傘下となっている。　日本国内で非常に人気が高く、8000万人の利用者がいると言われている。

MNO

移動体通信を行う回線網を自社で持ち、通信サービスを提供する通信事業者。「携帯電話会社」や「通信キャリア」などを指す。Mobile Network Operatorの頭文字をとった略称。

MVNO

携帯電話などの無線通信インフラを他社から借り受けて独自のサービスを提供する通信事業者。Mobile Virtual Network Operatorの頭文字をとった略称で「仮想移動体サービス事業者」と訳される。

NAT

ネットワークアドレス変換の技術。LAN環境等にあるコンピュータがインターネットにアクセスする際に、プライベートIPアドレスをグローバルIPアドレスに変換するために利用される。現代では、インターネットに接続されるコンピュータが著しく増えたため、従来のIPv4と呼ばれる約43億個を上限とするIPアドレスが枯渇し、これに対応するため、LAN内のコンピュータにはプライベートIPアドレスを割り当て、インターネットに接続するときだけ一時的にグローバルIPアドレスを使用するようになっている。しかし、NATにより、複数のローカルIPアドレスからのアクセスを、1つのグローバルIPアドレスで共有しているため、外からはローカルネットワーク内のどの端末がアクセスしたのかまでを特定しにくく、このためインターネットカフェなどの不特定多数の人が利用するアクセス端末からの悪意のある利用（SPAM行為や掲示板荒らし、ネット犯罪など）がなされた場合、匿名性が高く特定がより困難になるといわれている。

OS（オペレーティング・システム）

コンピュータ機器の基本的な管理や制御のための機能や、多くのソフトウェアが共通して利用する基本的な機能などを実装した、システム全体を管理するソフトウェア。「ウインドウズ」や「Mac OS」などが有名。

P2P（ピア・ツー・ピア）通信

ネットワーク上で対等な関係にある端末間を相互に直接接続し、データを送受信する通信方式。また、そのような方式を用いて通信するソフトウェアやシステム。データの送り手と受け手が分かれているクライアントサーバ方式などと対比される用語で、利用者間を直接つないで音声やファイルを交換するシステムなどがある。一時、P2P通信を利用したファイル共有ソフトウェアにより著作権で保護された著作物を多数人が共有する事件があり問題となった。最近では、仮想通貨（暗号資産）取引の技術的基礎として脚光を浴びている。

SEO対策

検索エンジンで検索した場合に検索結果がより上位に現れるようにウェブ・ページを書き換えること、またはその技術。検索エンジンが検索キーワードによる検索結果として表示する順位の決定アルゴリズムを分析し、自社サイトの上位表示を目指すためにウェブ・ページを修正・最適化することで、企業サイトなどの広告効果を高めようとするもの。SEOとはSearch Engine Optimization（検索エンジン最適化）の頭文字。

SIMカード

携帯電話事業者が発行する、契約者情報を記録したICカードのこと。SIMカードを携帯電話端末に装着することにより、その端末を当該カードに記録されている電話番号で利用することができるようになる。SIMカードを差し替えることで機種変更を簡単に行えたり、海外でも現地の携帯端末にSIMカードを差し替えることで、日本にいるときと同じ電話番号で発着信できる国際ローミングサービスを簡単に利用することができたりする。

SNS（ソーシャル・ネットワーキング・サービス）

インターネット上の交流を通じて人と人とのつながり（社会的ネットワーク）を構築・促進することを主たる目的としたコミュニティ型のウェブ・サイト。会員制のサービスで、友人関係、趣味や嗜好、居住地域、出身校、あるいは「友人の友人」といったつながりを通じて新たな人間関係を構築する場を提供するものが多い。「LINE」「Instagram」「Facebook」などが有名。

TCP/IP

インターネットで標準的に使用されている通信プロトコル（通信規約）。この通信プロトコルに従うことで、コンピュータの機種やOSが異なっていても相互に通信を行うことが可能になる。

Twitter（ツイッター）

（→X（旧Twitter）

URL

インターネット上に存在する情報資源（データやサービスなど）の位置を記述するためのデータ形式。また、その所在地の記述そのものを指すこともある。データの取得方法（種類）や、ネット上での当該データの存在するコンピュータの位置、コンピュータ内部での位置などで構成される。http://www.ilo.gr.jp のような形で記述されることが多い。

VPN

仮想プライベートネットワーク。通信キャリアの公衆回線（バックボーン回線）やインターネットなどのオープンな回線を経由しながら、バックボーン回線経由中のデータを暗号化することにより、仮想的にクローズドな組織内ネットワークとして構築されたネットワーク。企業などの拠点間LAN同士の接続や従業員のコンピュータから事業所のLANへの接続（在宅勤務・リモートワーク・テレワーク）などに利用される。

WAN

Wide Area Network（広域通信網）。地理的に離れた地点間を結ぶ通信ネットワークを指す。企業内、建物内、家庭内など特定の狭い地域内の通信ネットワークであるLAN（Local Area Network）に対比される。

WHOIS

インターネット上でドメイン名・IPアドレス等の所有者を検索するためのプロトコル。ドメインの管理機関によりインターネット上で公開されているWHOISデータベースを利用して、ドメイン名の所有者や連絡先などを照会することができる。

Wi-Fi（ワイファイ）

無線通信により近くにある機器同士を相互に接続してLAN（無線LAN）を構築する技術。無線LANは、店舗内、建物内などで、タブレット端末やスマートフォンなどから無料または有料でインターネットに接続するサービスとして広く普及しており、通信キャリアを介さない無線通信によりインターネットに接続できることを「Wi-Fiがある」「Wi-Fiがつながる」などと表現することがある。

WWW

World Wide Webの頭文字をと

ったもの。インターネット上で標準的に用いられている文書の公開・閲覧システム。文書内に別の文書への参照（リンク）を埋め込むことができる「ハイパーテキスト」と呼ばれるシステムの一種。“web”とは蜘蛛の巣の意味であり、大規模なハイパーテキストの文書間の繋がりを図示すると複雑な蜘蛛の巣のように見えることからこのように呼ばれる。(→ウェブ)

X（旧Twitter）

自分の考え、行動、メッセージなどを、日本語140文字（英字280字）まで、投稿できるブログ・サービス。無料で手軽に使えることから、爆発的に利用が広がり、全世界で3億人以上、日本国内で4500万人以上のアクティブな利用者がいると言われている。そのため公衆に対する広範なメッセージ伝達ツールとして利用されており、SNSの一種とみなされることが多い。投稿することを「つぶやく」といったりする。米Twitter社が運営していたが、2022年イーロン・マスク氏が買収し、2023年7月に名称をXと変更した。

事項索引

●さ　行

●た　行

執筆者紹介

岡田 理樹（おかだ まさき）**監修、用語集担当**

1986年　東京大学法学部卒業
1988年　弁護士登録、石井法律事務所入所
1994年　米国イリノイ大学ロースクール修士課程（LL.M.）修了
2004年　株式会社インターネットイニシアティブ監査役（〜2016年）
2007年　第二東京弁護士会副会長（〜2008年）
2010年　日本弁護士連合会事務次長（〜2012年）
2013年　法政大学法科大学院兼任教授（〜2018年）
2014年　大正大学非常勤講師（「日常生活と法」担当）（〜2020年）
2020年　第二東京弁護士会会長　兼　日本弁護士連合会副会長（〜2021年）
2024年　日本弁護士連合会事務総長

長崎 真美（ながさき まみ）**第4章担当**

1996年　慶應義塾大学法学部法律学科卒業
1998年　弁護士登録、石井法律事務所入所
2004年　米国デューク大学ロースクール修士課程（LL.M.）修了

森 麻衣子（もり まいこ）**監修、第1章担当**

2006年　東京都立大学法学部法律学科卒業
2009年　東京大学法科大学院修了
2010年　弁護士登録
2011年　石井法律事務所入所

奥富 健（おくとみ たけし）**第3章担当**

2008年　千葉大学法経学部法学科卒業
2010年　京都大学法科大学院修了
2011年　弁護士登録
2012年　石井法律事務所入所

鹿野 晃司（かの こうじ）第2章担当

2005年　東北大学理学部物理学科退学
2007年　大阪大学法学部法学科卒業
2010年　東京大学法科大学院修了
2011年　弁護士登録
2012年　石井法律事務所入所
2018年　米国南カリフォルニア大学ロースクール修士課程（LL.M.）修了
2021年　AI-EI法律事務所入所

筬島 大輔（おさじま だいすけ）第2章、第5章担当

2015年　早稲田大学法学部卒業
2017年　慶應義塾大学法科大学院修了
2018年　弁護士登録、弁護士法人桑原法律事務所入所
2021年　石井法律事務所入所
2022年　国土交通省入省
2023年　国土交通省住宅局参事官（マンション・賃貸住宅担当）付

発信者情報開示・削除請求の実務〔第２版〕
――インターネット上の権利侵害への対応

2016年７月15日　初　版第１刷発行
2025年３月21日　第２版第１刷発行

著　者　岡田理樹　長崎真美
　　　　森　麻衣子　奥富　健
　　　　鹿野晃司　篠島大輔

発行者　石川雅規

発行所　株式会社 商事法務
〒103-0027 東京都中央区日本橋3-6-2
TEL 03-6262-6756・FAX 03-6262-6804〔営業〕
TEL 03-6262-6769〔編集〕
https://www.shojihomu.co.jp/

落丁・乱丁本はお取り替えいたします。　印刷／そうめいコミュニケーションプリンティング

Shojihomu Co., Ltd.
ISBN978-4-7857-3131-1
＊定価はカバーに表示してあります。